Timothy Ferris
Chaos und Notwendigkeit
Report zur Lage des Universums

Timothy Ferris

Chaos und Notwendigkeit

Report zur Lage des
Universums

Aus dem Amerikanischen
von Anita Ehlers

DROEMER

Titel der Originalausgabe:
The Whole Shebang. A State-of-the-Universe(s) Report
Simon & Schuster

Besuchen Sie uns im Internet:
www.droemer-knaur.de

Die Folie des Schutzumschlags sowie die Einschweißfolie
sind PE-Folien und biologisch abbaubar.
Dieses Buch wurde auf chlor- und säurefreiem
Papier gedruckt.

Umschlaggestaltung: Agentur ZERO, München
Satz: Ventura Publisher im Verlag
Druck und Bindung von Bercker, Kevelaer
Printed in Germany
ISBN 3-426-27078-1

2 4 5 3 1

Für J.B.F.

Trinkt, o Augen, was die Wimper hält,
Von dem goldnen Überfluß der Welt.
Gottfried Keller, *Abendlied*

Inhalt

und ob es uns geben würde, wenn die Dinge
sehr anders wären

Theologisches Nachwort
… in dem Gott, zu kosmologischen Anliegen
befragt, mit seinem bekannten Schweigen
antwortet

Vorwort

Wir aber, die wir über das All zu sprechen irgendwie im Begriff sind,
wie es entstanden ist oder vielleicht auch nicht entstanden sei,
müssen, sind wir nicht durchaus auf Irrwegen,
notwendig unter Anrufung der Götter und Göttinnen,
zu ihnen flehen, daß wir am meisten nach ihrem Sinne,
demzufolge aber auch nach unserem reden.

Platon, *Timaios*[1]

Ursprung großer Leistung,
Herrin Wahrheit, laß mein Vertrauen
nicht anstoßen an herbem Trug.

Pindar[2]

Wir leben in einer sich verändernden Welt, und nur wenig verändert sich schneller als das Bild, das wir uns von ihr machen. Der Kosmos unserer gar nicht so fernen Vorfahren war klein und unveränderlich, und in seiner Mitte ruhte die Erde. Mitte des 20. Jahrhunderts hatten wir entdeckt, daß wir in einem sich ausdehnenden Universum umhertreiben. Dieses Universum ist riesig; in unsere Teleskope fällt Licht, das mehr als das Doppelte des Erdalters unterwegs war. Wenn wir in die Zukunft schauen, können wir uns eine Kosmologie ausmalen, in der sich unser Universum als noch viel größer herausstellt und nur eines unter vielen eigenständigen Universen ist.

Auch unsere Vorstellung von dem, was im Universum abläuft, hat sich geändert. Mehr als tausend Jahre lang meinte man, für den Himmel gelte eine andere Physik als für die Erde. Mit der wissenschaftlichen Renaissance, die in Isaac Newtons Werk gipfelte, wurde dagegen deutlich, daß für Erde und Himmel dieselben Naturgesetze gelten. Der Kosmos wurde nun als ein bestaunenswertes Uhrwerk gese-

11

hen, in dem die Ereignisse so selbstverständlich aus den Ursachen folgen, wie Zahnräder ineinandergreifen. Das Reich des Unerklärlichen – in dem die Götter jener leben, die vom Unerklärten geblendet sind – wurde in die ersten Augenblicke der Zeit verwiesen, in denen das Universum irgendwie zum Sein erblühte. Der Zufall kam mit seiner Unbestimmtheit ins Spiel und führte als Schöpferkraft zu den ersten Phänomenen der kosmischen Zeit. Wir müssen deshalb die Möglichkeit in Betracht ziehen, daß auch die größten Systeme von den Begriffen der Quantentheorie beherrscht werden, die die Natur im ganz Kleinen bestimmt, und daß der Ursprung des Universums selbst ein Quantenfluß gewesen sein könnte. Die Naturkonstanten könnten das Ergebnis von Zufällen sein, die sich ereigneten, als das junge Universum wie ein gefallener Engel aus makelloser Ursprünglichkeit heraus entstand. Am Himmel des Universums stellen sich mit frischer Dringlichkeit die alten Rätsel von Chaos und Notwendigkeit, Sein und Nichtsein, Vollkommenheit und Unvollkommenheit.

Dieses Buch möchte das Bild des Universums schildern, für das die Wissenschaft gegen Ende des zweiten nachchristlichen Jahrtausends Beweise vorgelegt hat, und ein aufregendes, wenn auch beunruhigendes neues Bild entwerfen, das in naher Zukunft Gestalt annehmen könnte. Es enthält deshalb sowohl Befunde als auch Spekulationen. In einer solchen Situation versprechen gewissenhafte Verfasser üblicherweise, sorgfältig Tatsachen von Erdachtem zu unterscheiden – und sicherlich habe auch ich versucht, das zu tun. Aber in der Kosmologie, der Wissenschaft, in der es um die Struktur und die Geschichte des Weltalls geht, ist die Trennlinie zwischen Fakten und Phantasie nicht immer so klar wie auf anderen Gebieten. Die Ausdehnung des Universums beispielsweise, heute eine wohlbestätigte Tatsache, war zunächst nur Spekulation. Sie tauchte ungebeten in Einsteins Allgemeiner Relativitätstheorie auf und schien zunächst so unwahrscheinlich zu sein, daß Einstein selbst nicht an sie glauben mochte. Auch nachdem Edwin Hubble 1929 den beobachteten Daten Hinweise auf die Ausdehnung des Universums entnommen hatte, hielt der Widerstand gegen sie jahrzehntelang an und legte sich erst, als 1965 die »kosmische Hintergrundstrahlung«, ein Rauschen, das vom

Urknall selbst stammt, entdeckt wurde – womit sich, so kann man wohl sagen, die Kosmologie als Naturwissenschaft etablierte.

Wenn es um eine Grenzwissenschaft wie die Kosmologie geht, in welcher der Forschungsbereich bis zu den fernen Galaxien und dem subatomaren Jitterbug reicht, aus dem sie entstanden, ist Konservatismus nicht unbedingt eine Tugend und Phantasie nicht unbedingt ein Laster. Das Universum ist klüger als wir, und um es zu erforschen, müssen wir sowohl schöpferisch als auch kritisch sein. Die Vorstellung mag verrückt erscheinen, daß der größte Teil der Materie in unserem Universum aus exotischen subatomaren Teilchenarten besteht, die wir noch nie beobachtet haben, oder daß es Milliarden von Universen gibt, die alle anderen Gesetzen gehorchen, oder daß man sagen kann, der Geist bringe das Universum ins Sein. Aber höchstwahrscheinlich gilt für solche Hypothesen, was Niels Bohr oft sagte, als er das Atom erforschte: Sie sind »noch nicht verrückt genug«.[3]

Gegenwärtig gerät der empirische Geist, der die Grundlage der demokratischen Gesellschaften des Westens bildet, oft unter Beschuß. Nicht nur traditionelle Gegner wie religiöse Fundamentalisten und Esoteriker, sondern auch ernstzunehmende Gelehrte leugnen, daß es so etwas wie Fortschritt gibt, und behaupten statt dessen, die Naturwissenschaft sei nur eine Sammlung von Meinungen und genauso gesellschaftlich bestimmt wie die wetterwendische Welt der Pariser Mode. Viel zu viele Studenten schließen sich der bequemen Meinung an, es sei nicht nötig, sich allzusehr mit der Naturwissenschaft abzugeben, weil sowieso schon bald eine Revolution alles widerlegen werde, was zur Zeit akzeptiert ist. In einem solchen Klima ist die Bestätigung wichtig, daß die Naturwissenschaft wirklich Fortschritte macht und Wissen ansammelt und daß sich wohlbestätigte Theorien selten als falsch erwiesen haben. Wohl können sie sich als Teilmenge immer größerer und umfassenderer Theorien erweisen – wie es geschah, als Einstein die Newtonsche Mechanik in die Allgemeine Relativitätstheorie eingliederte. Man kann sich, wie der Physiker Steven Weinberg schreibt, »eine Kategorie von Experimenten vorstellen, die vollkommen anerkannte Theorien, Theorien, die zum gängigen Konsens der Physik geworden sind, *widerlegen. In den letzten hundert Jahren finde ich kein Beispiel für diese Kategorie.*«[4] Die Naturwissenschaft ist keineswegs vollkommen, aber sie ist nicht nur eine weitere Tribüne für menschliche Possenreißerei.

Die Kosmologie wird heute vor allem im weiten Rahmen jenes kosmologischen Standardmodells betrieben, das als »Urknalltheorie« bekannt ist. Aus Gründen, die ich in den ersten Kapiteln dieses Buchs präzisiere, erwarte ich, daß dieses Standardmodell Bestand haben wird. Diese Einstellung mag jenen seltsam erscheinen, die im letzten Jahrzehnt in einem der vielen einschlägigen Zeitungs- und Zeitschriftenartikel gelesen haben, diese oder jene Beobachtung stelle die Urknalltheorie in Frage. Solche Darstellungen scheinen mir das Ergebnis eines Mißverständnisses der Wissenschaft im allgemeinen und der Urknalltheorie im besonderen zu sein.

Die Naturwissenschaft ist kein unantastbares Dogmengebäude, und wer sich von ihr entfernt, muß nicht befürchten, mit großem Zeremoniell aus der Gemeinschaft der Wissenschaftler verbannt und seiner Rangabzeichen beraubt zu werden.[5] Als Forschungsmethode korrigiert sie sich selbst, und Fehler – die es natürlich reichlich gibt – werden früher oder später durch Experimente oder sorgfältigere Analysen aufgedeckt. Die Naturwissenschaft ist außerdem ein System, in dem eines auf dem anderen aufbaut. Sie gelangt nicht sozusagen vom Himmel herab zu großartigen Neuerungen, sondern indem sie viele kleine Folgerungen miteinander verknüpft. Deshalb ist die Naturwissenschaft, obwohl sie außerordentlich detailliert sein kann, zugleich sehr geschmeidig. Auch die eindrucksvollsten wissenschaftlichen Ergebnisse stolpern gewöhnlich voller Schnitzer in die Welt, die behoben werden müssen, bevor sie wirklich zu einem Höhenflug ansetzen können. Ihnen fehlt die befriedigende, unerschütterliche Gewißheit religiöser und pseudowissenschaftlicher, unfehlbarer Aussagen. Aber sie sind lebendig, und das Welken eines Zweigs der Theorie bedeutet nicht notwendig, daß die Theorie als Ganzes dem Untergang geweiht ist.

Das kosmologische Standard- oder Urknallmodell ist umfassend und anpassungsfähig. Es umspannt einen Bereich, in dem viele kleinteiligere Theorien und Versuchsanordnungen nebeneinander existieren und rivalisieren. Es ist unvollständig. Naturwissenschaftler wissen nicht genau, wie alt das Universum ist, wie groß es ist, wie rasch es sich ausdehnt und wieviel Materie es enthält. Es ist, wie der englische Astronom Martin Rees sagt, »ziemlich beschämend, daß neunzig Prozent des Universums nicht erklärt sind«.[6] Unklar ist auch, wie sich die sichtbare Materie zu Sternen und Galaxien ordnet. Es gibt sehr viele Dinge, die wir nicht wissen. Aber es ist sehr wohl möglich, daß sich für all diese Fragen auf die eine oder andere Weise eine Lösung finden wird, ohne daß wir auf die Grundlagen des Standardmodells verzichten müssen.

Wir beginnen deshalb mit den Grundlagen des Standardmodells. Dazu gehören die folgenden Annahmen:

Naturgesetze, die auf der Erde hergeleitet wurden, gelten im gesamten beobachtbaren Universum. Und das ist auch gut so. Es wäre viel schwerer, Physik zu betreiben, wenn beispielsweise jede Galaxie ihre eigene Physik hätte. Glücklicherweise wissen wir, daß Sterne, die Millionen Lichtjahre von der Erde entfernt sind, aus Atomen bestehen, die mit denen identisch sind, die wir hier zu Hause finden – obwohl natürlich in Plasmaströmen, Schwarzen Löchern und anderen exotischen Objekten viel extremere physikalische Vorgänge ablaufen, als wir sie hier auf der Erde reproduzieren könnten.

Das Universum dehnt sich aus. Einsteins Allgemeine Relativitätstheorie sagte vorher, daß der kosmische Raum sich entweder ausdehnt oder zusammenzieht. Hinweise auf die Ausdehnung finden wir in der Rotverschiebung des Lichts ferner Galaxien, die sich nur dann annehmbar und widerspruchsfrei erklären läßt, wenn man sie als Dopplerverschiebung deutet – also darauf zurückführt, daß sich die Galaxien von unserer Galaxis und voneinander entfernen. Die Ausdehnungsgeschwindigkeit ist noch nicht genau bekannt, aber der richtige Wert stimmt wahrscheinlich bis auf etwa zwanzig Prozent mit den heutigen Schätzungen überein. Was diese Ausdehnungsgeschwindigkeit für das Alter des Universums bedeutet, hängt zwar davon ab, welches geometrische Modell des Universums man zugrunde legt, aber in erster Näherung läßt die Ausdehnungsgeschwindigkeit auf ein Weltalter von etwa 15 Milliarden Jahren schließen. Das paßt gut zu dem Alter von etwa 14 Milliarden Jahren, das die Astrophysiker für die ältesten existierenden Sterne berechnet haben. Es gibt jedoch einige neuere Beobachtungen, die ein geringeres Weltalter ergeben würden. Wenn diese Daten bestätigt werden, steht die Kosmologie vor einem erheblichen Problem.

Das Universum ist isotrop und homogen. Isotropie bedeutet, daß es in jeder Richtung ziemlich genau gleich aussieht. Für jemanden, der weit draußen im Meer schwimmt, ist die Aussicht isotrop, denn das Meer sieht in jeder Richtung gleich aus und man kann nicht erkennen, in welche Richtung man schaut. Wenn man dagegen in Küstennähe schwimmt und auf einer Seite Land und auf der anderen Seite Meer sieht, ist der Anblick anisotrop. Aus der Sicht des Beobachters scheint das Universum isotrop zu sein, denn wir sehen in allen Himmelsrichtungen gleichviel Galaxien und Haufen und Superhaufen von Galaxien, falls nicht Staub- und Gaswolken unserer eigenen Galaxis den Blick in den Raum versperren. Das Weltall wird homogen genannt, weil die Verteilung im ganz Großen glatt ist, obwohl Materie sich lokal zu Planeten, Sternen und Galaxien ansammelt und die Galaxien ihrerseits Haufen bilden. Wenn man ein beliebiges Stück von der Größe eines Sterns oder einer Galaxie aus dem Raum herausgreifen könnte, wäre das Ergebnis inhomogen, weil es manchmal Sterne oder Planeten oder Nebel, häufiger aber nur Raum enthalten würde. Wenn man die Kostprobe aber mit einem hinreichend großen Löffel entnimmt – beispielsweise einem, der eine Milliarde Lichtjahre lang ist –, würde man unabhängig davon, wo man in den Raum hineingreift, immer dieselbe Mischung von Galaxien und Raum erhalten. Seit den achtziger Jahren wissen wir, daß Galaxienhaufen gewaltige Blasen bilden, deren Durchmesser von 300 Millionen Lichtjahren nahezu drei Prozent vom Radius des beobachtbaren Universums ausmachen. Wenn es eine weitere Stufe der Hierarchie gäbe, würde die Annahme der Homogenität des Universums fraglich. Vorläufig zeigen die Forschungsergebnisse, daß die Blasen in der Tat die obere Stufe darstellen; die Materie ist also auf einer Skala von Millionen Lichtjahren homogen verteilt.

Die Allgemeine Relativitätstheorie beschreibt das Verhalten der Schwerkraft im heutigen Universum. Nach Einsteins Theorie ist die Gravitation als eine Krümmung des Raums zu verstehen, die durch das Vorhandensein von Materie bewirkt wird. Mit Hilfe dieser Theorie läßt sich also die Gesamtform des kosmischen Raums berechnen, wenn man die Dichte der kosmischen Materie kennt: Je mehr Materie, desto stärker ist der Raum gekrümmt. Der Bequemlichkeit zuliebe beschreiben Kosmologen die Materiendichte durch eine Größe, die sie Ω (Omega) nennen. Wenn Ω größer ist als eins, ist das Universum relativ dicht. Die kumulative Gravitationskraft aller Galaxien kann die kosmische Ausdehnung dann schließlich zu einem Halt bringen, und das Universum muß wieder zusammenfallen. Man nennt ein so gekrümmtes Universum »geschlossen«; es gleicht einer Kugel. Wenn Ω kleiner ist als eins, ist das Universum »offen« und dehnt sich unaufhörlich aus. Wenn Ω gleich eins ist – ein Zustand, der als kritische Dichte bekannt ist –, dehnt sich das Universum unaufhaltsam aus, aber die Ausdehnung verlangsamt sich und kommt einem Stillstand immer näher, ohne ihn je zu erreichen. Ein solches Universum wird »flach« genannt. Relativistische Modelle des Universums setzen ein vierdimensionales Raum-Zeit-Kontinuum voraus. Die dreidimensionalen Entsprechungen der Ausdrücke »geschlossen«, »offen« und »flach« sind sphärische, hyperbolische und ebene geometrische Körper.

Man kann versuchen, die kosmische Materiendichte auf zwei Weisen zu messen: direkt, indem man eine Bestandsaufnahme aller sichtbaren und unsichtbaren Materie macht, oder indirekt, indem man beobachtet, in welchem Maß sich die kosmische Ausdehnung infolge der Schwerkraft verlangsamt, die die Galaxien aufeinander ausüben. Die Wissenschaft verfolgt beide Ansätze, aber die Ergebnisse sind noch nicht schlüssig, sie deuten darauf hin, daß die Dichte nahe am kritischen Wert liegt, was bedeutet, daß das Universum, soweit wir es beobachten können, entweder flach oder nahezu flach ist. Das ist rätselhaft: Wenn die kosmische Materiendichte zufällig zustande kam, gibt es keinen gewichtigeren Grund für die Annahme, daß Ω gleich eins ist, als die Erwartung, der Stab eines Stabhochspringers werde nach dem Sprung jahrhundertelang auf seiner Spitze stehen bleiben. Eine mögliche Erklärung kann die Inflationshypothese liefern (über die wir später mehr sagen).

Im Standardmodell steckt außerdem die Annahme, daß sich *das frühe Universum in einem Zustand hoher Dichte und hoher Energie* befand. Dies ist das »heiße« Urknallmodell. Zu seiner Beschreibung müssen wir einige Begriffe definieren. Die Urknalltheorie behauptet, das Universum habe mit einer Singularität begonnen – einem Zustand, in dem die Raumzeit unendlich gekrümmt war. In einer Singularität sind alle Orte und Zeiten gleich. Deshalb spielte sich der Urknall nicht in einem schon existierenden Raum ab, sondern der ganze Raum war in den Urknall verwickelt. Der Urknall spielte sich auch nicht irgendwo in weiter Ferne ab, sondern genau dort, wo Sie sind und wo ich bin und überall sonst. Alle Orte, die es heute gibt, waren ursprünglich ein und derselbe Ort. Der Urknall war auch keine Explosion, wie wir uns gewöhnlich Explosionen vorstellen, denn die Dinge wurden nicht in den Raum hinausgeschleudert, sondern blieben, wo sie waren, während sich der sie umgebende Raum ausdehnte. Einige Kosmologen benutzen den Ausdruck »Urknall« für die anfängliche Singularität und den Begriff »frühes Universum« für das darauf folgende »heiße«, hochenergetische physikalische Spektakulum. Andere benutzen den Ausdruck »Urknall« umfassender und beziehen ihn auch auf das heiße Universum, wie es sich in den ersten Sekunden und Minuten der Zeit entwickelte. In diesem Buch verwenden wir das Wort in diesem umfassenderen Sinn. Da die Physik der thermonuklearen Reaktionen ziemlich gut bekannt ist, können die Astrophysiker die Vorgänge mit einiger Zuversicht beschreiben. Ihre Berechnungen ergeben unter anderem, daß die Photonen, die freigesetzt wurden, als die allererste Materie sich ausdünnte und durchsichtig wurde, heute als kosmische Mikrowellenhintergrundstrahlung auffindbar sein sollten. Diese Vorhersage wurde durch Beobachtungen bestätigt.

Das Universum entwickelt sich immer weiter. Eine weitere wichtige Vorhersage, die aus der Kernphysik folgt, besagt, daß die leichten Elemente Wasserstoff, Helium und Lithium im frühen Universum entstanden, während die schwereren Elemente später in Sternen erzeugt wurden. Das bedeutet, wie ein Beobachter einmal formulierte, daß das Periodensystem der Elemente eine *Phylogenie* ist – ein Zeugnis der Entwicklung. Wenn die Naturkonstanten, wie viele Theoretiker vermuten, durch zufällige »Phasenübergänge« festgelegt wurden, die sich in den ersten Augenblicken der Zeit abspielten, sind auch die Naturgesetze Zeugen historischer Ereignisse. Eine solche Evolution ist schöpferisch: In einem so entstandenen Universum könnten auch dann nicht alle Ereignisse vorhergesagt werden, wenn wir den genauen Zustand des frühen Universums kennen würden. Die Kosmologie ist ein Fortsetzungsroman.

Weniger gut bestätigt, aber für die heutige Kosmologie ungeheuer interessant ist die Hypothese, daß das sehr frühe Universum eine Periode rascher Ausdehnung durchlaufen haben könnte – ein Ereignis, das »Inflation« genannt wird. Obwohl die vermutete »inflationäre Epoche« nur den Bruchteil einer Sekunde dauerte, würde sie das Universum sehr viel größer gemacht haben als den heute *beobachtbaren* Teil. Unter anderem könnte sie dazu geführt haben, daß der lokale Raum trotz seiner Krümmung flach aussehen würde, genau wie die Erde flach erscheint, wenn man sie von der Oberfläche aus betrachtet.

Die Kosmologie, einst ein Bereich der Mythologie, ist jetzt eine Naturwissenschaft. Sie unterscheidet sich jedoch wesentlich von anderen Naturwissenschaften. Diese gedeihen, weil sie Dinge vergleichen – Quarks mit Leptonen, gasförmige Planeten mit felsigen Planeten, Kreide mit Granit. Aber Kosmologen können nur ein einziges Weltall erforschen. Es kann also nicht mit etwas Konkretem, sondern lediglich anhand von Theorien und Computermodellen verglichen werden, wie andere Universen sein könnten oder wie das wirkliche Universum sich als ein anderes erweisen könnte. Deshalb läßt sich nur sehr schwer herausfinden, welche Aspekte unseres Universums gar nicht anders sein könnten, als sie sind, und welche sich zufällig ergeben haben. Die Aufgabe ist eine großartige Herausforderung für die Phantasie der Kosmologen, die das Privileg haben, sich andere Universen vorzustellen, und die durch die Möglichkeit Auftrieb erhalten, daß es andere Universen wirklich geben könnte.

Wie das Universum dehnt sich auch die Kosmologie aus. Als 1977 mein erstes Buch, *Die rote Grenze,* erschien, gab es auf der ganzen Welt weniger als hundert Menschen, die von Beruf Kosmologen waren. Heute sind es mehr als tausend. Hinter dieser zahlenmäßigen Explosion stehen revolutionäre Veränderungen der Technologie. Die Astronomen erforschten 1977 den Weltraum vor allem mit großen irdischen optischen Teleskopen und Radioteleskopen und mit Hilfe einiger weniger primitiver Satelliten. Das Sammeln von Daten war langsam und mühselig, und die Daten mußten überwiegend von Hand ausgewertet werden, weil Computer noch teuer und umständlich zu bedienen waren. Heute nutzen Wissenschaftler nicht nur mehr und bessere Radio- und optische Teleskope, sondern auch ungeheuer viele künstliche Satelliten, Raumsonden, Meßgeräte, die von Ballons in den Raum getragen werden, und PCs. Dies alles erweitert die Möglichkeiten der menschlichen Wahrnehmung von Raum und Zeit weit über den Sinnesapparat hinaus. Das Ergebnis ist eine Flut an Information. 1970 kannten die Astronomen durch Messung ihrer Rotverschiebungen die näherungsweisen Entfernungen von etwa zweitausend Galaxien; 1994 hatte diese Zahl hunderttausend überstiegen und nahm rasch weiter zu. Jetzt sind so viele Galaxien abgebildet worden, daß es nicht genug Astronomen gibt, um sie alle zu klassifizieren; diese Arbeit wird zunehmend von neuronalen Netzen und anderen »künstlich intelligenten« Computerprogrammen verrichtet.

Dank der Informationsexplosion lassen sich kosmologische Theorien durch Beobachtungsdaten stark »einengen«. Vor zwanzig Jahren kannten Astrophysiker, die theoretisch über die Galaxienbildung nachdachten, nur eine Handvoll Tatsachen: Sie wußten beispielsweise näherungsweise, welche Masse und Größe normale Galaxien haben, und sie wußten ein wenig über die Zusammensetzung und das Alter der Sterne. Das war aber auch schon nahezu alles. Heute berufen sich Theoretiker, die sich mit der Galaxienbildung beschäftigen, auf computerisierte Kataloge (und müssen sich auch mit ihnen zufriedengeben), welche die Typen und Orte von Millionen Galaxien und ihre beobachteten Charakteristika im sichtbaren Licht, im Infrarot-, im Radio-, Röntgen- und im Gammabereich (und noch mehr) angeben. Wenn die Kosmologie auch noch nicht die Genauigkeit und Statur beispielsweise der Quantenelektrodynamik hat, so ist sie doch längst nicht mehr ein so unverbindlich spekulatives Gebiet, daß ihre Kritiker sie mit der abfälligen Bemerkung abtun könnten: »Kosmologen irren sich oft, zweifeln aber selten.«

Man kann natürlich fragen, welche Bedeutung die Kosmologie für unser Alltagsleben hat. Die Antwort lautet merkwürdigerweise, daß sie eine große Rolle spielt. Aus irgendeinem Grund – anscheinend kennt ihn niemand genau – haben alle Menschen, von den alten Ägyptern über die Indianer bis hin zu den Einwohnern fast jeder großen Stadt und jedes winzigen Dorfs heute, eine Vorstellung vom Weltall und seiner Erschaffung entwickelt. Und diese Vorstellungen beeinflussen unser Denken auf eine Weise, die nicht immer offensichtlich ist.

Ein Produkt der Wechselwirkung zwischen Kosmologie und täglichem Leben ist etwa die amerikanische Unabhängigkeitserklärung. Die Philosophen des Abendlandes waren beeindruckt von der eleganten, einem Uhrwerk vergleichbaren Präzision der Planetenbewegungen, die sich in Newtons Gesetzen offenbarte, und deshalb konnten die liberaleren Denker unter ihnen Gott aus der alten Rolle dessen, der persönlich eingreift, entlassen – weil ja seine Dienste nicht länger nötig waren, um die Planeten zu bewegen –, während sie den Begriff von Gott als Weltenschöpfer beibehielten. Nachdem sie das getan hatten, wandten sie ihre Aufmerksamkeit zunehmend der Erforschung der Natur zu, als einer Möglichkeit, Gottes großartigen und wunderbaren Plan zu bewundern. Von dieser Betonung des Naturgesetzes war es nur ein kleiner Schritt bis zu John Lockes Behauptung, daß es auch Naturgesetze gibt, die den Menschen und seine Macht betreffen. Das Entscheidende an diesen Gesetzen ist, wie Locke sagte, daß »die natürliche Freiheit des Menschen darin besteht, frei von jeder höheren Macht auf Erden zu sein und nicht den Willen oder die Gesetzgebung von Menschen, sondern nur die Naturgesetze als seine Regel zu haben.«[7] Gegen Ende des 18. Jahrhunderts lagen Lockes Gedanken so sehr in der Luft, daß sie ihren Nachhall im er-

21

sten Satz der Unabhängigkeitserklärung fanden. Als Thomas Jefferson von dem eigenständigen und gleichen Rang schrieb, zu dem die Gesetze der Natur und der Gott der Natur ein Volk berechtigten, meinte er, daß die Gleichwertigkeit der Menschen und das Recht auf Leben, Freiheit und Streben nach Glück Naturgesetze sind, die genauso in der Natur verankert sind wie Newtons Gravitationsgesetz.[8] An diesem Beispiel wird wie in vielen anderen Fällen deutlich, daß die Befunde und Spekulationen von Kosmologen, obwohl sie vor allem mit Ereignissen zu tun haben, die in Raum und Zeit weit entfernt sind, ihren Weg in die Gesellschaft finden und alles beeinflussen können – von den Neuerungen in Literatur und Kunst bis zu den Erwägungen in Gesetzgebung und Rechtsprechung.

Auch die Religion ist seit langem mit der Kosmologie verwoben, angefangen bei dem Glauben, daß Naturwissenschaft gut ist, weil sie das Wohlwollen des Schöpfers offenbart (»Die Himmel rühmen die Herrlichkeit Gottes, vom Werk seiner Hände kündet das Firmament«, Psalm 19.1) bis hin zu der Tragikomödie der Verfolgung des alternden Galilei durch die römisch-katholische Kurie. Die Gewohnheit, religiöse mit kosmologischen Gedanken zu verflechten, ist so unausrottbar, daß viele Physiker der Versuchung erlegen sind, bei der Beschreibung rein wissenschaftlicher Arbeit Gott ins Spiel zu bringen. Als der Astronom George Smoot von der Universität Berkeley in der kosmischen Hintergrundstrahlung Hinweise darauf fand, daß die Superhaufen von Galaxien in der Kindheit des Universums als Quantenfluß begannen, sagte er zu Journalisten, die Entdeckung sei gewesen, »als ob man in das Gesicht Gottes schaue«.[9] Zum Beispiel könnte man Paul Davies, *Der Plan Gottes,* erwähnen; Ian Stewart, *Denkt Gott symmetrisch?*; John Gribbin, *Die erste Genesis: Gott, die Zeit und der Urknall*; Leon Lederman, *Schöpferische Teilchen;* oder auch *Ist Gott eine mathematische Formel?* von Klaus Schulz. Stephen Hawking schließt sein Buch *Eine kurze Geschichte der Zeit* mit der Vermutung, daß die Entdeckung einer allumfassenden physikalischen Theorie dazu führen sollte, daß wir »uns mit der Frage auseinandersetzen können, warum es uns und das Universum gibt«, und das wiederum würde bedeuten, daß »wir Gottes Plan kennen« würden.[10]

Die psychologischen Verbindungen zwischen Religion und Kosmologie gehen vermutlich zu tief, als daß sie beseitigt werden könnten, aber vielleicht sollten wir im Sinn behalten, daß vieles von diesem »von-Gott-Gerede« auf der Annahme beruht, daß Gott in einem Gleichungssystem verkörpert ist. Das könnte zutreffen, ist aber keineswegs selbstverständlich. Wenn ein Wissenschaftler eine solche Annahme macht, riskiert er, religiöse Kontroversen in die Kosmologie einzuführen. Die Wissenschaft hat schon mehr als genug damit zu tun herauszufinden, *wie* das Universum funktioniert, ohne sich einzubilden, sie könne uns auch das *Warum* erklären. Religiöse Systeme sind inhärent konservativ, die Naturwissenschaft ist inhärent progressiv. Obwohl es also selbstverständlich ist, daß es zwischen diesen beiden Denksystemen keine Gegnerschaft zu geben braucht, scheint es weder wahrscheinlich noch wünschenswert, sich vorzustellen, daß beide auf dem Weg zu einer Annäherung sind – ein Beispiel dafür, daß ein guter Zaun für gute Nachbarschaft sorgt.

Das stärkste Band zwischen Kosmologie und Alltagsleben steckt jedenfalls nicht in den erlauchten Gefilden der Religion und der Philosophie, sondern in der Fähigkeit der Naturwissenschaft, einfach nur die Frage zu beantworten, wie die Dinge wurden, was sie sind. Das Buch, das Sie in der Hand halten, ist aus bedrucktem Papier, das aus Bäumen gemacht wurde. Bäume und Menschen leben auf der Erde, weil die Sonne Energie liefert, weil es Wasser gibt (das uns höchstwahrscheinlich von Kometen vermacht wurde, die in der Frühzeit unseres Planeten auf ihn prallten) und weil geologische Prozesse in der Erde die Vulkane antreiben und frische Materie aus der Tiefe nach oben befördern. Die Kernphysik lehrt uns, wie die Sonne Energie aus ihrem Kern freisetzt und wie radioaktive Wärme geologische Vorgänge im Mittelpunkt der Erde antreibt. Beide Forschungsrichtungen führen uns zurück zu der Phase des Urknalls, in der die ersten Atomkerne gebaut wurden. Die Astrophysik erkundet, wie sich die Sonne und ihre Planeten aus dem Kollaps von Gaswolken bildeten, die einen Spiralarm des Milchstraßensystems säumen, und das wiederum führt zu der Frage, wie es im jungen Universum zur Entstehung der Galaxien kam.

Aus kosmischer Perspektive werden alle wissenschaftlichen Fragen letztlich zu Erzählungen. Das Zimmer, in dem ich diese Worte schreibe, liegt über einem steilen Abhang in Sonoma County in Kalifornien. Der Abhang ist steil, weil er noch ziemlich jung ist und Wind und Regen noch nicht genug Zeit hatten, ihn durch Erosion zu glätten. Wenn man genau hinschaut, kann man am Rand der Bergkette in der Ferne die Reste erloschener Vulkane erkennen. Der Hang ist jung, weil er in der Nähe der San-Andreas-Verwerfung liegt, in einer der geologisch aktivsten Regionen der Erde. Warum ist diese Region aktiv? Weil hier die pazifische Platte, die nach Osten treibt, mit jener zusammenstößt, die den Kontinent Amerika trägt. Die pazifische Platte sinkt nach unten, die amerikanische hebt sich, und dabei entstehen neue Berge. Die Bewegung der Platten trägt die Berge nach Norden. Einige der Felsen auf diesen Bergen lagen vor Millionen Jahren auf dem Boden des Südpazifik, von wo sie nach Chile wanderten, bevor sie eine Linkswendung machten; jetzt ziehen sie auf ihrem Weg nach Alaska hier vorbei.

Was treibt die Bewegung der Kontinentalplatten an? Wärme tief unten in der Erde, die durch den Zerfall radioaktiver Atome erzeugt wird. Woher kamen diese Atome? Sie kamen vor langer Zeit aus der interstellaren Wolke, aus der sich die Sonne und die Planeten bildeten. Davor trieben die Atome im Raum umher. Aber wie kommt es, wenn diese Atome doch zerfallen, daß es noch viele von ihnen gab, als sich zehn Milliarden Jahre nach dem Urknall das Sonnensystem bildete? Weil sie gerade entstanden waren, in einer oder mehreren Sternexplosionen, die sich kurz vor der Entstehung des Sonnensystems abspielten. Woher kamen *diese* Sterne? Aus ähnlichen Vorgängen, die sich früher in der Geschichte der Galaxis abspielten. Spiralgalaxien wie die Milchstraße sind Maschinen zur Sternerzeugung. Woher kam die Galaxis? Auch sie kondensierte sich aus einer Gaswolke. Und woher kam *diese* Wolke? Aus der sich abkühlenden dunklen Materie, die beim Urknall entstand, eine Milliarde Jahre nach dem Anfang der Zeit.

An keinem Punkt dieser langen Kette von Fragen und Antworten legt die Natur nahe, daß wir aus gutem Grund behaupten könnten, alles, was vor *dieser* Zeit war oder größer ist als der *diesem* Zeitpunkt entsprechende Raum, gehöre zum Universum, alles aber, was früher war oder kleiner ist, in das Reich rein menschlicher Dinge. Nichts von dem, was es gibt, ist rein menschlich, und nichts, was wir am Himmel sehen, ist rein kosmisch. Wir sind mit dem Kosmos verstrickt. Alle Wege führen zur Kosmologie, und je höher wir klettern, desto weiter können wir sehen.

KAPITEL 1

Die Küsten des Lichts

D'où venons-nous? Qui sommes-nous? Où allons-nous?
Woher kommen wir? Wer sind wir? Wohin gehen wir?

Titel eines Gemäldes von Gauguin

So bringt die Zeit allmählich jedes zutage,
und der Verstand hebt es an die Küsten des Lichtes.

Lukrez[1]

Dieses Buch will zusammenfassen, was wir über den Kosmos wissen und wie wir zu diesem Wissen gekommen sind. Es will Vermutungen darüber anstellen, welche Richtung die Kosmologie in Zukunft einschlagen wird. Zunächst aber müssen wir umreißen, wie die Naturwissenschaft zu ihren heutigen Kenntnissen über das Alter, die Größe und die Entwicklung des Universums gelangt ist.

Bis jetzt verlief die Geschichte so:

Nach Meinung der alten Griechen ruhte die Erde (die sie für eine Kugel hielten) unbeweglich in der Mitte des Universums, inmitten konzentrischer Kristallsphären, die Sonne, Mond, Planeten und Sterne trugen. Dieses Modell stimmte gut mit dem überein, was der gesunde Menschenverstand wahrnahm: Die Sterne scheinen ja wirklich täglich die Erde zu umrunden, und jeder Versuch, etwas anderes zu behaupten – daß dieser Effekt von der Erddrehung bewirkt wird und nicht von der Drehung der Sternenkugel –, mußte auf Einwände stoßen, die damals unüberwindlich waren. Warum sollte jemand, der in die Luft springt, in seinen eigenen Fußstapfen landen und nicht hundert Meter weiter westlich, wenn sich doch die Erde unter ihm dreht? Der geozentrische Kosmos war auch ästhetisch ansprechend: Er sah unsere Welt als eine Kugel im Zentrum ineinandergefügter

Sphären, und diese Auffassung paßte gut zu Platons Überzeugung, daß die Kugel die vollkommenste aller geometrischen Formen ist, weil sie von allen Körpern mit vorgegebener Oberfläche das größte Volumen hat.

Dieses antike Modell wurde von zwei der schärfsten Denker des vierten vorchristlichen Jahrhunderts erdacht, dem Philosophen Aristoteles und dem Astronomen Eudoxos, und fand weite Verbreitung. Die Griechen gaben sich jedoch nicht damit zufrieden, einfach nur seinen Glanz zu bewundern. Sie erwarteten von der Theorie auch eine Erklärung der Beobachtungsdaten – sie sollte vergangene Himmelsbewegungen erklären und zukünftige vorhersagen, insbesondere solch spektakuläre Ereignisse wie Sonnen- und Mondfinsternisse und die Konjunktionen der Planeten. Vor allem aus diesem Grund rühmen wir die Griechen als Vorläufer der modernen Naturwissenschaft. Ihre Skepsis setzte den fragenden, umstürzlerischen und immer unbefriedigten Geist in Bewegung, der die Naturwissenschaft kennzeichnet. Auch daß ihre Modelle letztlich versagten, kann uns eine Warnung sein – in der Kosmologie kann eine Theorie vernünftig und schön und dennoch völlig falsch sein. Die geozentrische Kosmologie von Aristoteles und Eudoxos konnte die Planetenbewegungen langfristig nicht genau vorhersagen.

Bessere Ergebnisse brachte das kompliziertere Modell, das Claudius Ptolemäus im zweiten nachchristlichen Jahrhundert in Alexandria aufstellte. Im ptolemäischen Universum lief jeder Planet auf einem Epizyklus – einem kleinen Kreis –, dessen Mittelpunkt ein Punkt seiner Bahn um die Erde war oder auch ein Punkt auf einem anderen Epizyklus. Das war klug, aber sehr abstrakt. Ptolemäus selbst sah sein Modell lediglich als ein mathematisches Hilfsmittel. Trotzdem herrschte das ptolemäische Weltbild im Abendland vierzehn Jahrhunderte lang, bis es von der sonnenzentrierten Kosmologie des Kopernikus in Frage gestellt wurde.

Noch heute lernen Kinder in der Schule, das heliozentrische kopernikanische Universum habe auf einen Schlag Einfachheit und Licht in die Kosmologie gebracht. Tatsächlich war das kopernikanische Modell in seiner ursprünglichen Form weder weniger kompliziert als das ptolemäische noch genauer. Kopernikus nahm an, daß die Planetenbahnen Kreise waren, und folglich mußte auch er Epizyklen zu Hilfe nehmen. Der Kopernikanismus wurde von einigen Astronomen, besonders den radikaleren jüngeren Gelehrten, nicht deswegen begrüßt, weil er alle Probleme löste, sondern weil er neuartigen Gedanken den Weg bahnte, denn er bewies, daß eine heliozentrische Kosmologie es mit dem geozentrischen Weltbild des Ptolemäus aufnehmen konnte. Die neuen Aussichten waren gewaltig – auch buchstäblich. Das ptolemäische Universum ist inhärent klein: Da sich die von ihm umschlossene Sternenkugel jeden Tag einmal um die Erde dreht, könnte sie auseinanderfliegen, wenn sie sehr groß wäre, denn dann müßte sie sich mit gewaltiger Geschwindigkeit drehen. Wenn aber Kopernikus recht hat, müssen die Sterne gerade deshalb sehr weit entfernt sein, weil sie immer am selben Ort am Himmel zu sein scheinen, während die Erde auf ihrer Bahn läuft und sich dabei die Blickrichtung ändert. Auf diese Weise schob der Vorschlag des Kopernikus die Mauern zurück, die das Sonnensystem umgaben, und ließ jenseits davon ein großes Universum erahnen.

Aber das kopernikanische Modell hatte mit zwei großen Problemen zu kämpfen: Da es die Planetenbahnen für kreisförmig hielt, war es kompliziert und fehleranfällig. Planetenbahnen sind nicht kreisförmig, sondern elliptisch. Wenn man versucht, die Bewegungen der Planeten auf Kreisbahnen festzuschreiben, ist das etwa so, als ob man herausfinden will, wie ein amerikanischer Football hüpft, indem man einen Basketball aufprallen läßt. Und da die Physik seit der Zeit der alten Griechen nicht viele Fortschritte gemacht hatte, standen die Anhänger eines jeden heliozentrischen Modells den alten Einwänden immer noch hilflos gegenüber: Warum landet ein Hochspringer nicht westlich vom Sprungbrett? Und warum brausen nicht immer Ostwinde über den Planeten hinweg, besonders am Äquator, wo sich alles mit einer Geschwindigkeit von über tausend Kilometern in der Stunde ostwärts bewegt?

Es blieb zwei führenden Gelehrten der späten Renaissance vorbehalten, diese Probleme anzugehen, indem sie Schwächen im koperni-

29

kanischen Modell korrigierten und die Beziehung zur irdischen Physik herstellten. Johannes Kepler und Galileo Galilei waren beide begabte Schriftsteller, deren Bücher ihre Gedanken in der ganzen schriftkundigen Welt zum Thema intellektueller Diskurse machten. Als Menschen unterschieden sie sich sehr; der eine dachte eher theoretisch und war ein Einzelgänger, der andere war empirisch ausgerichtet und gesellig.

Kepler suchte im Kosmos die Symmetrien der Mathematik und die Harmonien der Musik. Er konnte selbst auch wohl wegen seiner schlechten Augen nur wenig beobachten und hatte nur selten Gelegenheit, durch ein Teleskop zu sehen. Seine kosmologische Forschung beruhte auf Daten, die der dänische Astronom Tycho Brahe gesammelt hatte, mit dem Kepler in den zwei Jahren vor Brahes Tod auf Schloß Benatek bei Prag zusammenarbeitete. Die Beziehung zwischen Kepler und Brahe war schwierig. Brahe befürchtete, Kepler könne ihn überschatten, und enthielt ihm viele seiner Daten vor. Kepler bekam erst nach Brahes Tod – er starb an einer geplatzten Blase, die vom übermäßigen Biertrinken herrührte – vollen Zugang zu den Daten, mit deren Hilfe er schließlich die drei Gesetze über die Planetenbewegung aufstellte, die seither seinen Namen tragen.

Die meisten von uns haben sich ein Gefühl für die Schönheit eines Naturgesetzes wohl erst aneignen müssen, so, wie wir es erst mit der Zeit lernen, Whisky zu genießen oder die Musik von Alban Berg zu mögen. Und da nur wenige Menschen in den dafür entscheidenden Jahren für die Naturwissenschaft empfänglich gemacht werden, könnte es wohl sein, daß Connaisseure der wissenschaftlichen Ästhetik noch seltener sind als Genießer von MacCallan-Whiskey oder Liebhaber des *Wozzek*. Für jene aber, die wissen möchten, was die Schönheit der Naturwissenschaft wert ist, und nicht nur ihre Genauigkeit, sind die Keplerschen Gesetze ein guter Ausgangspunkt.

Das erste Gesetz besagt, daß die Planeten keine vollkommenen Kreise beschreiben, sondern Ellipsen (also Ovale), in deren einem Brennpunkt jeweils die Sonne steht. Dieser meisterhafte Nachweis veranlaßte Immanuel Kant, Kepler den schärfsten Denker zu nennen, der je geboren wurde. Wie bis dahin jeder andere Kosmologe

30

hatte auch Kepler zunächst angenommen, die Planetenbahnen müßten Kreise sein. Um auf die Idee zu kommen, es könnten Ellipsenbahnen sein, mußte er also sowohl sein eigenes Denkgebäude verlassen als auch das der Gesellschaft, zu der er gehörte. Seine Zeitgenossen reagierten auf diesen kühnen Schritt mit Verachtung und kritisierten nicht nur seine Hypothese, sondern auch seine Methode, zu der die intensive Anwendung mathematischer Hilfsmittel gehörte, die raffinierter waren als diejenigen irgendeines anderen Astronomen seiner Zeit. Selbst sein alter Astronomieprofessor erhob Einwände – der von Kepler verehrte Magister Michael Maestlin, der Kepler mit der kopernikanischen Kosmologie bekannt gemacht hatte. Keplers Leistung war um so bemerkenswerter, weil er zu der Zeit, als er zu Ellipsen überging, schon beträchtliches Ansehen genoß und über vierzig war – Bedingungen, die normalerweise der mathematischen Innovation nicht besonders förderlich sind. »Ich habe soviel Mühe darauf verwendet, daß ich zehnmal daran hätte sterben können.«[2] Er verglich die Wirkung später damit, wie es ist, wenn man beim Erwachen Licht sieht.

Die Eleganz des ersten Gesetzes erschließt sich nicht sofort, und ein flüchtiger Betrachter könnte fragen, was es denn für einen Unterschied mache, ob sich Planeten auf Kreisen oder rundlichen Ellipsen bewegen, die sich auf den ersten Blick gar nicht sehr von Kreisen unterscheiden. Die Schönheit der Keplerschen Entdeckungen zeigt sich deutlicher im zweiten Gesetz. Danach nimmt die Bahngeschwindigkeit eines Planeten zu, wenn er sich der Sonne nähert, und ab, wenn er sich von ihr entfernt, und zwar genau so, daß die Flächen, die in gleichen Zeiten überstrichen werden, immer gleich groß sind. Man verfolge, anders gesagt, die Bewegung des Mars über einen Zeitraum von einem Monat, wenn er weit entfernt ist von der Sonne, und das Dreieck, das die Sonne mit der Position des Planeten am Beginn und Ende dieses Monats verbindet. Dieses Dreieck ist lang und dünn; nun vergleiche man es mit einem dickeren, das, wieder im Lauf eines Monats, die Bewegung des Mars in Sonnennähe beschreibt; man wird finden, daß die Flächen der beiden Dreiecke übereinstimmen. Dasselbe gilt für jeden Himmelskörper, der einen anderen umläuft.

Kepler war begeistert von dieser raffinierten Symmetrie und verglich sie mit der Harmonie der kontrapunktischen Musik.

Keplers drittes Gesetz besagt, daß die dritte Potenz der mittleren Entfernung eines Planeten zur Sonne proportional ist zum Quadrat der Umlaufzeit des Planeten. Das dritte Gesetz lieferte den Astronomen ein leistungsfähiges Hilfsmittel zur Kartierung des Sonnensystems, weil sie mit seiner Hilfe dann, wenn sie wußten, wie lange ein Planet für einen Umlauf um die Sonne braucht – diese Umlaufzeiten waren zu Keplers Lebzeiten schon bekannt –, berechnen konnten, wie groß seine Bahn relativ zur Bahn der anderen Planeten ist. Sowie man also die tatsächliche Größe einer der Planetenbahnen kennt, ist auch die tatsächliche Größe aller anderen Bahnen bekannt.[3] Ähnlich kann man bei Planeten wie Jupiter oder Saturn, die viele *Satelliten* haben (dieses Wort wurde von Kepler geprägt), aus der Kenntnis der Umlaufbahn einer der Mondbahnen die anderen berechnen.

Während Kepler sich mit diesen Fragen beschäftigte, behob Galilei einige Mängel in der Physik der kopernikanischen Theorie. Galilei, in Pisa geboren, war in vielfacher Hinsicht ein Mann des Südens – er war extrovertierter als Kepler, fühlte sich in Gesellschaft wohl, war materialistisch und mit der Technologie seiner Zeit vertraut. Er verbrachte seine produktivsten Jahre in der Republik Venedig, die zu den größten Hafenstädten der Welt gehörte, und war mit den technischen Verfahren der Seefahrt ähnlich vertraut, wie sich viele Naturwissenschaftler heute über das auf dem Laufenden halten, was am Kennedy Space Center geschieht. Galileis einflußreiches Buch *Unterredungen und mathematische Demonstrationen über zwei neue Wissenszweige, die Mechanik und die Fallgesetze betreffend* beginnt mit einem deutlichen Hinweis auf seine Ansicht, daß der Fortschritt der Technik den der Wissenschaft fördert. Salviati, einer der drei Gesprächspartner, sagt:

Die unerschöpfliche Tätigkeit Eures berühmten Arsenals, Ihr meine Herren Venetianer, scheint mir den Denkern ein weites Feld zur Spekulation darzubieten, besonders im Gebiete der Mechanik: da fortwährend Maschinen und Apparate von zahlreichen Künstlern ausgeführt werden, unter welch letzteren sich Männer von umfassender Kenntnis und von bedeutendem Scharfsinn befinden.[4]

Beide, Kepler und Galilei, waren Revolutionäre, die es fertiggebracht hatten, die alte Überzeugung abzuschütteln, daß dem reinen Denken der Vorzug vor den unbeholfenen und oft umständlichen Verfahren gebührt. Sie waren Männer, bei denen Kugeln schiefe Ebenen hinunterrollten, die Welt durch primitive Teleskope betrachtet und die materielle Welt sonstwie untersucht wurde. Albert Einstein schrieb Lobreden auf sie, in denen er ihre Bereitschaft pries, in der Natur nach Wahrheit zu suchen und so die traditionelle Vorliebe ihrer Kultur zu überwinden, die das abstrakte Denken der empirischen Beobachtung vorzieht.[5] Kepler, so bemerkte Einstein, »muß klar erkannt haben, daß ein noch so klares logisch-mathematisches Theoretisieren allein keine Wahrheit verbürgt, sondern daß die schönste logische Theorie in der Naturwissenschaft ohne Vergleich mit der exaktesten Erfahrung nichts bedeutet.«[6] Über Galilei sagte er: »Durch bloßes logisches Denken vermögen wir keinerlei Wissen über die Erfahrungswelt zu erlangen; alles Wissen über die Wirklichkeit geht von der Erfahrung aus und mündet in ihr. Rein logisch gewonnene Sätze sind mit Rücksicht auf das Reale völlig leer. Durch diese Erkenntnis und insbesondere dadurch, daß er sie der wissenschaftlichen Welt einhämmerte, ist Galilei der Vater der modernen Physik, ja der modernen Naturwissenschaft überhaupt geworden.«[7]

Galileis wichtigster Beitrag zur Physik der Kosmologie beruht auf seiner Einsicht in den Trägheitsbegriff. Aristoteles hatte angenommen (und das Abendland war ihm brav gefolgt), daß Dinge von Natur aus dazu neigen, in Ruhe zu sein. Dies stimmt sicherlich mit der Erfahrung überein – ein Buch oder ein Stein bleibt an einem Platz, solange man nicht Energie aufwendet, sie zu bewegen. Selbst heute bedeutet das Wort »Trägheit« gewöhnlich Schwerfälligkeit oder Stagnation. Galilei erkannte, daß diese selbstverständliche Annahme falsch war. Er ließ Holzblöcke über einen Tisch gleiten, polierte dann Tisch und Blöcke, stieß die Blöcke wieder an und dachte darüber nach, was es bedeutete, daß sie weiter glitten, wenn die Reibung geringer war. Er folgerte, daß sie dann, wenn sie vollkommen glatt wären und es keine Reibung gäbe, unendlich weit gleiten und sich immer weiter bewegen würden. Die Trägheit, so schloß er, ist nicht nur die Neigung ruhender Körper, in Ruhe zu bleiben, sondern auch die Neigung bewegter Körper, in Bewegung zu bleiben.

Galileis Einsicht, die der Intuition so deutlich widersprach, konnte den grundlegenden Einwand gegen die kopernikanische Behauptung entkräften, nämlich daß sich die Erde bewegt. Hochspringer fliegen nicht nach Westen, und es weht nicht immerzu ein Ostwind, weil sich die Springer und die Atmosphäre bereits gemeinsam mit der drehenden Erde bewegen und deshalb dazu neigen, in Bewegung zu bleiben. Heute haben wir genug von der Welt gesehen, um zu wissen, daß Bewegung und nicht Ruhe der gewöhnliche Materienzustand ist, und daß Bewegungslosigkeit höchstens ein lokales Merkmal ist, das in einem lokalen »ruhenden Inertialsystem« auftritt. Je weiter man nach außen sieht, um so mehr findet man, daß sich alles relativ zu fast allen anderen Dingen bewegt. Das Universum wurde ruhelos geboren und stand seitdem niemals still.

Galileis letzte Lebensjahre waren von seinen vergeblichen Versuchen überschattet, die Kirche davon zu überzeugen, daß sie die ptolemäische Kosmologie durch die kopernikanische ersetzen solle. Schließlich mußte er seine Meinung vor der Inquisition demütig auf den Knien widerrufen und den Rest seiner Tage unter Hausarrest verbringen. Aber sein Eintreten für das kopernikanische Weltbild scheiterte nicht nur, weil die Autoritäten in Rom nicht zum Umdenken bereit waren, sondern auch, weil Galilei, obwohl er viele gewichtige Argumente anführen konnte, die auf Analogien beruhten, die kopernikanische Kosmologie doch niemals quantitativ verteidigen konnte.

Das gelang erst Isaac Newton. Newton, der 1642, im Todesjahr Galileis, geboren wurde, erforschte alles, von der Alchemie über die biblische Chronologie bis hin zur Optik und Mechanik, und veröffentlichte praktisch nichts. Nur höchst widerwillig und auf Drängen des Astronomen Edmond Halley schrieb Newton seine *Principia*, das

Buch, das seinen Namen unsterblich machte. Die Gleichungen der *Principia* erlauben es, die Bewegung der Planeten und die Geschwindigkeit, mit der Körper auf die Erde fallen, genau zu berechnen, und zeigen, daß beides durch eine einzige Kraft, die Schwerkraft, verursacht wird.[8] Damit rechtfertigten sie das heliozentrische Weltbild von Kopernikus, Kepler und Galilei, und vereinten zugleich die Physik des Himmels und der Erde. Mit Newtons Forschung begannen zwei wissenschaftliche Unternehmungen, die seitdem ununterbrochen weitergeführt werden: der Fortschritt der Physik durch die Erforschung von Phänomenen auf und außerhalb der Erde und die Vermessung eines Universums, das zwar riesig, aber aus irgendeinem Grund doch dem menschlichen Wissensdrang zugänglich ist.

In den zwei Jahrhunderten nach der Veröffentlichung von Newtons *Principia* (1687) konnten wesentliche Fortschritte in der Vermessung des Sonnensystems gemacht werden. Naturforscher mit Fernrohren und genauen Uhren – Zeitmessern, die entwickelt wurden, um den Seefahrern die Bestimmung der geographischen Länge zu erlauben und damit zu verhindern, daß sie nachts an einer Küste strandeten – beobachteten 1761 und 1769 die Vorübergänge der Venus vor der Sonne und erhielten Ergebnisse, die einen ziemlich genauen Wert für die Größe der Erdbahn ergaben. Das wiederum bahnte den Weg für die Messung der Entfernung naher Sterne durch Triangulation (»Parallaxenmessung«). Die erste genaue Fixsternparallaxe gelang 1838 bei dem elf Lichtjahre von der Erde entfernten Stern 61 Cygni.

Wer das Universum im Großen vermessen möchte, muß zuvor die grundlegende Entdeckung machen, daß Sterne zu Galaxien gehören, die im sternenfreien Raum verstreut sind. Diese Entdeckung wird dadurch erschwert, daß die Nebel, die in unserer eigenen Galaxis Gas- und Staubwolken sind, im Fernrohr große Ähnlichkeit mit den »Spiralnebeln« haben, die eigenständige ferne Galaxien sind. Der Durchmesser der Gasnebel beträgt gewöhnlich einige zehn Lichtjahre. Spiralnebel dagegen bestehen aus Milliarden von Sternen, haben gewöhnlich einen Durchmesser von hunderttausend Lichtjahren und sind Millionen von Lichtjahren von der Erde entfernt. Die Astronomen mußten erst lernen, zwischen diesen beiden – oberflächlich gesehen – ähnlichen Klassen von Objekten zu unterscheiden, bevor ihre Wissenschaft Wesentliches über das Universum im Großen in Erfahrung bringen konnte.

Mit erstaunlicher Einsicht hatte der Philosoph Immanuel Kant bereits 1755 behauptet, die Spiralnebel seien Galaxien, Welteninseln, aber erst 1925 konnte der amerikanische Astronom Edwin Hubble mit Hilfe von fotografischen Platten und dem riesigen 2,5-Meter-Spiegel am Mount-Wilson-Observatorium in Kalifornien in einer Galaxie einzelne Sterne nachweisen und damit beweisen, daß Kant recht hatte. Seitdem sind sehr viele Methoden entwickelt worden, die die kosmische Entfernungsskala erweitern, so daß Astronomen heute die Entfernung von Tausenden von Galaxien, die sich Hunderte von Millionen Lichtjahren in den Raum erstrecken, mit einer Genauigkeit von über fünfzig Prozent kennen.

Inzwischen hatte die Astronomie ihre ursprüngliche, taxonomische Phase, in der Beobachter Himmelskörper ähnlich klassifizierten wie Naturforscher in den Tagen vor Darwin getrocknete Pflanzen und ausgestopfte Vögel, hinter sich gelassen und sich zur »Astrophysik« ausgewachsen, einer Wissenschaft, die nicht nur über außerirdische Phänomene berichtet, sondern auch plausible Erklärungen dafür bietet, warum sie ablaufen. Die Veränderung war etwa so, wie wenn man ein Schauspiel besucht, das in einer Sprache gespielt wird, die man nicht selbst spricht und versteht, und in der das Geschehen erst im zweiten Akt klar wird, wenn ein Übersetzer einem flüsternd erklärt, was die Schauspieler tun und welche Beweggründe sie haben. Die Astrophysik machte es möglich, über die reine Beschreibung des Himmels hinauszugehen und herauszufinden, wie er so geworden war.

Für die Fortschritte in der Astrophysik war das Spektroskop wesentlich, das Licht in die Frequenzen der reinen Farben auffächert, aus denen es besteht. Diese Frequenzen vermitteln Informationen über Sterne und andere leuchtende Objekte, ausgehend von ihren Atomen. Licht besteht aus subatomaren Teilchen, sogenannten »Photonen«. Ein Atom setzt ein Photon frei, wenn eines seiner Elektronen

36

von einem höheren auf ein niedrigeres Energieniveau fällt. Das Atom verliert Energie, und die überschüssige Energie wird als Photon ausgestrahlt. So entstehen das Sonnenlicht, das Sternenlicht und auch die Phosphoreszenz von Gasnebeln, deren Gas durch das Licht der in sie eingebetteten Sterne zum Leuchten »angeregt« wird, wie die Physiker sagen. Durch die Analyse der Sternspektren und anderer astronomischer Objekte können wir ihre Zusammensetzung, ihre Temperatur, ihre Rotationsgeschwindigkeit und viele andere ihrer Eigenschaften in Erfahrung bringen.

Das erste Sonnenspektrum wurde auf der Grundlage der Fraunhoferschen Spektroskopie 1861 in Heidelberg von dem Physiker Gustav Kirchhoff bestimmt, der darin Natrium, Kalzium, Magnesium, Eisen und andere Elemente fand. (Das Element Helium wurde 1868 in der Sonne entdeckt, bevor es auf der Erde gefunden wurde, und deshalb nach dem griechischen *helios*, »Sonne«, benannt.) Als der englische Amateurastronom William Huggins das Teleskop seiner Londoner Privatsternwarte mit einem Spektroskop ausgestattet hatte, konnte er in den hellen Sternen Aldebaran und Beteigeuze Eisen, Natrium, Kalzium, Magnesium und Wismut nachweisen. Aber die wichtigste Entdeckung, die die Kosmologie der Spektroskopie zu verdanken hat, machte Hubble 1929, als er bei Galaxien eine Verschiebung der Spektrallinien bemerkte und zeigte, daß sich die allermeisten Galaxien von der Milchstraße und auch voneinander mit einer Geschwindigkeit entfernen, die direkt proportional zu ihrer Entfernung ist. Das war der erste Hinweis darauf, daß sich das Universum ausdehnt.

Die Vorstellung, der kosmische Raum dehne sich aus und nehme dabei die Galaxien mit, ist eine Erkenntnis des 20. Jahrhunderts – eine, die, soweit ich sehe, in der früheren wissenschaftlichen Literatur nirgendwo vorweggenommen wurde. Aber seltsamerweise tauchte der Gedanke der kosmischen Ausdehnung in der theoretischen Physik schon kurze Zeit vor Hubbles Entdeckung auf. Die Grundlagen wurden 1916 von Einsteins Allgemeiner Relativitätstheorie gelegt. Damals fiel Theoretikern auf, daß der kosmische Raum nicht statisch sein kann, sondern sich entweder ausdehnen oder zusammenziehen muß. Einstein wehrte sich zunächst gegen diese seltsame Vorstellung, sah sich aber bald gezwungen, die Gültigkeit der zugrundeliegenden mathematischen Überlegungen anzuerkennen. Unabhängig davon kam 1929 die Entdeckung der Ausdehnung des Universums durch Hubble, der wenig über die Relativitätstheorie wußte.

Das sogenannte »Urknall-Modell« ergab sich beim Nachdenken über die Vergangenheit eines expandierenden Universums. Das heute beobachtbare Weltall hat einen Radius von etwa 15 Milliarden Lichtjahren. Als sein Radius viel kleiner war – beispielsweise nur ein Lichtjahr –, muß alle Materie im Universum in viel weniger Raum zusammengepackt gewesen sein. Jede vorgegebene Menge Materie wird heißer, wenn sie zu größerer Dichte zusammengepreßt wird; deshalb fühlt sich ein Geldstück, das soeben von einem darüberfahrenden Zug flach gepreßt wurde, heiß an, und deshalb wird die Fahrradpumpe warm, wenn die Luft in ihr zusammengepreßt wird. Die Vorstellung scheint also vernünftig zu sein, daß das frühe Universum nicht nur dicht, sondern auch heiß war. Sehr heiß sogar. Als das Universum eine Sekunde alt war, war jeder Löffel dieser Materie dichter als Stein und heißer als die Sonnenmitte. Die Ausdehnung und die nachfolgende Abkühlung des Universums ließen dann die Bildung von Atomen, Molekülen, Galaxien und letztendlich Lebewesen zu. Was wir Materie nennen, ist gefrorene Energie. Sie gefror, weil sich das Universum aufgrund seiner Ausdehnung abkühlte.

Aus der Urknalltheorie folgt, daß es während der Ausdehnung des frühen Universums einen Zeitpunkt gegeben haben mußte – man datiert ihn heute auf etwa 500 000 Jahre nach dem Anfang –, zu dem das ursprüngliche Plasma so stark verdünnt war, daß es durchsichtig, also lichtdurchlässig, wurde. Physiker nennen dieses Ereignis die »Photonen-Entkopplung« und meinen damit, daß Photonen, also die Teilchen, aus denen Licht und andere Formen der elektromagnetischen Energie bestehen, an diesem Punkt freigesetzt wurden. Danach waren sie kaum noch miteinander oder mit Materie in Wechselwirkung, sondern rasten im wesentlichen ungehindert durch die sich stetig ausdehnende Weite des kosmischen Raums. Und deshalb

38

schwirren die meisten von ihnen auch heute noch um uns herum. Die kosmische Ausdehnung hat sie stark verdünnt und ihre Wellenlänge von der des Lichts auf die vergrößert, die wir der Mikrowellenstrahlung zuschreiben. Bei Mikrowellenfrequenzen ist es angebracht, Energie als Temperatur anzugeben – wie wir es beispielsweise in einer Anleitung für den Gebrauch von Mikrowellenherden tun –, deshalb könnte man auch sagen, daß das einmal sehr heiße Universum auch heute noch eine »erhöhte« Temperatur haben sollte. Physiker, die die Existenz dieses »kosmischen Mikrowellenhintergrunds« theoretisch zu erklären versuchen, haben berechnet, daß die Strahlung heute bei etwa drei Kelvin liegt, also drei Grad Celsius über dem absoluten Nullpunkt. Und sie konstatierten, daß die Strahlung ein »Schwarzkörper«-Spektrum haben mußte, wie es von den betreffenden Gleichungen der Quantenphysik diktiert wird, und daß sie isotrop sein sollte, daß also jeder Beobachter, ganz gleich an welcher Stelle im Universum, dieselbe Hintergrundtemperatur messen sollte. Man kann sich diese Hintergrundstrahlung als einen Nebel von Photonen vorstellen, der den Raum seit dem Urknall durchdringt. Wenn wir weit hinausschauen in den Raum – und damit zurück in die Zeit bis dorthin, wo die Photonen der Hintergrundstrahlung energiereicher waren –, wird der Nebel dichter. Wenn wir noch weiter zurückblicken, bis in die allerersten Millionen Jahre der Zeit, wird der Nebel undurchsichtig. Jeder Beobachter, der ein Mikrowellen-Radioteleskop benutzt, sieht also das Universum als eine Kugel, die in der Nähe fast durchsichtig ist, an ihren fernen und feurigen Mauern jedoch undurchsichtig.

Als diese Vorhersage in den vierziger Jahren gemacht worden war, wurde sie rasch wieder vergessen. Man nahm die Urknalltheorie damals noch nicht sehr ernst, und es gab noch keine Mikrowellenempfänger. Dann aber entdeckten zwei Physiker 1954 mit einem Radioempfänger, der für Experimente mit Kommunikationssatelliten gebaut worden war, zufällig die Mikrowellenhintergrundstrahlung. Das Interesse nahm zu, als die Wissenschaftler erkannten, daß sie durch die Erforschung dieser Strahlung das Weltall in dem Zustand untersuchen konnten, wie es eine halbe Million Jahre nach

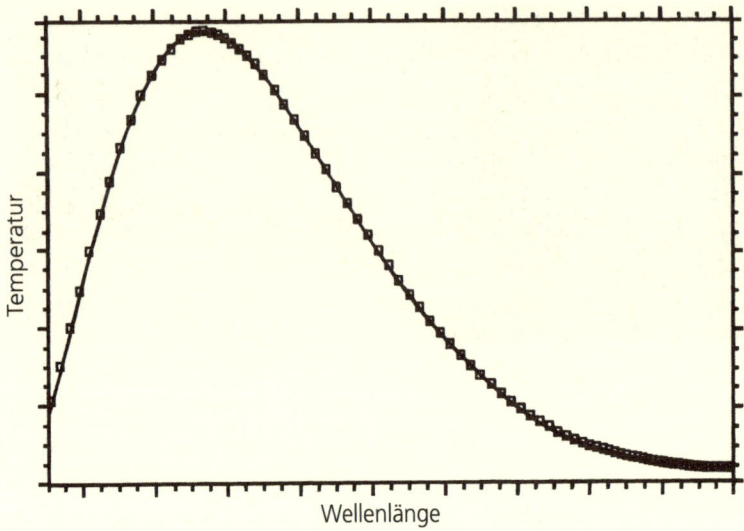

Der Graph, den der COBE-Satellit von der kosmischen Mikrowellenhintergrund-strahlung zeichnet, zeigt *genau* die von der Urknalltheorie vorhergesagte Kurve.

dem Anfang der Zeit gewesen war. Die amerikanische Weltraumbe-hörde NASA startete 1989 einen Satelliten, der die kosmische Hin-tergrundstrahlung vom Raum aus beobachten sollte, wo die Detek-toren nicht von der Erdatmosphäre gestört werden. Als ein Jahr spä-ter vorläufige Ergebnisse dieses COBE (das Kürzel steht für Cosmic Background Explorer) genannten Satelliten veröffentlicht wurden, lieferten sie eine erstaunliche Bestätigung des Urknallmodells. Die Hintergrundstrahlung ist wirklich isotrop – hat also, wie es sich für etwas Universales gehört, überall am Himmel die gleiche Intensität. Wie erwartet liegt ihre Temperatur knapp drei Grad über dem abso-luten Nullpunkt – bei 2,726 Kelvin, um genau zu sein. Und ihr Spek-trum entspricht einem Schwarzkörperspektrum. Die Entsprechung ist so genau, daß die Forscher, die die Ankündigung machten, die Fehlerstriche auf ihren Diagrammen extra dick nachziehen mußten, denn sonst wären die Beobachtungspunkte mit dem dünnen Strich verschmolzen, der der theoretischen Vorhersage entsprach.

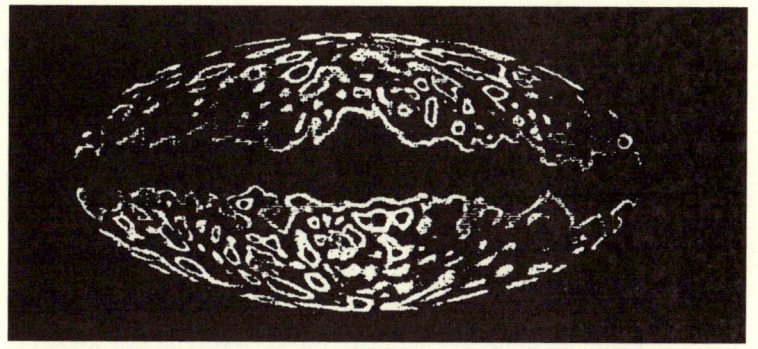

COBEs Himmelskarte zeigt die Samen der Struktur in der Hintergrundstrahlung. Der dunkle Gürtel in der Mitte ist die verdunkelnde Scheibe unserer eigenen Galaxis.

Ein letzter Triumph kam 1992 für die COBE-Wissenschaftler, als sie mit größter Sorgfalt eine auf wiederholten Beobachtungen beruhende Karte des ganzen Himmels zusammengestellt hatten, die die Empfindlichkeit der COBE-Instrumente bis an den Rand ihrer Möglichkeiten forderte. Sie konnten eine weitere wichtige Vorhersage der Urknalltheorie bestätigen, wonach sich Materie, obwohl sie im allgemeinen gleichmäßig über den Kosmos verteilt ist, schon ziemlich früh in den Gebieten verdichtete, aus denen sich Galaxien bildeten. Das war eine gute Nachricht für Theoretiker, die behaupteten, daß sich die riesigen Haufen, Superhaufen und Blasen von Galaxien, die wir heute im Universum sehen, durch Gravitationsanziehung aus »Inhomogenitäten« im frühen Universum gebildet hätten. Die Materieklumpen wiederum sind noch davor im sehr frühen Universum vermutlich als »Quantenfluktuationen« entstanden, als mikroskopisch kleine Abweichungen von der im allgemeinen homogenen Materienverteilung. Es gibt noch viele offene Fragen zum Spektrum und zur Größe dieser Inhomogenitäten und dazu, wie es zu den großräumigen Strukturen kam, die wir heute im Universum sehen. Aufgrund dieser Befunde jedoch stimmen fast alle Kosmologen darin überein, daß das Universum aus einem heißen Urknallstadium entstanden ist.

41

Es gibt noch weitere Bestätigungen der Urknalltheorie.

Eine davon ist die faszinierende Tatsache, daß die Häufigkeit der Elemente im Kosmos den Vorhersagen der Theorie entspricht. Die Überlegung verläuft so: Als sich der ursprüngliche Feuerball abkühlte, verbanden sich Elektronen und Protonen zu Atomkernen. Die Berechnungen der Kernphysiker – die in dieser Hinsicht schon viel Erfahrung hatten, weil bei der Explosion einer Atombombe ähnliche Vorgänge ablaufen – lassen vermuten, daß etwa ein Viertel des Stoffs, aus dem Atome gemacht wurden, beim Urknall in Helium und ein wenig Lithium verwandelt wurde, während der Rest als Wasserstoff überlebte (Wasserstoff ist das einfachste Atom; der Kern besteht in seiner elementaren Form aus einem einzigen Proton.) Und genau das ergeben die Messungen. Das Universum enthält insgesamt 25 Prozent Helium und 73 Prozent Wasserstoff. Nach der Theorie wurden alle schwereren Elemente im Inneren von Sternen gebildet, vor allem in »Supernovae« – explodierenden Sternen, die ihre Trümmer in den Raum hinausschleudern. Diese Trümmer sind angereichert mit den schwereren Elementen, aus denen später Sterne und Planeten wurden, auch die Erde und die Sonne. Wenn diese Theorie zutrifft, müßten ältere Sterne weniger schwere Elemente enthalten als jüngere, und auch das stellte sich als zutreffend heraus.

In einem Urknalluniversum sollte man unmittelbare Hinweise auf die kosmische Evolution finden, wenn man in große Entfernungen blickt, weil Licht, das uns aus Milliarden Lichtjahren Entfernung erreicht, Milliarden Jahre alt ist und die Dinge deswegen so zeigt, wie sie vor Milliarden Jahren waren. Solche Hinweise wurden in der Tat gefunden. Ein gutes Beispiel sind die »Quasare«, die hellen Kerne der Galaxien, die ein Stadium durchmachen, in dem sie so gewaltige Energiemengen ausstoßen, daß sie in großen Entfernungen sichtbar sind. Die nächsten Quasare sind über eine Milliarde Lichtjahre von der Erde entfernt, die entferntesten über zehn Milliarden. Durchmusterungen der Hunderte von Quasaren zwischen diesen Extremen zeigen, daß sie um so zahlreicher werden, je tiefer wir in den Raum hinein und um so weiter wir in die Vergangenheit zurückschauen. Astronomen schließen deshalb, daß die Galaxien ihre Quasarphase der galaktischen Evolution durchmachen, wenn sie jung sind, später nur selten.

Ferne Galaxien sind blauer als nahe. Da helle junge Sterne blau sind, zeigt dies an, daß sich vor Milliarden Jahren häufiger neue Galaxien gebildet haben als heute. Beobachtungen ferner Galaxienhaufen, die mit Hilfe des Hubble-Raumteleskops gemacht wurden, zeigten, daß »reiche« Haufen (solche mit vielen, relativ eng benachbarten Galaxien) früher einen höheren Anteil an Spiralgalaxien hatten als heute. Irgend etwas muß also die Anzahl der Spiralgalaxien in solchen Haufen reduziert haben. Niemand weiß, was das war. Vielleicht verschmolzen die Spiralen zu elliptischen Galaxien, oder sie wurden in Stücke zerrissen und bildeten kleine unregelmäßige Galaxien. Viele Verheißungen der Astronomen, die den sehr fernen Weltraum erforschen, beruhen auf der Annahme, die kosmische Evolution unmittelbar zu beobachten, indem sie mit Hilfe leistungsfähigerer Teleskope, die ihnen als Zeitmaschinen dienen, das Weltall so sehen, wie es in der Vergangenheit war.

Das Alter der Sterne entspricht dem Alter des Universums, wie es aus seiner Ausdehnungsgeschwindigkeit hergeleitet wird – jedenfalls einigen der Daten zufolge. Wie wir sehen werden, legen mehrere überzeugende Beobachtungen nahe, daß sich das Weltall seit näherungsweise 15 Milliarden Jahren ausdehnt. Das paßt zum Alter der ältesten bekannten Sterne, das die Astrophysiker auf etwa 14 Milliarden Jahre schätzen. Aber einige Forscher halten andere Beobachtungen für überzeugender, wonach das Universum ein Alter von nur rund zehn Milliarden Jahren hat. Sollte sich das als richtig erweisen, haben wir ein Problem: Entweder ist dann unsere Berechnung des Alters der ältesten Sterne falsch, oder wir haben bestimmte Aspekte der Urknalltheorie nicht verstanden.

Damit kommen wir zu dem, was man die »theoretischen Beweise« des Urknallszenarios nennen könnte. Es mag absurd erscheinen, wenn man davon spricht, daß man eine Theorie mit einer anderen beweisen kann, weil Theorien normalerweise nur aufgrund von Beobachtungen und Experimenten bestehen oder hinfällig werden. Aber die Tatsachen an sich sind so ungeordnet wie verschüttete

Cornflakes. In der Praxis überprüft die Wissenschaft nicht nur, ob die Tatsachen zu einer bestimmten Theorie passen, sondern auch, ob die Theorien zusammenpassen. Wenn wir fragen, in welcher Hinsicht die Urknalltheorie zu anderen bewährten Theorien paßt, erhalten wir mehrere Antworten.

Die Allgemeine Relativitätstheorie hat sehr vielen Überprüfungen standgehalten und trifft anscheinend vollkommen zu, wenn es darum geht, Vorhersagen über das Verhalten der Schwerkraft unter den Bedingungen zu machen, wie sie zur Zeit im größten Teil des Universums herrschen. Aus der Allgemeinen Relativitätstheorie folgt auch, wie schon gesagt, daß sich das Universum entweder ausdehnt oder zusammenzieht. Die Tatsache also, daß wir am Himmel Hinweise auf kosmische Ausdehnung finden, bedeutet, daß eine wohlbestätigte Theorie, die Relativitätstheorie, eine andere, hypothetischere, nämlich die Urknalltheorie, bekräftigt.

Auch die Quantenphysik findet im Rahmen der Urknalltheorie einen befriedigenden Platz. Mit Hilfe der Quantenmechanik können Physiker die Existenz und das Spektrum des kosmischen Mikrowellenhintergrunds vorhersagen und berechnen, welcher Bruchteil der ursprünglichen Materie beim Urknall in Helium verwandelt wurde und wie alt die ältesten Sterne sind. Die Quantenphysik macht genaue Vorhersagen über Ereignisse, die drei der vier Grundkräfte beinhalten – die schwache und die starke Kernkraft, die in Atomen wirken, und den Elektromagnetismus, jene Kraft, die für Licht und Radioenergie sorgt. Aber es gibt noch keine vollständige Quantentheorie für die vierte Kraft, die Schwerkraft. Das wäre nicht weiter schlimm, wenn der Geltungsbereich der Physik auf das heutige Universum beschränkt wäre. Die Gravitation ist vernachlässigbar schwach, wenn man die Wechselwirkungen subatomarer Teilchen berechnet, die eine so kleine Masse haben, daß ihre gegenseitige Gravitationsanziehung nicht ins Gewicht fällt. Aber in dem sehr dichten frühen Universum waren subatomare Teilchen so schwer, daß ihre Schwerkraft mit der Kraft vergleichbar war, die die anderen Kräfte ausübten. Wenn man Ereignisse rekonstruieren will, von denen man annimmt, daß sie in den allerersten Bruchteilen einer Sekunde der

44

kosmischen Zeit abliefen, braucht man eine Quantentheorie der Gravitation. Eine solche Theorie würde vermutlich ein einziges Prinzip aufzeigen, das sowohl der Quantenmechanik als auch der Allgemeinen Relativitätstheorie zugrunde liegt, die nach unserem heutigen Verständnis auf unverträglichen und widersprüchlichen Betrachtungsweisen der Welt beruhen. Zu den möglichen Kandidaten gehören die »Supersymmetrie«, die große »Vereinheitlichte Theorie« und die »Superstringtheorie«, die alle Teilchen und alle Energie, die sich im heutigen Universum finden lassen, für Bruchstücke hält, die aus den Scherben einer ursprünglich zehndimensionalen Geometrie hervorgingen, die zerbrach, als die Ausdehnung des Universums begann. Solche Spekulationen wären in einem statischen Universum reine Abstraktion, erhalten aber in einem Urknall-Universum die bunte Vielfalt geschichtlicher Vorgänge und erzählen möglicherweise von den Bedingungen früherer Zeiten.[9]

Das Interesse an der Kosmologie wurde wesentlich von der »Inflationshypothese« gefördert. Danach lief die Expansion in der allerersten Frühzeit der kosmischen Geschichte viel rascher ab, als man angenommen hatte – sogar viel rascher als mit Lichtgeschwindigkeit. Aus Gründen, die zu klären wir uns bemühen werden, löst die Inflationshypothese nicht nur mehrere Probleme, die früheren Fassungen der Urknalltheorie anhafteten, sondern verweist auch auf die außerordentliche Größe des Universums. Und sie stößt die Tür zu der verblüffenden Spekulation auf, daß unser Universum als ein mikroskopisches Bläschen entstand, das sich aus dem Raum eines früheren Universums entwickelte, das vielleicht seinerseits nur eines von vielen Universen war, die wie Sterne über unzugängliche Unendlichkeiten von Zufallsräumen, Zufallszeiten und Naturgesetzen verteilt waren.

Zusammenfassend läßt sich also sagen, daß die Urknalltheorie gegen Ende des 20. Jahrhunderts anscheinend in ziemlich guter Verfassung ist. Sie wird von mehreren soliden und mehr oder weniger unabhängigen Beweissträngen gestützt und hat zur Zeit keine ernsthaften Rivalen. Wenn man gebeten würde, eine Liste der größten wissenschaftlichen Leistungen des 20. Jahrhunderts zu erstellen, würde irgendwo auf dieser Liste – neben Relativitäts- und Quantentheorie, der Aufklärung des DNS-Moleküls, der Ausrottung der Pocken und der Bekämpfung der Kinderlähmung, der Entdeckung der Digitalrechner und vieler anderer lobenswerter Errungenschaften – auch die Urknalltheorie ihren Platz finden.

Aber der Urknall bringt auch Probleme. Wie schon erwähnt, lassen zwar einige Beobachtungen auf ein Alter des Universums schließen, das mit anderen Messungen verträglich ist, einige aber sprechen dagegen; und wenn diese Beobachtungen zutreffen, muß etwas falsch sein. Ein anderes Problem ist die verwirrende Frage, wie ursprüngliche Schwankungen in einem allgemein homogenen Universum die ungeheuren Strukturen erzeugen konnten, die zum Beispiel Superhaufen von Galaxien darstellen. Möglicherweise hat diese Frage auch mit dem Rätsel der dunklen Materie zu tun, also der nicht leuchtenden Materie, die offensichtlich die Haufen zusammenhält. Bis diese Rätsel gelöst sind, können wir nicht sicher sein, daß die Kosmologen auf dem richtigen Weg sind, wenn sie von einem Urknall ausgehen. Und fast sicher wird es noch mehr Rätsel geben. Das größte Problem wird bleiben, wie das Universum entstand – und das ist eine weitere Form jenes philosophischen Rätsels, das Leibniz stellte, als er fragte, warum es etwas gibt und nicht nichts.[10]

In diesem Buch werden wir auf viele solcher Fragen stoßen und sie konsequent im Rahmen der Urknalltheorie behandeln, ohne jedoch so zu tun, als sei die Theorie perfekt oder durch die Tatsachen gesichert, und schon gar nicht werden wir so tun, als ob sie »wahr« ist. Wir haben Berge zu erklimmen und müssen die Werkzeuge zu Hilfe nehmen, die uns zur Verfügung stehen, wenn wir weiterkommen und nicht nur stehenbleiben und warten wollen, bis sich die Wolken lichten.

Machen wir uns also auf den Weg.

KAPITEL 2

Die Ausdehnung des Universums

Denn wie das Sein zum Werden, so verhält sich die Wirklichkeit
zum Glauben. Wundere dich also nicht, Sokrates,
wenn wir in vielen Dingen über vieles, wie die Götter
und die Entstehung des Weltalls, nicht imstande sind,
durchaus und durchgängig mit sich selbst übereinstimmende
und genau bestimmte Aussagen aufzustellen.
Ihr müßt vielmehr zufrieden sein, wenn wir sie so wahrscheinlich
wie irgendein anderer geben, wohl eingedenk, daß mir,
dem Aussagenden, und euch, meinen Richtern,
eine menschliche Natur zuteil ward.

Platon[1]

Das Universum ist kein bißchen dazu verpflichtet, sinnvoll zu sein,
wohl aber Studenten, die ihren Doktor machen wollen.

Robert P. Kirshner[2]

Große Kunstwerke und wichtige wissenschaftliche Arbeiten können
eine Eigendynamik entfalten und Dinge bewirken, die ihre Urheber
nicht erahnt hatten. Beethoven kann unmöglich all die Themen vor-
ausgesehen haben, die in seinen Symphonien gefunden wurden,
Shakespeare nicht die unzähligen Deutungen, zu denen seine Dramen Anlaß gegeben haben, und Jesus von Nazareth und Friedrich
Nietzsche und all die anderen großen Propheten würden sich zweifellos über vieles wundern, was in ihrem Namen getan wird.[3] Dieses
Phänomen, das man die Schöpferkraft der Schöpfungen nennen
könnte, ergibt sich zum Teil, weil Neuerungen in der Wissenschaft
und in der Kunst nicht nur beeinflussen, *was* wir denken, sondern
auch *wie* wir denken. Sie verändern nicht nur den Inhalt unserer Gedanken, sondern auch die intellektuelle Landschaft, in der diese Ge-

47

danken gedacht werden. Wenn man vorhersagen will, wohin ein neues Werk führt, ist es, als ob man wetten wollte, wo ein magischer Golfball auftreffen wird, der, während er fliegt, die Neigung des Grüns verändern und den Flaggenstock versetzen kann.

So war es auch mit der seltsamen Geschichte der Ausdehnung des Weltalls, deren Vorhersage durch Einsteins Allgemeine Relativitätstheorie ermöglicht wurde und die die Astronomen bald darauf am Himmel beobachten konnten.

Als Einstein die Allgemeine Theorie erarbeitete, wollte er bei der Darstellung der Schwerkraft die Ergebnisse der Speziellen Relativitätstheorie berücksichtigen, bei der es um das Verhalten von Licht geht. Er wußte, daß eine solche Arbeit Folgen für die Kosmologie haben mußte, weil die Gravitation im intergalaktischen Maßstab alle anderen Kräfte überwiegt, aber er ahnte nicht, daß seine Gravitationstheorie die Ausdehnung des kosmischen Raums vorhersagen würde.

Wie praktisch alle Naturwissenschaftler seiner Zeit nahm Einstein an, daß das Universum statisch ist. Man wußte, daß die Sterne durch den Raum ziehen, aber die Astronomen hatten noch nicht gezeigt, daß Sterne sich zu Galaxien zusammenfinden, und erst recht nicht, daß Galaxien sich voneinander entfernen. Einstein hielt es deshalb für einen Mangel seiner Allgemeinen Relativitätstheorie, als sie unabweislich zu der Folgerung führte, daß sich das Universum entweder ausdehnt oder zusammenzieht, denn er war fest davon überzeugt, daß ein homogenes und isotropes Weltall statisch sein müsse. Auch die von ihm in seine Gleichungen eingeführte kosmologische Konstante konnte nicht verhindern, daß es Lösungen der Einsteinschen Feldgleichungen gibt, die ein sich veränderndes Universum beschreiben.[4]

Der erste, der dies deutlich erkannte, war Alexander Friedmann, ein russischer Wissenschaftler, der trotz seines kurzen, anonymen und sorgenvollen Lebens die Lebensfreude nicht verlor. Friedmanns Mutter hatte als Sechzehnjährige geheiratet und ihren eher kalten und gebieterischen Mann vier Jahre später mit dem einjährigen Sohn verlassen. Für diesen Verstoß gegen die Regeln wurde sie von einem

Gericht des »Ehebruchs« bezichtigt (obwohl Alexanders Vater, nicht seine Mutter, in der Zwischenzeit wieder geheiratet hatte) und dazu verurteilt, ehelos zu bleiben und das Kind bei ihrem früheren Mann zu lassen. Friedmann wuchs bei seinem Großvater väterlicherseits auf und durfte seine Mutter erst als Erwachsener wiedersehen. Er studierte an der Universität von St. Petersburg Mathematik und Physik, wurde während des Ersten Weltkriegs für seine Forschungen auf dem Gebiet der Luftfahrt mit militärischen Ehren ausgezeichnet. Um das Jahr 1920 hielt er an derselben Universität Vorlesungen in ungeheizten Räumen, bei denen alle in ihre Mäntel eingehüllt dasaßen. Oft konnten die Studenten nur dann vor Unterernährung bewahrt werden, wenn es dem Professor gelang, zusätzliche Lebensmittelmarken zu besorgen, und gelegentlich bezahlte Friedmann seine Forschungsassistenten von seinem eigenen mageren Gehalt.

Trotz dieser Mühsal – der Not Vladimir Nabokovs vergleichbar, der in der Toilette seiner engen Pariser Wohnung schrieb, während sein Sohn im Wohnzimmer schlief, oder der Dmitrij Schostakowitschs, der auf einem Stuhl im Treppenflur seiner Wohnung schlief, damit seine Familie nicht hineingezogen würde, wenn der KGB käme, um ihn festzunehmen – war Friedmanns Arbeit produktiver als die vieler Kollegen, mit denen es das Schicksal besser gemeint hatte. Er veröffentlichte wichtige Arbeiten zur Physik, Mathematik und Meteorologie, wobei er sich besonders für Zyklone interessierte. (Als jemand, dem jede Anmaßung fremd war, witzelte er gern, daß schlechte Mathematiker Physiker werden und schlechte Physiker, Meteorologen.) Zugleich unbekümmert und selbstkritisch, regte Friedmann seine Studenten an, die größten Fragen in Angriff zu nehmen, die sie sich ausdenken konnten. Einer seiner Schüler, George Gamow, wanderte in die USA aus und entwickelte dort die Hypothese vom heißen Urknall, die seitdem im Mittelpunkt der modernen Kosmologie steht.

Als geborener Kosmologe beschäftigte sich Friedman im Selbststudium mit der Relativitätstheorie – eine *terra incognita* für seine Kollegen in Petrograd – und entdeckte, daß das Universum sich dann, wenn diese Theorie richtig ist, entweder ausdehnen oder zusammen-

49

ziehen muß. Er war also der erste, der einen der absolut innovativen Gedanken der Neuzeit dachte, indem er ein mathematisches Modell für ein expandierendes Universum aufstellte und es 1922 in der *Zeitschrift für Physik* veröffentlichte.[5] Einstein reagierte darauf mit einer kurzen Bemerkung, in der er Friedmann einen Fehler nachwies, woraufhin wiederum Friedmann Einstein brieflich von der Richtigkeit seiner Ergebnisse zu überzeugen versuchte, aber Einstein, damals auf dem Höhepunkt seiner Berühmtheit, viel verreist und nicht unfehlbar, reagierte darauf erst, als ein Freund Friedmanns darauf drängte. Zunächst zog er sich auf die Position zurück, Friedmanns Ergebnis sei »zwar mathematisch korrekt, aber physikalisch bedeutungslos«.[6] Dann jedoch fand er einen Fehler in seinem eigenen Gegenbeweis und gab einigermaßen unwillig zu, daß der unbekannte Friedmann recht hatte: Das Universum der Relativitätstheorie war veränderlich, nicht statisch.

Andere Forscher, die auf diesem Gebiet arbeiteten, waren der belgische Kosmologe Georges Lemaître, der unabhängig von Friedmann zu denselben Ergebnissen kam, sowie Howard P. Robertson in den USA und Arthur G. Walker in England, die zeigten, wie man ohne Einsteins Feldgleichungen aufgrund plausibler Annahmen expandierende Weltmodelle konstruieren kann, die als Friedmann-Lemaître-Robertson-Walker-Modelle bekannt wurden. Friedmann erlebte diese Entwicklungen nicht mehr. Er starb am 16. September 1925 im Alter von 37 Jahren – nach Darstellung einiger Kollegen an Typhus, nach der Gamows an einer Lungenentzündung, die er sich durch Unterkühlung bei einer meteorologischen Ballonexkursion zugezogen hatte.

Während in den Elfenbeintürmen der europäischen theoretischen Physik relativistische Weltmodelle erdacht wurden, unternahmen amerikanische Astronomen Schritte zur Beobachtung des tiefen Raums. In England bemühte sich Arthur Stanley Eddington darum, die Aufmerksamkeit seiner Kollegen auf die buchstäblich kosmische Bedeutung von Einsteins Theorie zu lenken, und Willem de Sitter in Holland schrieb einflußreiche Arbeiten, die die Relativitätstheorie mit der beobachtenden Astronomie verknüpften. Die amerikanischen Astronomen jedoch kannten gewöhnlich weder die Relativitätstheorie, noch erfaßten sie ihre Bedeutung für die Kosmologie, deshalb wurden diese Arbeiten von ihnen nur wenig gelesen, und kaum jemand sah irgendeine nützliche Verbindung zwischen den eigenen Beobachtungen mit dem Teleskop und den Überlegungen der Theoretiker darüber, ob sich das Universum ausdehnt. Und doch erhielten gerade diese Astronomen bei einem der erstaunlichsten Zufälle in der Geschichte der Naturwissenschaften bald unabhängig davon Hinweise auf die Expansion des Kosmos.

Der erste Schimmer eines Verdachts kam auf, als Beobachter Spektren der Objekte messen konnten, die damals »Spiralnebel« hießen – wir wissen heute, daß es Galaxien sind –, und herausfanden, daß die Spektrallinien ihrer Atome roter waren als auf der Erde. Solche »Rotverschiebungen« entstehen, wenn Spektrallinien aus ihrer normalen Frequenz zu niedrigeren Frequenzen hin verschoben werden, und können auf dem »Dopplereffekt« beruhen, der nach dem österreichischen Physiker Christian Doppler benannt wurde, der diese Erscheinung 1842 erstmals beobachtete. Man stelle sich vor, daß auf einem haltenden Eisenbahnwagen ein Trommler steht, der in jeder Sekunde einmal auf seine Kesseltrommel schlägt. Dann fährt der Zug an. Während er schneller wird und sich entfernt, werden die Abstände zwischen den Trommelschlägen immer größer, so daß die Intervalle, die man auf dem Bahnhof mißt, länger werden: erst anderthalb Sekunden, dann zwei Sekunden und so weiter. Das Trommeln scheint sich also zu verlangsamen, und der Ton wird tiefer. Jetzt lassen wir den Trommler eine Fackel anzünden und messen das Spektrum ihres Lichts. Ein Vergleich mit dem Spektrum einer identischen, nicht bewegten Fackel zeigt, daß die Spektrallinien der Fackel des Trommlers zum roten Ende des Spektrums hin verschoben sind.[7]

Im expandierenden Universum entstehen Rotverschiebungen auf vergleichbare, wenn auch etwas andere Weise. Klassische Dopplerverschiebungen ergeben sich bei Bewegungen *durch* den Raum. Kosmologische Rotverschiebungen entstehen durch die Ausdehnung des intergalaktischen Raums selbst. Diese Unterscheidung bewahrt uns vor der veralteten Auffassung, daß Galaxien wie die Bruchstücke einer Bombe durch den statischen Raum fliegen. Man sollte nicht denken, das Universum dehne sich *in* einen schon existierenden Raum hinein aus. Aller Raum, den das Universum je eingenommen hat, war von Anfang an im Universum, und der Raum selbst dehnt sich aus. Wenn wir so denken, können wir auch verstehen, warum sich Galaxien in einem expandierenden Universum mit Überlichtgeschwindigkeit ausdehnen können, obwohl nach der Speziellen Relativitätstheorie die Regel gilt, daß nichts auf eine Geschwindigkeit beschleunigt werden kann, die größer ist als die Lichtgeschwindigkeit. Diese Regel gilt in einem statischen Raum, aber in einem sich ausdehnenden kosmischen Raum können sich Galaxien voneinander mit Geschwindigkeiten entfernen, die größer sind als die des Lichts. Nach dem kosmologischen Modell, das im Mittelpunkt dieses Buchs steht – das eines riesigen, »inflationären« Universums mit »kritischer Dichte« –, hat sich das Universum ursprünglich mit einer Geschwindigkeit ausgedehnt, die viel größer ist als die des Lichts, und deswegen sind die meisten Galaxien so weit entfernt, daß ihr Licht noch nicht in den Bereich unserer Teleskope gekommen ist.

Als die amerikanischen Beobachter in den Spektren von Galaxien Rotverschiebungen entdeckten, wußten sie davon nur wenig. Ihnen ging es nicht um eine Auseinandersetzung über die Ausdehnung des Kosmos, sondern um die Beantwortung der Frage, ob die Spiralnebel Galaxien aus Sternen oder relativ nahe wirbelnde Gasmassen sind. Vorläufige Hinweise erhielt man am Lowell-Observatorium in Flagstaff, Arizona, einer privaten Institution, an der unkonventionelle Ideen willkommen waren. (Das Observatorium war 1893 von dem Bostoner Percival Lowell gegründet worden, der es baute, um die illusionären »Kanäle« des Mars zu erforschen.) Dort bestimmte der Astronom Vesto Slipher die Spektren von Spiralnebeln, weil er von Lowell damit beauftragt worden war zu beweisen, daß die Nebel im Entstehen begriffene Planetensysteme sind. Lowell erwartete, auf der einen Seite eines seitlich gesehenen Spiralnebels Rotverschiebungen und auf der anderen Blauverschiebungen zu finden. Damit hätte er zeigen können, daß diese Gebilde aus wirbelndem Gas bestehen, das sich auf einer Seite von uns entfernt und auf der anderen nähert. Statt dessen fand Slipher, daß die Spektrallinien in den meisten der von ihm untersuchten Spektren nur Rotverschiebungen aufwiesen. Slipher hatte 1922 die Spektren von vierzig Spiralen gemessen und dabei 36mal Rotverschiebungen gefunden. Aber er hatte keine zuverlässige Möglichkeit, die Entfernungen dieser Objekte zu bestimmen, und widmete sich 1926 anderen Fragen.

Dann wurde drei Jahre später, 1929, die überraschende Bedeutung von Sliphers Befunden klar, als Edwin Hubble das nach ihm benannte »Hubble-Gesetz« aufstellte – wonach die Rotverschiebung, die das Spektrum einer Galaxie aufweist, um so größer ist, je weiter die Galaxie entfernt ist. Mit dem 2,5-Meter-Spiegelteleskop, das in der Nähe von Los Angeles auf dem Mount Wilson steht und damals das größte Teleskop der Welt war, identifizierte Hubble einzelne Sterne in den Spiralen und zeigte damit, daß die Nebel eigentlich Sternsysteme waren. Im Verlauf dieser Arbeit konnte er in einigen Galaxien regelmäßig veränderliche Sterne, die sogenannten »Cepheiden«, nachweisen. Durch den glücklichen Umstand, daß die Periode der Helligkeitsschwankungen dieser Sterne direkt mit ihrer Leuchtkraft verknüpft ist, sind sie wertvolle Hilfsmittel bei der Entfernungsbestimmung: Wenn man weiß, wie hell ein Stern wirklich ist – wenn man also seine »absolute« Helligkeit kennt –, kann man seine Entfernung bestimmen, indem man mißt, wie hell er leuchtet – seine »scheinbare« Helligkeit – und Newtons Satz anwendet, daß die Helligkeit von Objekten mit dem Quadrat ihrer Entfernung abnimmt. Diese Möglichkeit der Entfernungsbestimmung mit Hilfe der Cepheiden hatte zuerst Harlow Shapley, Hubbles Kollege und Hauptrivale am Mount Wilson, erarbeitet. Hubble zeigte dann, daß er die Entfernungen von Galaxien abschätzen konnte, indem er die Helligkeit der dort vorgefundenen Cepheiden maß. Durch Kombination dieser Daten mit Beobachtungen der Rotverschiebungen, die er und andere gemessen hatten, stellte Hubble für 24 Galaxien eine Liste von Entfernungen und Rotverschiebungen zusammen und fand eine lineare Beziehung – je entfernter die Galaxie, desto größer die Rotverschiebung ihrer Spektrallinien. Hubbles Gesetz hat sich bis heute

Das Hubble-Diagramm der Rotverschiebung (oder Fluchtgeschwindigkeit) gegenüber der scheinbaren Helligkeit (oder näherungsweisen Entfernung) von Galaxien zeigt eine lineare Beziehung, die auf die Ausdehnung des Kosmos schließen läßt. Die Streuung unten in dem Diagramm rührt von der Tatsache her, daß sich nahe Galaxien nicht so rasch von uns entfernen, wie das Hubble-Gesetzes es fordert: Ihre Fluchtgeschwindigkeit wird von dem Gravitationsfeld des Superhaufens gebremst, zu der unsere Galaxis gehört.

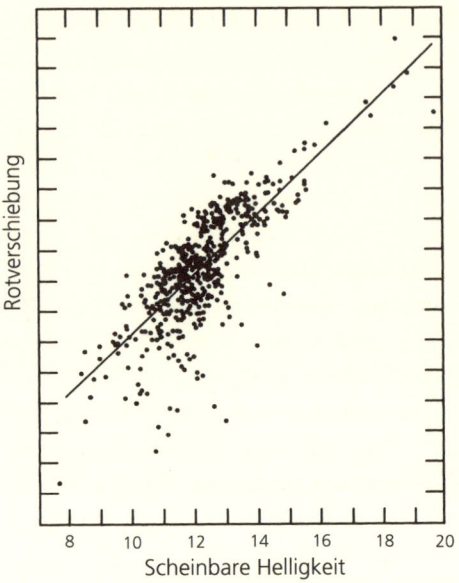

Rotverschiebung

Scheinbare Helligkeit

bewährt. Mittlerweile wurden Tausende von Galaxien untersucht, und zwar mit Teleskopen, die viel tiefer in den Raum blicken können, als es Hubble je möglich war.

Hubble, der einmal Boxer, Rechtsanwalt und Infanterist gewesen war, gehörte zu der Art großer Menschen, die sich selbst sowohl als Autor wie als Hauptdarsteller ihrer eigenen Lebensgeschichte sehen. Er hatte das Gebaren eines Picasso oder Toscanini und übernahm bereitwillig die Heldenrolle, die ihm zufiel, als er zum berühmtesten beobachtenden Astronomen seiner Generation wurde und seine gefurchten Züge das Titelblatt von *Time* zierten.[8] Sein großer und anhaltender Ruhm mißfiel seinen Kritikern, die darauf hinwiesen, daß Hubble kein besonders guter Beobachter war, daß sein Gesetz teilweise von anderen vorweggenommen worden war und daß Hubble nicht genug von Theorie verstand, um die Bedeutung seiner eigenen Befunde voll einschätzen zu können.

Diese Einwände sind nicht unbegründet. Hubble verstand es, sich selbst darzustellen, und interessierte sich wenig für Einzelheiten.

Er rauchte auch in der Beobachtungskuppel Pfeife, genoß es, wenn er prominente Freunde auf dem Berg herumführen konnte, und ließ sich gern großartig über Philosophie und Kunst aus, was seinen Nachtassistenten (die die Berühmtheiten alle kommen und gehen sahen) wissenschaftlich bedeutungslos vorkam. Seine spätere Arbeit zur Ausweitung des Hubble-Gesetzes auf größere Entfernungen wurde wesentlich mit Hilfe von Milton Humason durchgeführt, der zuvor Maultiertreiber und Hausmeister auf dem Mount Wilson gewesen war und den größten Teil der mühsamen Arbeit des Fotografierens und Vermessens der Spektren am Teleskop übernommen hatte. Und es stimmt auch, daß Hubbles Forschungen auf jenen von Slipher, Shapley und anderen aufbauen, deren Beiträge er nicht immer bereitwillig anerkannte. Hubble war auch nicht der erste, der eine mögliche Beziehung zwischen den Rotverschiebungen der Spiralnebel und ihren Entfernungen fand. Wie er selbst sagte, hatte die »Möglichkeit einer Beziehung zwischen Geschwindigkeit und Entfernung bei Nebeln seit Jahren in der Luft gelegen«.[9] Der Mathematiker Hermann Weyl beispielsweise hatte in seinem berühmten Buch *Raum, Zeit, Materie,* das 1922, also sechs Jahre vor Hubbles Entdeckung, veröffentlicht wurde, eine Beziehung zwischen Rotverschiebung und Entfernung vermutet, und der Astronom Carl Wirtz hatte noch früher, 1921, eine grobe Beziehung zwischen den Entfernungen und Rotverschiebungen von Spiralen bemerkt und vorhergesagt, daß sie tiefgreifende Folgerungen für die Dynamik des Universums haben könne.[10]

Es trifft auch zu, daß Hubble zur Zeit seiner Entdeckung die entscheidenden theoretischen Arbeiten überhaupt und insbesondere die Relativitätstheorie zu wenig kannte, um zu würdigen, daß er die von Einsteins Theorie vorhergesagte Ausdehnung des Universums gefunden hatte. Er sprach nur selten von einem »expandierenden« Universum, sondern nannte das, was er tat, eine »Reconnaissance«. So blieb er immer mit beiden Füßen dort, wo er sich am wohlsten fühlte, nämlich auf dem Boden der Beobachtung. Sein 1936 veröffentlichtes Buch *The Realm of the Nebulae (Das Reich der Nebel)* erörtert wenig kosmologische Theorie.

Trotzdem rechtfertigen Hubbles Beiträge die Verknüpfung seines Namens mit der Ausdehnung des Universums. Obwohl Shapley die Entfernungsbestimmung mit Hilfe der Cepheid-Veränderlichen eingeführt hatte, gelang es ihm nicht, damit in den intergalaktischen Raum vorzustoßen – zweifellos teilweise deshalb, weil er eine Abneigung gegen den Gedanken verspürte, es könnte jenseits der Milchstraße Sterne geben. (Einem unbestätigten Bericht zufolge zeigte Humason Shapley einmal auf der Aufnahme einer Spiralgalaxie Hinweise auf Cepheiden, aber Shapley war davon überzeugt, daß die Spiralen Gaswirbel seien, und wischte Humasons Markierungen mit der Erklärung weg, die gebe es da nicht.) Und Slipher hat zwar als erster in Sternspektren Rotverschiebungen gefunden, aber erst Hubbles Entfernungsdaten waren so genau und zuverlässig, daß sie von den Wissenschaftlern ernst genommen werden konnten. Hubble ließ die Demut vermissen, die man in den vornehmen zwanziger Jahren von Naturwissenschaftlern erwartete, aber der breite Pinsel, mit dem er malte, paßte doch gut zu der großen Leinwand der modernen Kosmologie.

Der Hubble-Effekt brachte die Beobachtung in die Kosmologie und erhöhte damit den Status dieses notorisch spekulativen Fachgebiets. Durch die Beobachtung wurde die trockene Theorie anschaulich und lebendig, die ihrerseits Einheit und Einfachheit in die befremdliche Vielfalt der Dinge brachte, die die Beobachter des Weltraums durch ihre Teleskope sahen. Das führte dazu, daß es heute »beobachtende Kosmologen« gibt, die sowohl Daten sammeln als auch Schlußfolgerungen für die Theorie ziehen können. Und wenn die Daten auch gelegentlich ungeheuer schwer zu gewinnen und zu verstehen sind, ist doch die Gesamtstruktur, in die sie hineinpassen, so einfach, daß einer dieser beobachtenden Kosmologen, Hubbles ehemaliger Schüler Allan Sandage, die Kosmologie als »eine Suche nach drei Zahlen« bezeichnet hat. Diese Zahlen sind die »Hubble-Konstante«, der »Bremsparameter« und die »kosmologische Konstante«.

Die Hubble-Konstante gibt an, wie rasch sich das Universum ausdehnt. Sie wird gewöhnlich mit H_0 (»H-Null«) bezeichnet. Sandage und ähnlich denkende Kosmologen behaupten, daß H_0 etwa fünfzig Kilometer pro Sekunde pro »Megaparsec« beträgt. Ein Megaparsec entspricht 3,26 Millionen Lichtjahren, so daß man also jedesmal, wenn man 3,26 Lichtjahre weiter in den Raum hinausschaut, Galaxien findet, die sich in jeder Sekunde um fünfzig Kilometer rascher voneinander entfernen. Andere Astronomen erhalten mit anderen Verfahren einen Wert von H_0, der näher bei siebzig liegt. Die Forscher versuchen immer noch, diesen Unterschied zu erklären, aber in der Zwischenzeit können sich die Astronomen damit trösten, daß die Unsicherheit in bezug auf die Geschwindigkeit der Ausdehnung des Universums sich nur um den Faktor 2 bewegt, und nicht um den Faktor 10 oder 100.

Der Bremsparameter – er wird mit q_0 (»Q-Null«) bezeichnet – mißt, wie rasch sich die kosmische Ausdehnung verlangsamt.[11] Ein solcher Bremseffekt müßte aufgrund der Gravitationsanziehung bestehen, den die Galaxienhaufen aufeinander ausüben. Wenn der richtige Wert des Bremsparameters bekannt wäre, würde man die »Massendichte« des Kosmos kennen – also wissen, wieviel Materie es im Mittel im beobachtbaren Universum gibt. (Die Massendichte des Universums heute entspricht etwa einem Atom pro Kubikmeter. Das ist natürlich ein Mittelwert; die wirkliche Dichte ist in Galaxien größer und in den großen Leeren zwischen Superhaufen kleiner.) Wenn die Dichte bekannt wäre, könnte man das Schicksal des Universums vorhersagen. Falls die Ausdehnungsrate rasch abnimmt, hört das Universum schließlich auf sich auszudehnen, fällt in sich zusammen, und alles endet in einem »Endkrach« – dem Gegenteil des Urknalls –, bei dem alles auf ein heißes Plasma reduziert wird, ähnlich dem, aus dem alles entstand. Wenn andererseits die Ausdehnung so stark ist, daß sie über die Bremswirkung triumphiert, dehnt sich das Universum immer weiter aus. In dem Fall wird die Energie, die zur Verrichtung dieser Bewegung zur Verfügung steht, schließlich (in etwa hundert Milliarden Jahren) verbraucht sein, und das Universum erleidet den »Wärmetod« – einen Zustand, in dem schwarze Galaxien endlos in den schwarzen, sich unaufhörlich ausdehnenden Raum hinauswandern.

Als dritte Möglichkeit könnte sich das Universum genau im Gleichgewicht zwischen diesen beiden Alternativen befinden, so daß es sich immer weiter ausdehnt, wobei die Ausdehnung immer geringer wird, aber niemals aufhört. Ein solches Universum hat die sogenannte »kritische Dichte«. Auch dieses Universum erleidet womöglich den Wärmetod, ist aber aus Gründen, die ich später erörtern werde, vielleicht nur eines unter vielen Universen. In diesem Fall könnten wir uns damit trösten (zugegebenermaßen ein eher schwacher Trost), daß Leben dann, wenn es in einigen Universen ausstirbt, doch in anderen geboren wird.

Der Bequemlichkeit halber haben Kosmologen heute aus Hubble-Konstante und Massendichte eine Größe gebildet, die mit dem griechischen Buchstaben Ω (Omega) bezeichnet wird und die »kosmische Massendichte« angibt.[12] Wie im Vorwort erwähnt, muß sich das Universum für immer ausdehnen, wenn Ω kleiner ist als eins, und zusammenfallen, wenn es größer ist als eins. Wenn Ω genau eins ist, hat das Universum die kritische Dichte; dann dehnt es sich mit einer Geschwindigkeit, die Null nahekommt, aber nie ganz erreicht, immer weiter aus.

Theoretisch sollte es möglich sein, den Wert des Bremsparameters zu finden, indem man die Fluchtgeschwindigkeit ferner Galaxien mißt. Ihr Licht, das Milliarden Lichtjahre zurückgelegt hat, bringt uns Nachricht davon, wie rasch sich das Universum vor Milliarden Jahren ausdehnte, als die Ausdehnungsrate eher noch größer gewesen sein muß. Man könnte den Bremsparameter herleiten, indem man die alte, ferne Ausdehnungsrate mit der neuen, lokalen Rate vergleicht – mit anderen Worten, indem man den fernen Wert mit den lokalen Werten der Hubble-Konstante in Bezug setzt.[13] In der Praxis hat es sich als sehr schwierig erwiesen, solche Daten zu gewinnen. Der Grund dafür könnte sein, daß die Materiendichte in der Tat kritisch ist oder nahezu kritisch, so daß der Versuch zu entscheiden, ob das Universum im Feuer oder im Eis umkommt, mit einem Zielfoto beim Pferderennen vergleichbar ist. Einige Kosmologen meinen, weil die beobachtete Dichte anscheinend nahezu kritisch ist, sei zu vermuten, daß die Dichte tatsächlich kritisch ist. Der Zustand kritischer

Dichte ist dynamisch instabil, wie ein balancierender Fels in den Canyons von Arizona. Solche Felsen sind selten, aber die Wahrscheinlichkeit, einem von ihnen zu begegnen, ist größer als die, einen zu sehen, der gerade eben zu fallen beginnt. Ein Universum mit fast kritischer Dichte ist wie ein Fels, der gerade eben umfällt. Ein solches Universum hat aus Gründen, die wir später untersuchen werden, auch einen großen ästhetischen Reiz. Deshalb könnte man behaupten, die Massendichte sollte kritisch sein und nicht nur nahezu kritisch, weil die Natur ja schön ist. Ein Kosmologe der Universität Princeton sagte einmal, wenn Ω sich als nahezu, aber nicht genau Eins erweisen sollte, »würde ich mich beklagen, daß der Schöpfer der Einheit so nahe kam und sie doch verfehlte.«[14]

Die kosmische Massendichte Ω gibt nicht nur einen Hinweis auf das Schicksal des Universums, sondern auch auf sein Alter. Falls $\Omega = 1$ gilt, ist das Alter des Universums (in dem Weltmodell von Einstein und de Sitter) zwei Drittel des Inversen der Hubble-Konstante – das Universum dehnt sich 6also erst zwei Drittel der Zeit aus, wie es der Fall wäre, wenn sich die Ausdehnung nicht verlangsamt hätte. Ein Universum mit $\Omega = 1$ und $H_0 = 50$ ist etwa 15 Milliarden Jahre alt.

Die Größen, die wir erörtert haben – Hubble-Konstante und Bremsparameter bzw. ihre Kombination als Omega –, sind das heute gebräuchliche Werkzeug der Kosmologie, sozusagen ihr Hammer und Schraubenzieher. Der dritte Parameter, die kosmologische Konstante, ist spekulativer; diese als λ (Lambda) bezeichnete Größe stellt eine Abstoßung dar, das Gegenteil der Schwerkraft. Eine solche Kraft könnte zu einer viel rascheren Ausdehnung des Universums führen, als seine Materiedichte erwarten läßt, was bedeutet, daß Kosmologen den Materiegehalt des Universums auch dann unterschätzen, falls sie Hubble-Konstante und Bremsparameter genau kennen. Wie wir sahen, führte Einstein λ aus Gründen ein, die er schon bald für unzureichend hielt, weshalb er diesen Gedanken schon bald als »größte Eselei meines Lebens« bezeichnete und wieder verwarf. Zwar gibt es Theorien, die mit der kosmologischen Konstanten arbeiten, aber es ist kein physikalischer Mechanismus bekannt, der kosmische Antischwerkraft erzeugen könnte; λ ist ein Gespenst, das in der Kosmologie herumspukt. Nur wenige Wissenschaftler mögen es, aber es taucht doch immer wieder auf.

Ein Grund für die Hartnäckigkeit von λ hat mit der Inflationshypothese zu tun, wonach sich das Universum in seiner Frühzeit exponentiell ausdehnte, was zu einem Kosmos führte, der viel größer ist als der heute beobachtbare Teil. Wie wir später in diesem Buch sehen werden, haben die Kosmologen ausgezeichnete Gründe, die Inflationshypothese ernst zu nehmen: Sie ist physikalisch sinnvoll, und sie löst viele Probleme, die sonst das Bild vom Urknall trüben würden. Die Kraft, die die Inflation antrieb, müßte viel Ähnlichkeit mit λ gehabt haben. Vielleicht sank also λ am Ende der Inflationszeit nicht auf Null ab, sondern wirkt seitdem, wenn auch weniger stark, immer weiter.

Die durch ein positives λ symbolisierte kosmische Antischwerkraft würde Ω, den Parameter der Massendichte, zum kritischen Wert von eins drängen. Das könnte die sonst seltsam anmutende Tatsache erklären, daß wir merkwürdigerweise in einer anscheinend einzigartigen Epoche leben, in der das im Lauf der Zeit veränderliche Ω zufällig nahezu eins ist. Der Zustand mit dem Wert eins ist dynamisch instabil, und es ist höchst unwahrscheinlich, daß das Universum lange darin verharrt. Kosmologen mögen keine Überlegungen, die uns an einen einzigartigen Ort versetzen (beispielsweise ins »Zentrum« des Universums) oder in eine einzigartige Zeit (beispielsweise die, zu der Ω nahe der kritischen Dichte ist). Solchen Einwänden ließe sich damit begegnen, daß die kosmische Antischwerkraft das Universum zu kritischer Dichte treibt, so daß sein heutiger Wert gar kein so bemerkenswerter Zufall ist.[15]

Die Ausdehnung des Universums setzt den Kosmologen also ein leuchtendes und reizvolles Ziel. Wenn sie nur drei Größen messen können – die Ausdehnungsrate, den Bremsparameter und die kosmologische Konstante –, können sie Alter, Größe und Schicksal des Universums bestimmen. Es ist deshalb nicht verwunderlich, daß sie diesem ehrenwerten Zweck viele Jahre harter Arbeit gewidmet haben und dazu von der Gesellschaft mit Teleskopen, Satelliten und anderen Hilfsmitteln ausgerüstet wurden.

Leider hat sich die Aufgabe, die richtigen Werte dieser drei magischen Zahlen zu finden, als so anspruchsvoll erwiesen, wie das Ansinnen edel ist. Ich will gar nicht davon sprechen, wie schwer es ist, in den staubigen Dschungeln ferner Spiralnebel Cepheiden zu finden oder Signale vom Rauschen zu trennen, wenn Satellitendetektoren an die Grenze ihrer Möglichkeiten und darüber hinaus gefordert werden, oder davon, wie man Löcher in der Installation stopft, die unterkühltes Helium in den Mantel eines elektronischen bildgebenden Systems am Ende eines Vier-Meter-Teleskops auf einem Berggipfel pumpt, und das um vier Uhr nachts, in völliger Dunkelheit und bei eisiger Kälte, die einem den Atem verschlägt. Aber ich möchte andeuten, wie Astronomen heute den Kosmos vermessen und seine Bewegung aufzeichnen. Dieses Unterfangen ist das in der langen Geschichte menschlicher Naturforschung bis jetzt am höchsten gesteckte Ziel und um seiner selbst willen verdienstvoll. Es wird uns helfen, Aspekte der Beobachtung des Kosmos zu verstehen, die wesentlich sein werden, wenn wir über die Grundlagen der Kosmologie hinausgehen, um das Grenzland zu erkunden.

Die Rotverschiebungen der Galaxien lassen sich relativ leicht bestimmen. Zu Hubbles Zeit mußte eine einzige fotografische Platte viele Stunden lang belichtet werden, um das winzige Spektrum von der Größe eines Zehennagelrands zu erhalten, in dem ein Astronom dann mit der Lupe die Spektrallinien suchte. Heute jedoch sind Teleskope mit sogenannten CCDs (Charge Coupled Devices) ausgerüstet, die diese Arbeit in Minuten verrichten, und einige haben computergesteuerte Systeme mit Glasfaserröhren, die es ermöglichen, gleichzeitig die Spektren von Dutzenden von Galaxien zu bestimmen. Dank dieser Neuerungen werden die Kataloge rasch immer umfangreicher.

Schwieriger ist es, die Daten zu interpretieren, also zu beurteilen, wieviel von der Rotverschiebung auf die kosmische Ausdehnung zurückgeht. Galaxien nehmen nicht nur an der Ausdehnung des Universums teil, sondern haben auch Eigenbewegungen. Viele gehören zu Doppelsystemen. Besonders Spiralgalaxien treten oft paarweise auf – oft drehen sich zwei ähnlich aussehende Galaxien in entgegengesetzte Richtungen, vermutlich, weil sie aus benachbarten Wirbeln entstanden –, und in solchen Situationen umlaufen beide Galaxien einen gemeinsamen Schwerpunkt, der in einem unsichtbaren Angelpunkt im dazwischenliegenden intergalaktischen Raum liegt. Die meisten Galaxien gehören aber zu Galaxienhaufen und umlaufen den Schwerpunkt des Haufens mit Geschwindigkeiten von einigen hundert Kilometern pro Sekunde. Viele der Haufen gehören wiederum zu Superhaufen, in denen sie gegenseitig aneinander zerren, was ihre Bewegungen weiter kompliziert. Es gibt auch Hinweise darauf, daß »Massenbewegungen« ganze Superhaufen mit Geschwindigkeiten von 600 Kilometern pro Sekunde in Richtungen gleiten lassen, die nichts mit ihren Fluchtgeschwindigkeiten zu tun haben. Astronomen müssen all dieses und mehr berücksichtigen, bevor sie den »reinen Hubblefluß« herleiten können, der allein von der kosmischen Ausdehnung herrührt.

Noch schwieriger ist es, die Entfernung von Galaxien zu bestimmen. Zu den klassischen Verfahren gehört die »kosmologische Entfernungsleiter«, eine Reihe von überlappenden Verfahren der Entfernungsbestimmung. Man erhält die Entfernungen naher Cepheiden und anderer heller Sterne in unserer Galaxis, sucht ähnliche Sterne in anderen Galaxien und benutzt dann ganze Galaxien, um weiter hinaus in den Raum zu gelangen und immer so weiter. Aber jede dieser »Standardkerzen« ist fehleranfällig, und die Fehler summieren sich, so daß die Leiter schließlich sehr wackelig wird. Gerade in diesen weiten Fernen aber wird die Messung der Beziehung zwischen Rotverschiebung und Entfernung besonders wichtig, da der Einfluß lokaler Schwerefelder erst in diesen Entfernungen – jenseits des Virgo-Superhaufens, zu dem unsere Galaxis gehört – nachläßt und erst dort der reine Hubblefluß zu Tage tritt. Zusätzlich bereitet die Tatsache Kopfschmerzen, daß sich die Galaxien im Lauf der Zeit entwickeln, so daß wir uns, wenn wir sehr ferne Galaxien betrachten, auf das Risiko einlassen, Galaxien, wie sie heute sind, mit ähnlichen Systemen vor langer Zeit zu vergleichen – denn deren Licht braucht viel Zeit, bis es uns erreicht. Wir beobachten sie also immer nur in der fernen Vergangenheit. Außerdem entwickeln sich Galaxien je nach ihrer

Umgebung mit unterschiedlichen Geschwindigkeiten. Noch haben wir keinen dieser Effekte gänzlich verstanden. Glücklicherweise hat die kosmologische Entfernungsleiter, so wackelig sie auch ist, einige überlappende Sprossen, wie man sie von alten Gerätewagen der Feuerwehr kennt. Bis zu einem bestimmten Grad lassen sich also die Meßverfahren für die Entfernungen aneinander überprüfen.

Ohne den Versuch zu machen, alles im einzelnen zu schildern, möchte ich die wichtigsten Komponenten der Entfernungsleiter beschreiben.[16]

Die Entfernungen relativ naher Himmelskörper werden vor allem mit Hilfe der »Parallaxen-Methode« gemessen, die auf einfache Triangulation hinausläuft. Nehmen Sie an, Sie stünden am Ufer eines tobenden Flusses und wollten seine Breite wissen. Dann suchen Sie sich einen großen Baum am gegenüberliegenden Ufer und ein entfernteres Objekt, etwa einen Berggipfel, der auf derselben Geraden liegt. Dann gehen Sie am Ufer entlang, wobei Sie die zurückgelegte Entfernung sorgfältig messen, bleiben stehen und schauen wieder zum Baum. Weil sich die Perspektive geändert hat, ist der Baum nicht länger auf derselben Geraden wie der Berggipfel. Sie messen den Winkel, der den Baum vom Gipfel trennt. Dieser Winkel ist genauso groß wie der Winkel, den ein Beobachter unten am Baum zwischen Ihrem ersten und dem jetzigen Standpunkt messen würde. Man kann also ein Dreieck konstruieren, bei dem die Größen aller drei Winkel und die Länge der (von uns abgeschrittenen) Grundlinie bekannt sind. Daraus läßt sich die Entfernung zwischen dem Ausgangspunkt und dem Baum am anderen Ufer berechnen, und so ist auch die erste Stufe einer Entfernungsleiter erstiegen. Der Baum steht für den nahen Stern, dessen Entfernung der Astronom wissen möchte, die Berggipfel für entferntere Sterne. Der Fluß ist der Raum.

Die Parallaxenmessung hat eine kleine eigene Leiter. Zur ersten Stufe gehört die Messung der Entfernung anderer Planeten. Das gelang zuerst 1672 für den Planeten Mars, als Beobachter in Paris und Cayenne in Französisch-Guayana die nötigen Positionsmessungen gleichzeitig ausführen konnten. Heute überprüfen Astronomen die Entfernungen naher Planeten, indem sie Radarsignale aussenden und messen, wie lange es braucht, bis das Echo zurückkehrt. Wie wir sahen, lassen sich mit Hilfe der Keplerschen Gesetze alle Planetenbahnen berechnen, wenn man die Bahn eines anderen Planeten kennt. Als die Marsbahn bekannt war, konnten die Astronomen deshalb die Erdbahn berechnen, und das lieferte ihnen eine sehr lange Grundlinie: Wenn ein benachbarter Stern im Abstand von sechs Monaten, also von gegenüberliegenden Punkten der Erdbahn aus, angepeilt wird, können kleine Veränderungen seiner scheinbaren Position gegenüber Hintergrundsternen gemessen und daraus die Entfernung des nahen Sterns näherungsweise berechnet werden. In dieser mühseligen Weise hatte man bis zum Jahr 1900 die Entfernungen von nahezu hundert Sternen gemessen. Man hat sich oft darüber lustig gemacht, wie wichtig den Wissenschaftlern des 19. Jahrhunderts die Genauigkeit war – einige hätten gesagt, so zitierte man sie, daß die Zukunft der Naturwissenschaft daran hänge, Messungen bis auf die nächste Dezimalstelle genau zu machen –, aber die Bestimmung der Parallaxen zeigt, daß die belächelten Präzisionsmessungen die Grundlage für die Errungenschaften der Naturwissenschaft des 20. Jahrhunderts legten.

Heute sind die Parallaxen von näherungsweise zehntausend Sternen genau bekannt. (Die Zahl hängt davon ab, was man als »genau« bezeichnet.) Glücklicherweise ist die Auswahl sehr gemischt: Zu diesen zehntausend Sternen gehören so gewöhnliche Sterne wie die Sonne, weiße Zwerge und rote Riesen, Doppelsternsysteme, Sterne in Haufen und so weiter. Nach vielen Jahrzehnten astrophysikalischer Arbeit – der Kombination astronomischer Daten mit der Theorie und dem, was im Labor untersucht wird –, kennen Astronomen heute das Verhalten von Sternen unterschiedlicher Massen und chemischer Zusammensetzungen ziemlich gut. Insbesondere haben sie eine recht gute Vorstellung davon, wie hell eine bestimmte Art von Sternen wirklich ist.

Das ermöglicht es, der Leiter eine weitere Sprosse hinzuzufügen. Wenn die absolute Helligkeit eines bestimmten Sterns bekannt ist, können Astronomen die Entfernungen aller sichtbaren Sterne desselben Typs abschätzen, indem sie einfach ihre geschätzte tatsächliche

Helligkeit (absolute Größe) mit der am Himmel beobachteten (scheinbaren Größe) vergleichen. Wenn man beispielsweise die absolute Größe des weißen Riesensterns Sirius (Spektralklasse A1) kennt, kann man mit einiger Zuversicht sagen, daß ein ähnlicher A1-Stern, der ein Hundertstel so hell scheint wie Sirius, zehnmal so weit entfernt ist, da die Helligkeit mit dem Quadrat der Entfernung abnimmt. Sirius ist, wie die Parallaxenmessung ergab, 8,6 Lichtjahre von der Erde entfernt, deshalb ist der zweite Stern 86 Lichtjahre weit weg.

Pulsierende Sterne, also Sterne, die ihre Helligkeit periodisch verändern, stellen eine weitere Sprosse der Leiter dar. Der Rhythmus ihrer Helligkeitsänderung ist ein Index für ihre absolute Größe, deshalb kann man bestimmen, wie hell diese Sterne wirklich sind, indem man Schwankungen ihrer scheinbaren Größe aufzeichnet. In unserer Nähe läßt sich das durch die Beobachtung von RR Lyrae-Sternen erreichen (sie heißen nach einem Prototyp im nördlichen Sternbild Leier). Jenseits davon geht man zu einer helleren Klasse pulsierender veränderlicher Sterne über, den leuchtkräftigen Cepheiden.

Die Cepheiden sind junge Riesensterne, die sich auf einer instabilen Entwicklungsstufe befinden. Ihre periodische Veränderung beruht auf Vorgängen, die zeigen, wie elegant die Abläufe in etwas so Einfachem wie einem Stern sind. Wenn ein Cepheiden-Stern kontrahiert, wird er heißer. Die Wärme, die in die äußeren Teile des Sterns (seine »Atmosphäre«) fließt, regt Atome von einfach ionisiertem Helium an. (»Einfach ionisiert« bedeutet, daß diesen Atomen eines der beiden Elektronen fehlt, die sie normalerweise haben sollten.) Die zusätzliche Energie setzt im Heliumatom ein weiteres Elektron frei. Das Atom ist damit doppelt ionisiert. Doppelt ionisierte Atome aber absorbieren gewöhnlich Licht, deshalb wird die Atmosphäre des Sterns undurchsichtig. Eine undurchsichtige Atmosphäre speichert Wärme wie eine Wolldecke, wird also heißer, und deshalb dehnt sie sich aus. Mit der Ausdehnung kühlt sie sich ab – sie muß ja ihre gesamte Energie über einen größeren Bereich verteilen. Wenn sich die Heliumatome abkühlen, kehren sie zu ihrem einfach ionisierten Zustand zurück. Die Atmosphäre wird wieder durchsichtig, beginnt zu kollabieren, und der Kreislauf beginnt von neuem. Jeder Kreislauf dauert gewöhnlich einige Wochen.

Dieser Vorgang ist aus kosmologischer Sicht schön, weil die Geschwindigkeit, mit der Cepheiden pulsieren, im Zusammenhang mit ihrer Farbe ihre absolute Helligkeit ergibt. Größere Cepheiden pulsieren langsamer als kleinere – genau wie ein großer Gong tiefer klingt als ein kleiner –, und je größer der Stern, desto heller leuchtet er. Astronomen können also die Entfernung eines Cepheiden herleiten, wenn sie ein oder zwei Perioden vermessen haben. (Der Polarstern ist mit 466 Lichtjahren Entfernung der erdnächste Cepheide.) Cepheiden sind so hell, daß irdische Teleskope sie in Galaxien aufspüren können, die bis zu 15 Millionen Lichtjahre entfernt sind; das nach Edwin Hubble benannte Weltraumteleskop spürte sie sogar in einer Entfernung bis zu 60 Millionen Lichtjahren auf.[17]

Durch die Beobachtung der Cepheiden mit dem Hubble-Teleskop und anderen stark auflösenden Teleskopen sollte es möglich sein, die Entfernungen von Galaxien bis zur Mitte des Virgo-Superhaufens genauer denn je zu bestimmen. Erste Bemühungen in dieser Richtung führten 1994 dazu, daß eine Gruppe von 22 Forschern ankündigte, sie habe zwanzig Cepheiden in der Spiralgalaxie M100 lokalisiert und daraus hergeleitet, daß der Kern des Virgo-Superhaufens weniger weit von unserer Galaxis entfernt ist, als man gedacht hatte. Aus dem Vergleich der Rotverschiebung von M100 mit der neuen Entfernungsschätzung konnte die Gruppe herleiten, daß die Hubble-Konstante einen Wert von etwa achtzig Kilometer pro Sekunde pro Megaparsec hat.

Dieses Ergebnis verblüffte die Kosmologen, die für die Hubble-Konstante den traditionellen Wert von fünfzig akzeptiert hatten. Ihnen ging es vor allem um das Alter des Universums. Unter gleichen Bedingungen muß ein sich rasch ausdehnendes Universum jünger sein als eines, das sich langsam ausdehnt. Wenn $\Omega = 1$ und $\lambda = 0$ ist und die Hubble-Gruppe mit ihren Behauptungen über M100 recht hat, ist das Universum nur etwa acht Milliarden Jahre alt. Das ist weniger als das von den Astrophysikern berechnete Alter der ältesten Sterne des Milchstraßensystems – etwa 14 Milliarden Jahre. Ein Universum, das jünger ist als die in ihm enthaltenen Sterne, ist offensichtlich eine Absurdität. Aus Kummer über diese Wendung der Ereignisse gingen einige Theoretiker so weit, aufs neue die kosmologische Konstante zu beschwören, die durch eine Beschleunigung der Expansionsgeschwindigkeit im Lauf der Zeit dafür sorgen soll, daß sich das Universum heute rascher ausdehnt als in der Vergangenheit.

Über riesige Entfernungen hinweg lassen sich am einfachsten die sogenannten Supernovae, explodierende Sterne, beobachten. Eine Supernova ist umwerfend energiereich: Sie kann in einer Minute mehr Energie freisetzen als alle normalen Sterne im beobachtbaren Universum während derselben Zeiteinheit. Nur ein Bruchteil dieser Energie – oft nur ein Hundertstel eines Prozents – wird als sichtbares Licht ausgesandt, aber schon damit überstrahlt die Supernova die ganze Galaxie, zu der sie gehört.

Es gibt zwei Arten von Supernovae, die als Typ I und Typ II bezeichnet werden. Supernovae vom Typ I entstehen, so meint man, in Doppelsternsystemen. Ein Anwärter auf das Stadium der Supernova wäre ein Zwergstern, dessen Bahn ihn seinem größeren und weniger dichten Begleitstern so nahe bringt, daß er der prallen Atmosphäre des Begleitsterns aufgrund seiner Schwerkraft Gas entreißen kann. Im Lauf der Zeit nimmt der Zwerg auf diese Weise an Masse zu, bis seine Masse schließlich die »Chandrasekhar-Grenze« überschreitet. (Sie wurde nach dem indischen Astrophysiker Subrahmanyan Chandrasekhar benannt, der sie bei seinen theoretischen Forschungen entdeckte.) An diesem Punkt, der dem 1,44fachen der Sonnenmasse entspricht, wiegt der Zwergstern soviel, daß er noch weiter kollabieren muß. Zwergsterne sind schon so dicht, daß normale Atome in ihnen nicht überleben können: Ihre Protonen, Neutronen und Elektronen sind so eng wie möglich aneinander gedrängt und werden von quantenmechanischen Kräften, die vorwiegend zwischen Elektronen wirken, vom weiteren Zusammenfall abgehalten. (Dieser degenerierte Materiezustand ist nach irdischen Maßstäben außerordentlich dicht. Ein Teelöffel der Materie eines Zwergsterns würde auf der Erde so viel wiegen wie ein Rolls-Royce.) Aber wenn ein Zwergstern in einem Doppelsternsystem die Chandrasekhar-Grenze überschreitet und weiter zusammenfällt, zerstört das Gewicht der Materie, das auf dem Kern lastet, seine eindrucksvolle degenerierte Struktur, und es kommt zu einer ungeheuren Kernexplosion, die den Stern verdampfen läßt. Supernovae vom Typ I – insbesondere der Untergruppe, die Typ Ia genannt wird –, haben den Vorteil, daß sie alle eine ähnliche absolute Helligkeit aufweisen. Das macht sie zu brauchbaren Standardkerzen. Außerdem sind sie die hellsten Formen von Supernovae in den Wellenlängen des sichtbaren Lichts und fallen damit Astronomen bei ihrer Durchmusterung des Himmels eher auf. Vorläufige Messungen von Supernovae vom Typ Ia deuten auf einen Wert für die Hubble-Konstante von etwa fünfzig hin und ergeben ein Alter für den Kosmos, das wesentlich größer ist als das der ältesten Sterne.

Während Supernovae vom Typ I Zwerge sind, sind Supernovae vom Typ II Riesen. Sie kollabieren nicht, weil sie zuviel Masse haben, sondern weil sie den Kernbrennstoff in ihrem Inneren verbraucht haben. Wenn sie keinen Kernbrennstoff mehr haben, werden sie instabil. Der nach außen wirkende Strahlungsdruck reicht nicht mehr aus, um den nach innen gerichteten Sog der Schwerkraft auszugleichen, und sie fallen zusammen. Riesen brennen heftig und sterben daher jung; deshalb findet man Supernovae vom Typ II gewöhnlich in den Armen von Spiralgalaxien, also dort, wo die Sterne entstehen, weil sie noch gar nicht genug Zeit hatten, sich von ihm zu entfernen. Sterne vom Typ II sind in elliptischen Galaxien selten, wo wenig neue Sterne gebildet werden, während Sterne vom Typ I überall dort auftauchen können, wo es Doppelsterne gibt, also in allen Arten von Galaxien. Supernovae vom Typ II sind energiereicher als die des Typs I, aber anscheinend um das 2,5fache weniger leuchtkräftig, weil sie 99 Prozent ihrer Energie nicht als Licht, sondern in Form von Neutrinos freisetzen. (Astrophysiker bezeichnen diesen Vorgang, der sich bei Temperaturen von über hundert Milliarden Grad abspielt, mit dem ihnen eigenen Hang zur Ironie gern als das »Gefrieren« der Neutrinos.) Die neue Wissenschaft der intergalaktischen Neutrino-Astronomie erhielt ihren Namen 1987, als unterirdische Neutrinodetektoren in Japan und in den USA Neutrinos von einer Supernova verzeichneten, die in der großen Magellanschen Wolke explodierte, einer Begleitgalaxie des Milchstraßensystems, die unsere Galaxis in einer Entfernung von 165 000 Lichtjahren von der Erde umrundet. Die Neutrino-Astronomie ist sehr zukunftsträchtig, da an Neutrinos kein Mangel herrscht und sie nur schwach mit Materie wechselwirken, was bedeutet, daß sie über Ereignisse berichten, die sich tief im Inneren des Sterns abspielten, und nicht, wie Licht, nur Aufschluß über Vorgänge in der äußeren Atmosphäre geben.

Supernovae vom Typ II lassen sich bis in Entfernungen beobachten, die ein Drittel vom Radius des beobachtbaren Universums betragen. Aber sie unterscheiden sich in ihrer absoluten Helligkeit, und deshalb taugen sie nicht als Standardkerzen. Das könnte sich indessen ändern, wenn die Astronomen mehr über sie wissen.

Damit Supernovae besser zur Entfernungsbestimmung dienen können, müssen sehr viel mehr von ihnen beobachtet werden, und zwar besonders in ihren Frühstadien, an den Tagen, bevor der Zusammenbruch die höchste Helligkeit erreicht. Auch aus anderen Gründen ist die Suche nach Supernovae sehr dringlich geworden. Berufsastronomen benutzen automatisierte Teleskope, die von Computern gesteuert werden, um allnächtlich Dutzende von Galaxien zu beobachten. Die Computer überprüfen die gewonnenen Bilder und machen ihre menschlichen Operatoren auf jeden Lichtfleck aufmerksam, den es vorher nicht gab. Auch Amateurastronomen verrichten hier nützliche Arbeit. Unter ihnen ragt Reverend Robert Evans hervor, Pfarrer der Uniting Church in Australien, der den Himmel mit einem fahrbaren Teleskop absucht, das er bei Sonnenuntergang aus der Garage seines Hauses in New South Wales hervorholt. Reverend Evans hat ein ausgezeichnetes visuelles Gedächtnis. Wenn man eine Galaxie betrachtet, sieht man sie durch Vordergrundsterne hindurch, von denen einige genau vor der sanft glühenden Scheibe der Galaxie liegen. Eine Supernova in dieser Galaxie sieht genauso aus wie ein solcher Stern und läßt sich von Sternen im Vordergrund nur unterscheiden, wenn man den Anblick in einer bestimmten Nacht mit einer Karte oder einem Foto vergleicht, das die Sterne zeigt, die normalerweise dort sind. Evans hat die Sternfelder in der Umgebung von mehr als tausend Galaxien im Kopf, deshalb kann er gewöhnlich auf den ersten Blick sagen, ob ein »neuer Stern« (eine Nova, die Wurzel des Wortes Supernova) erschienen ist. Er hatte bis 1995 schon 27 Supernovae entdeckt, mehr als jeder andere im optischen Bereich beobachtende Astronom in der Geschichte unseres Planeten.

Das Rennen zwischen den Berufsastronomen mit Roboterteleskopen und den Amateuren, die mit ihren Augen (oder mit Fernrohren, die mit billigen CCD-Detektoren ausgestattet sind) vom eigenen Garten aus beobachten, erinnert womöglich an heldenhafte menschliche Bemühungen, in einem aussichtslosen Rennen schneller zu sein als eine Maschine. Aber der Wettstreit mit dem Roboter hat auch seine eigene, ganz menschliche Seite, denn mittlerweile können Interessierte über das Internet in aller Welt Beobachtungszeiten auf automatisierten Teleskopen anfordern. Bei einem solchen, Bildungszwecken gewidmeten Unterfangen stellten die Supernovae-Forscher der Universität Berkeley ihre Roboterteleskope für einen Teil der Beobachtungszeit Studenten und Liebhaberastronomen zur Verfügung, und so erhielten 1994 zwei Gymnasiastinnen über das Internet das erste Bild einer Supernova in der frontal gesehenen Galaxie M51. Eigentlich hatten Heather Tartara und Melody Spence, 17jährige Schülerinnen der Oil City High School in Pennsylvania, einfach nur für ein Schulprojekt eine besonders schöne Galaxie fotografieren wollen. Aber einige Tage später entdeckten Amateurastronomen in Georgia in derselben Galaxie eine Supernova, und es stellte sich heraus, daß die auf Bitte von Heather und Melody gemachte Aufnahme ein früheres Bild der Supernova in den entscheidenden Tagen vor dem Erreichen der maximalen Helligkeit zeigte. Dieses Bild war eines der frühesten Bilder einer Supernova, die je gemacht wurden. Berufsastronomen konnten nur selten einen ähnlichen Erfolg verbuchen.

Die meisten Galaxien sind zu weit entfernt, als daß ihre Einzelsterne entdeckt werden könnten, wenn nicht gerade einer explodiert. Deshalb leitet man ihre Entfernungen nicht aus der Untersuchung ihrer Sterne her, sondern indem man die Galaxien selbst als Standardkerzen einsetzt. Eine Möglichkeit dazu besteht darin, die hellste Galaxie in jedem großen Galaxienhaufen zu bestimmen. Untersuchungen von Allan Sandage und anderen lassen vermuten, daß sich die absoluten Helligkeiten solcher Galaxien relativ wenig unterscheiden. Aber Astronomen müssen immer auf Veränderungen gefaßt sein, die sich im Lauf der Entwicklung einstellen. Galaxien in reichen Haufen sind einer Reihe von Einflüssen ausgesetzt: Begegnungen mit benachbarten Galaxien (die in reichen Haufen natürlich häufiger sind) können zu Sternexplosionen führen, in denen Gezeitenwirkungen, die durch gravitative Wechselwirkung mit einer dazwischenliegenden Galaxie ausgelöst werden, zur Geburt von Milliarden Sternen führen, unter denen auch viele Riesen sind. »Galaktischer Kannibalismus« – das Verschlucken kleiner Galaxien durch große Galaxien, die sich gewöhnlich in der Mitte des Haufens ansammeln – kann die hellste Galaxie in einem Haufen vorübergehend (also während einer Periode von, sagen wir, wenigen hundert Millionen Jahren) viel heller erscheinen lassen, als sie es normalerweise wäre, wodurch arglose Astronomen ihre Entfernung unterschätzen würden.

Eine neuere Möglichkeit, die absolute Helligkeit von Galaxien abzuschätzen, beruht auf den Ergebnissen, die 1977 von den amerikanischen Astronomen R. Brent Tully und J. Richard Fisher gewonnen wurden, die eine Beziehung zwischen der absoluten Helligkeit einer Spiralgalaxie und der Breite der 21-Zentimeter-Linie fanden. Es handelt sich um die Wellenlänge des Rauschens der Wasserstoffatome, die in Spiralgalaxien den größten Teil der interstellaren Materie ausmachen. Die Dopplerverschiebung bewirkt ein Verschwimmen – eine Verbreiterung – dieser Spektrallinie, das in direkter Beziehung zu der Geschwindigkeit steht, mit der die Galaxie rotiert. Die Rotationsgeschwindigkeit wiederum hängt mit der Leuchtkraft der Galaxie zusammen. Da bei diesen Wellenlängen Radiospektren sehr schwacher Quellen gewonnen werden können, erweist sich die Tully-Fisher-Methode als brauchbar zur Abschätzung der Entfernungen von Galaxien bis zu 300 Millionen Lichtjahren. Das Tully-Fisher-Verfahren ergibt für die Hubble-Konstante gewöhnlich Werte um siebzig, obwohl einige Forscher mit ihrer Hilfe Werte von nur fünfzig erhielten.

Neuerdings wurden einige Verfahren erarbeitet, die Entfernungen direkter messen – die also Entfernungsleitersprossen überspringen. Bis heute haben sie allerdings nur zu Näherungswerten geführt, aber die Methoden sind sehr vielversprechend.

Ein solches direktes Verfahren bieten die Gravitationslinsen. Wie wir im nächsten Kapitel erörtern werden, verzerrt Materie den sie umgebenden Raum. (Was wir Wirkungen der Schwerkraft nennen, sind lediglich Ergebnisse der Tatsache, daß Objekte und Lichtstrahlen den kürzestmöglichen Weg durch den gekrümmten Raum zurücklegen.) Quasare – die hellen Flecken in der Mitte von Galaxien – waren in den heftigen Anfangszeiten des Universums viel häufiger als heute; deshalb finden wir die meisten Quasare, die ja der Vergangenheit angehören, in großen Entfernungen. Wenn nun das Licht eines Quasars auf dem Weg zu uns Milliarden Lichtjahre zurücklegt, kann es von einem Galaxienhaufen abgelenkt werden und ihn auf beiden Seiten umgehen. Der den Haufen umgebende Raum wirkt durch seine Krümmung als Linse, und deshalb sehen wir zwei Bilder eines Quasars. Wenn der Haufen nicht haargenau auf der Linie zwischen Erde und Quasar liegt, muß das Licht, das um die eine Seite der Linse herumläuft, einen längeren Weg zurücklegen als das auf der anderen Seite. Viele Quasare schwanken in ihrer Helligkeit und funkeln und flackern über Zeiten von nur einem Monat. Wenn nun ein solcher veränderlicher Quasar hinter einer Gravitationslinse liegt, läßt sich der Unterschied in der Laufzeit des Lichts bestimmen, das zu den Bildern führt, indem man die Bilder über einen längeren Zeitraum beobachtet und in beiden dieselben Veränderungen nachweist. Der Unterschied in der Ankunftszeit desselben Ereignisses zeigt dann, wieviel länger der eine Lichtstrahl unterwegs war als der andere. Man stelle sich vor, man wäre in einem Aufnahmestudio in New York und machte mit Hilfe von zwei Geräten Aufnahmen von einem Symphoniekonzert in Paris, das gleichzeitig auf zwei Kanälen übertragen wird. Ein Signal wird über einen einzelnen Satelliten über dem Atlantik gesandt. Das andere Signal nimmt mit Hilfe von Satelliten über Asien, dem Pazifik und Nordamerika eine längere Route und kommt deshalb etwas später an als das erste. Wenn die Sendung vorüber ist, sucht man eine einzelne

Passage in der Musik und mißt, wann sie vom ersten Radiogerät empfangen wurde und wann vom zweiten. Weil man weiß, daß die Signale mit Lichtgeschwindigkeit liefen – hier ignorieren wir Verzögerungen, die durch die Satelliten-Antwortsender hineinkamen –, kann man berechnen, wieviel länger der Weg der zweiten Satellitenverbindung war.

Wenn der dazwischenliegende Galaxienhaufen richtig abgebildet wird (man muß eine begründete Vermutung darüber anstellen, wo sein Schwerpunkt ist), ergibt sich die Entfernung des Haufens durch einfache Triangulation. Einige vorläufige Ergebnisse führen zu einer Hubble-Konstante von fünfzig, andere zu etwas höheren Werten.

Ein anderer direkter Ansatz nutzt den sogenannten »Sunyaev-Zeldovich-Effekt«, der nach seinen Entdeckern, russischen Astrophysikern, benannt wurde. Dieser Effekt betrifft die Erhöhung der Intensität der kosmischen Hintergrundstrahlung (CMB) durch Galaxienhaufen, die im Röntgenbereich strahlen. Das intergalaktische Gas in solchen Haufen ist relativ heiß – deshalb sendet es Röntgenstrahlung aus –, und deshalb erwärmen sich die CMB-Photonen beim Durchgang durch den Haufen. Das Ergebnis ist ein heißer Fleck in der Hintergrundstrahlung. Fernere Haufen sind dichter und heißer und erzeugen deshalb in der CMB heißere Flecken. Mit anderen Worten: Die Temperatur verrät die Entfernung. Die Wirkung ist allerdings nur schwach – der heiße Fleck ist lediglich den Bruchteil eines Prozents heißer als der Hintergrund, wurde aber mit Hilfe eines ganzen Arsenals von Beobachtungsmitteln verfolgt. So kombinierte eine Messung des Sunyaev-Zeldovich-Effekts 1991 Beobachtungen, die mit den Röntgensatelliten *Einstein* und *Ginga* gemacht worden waren, mit denen eines irdischen Radioteleskops. Erste Anwendungen der Methode von Sunyaev-Zeldovich ergaben eine Hubble-Konstante zwischen vierzig und fünfzig. Diese vorläufigen Daten sind noch nicht schlüssig, aber fortgesetzte Arbeiten mit Spezialinstrumenten wie SUZIE (Sunyaev-Zeldovich-Interferometer-Experiment) könnten zu wichtigen Informationen über den Wert der Hubble-Konstante führen.

Schließlich gibt es ein geniales Verfahren, das »Helligkeitsfluktuationen« ausnutzt. Man richtet ein Teleskop auf den Zentralbereich einer Spiralgalaxie oder elliptischen Galaxie und mißt die Menge der Unebenheiten in ihrer Oberflächenhelligkeit von einem Punkt zum nächsten. Da nahe Galaxien sich besser in Sterne auflösen lassen, zeigen sie mehr Unebenheiten als ferne, in denen die Sterne zu einem glatten Lichtfleck verschmelzen. Wenn beispielsweise ein Teleskop mit einem engen Gesichtsfeld auf eine Galaxie gerichtet würde, die uns so nahe ist, daß das Gesichtsfeld nur einen Stern enthielte, hätten wir die maximal mögliche Helligkeitsfluktuation ihrer Oberfläche – bis auf einen Lichtpunkt ist alles schwarz. Dasselbe Teleskop könnte, wenn es auf eine fernere Galaxie ausgerichtet wird, hundert Sterne einfangen (weniger Fluktuation), während es bei einer noch ferneren Galaxie tausend Sterne sein würden (noch weniger Fluktuation) und so weiter. Die Helligkeitsfluktuation ist also von der Entfernung der Galaxie abhängig, wenn alles andere gleich ist. Mit Hilfe des Hubble-Teleskops sollte dieses neue Verfahren auf Galaxien anwendbar sein, die bis zu einer halben Milliarde Lichtjahre entfernt sind.

Das war eine Kurzfassung der Entfernungsleiter. Wie wir gesehen haben, führt sie zu Werten für die Hubble-Konstante, die sich wesentlich voneinander unterscheiden, wobei eine Reihe von Ergebnissen um fünfzig herum liegt (was einem Universum entspricht, das etwa 15 Milliarden Jahre alt ist), andere Resultate wiederum einen Wert zwischen siebzig und achtzig ergeben (dann wäre das Universum jung, etwa zehn Milliarden Jahre alt). Es ist amüsant, daß die Astronomen, die sich für ein altes Universum einsetzen, selbst meistens älter sind, und die, die für ein jüngeres sind, jünger. Damit soll nicht behauptet werden, daß die Wissenschaftler einfach ihre eigenen Persönlichkeiten auf den Himmel projizieren; dafür sind die Spielregeln zu streng. Vielmehr hatte eine Generation älterer Astronomen und Astrophysiker, unter denen Sandage herausragte, eine große Synthese gefunden, die das Alter des Universums dem der Sterne anglich. Dann kamen die Aufrührer, wiesen auf Daten hin, die dazu nicht paßten, und brachten altehrwürdige Gemäuer zum Bröckeln. Dabei erfüllten auch sie eine wichtige wissenschaftliche Aufgabe, nämlich die, die Arbeit der Älteren in Frage zu stellen und zu prüfen, ob sie verbessert werden kann.[18]

Da beide Seiten ihre Schätzungen auf eine Vielfalt von Verfahren gründen, können beide Ergebnisse nur als falsch erwiesen werden, indem man zeigt, daß *alle* ihre Methoden irgendwie falsch sind. Die Debatte ist also reichlich verzwickt. Das läßt sich gut an der Auseinandersetzung darüber nachvollziehen, die sich ergab, als die Hubble-Gruppe aufgrund ihrer Untersuchung der Cepheiden in der Galaxie M100 einen H_0-Wert gefunden hatte, der auf ein junges Universum schließen ließ. Diese Cepheiden sind so weit entfernt, daß man sie erst beobachten konnte, als das Raumteleskop seine Arbeit aufnahm und seine fehlerhafte Optik von der Mannschaft der Raumfähre korrigiert worden war.

Die von der jungen Astronomin Wendy Freedman geleitete Hubble-Gruppe demonstrierte ein klassisches Beispiel für induktive Beobachtungsastronomie. Sie vermaß in M100 Cepheiden, nahm sie als Entfernungsanzeiger und fand, daß M100 näher ist, als sie nach Meinung jener Gruppe sein sollte, die das alte Universum vertrat. Das Ergebnis deutete nach mehrfachen Berichtigungen für das lokale Geschwindigkeitsfeld darauf hin, daß die Hubble-Konstante eher achtzig als fünfzig ist. Da sich das Universum offensichtlich rascher ausdehnt als gedacht, wäre es damit auch jünger.

Sandage war anderer Meinung. Er war damals fast siebzig und der Doyen der beobachtenden Kosmologie, ein Wissenschaftler par excellence mit einer enzyklopädischen Kenntnis, die alles umfaßte, von der Geschichte und Philosophie der Naturwissenschaften bis zu den Geheimnissen der Sternentwicklung und den Feinheiten der statistischen Wahrscheinlichkeit. Sandage hatte in fünf Jahrzehnten Forschungstätigkeit mehr Arbeiten veröffentlicht, als die meisten seiner Kollegen verarbeiten konnten, und deshalb vertrauten viele Astronomen seinem Wort, daß die Hubble-Konstante bei etwa fünfzig liegt. Sie gründeten diese Annahme auf den Ruf, den sich Sandage für seine wissenschaftliche Präzision und seine persönliche Integrität erworben hatte.[19] Beides traf zu, und als sein Wert für die Ausdehnungsgeschwindigkeit von jüngeren Astronomen in Frage gestellt wurde, nahm Sandage das bis zu einem gewissen Grad persönlich.

Er reagierte auf die Arbeit über M100 mit einem ganzen Arsenal von Argumenten, die dafür sprachen, daß die Entfernung von M100, die die Hubble-Gruppe gefunden hatte, zu klein war und ihr Wert für die Ausdehnungsrate entsprechend zu groß.[20]

Erstens, behauptete er, hätten die jungen Revolutionäre Fehler bei ihren Cepheid-Messungen gemacht, denn, so meinte er, die interne Statistik für Cepheiden in M100, die die Gruppe aufgestellt hatte, paßte nicht zu den allgemein anerkannten Werten. Damit legte er nahe, daß die scheinbaren Helligkeiten ungenau gemessen waren. Außerdem könnte M100 auch im Vordergrund liegen und nicht im Virgo-Haufen, wie seine Gegner annahmen. (M100 ist eine Spiralgalaxie, und Spiralgalaxien liegen gewöhnlich nicht in der Mitte von Haufen wie dem Virgo-Haufen, wo die Galaxien überwiegend elliptisch sind.) Und da alle Virgo-Galaxien in dem lokalen Schwerefeld gefangen sind, muß man Korrekturen anbringen, bevor man zu einem reinen Hubble-Strom kommt. Auch hier, behauptete Sandage, irrte sich die Hubble-Gruppe. Eine Untersuchung des Schweizer Astronomen Gustav Tammann weist darauf hin, daß Virgo rascher weggezogen wird, als es nach Meinung der Hubble-Gruppe der Fall war.[21] Dieses Ergebnis stimmt mit Untersuchungen des kosmischen Mikrowellenhintergrunds überein, dem System, auf das sich alle Untersuchungen der Galaxienbewegungen beziehen. Läge Tammann richtig, hätte M100 eine hohe Fluchtgeschwindigkeit, das Universum insgesamt aber doch eine niedrigere Hubblekonstante.[22]

Wendy Freedman und ihre Kollegen von der Hubble-Gruppe waren nicht überzeugt. Aber sie hatten in der Arbeit, in der sie ihr Ergebnis ankündigten, fairerweise eingestanden, daß es noch nicht schlüssig war. »Wir wollen die Leser nicht irreführen, indem wir so tun, als ob das Problem, H_0 zu bestimmen, gelöst sei«, schrieben sie. »Das ist es noch nicht.«[23] In einem Gespräch wurde Freedman bald darauf nach ihrer Meinung dazu befragt, warum so viele Theoretiker einen Omegawert von eins bevorzugten, der für H_0 einen kleineren Wert als den von ihr gemessenen erforderlich machte. »Ich halte das für ein wichtiges Argument«, sagte sie. »Aber es ist auch ein guter Grund, diesen Wert zu messen. Das eine ohne das andere ist nutzlos. Nur eine Kombination von Theorie und Experiment kann uns letztlich verstehen lassen, wie das Universum wirklich beschaffen ist.«[24]

Sandage und fünf Kollegen veröffentlichten 1996 die Ergebnisse eines eigenen Hubble-Projekts. Sie hatten in der Galaxie NGC 4639, in der 1990 eine Supernova vom Typ Ia beobachtet worden war, zwanzig Cepheiden identifiziert. Durch Kombination der Lichtkurve dieser Supernova mit den Lichtkurven von sechs anderen Supernovae legten sie eine bestechend einfache Analyse vor – unabhängig von Überlegungen zu lokalen Bewegungen und davon, zu welchem Haufen die Galaxie gehören könnte –, die für die Hubble-Konstante den Wert 57 ergab. Damit war die Sache für Sandage erledigt. »Das ist das Ende der Hubble-Kriege«, erklärte Sandage.[25] Freedman und ihre Kollegen waren nicht überzeugt, sagten aber vorher, daß die Frage so oder so bis zum Ende des Jahrhunderts gelöst würde.

Inzwischen führte die Auseinandersetzung über den Wert von H_0 und das Alter des Universums zu einer Flut von Artikeln in Zeitungen und Zeitschriften, die behaupteten, daß die Urknalltheorie »sich entwirre«, wie das Magazin *Time* sagte. Vielleicht ist der Hinweis angebracht, daß die Urknalltheorie fast immer in der Krise war. Das gilt überhaupt für die meisten aktiven Wissenschaften: Solange sie lebendig sind, herrscht ein ähnliches Wirrwarr wie in Ateliers lebender Künstler, die nur dann aufgeräumt werden, wenn der Künstler tot ist und das Studio ein Museum wird. Hubbles ursprünglicher Wert für die Hubble-Konstante war so hoch, daß er zu einem Weltalter von nur *zwei* Milliarden Jahren führte, weniger als das Alter der Erde, wie es die Geologen bestimmt hatten.

Das war einer der Gründe, warum Hubble sich scheute, seine Entdeckung als Ausdehnung des Kosmos zu deuten. Wie Darwin, der starb, bevor die Geophysiker erkannten, daß der Erdkern nicht durch die Schwerkraft, sondern durch radioaktive Elemente angeheizt wird, und der deshalb niemals die gängigen Schätzungen für das Erdalter mit der langen Zeit in Einklang bringen konnte, die die Evolution erforderte, mußte auch Hubble mit einer Ausdehnungsrate leben, die das Universum jünger machte als die Erde. Ein wichtiger Schritt zur Behebung dieses Fehlers erfolgte 1952, als Walter Baade am Mount Wilson fand, daß es zwei Arten von Cepheiden gibt – nicht nur, wie bis dahin vermutet, eine Art. Diese Revision verdreifachte das Weltalter nahezu und hob den Widerspruch zwischen dem Alter des Universums und dem von Sonne und Erde auf. Eine weitere Berichtigung wurde 1958 gemacht, als Sandage zeigte, daß einige der hellen »Sterne«, die Hubble in fernen Galaxien identifiziert hatte, HII-Bereiche waren – leuchtende Nebel, die durch viele Sterne erhellt werden. Damit verdoppelte sich die Größe des Universums.

Der Astronomie steht vermutlich keine weitere Revolution bevor, die die Ausmaße jener annimmt, die 1950 die Hubble-Konstante von 500 auf fünfzig verringerte. Wie wir sahen, geht es bei der Debatte um die Hubble-Konstante jetzt um Werte, die sich um weniger als den Faktor zwei unterscheiden, wobei die meisten Untersuchungen zu Werten von etwa fünfzig oder siebzig führen.[26] Das ist noch keineswegs befriedigend, rechtfertigt aber sicher auch nicht die Behauptung, daß die Urknall-Kosmologie verworfen werden sollte. Und während die Arbeit an der genauen Bestimmung der Ausdehnungsgeschwindigkeit des Universums weitergeht, ist die Tatsache der Ausdehnung heute so gut bestätigt wie beispielsweise die Tatsache, daß biologische Arten durch den Vorgang entstanden, den Darwins Evolutionstheorie umreißt.

Es ist natürlich möglich, einen vollkommen anderen Ansatz zu wählen und zu behaupten, daß es keinen Urknall gab oder daß kosmologische Rotverschiebungen durch etwas anderes als durch kosmische Ausdehnung verursacht werden. Während diese Sätze geschrieben werden, gibt es mindestens drei solche Versuche – die Hypothese vom »ermüdeten Licht«, die Steady-State-Theorie und das Modell vom Plasma-Universum. »Ermüdetes Licht« ist die Vorstellung, daß Licht Energie verliert, wenn es gewaltige Entfernungen zurücklegt. Sie schafft eine Beziehung zwischen Rotverschiebung und Entfernung, die überhaupt nichts mit der kosmischen Ausdehnung zu tun hat.[27] Überdies kennen weder wir einen physikalischen Mechanismus, der Licht ermüden läßt, noch sprechen Messungen dafür. Außerdem hat eine solche Darstellung den Nachteil, daß die Allgemeine Relativitätstheorie von der Kosmologie abgekoppelt wird, was an diesem Punkt keinen offensichtlichen Zweck erfüllt. Die Steady-State-Theorie behauptet, daß Materie mittels eines »C-Felds«, das auch die kosmische Ausdehnung vorantreibt, fortwährend erschaffen wird.[28] Die Steady-State-Theorie hat jedoch große Schwierigkeiten mit der Erklärung des kosmischen Mikrowellenhintergrunds. Dieser sieht genauso aus wie die Signatur des Urknalls und reduziert damit den Status von Gegenargumenten auf etwa den von Literaturwissenschaftlern, die behaupten, wie der alte Witz sagt, daß Shakespeares Dramen nicht von Shakespeare selbst stammen, sondern von jemandem, der denselben Namen trug. Nach dem Plasma-Modell haben sich einige Teile des Universums ausgedehnt, während andere kontrahierten, wobei es dann zu einem unablässigen Pulsieren kommt, wenn Wolken aus Materie und Antimaterie zusammenstoßen, Energie erzeugen und wieder abgestoßen werden. Aber dieses Modell hat noch keine Vorhersage gemacht, die durch Beobachtung überprüft werden kann, und bleibt deshalb zu vage, um falsch zu sein.[29]

Es gibt andere abweichende Theorien, aber alle scheinen irgendwie gekünstelt, ähnlich wie die Behauptungen der Kreationisten, daß Gott die geologischen Schichten so gemacht habe, daß es aussieht, als ob die Erde alt wäre, obwohl sie tatsächlich jung sei. Hier ist es hilfreich, Ockhams Rasiermesser anzusetzen, also dem Diktum zu folgen, daß von zwei vergleichbaren Hypothesen die einfachere bevorzugt werden sollte. Die Urknalltheorie erklärt das Hubble-Gesetz auf eine effiziente und natürliche Art und Weise, und sie paßt gut zur Entdeckung der kosmischen Mikrowellenstrahlung, einem eindeutigen Hinweis darauf, daß das Universum einmal in einem hochenergetischen Zustand war. In diesem Buch nehmen wir deshalb wie die meisten Kosmologen an, daß das Universum seinen Ursprung im Urknall hatte und es nicht lediglich geschafft hat, bloß so auszusehen.

Aber wohin dehnt sich der kosmische Raum denn aus, wenn er sich ausdehnt? Zur Beantwortung dieser Frage müssen wir die globale Geometrie des Universums untersuchen. Und das ist das Thema des nächsten Kapitels.

KAPITEL 3

Die Form des Raums

Ich denke, es gibt keine gerade Linie.
In der Malerei gibt es keine Geraden.

Willem de Kooning[1]

Wie kann jemand je etwas Neues lernen,
ohne dabei einen Schock zu erleiden?

John Archibald Wheeler[2]

Die Kosmologie zwingt uns, Annahmen aufzugeben, die uns hier auf der Erde gute Dienste leisten, aber unangemessen sind, wenn wir es mit dem Universum zu tun haben. Unser Thema in diesem Kapitel ist der Raum. Gewöhnlich kommen wir mit einem Raumgefühl aus, das uns ganz selbstverständlich ist, dem, das Werner Heisenberg empfand, als er sagte: »Der Raum ist blau und in ihm fliegen Vögel.«[3] Aber wenn wir dem Kosmos gerecht werden wollen, müssen wir Auffassungen beiseite lassen, die auf unsere irdischen Erfahrungen beschränkt sind, und sie durch die der modernen Physik ersetzen. Danach ist der Raum gekrümmt und kann sich im ganz Kleinen in Schaum auflösen und sogar zerrissen oder abgetrennt werden. Im Gegenzug werden wir das Universum als seltsam schön erkennen, nicht nur in bezug auf das, was es enthält, sondern auch in bezug auf das Gewebe der Raum-Zeit-Strukturen selbst. Das Schild über diesem Zugang sagt Eintretenden nicht: »Laß alle Hoffnung fahren«, sondern: »Laß alle Vorurteile beiseite.«

Die klassische Newtonsche Physik (die Studenten aus irgendeinem Grund auch heute noch lernen müssen, bevor man ihnen erlaubt, sich mit der Relativitätstheorie zu befassen, wodurch man sie zwingt, den Provinzialismus der Älteren zu rekapitulieren) behandelte den kosmischen Raum, als ob er eine vergrößerte Fassung des Raums wäre, mit dem wir auf der Erde vertraut sind. Der Newtonsche Raum ist eine charakterlose Leere, ein neutrales Theater, in dem sich Ereignisse abspielen, die den Raum nicht beeinflussen. Ein solcher Raum wird »flach« genannt. Er ist die dreidimensionale Entsprechung einer zweidimensionalen Ebene, etwa einer Tischplatte. Genau wie ein Ball auf einem ebenen Tisch dahin rollt, wohin er gestoßen wird, ohne daß der Tisch ihn dabei stört, so folgt ein Planet, der durch den flachen Raum schwebt, einer Bahn, die nicht vom Raum beeinflußt wird. Der Newtonsche Raum beteiligt sich nicht an Veränderungen.

Aber es führt zu Ungereimtheiten, wenn der Newtonsche Raum auf kosmische Maßstäbe extrapoliert wird. Einige davon bereiteten Newton selbst Sorge. Ein Problem hat mit dem alten Rätsel zu tun, ob die Welt einen Rand hat. Der flache Raum ist unendlich groß. Newtons Gleichungen bieten keine Möglichkeit, dem flachen Raum ein Ende zu setzen. Wenn aber unendlich viele Sterne einen unendlichen Raum bewohnen, kann man leicht berechnen, daß der Nachthimmel so hell sein sollte wie die Sonne. Statt dessen ist der Nachthimmel dunkel. (Dieses sogenannte Olberssche Paradoxon ist nach dem Bremer Arzt und Liebhaberastronomen Heinrich Wilhelm Olbers benannt, der im 19. Jahrhundert lebte, hatte aber schon früher eine Reihe von Wissenschaftlern beschäftigt, unter ihnen Kepler.) Wenn andererseits die Sterne irgendwie auf eine Art System *im* unendlichen Raum beschränkt wären, kann man sich ausrechnen, daß diese Sterne schon lange als Opfer ihrer wechselseitigen Gravitationsanziehung aufeinandergeprallt sein sollten. Auch das ist nicht passiert. Wir könnten versuchen, den kosmischen Kollaps zu vermeiden, indem wir uns vorstellen, daß der Sternhaufen rotiert, aber dann müssen wir erklären, um was der Sternhaufen rotiert, wenn er doch nur von Raum umgeben ist. (Der österreichische Physiker Ernst Mach stellte die Frage nach der Trägheit gern in dieser Form.)

Ein anderes Newtonsches Problem ergibt sich aus der Wirkung von Kräften. Um die Tatsache zu erklären, daß der Mond und die Planeten in ihren Bahnen bleiben, postulierte Newton die Existenz einer Schwerkraft. Aber weder Newton noch irgendjemand sonst konnten verstehen, wie sich die Schwerkraft durch den leeren Raum hindurch ausbreiten sollte. Um diese Frage beantworten zu können, sagte man, der Raum sei mit Äther durchtränkt, einem unsichtbaren Stoff, in dem es keinerlei Reibung gibt und der Licht und Schwerkraft etwa so trägt wie der Ozean Wellen. Die Ätherhypothese überlebte bis zum Jahr 1887, als der Physiker Albert Michelson zunächst in Potsdam und in verbesserter Form mit Edward Morley an der Case Western University in Cleveland, Ohio, Experimente durchführte, die bewiesen, daß es keinen Äther gibt. (Sie suchten nach »Ätherwind« – einer Veränderung im Verhalten von Lichtwellen je nachdem, ob die Erde sich mit den Wellen bewegt oder sie durchpflügt. Ein solcher Wind wurde nicht gefunden.) Das Experiment von Michelson und Morley bereitete den Weg für die Revolution der Raumzeitphysik, die Einstein 1905 mit der Speziellen Relativitätstheorie in Gang setzte und die ein Jahrzehnt später mit der Allgemeinen Theorie einen Höhepunkt fand.

Die Allgemeine Relativitätstheorie beseitigte jede Notwendigkeit für eine Schwerkraft. Ihr zufolge laufen die Planeten auf Bahnen des geringsten Widerstands, sogenannten »Geodätischen«, durch den gekrümmten Raum. Das macht den (nicht existierenden) Äther überflüssig und löst auch das Rätsel, ob das Universum einen Rand hat, indem es die Möglichkeit eröffnet, daß der kosmische Raum überall gekrümmt ist. Das Universum könnte beispielsweise eine Form haben, die mit der einer Kugel vergleichbar ist. (Es würde eine vierdimensionale Kugel sein, dazu später mehr.) Der dreidimensionale Raum ist in diesem Modell analog zur Oberfläche einer Kugel, ein solches Universum ist endlich, da es eine endliche Menge an Raum enthält, aber unbegrenzt: Man kann in jede Richtung unendlich weit sehen und unendlich weit reisen, ohne je an einen Rand zu stoßen.[4]

Man kann sich die Allgemeine Relativitätstheorie einfach als eine Möglichkeit vorstellen, das Universum abzubilden. Wie alle wissenschaftlichen Theorien hat auch sie die Form mathematischer Gleichungen – Mathematik ist eine kodifizierte Form der Logik, die die Überzeugung der Wissenschaft verkörpert, daß die Natur der Vernunft zugänglich ist. Alle Mathematik wiederum läßt sich als Kartenerstellung beschreiben. Reine Mathematik konstruiert Karten, Abbildungen von abstrakten Räumen: Ein Mathematiker kann die Umrisse einer vierdimensionalen Kugel oder eines zehndimensionalen Würfels abbilden, ohne sich darum kümmern zu müssen, ob es so etwas wirklich gibt. Wenn die Mathematik auf die Physik angewendet wird, mag sie noch ziemlich abstrakt sein – in der Quantenmechanik arbeiten Theoretiker oft mit imaginären »Phasenräumen«, die es nur in dem Sinn gibt, in dem es so etwas wie das »eigene Geld« bei der Bank oder einen »durchschnittlichen Wähler« bei einer Wahl gibt –, aber die Gleichungen sollen schließlich doch etwas mit der physikalischen Wirklichkeit zu tun haben. Man stelle sich das Stück Natur als einen Bereich vor und die Gleichungen als ein Gitter, das über diesen Bereich gelegt wird, dann hat man eine Karte.

Alle Karten sind unvollkommen, das ist das Traurige daran. Sie sind sogar mindestens in zweierlei Hinsicht unvollkommen. Erstens stellen sie das fragliche Gebiet mit weniger Mitteln dar als das Gebiet sich selbst, und deswegen enthalten sie unweigerlich weniger Informationen; die Auflösung einer Karte ist immer grob im Vergleich zu dem, was sie abbildet. Die Alternative wäre ein Alptraum von der Art, wie ihn Jorge Luis Borges beschreibt:

> In jenem Reich erlangte die Kunst der Kartographie eine solche Vollkommenheit, daß die Karte einer einzigen Provinz den Raum einer Stadt einnahm und die Karte des Reichs den einer Provinz. Mit der Zeit befriedigten diese maßlosen Karten nicht länger, und die Kollegs der Kartographen erstellten eine Karte des Reichs, die die Größe des Reichs besaß und sich mit ihm in jedem Punkt deckte. Die nachfolgenden Geschlechter, die dem Studium der Kartographie nicht mehr so ergeben waren, waren der Ansicht, diese ausgedehnte Karte sei unnütz, und überließen sie, nicht ohne Verstoß gegen die Pietät, den Unbilden der Sonne und der Winter. In den Wüsten des Westens überdauern zerstückelte Ruinen der Karte, behaust von Tieren und von Bettlern; im ganzen Land gibt es keine anderen Überreste der geographischen Lehrwissenschaften.[5]

Zweitens, und das hat mehr mit Kosmologie zu tun, führen Abbildungen zu Verzerrungen. Ein vertrautes Beispiel der kartographischen Verzerrung sind die auf flaches Papier gezeichneten Erdkarten. Sie bewähren sich gut, wenn sie kleine Teile der Erde darstellen, weil die Oberflächenkrümmung vernachlässigt werden kann, wenn es einem beispielsweise nur darum geht, wie man von der Mitte Moskaus zu den Vororten gelangt. Aber solche Karten werden immer ungenauer, wenn sie größere Bereiche erfassen sollen – und das geschieht, wenn die Newtonsche Physik auf den intergalaktischen Raum angewendet wird –, und sie werden unübersehbar falsch, wenn man mit ihrer Hilfe den ganzen Planeten abbildet, weil die Erde keine Fläche ist, sondern eine Kugel. Die verschiedenen geographischen Projektionsverfahren – die Mercator-Projektion, die Hammer-Projektion, die Zylinder-Projektion und so weiter – sind alle gleich stark verzerrt, aber jede verteilt die Verzerrung anders, und jede ist in dem Maße nützlich, in dem sie dort die Verzerrung reduziert, wo man die Karte benutzen möchte. Eine Mercator-Projektion beispielsweise bildet in der Nähe des Äquators ziemlich genau ab, vergrößert aber Bereiche in Polnähe unverhältnismäßig stark. (Sie muß die Pole selbst dabei sogar ganz auslassen: Eine Mercator-Karte, die die Pole enthielte, müßte unendlich groß sein.) Allen diesen Systemen ist gemeinsam, daß sie ein dreidimensionales Gebilde, die Oberfläche der Erde, auf die zwei Dimensionen der Karte reduzieren müssen. Die sich dadurch ergebende Raumverzerrung läßt sich nur durch Hinzufügung einer Dimension ausschließen. Das Ergebnis ist eine dreidimensionale Erdkarte, ein Globus. Irdische Globen reduzieren die Auflösung – wie jedes Kind herausfindet, das seine Heimatstadt gefunden hat und vergeblich sein Haus sucht –, aber sie verzerren nicht. Wir sehen daran, daß dreidimensionale Objekte wie die kugelförmige Erde in drei Dimensionen genau abgebildet werden können, nicht aber in weniger.

Und genauso ist es mit der Allgemeinen Relativitätstheorie. Die Theorie besagt, daß der kosmische Raum nur dann genau abgebildet werden kann, wenn man zu vier Dimensionen übergeht.

Die Verzerrungen, zu denen es kommt, wenn der kosmologische Raum auf dreidimensionalen Karten abgebildet werden soll, machen sich auf mehrere Weisen bemerkbar, die Einstein ausschließen wollte, als er seine Theorie konstruierte. Beispielsweise entsprach die Bewegung der Planeten – insbesondere die des Merkur, des sonnennächsten Planeten – nicht den Vorhersagen Newtons. (Darauf wies der Autodidakt Simon Newcomb 1882 hin, der sieben Jahre später vorausschauend fragte, ob deswegen in Newtons Gleichungen vielleicht etwas verändert werden müßte.) Einstein löste das Problem so wie irdische Kartographen, wenn sie einen Globus erstellen: Er fügte eine Dimension hinzu. Die Mathematik der Allgemeinen Relativitätstheorie ist die vierdimensionale Geometrie, wobei dem Raum seine gewöhnlichen drei Dimensionen zugeschrieben werden und der Zeit die vierte Dimension.

Bis zum 19. Jahrhundert stand den Mathematikern lediglich die dreidimensionale Geometrie zur Verfügung, die so schön in Euklids Werk *Elemente* zusammengefaßt ist, weshalb der gewöhnliche, flache, dreidimensionale Raum euklidischer Raum heißt. Euklids Monopol über die Geometrie hatte zweitausend Jahre lang Bestand. Sein Ende kam am 10. Juni 1854, als der Göttinger Mathematiker Georg Friedrich Bernhard Riemann, ein schwächlicher und außerordentlich schüchterner junger Mann, der in Armut lebte und 39jährig an Tuberkulose starb, in seinem Habilitationsvortrag darlegte, daß es möglich ist, eine vierdimensionale Geometrie zu schaffen, die genauso sinnvoll ist wie Euklids dreidimensionale. Wie die meisten mathematischen Erfindungen legte auch die Riemannsche Geometrie keine offensichtlichen Anwendungen auf die wirkliche Welt nahe. Aber als sich Einstein ein halbes Jahrhundert später mit Riemanns Werk beschäftigte, machte seine Phantasie einen jener kühnen Sprünge, die ihn als schöpferischen Künstler auf dieselbe Stufe stellen wie Beethoven, und ließ ihn eine Möglichkeit sehen, Riemanns vierdimensionale Geometrie auf den Kosmos anzuwenden. »Ich erkannte, daß die Grundlagen der Geometrie eine physikalische Bedeutung haben«, war Einsteins Fassung.[6] Er war zufällig auf das kosmische Äquivalent des irdischen Globus gestoßen. Ganz ähnlich, wie Geographen von der zweidimensionalen (»ebenen«) Geometrie zur dreidimensionalen (»festen«, insbesonderen sphärischen) Geometrie übergehen, wenn sie eine unverzerrte Karte der Erde erhalten wollen, so geht Einstein bei seiner Abbildung des Kosmos von einer dreidimensionalen zu einer vierdimensionalen (auch »hyperdimensional« oder »nichteuklidisch« genannten) Geometrie über.[7]

Die Gitterlinien seiner vierdimensionalen Karte sind Lichtstrahlen, und sie sind für Einstein die Geraden seines kartographischen Systems. Nach der Theorie werden Lichtstrahlen abgelenkt, wenn sie an massereichen Objekten vorbeigehen. Dieser Effekt wurde zuerst 1919 beobachtet, als eine von Eddington geleitete britische Expedition ihre Zelte auf der Insel Principe im Golf von Guinea aufschlug, um während einer Sonnenfinsternis sonnennahe Sterne zu fotografieren. Das Schwerefeld der Sonne lenkt das Licht dieser Sterne ab, wenn es den gekrümmten Raum in der Nähe der Sonne durchquert, und läßt die Sterne an einem anderen Ort am Himmel erscheinen. Gekrümmte Lichtstrahlen waren an sich nichts Neues: Auch Newton hatte schon eine solche Krümmung vermutet, die aber nur – wie Cavendish in London und Soldner in München unabhängig voneinander um 1800 herausfanden – die Hälfte ausgemacht hätte. Einstein jedoch erklärte, daß die Lichtstrahlen tatsächlich Geraden sind und der Raum selbst gekrümmt. Das ist kein besonders naheliegender Gedanke; vermutlich ist die Raumkrümmung für Menschen überhaupt nicht vorstellbar.[8] Aber sie läßt sich mit Hilfe der Riemannschen Geometrie genau berechnen, und die berechneten Vorhersagen wurden wiederholt durch Experimente bestätigt. Die Theorie sagt unter anderem die Präzession der Bahn des Merkur vorher, die Newton soviel Sorgen bereitet hatte. Diese Beobachtungen haben die Relativitätstheorie inzwischen zu einer der genauesten physikalischen Theorien gemacht, die je erdacht wurden.[9]

Die Relativitätstheorie löst die beiden erwähnten Newtonschen Paradoxa – das, ob es einen Rand des Universums gibt, und das Rätsel der Ausbreitung der Schwerkraft im leeren Raum.

Wie schon erwähnt, verschwindet das Paradoxon vom Rand des Universums, wenn der gekrümmte Raum als eine Art vierdimensionale Kugel oder Hypersphäre gesehen wird. In diesem Modell ist der dreidimensionale Raum analog zur zweidimensionalen Oberfläche einer gewöhnlichen Kugel: Ein solches Universum ist endlich, aber unbegrenzt. Man kann beliebig weit in jede Richtung reisen, ohne je an ein Ende zu gelangen. Deshalb gibt es kein Paradoxon, und der Physiker Max Born sagte zu Recht, daß »die Idee eines endlichen, aber unbeschränkten Raums eine der größten ist, die je gedacht wurden«.[10] Die Hypersphäre ist eigentlich eine von drei Klassen der kosmischen Geometrie, die die Relativitätstheorie anbietet. Die anderen beiden Möglichkeiten sind, daß der kosmische Raum flach ist (also euklidisch) oder hyperbolisch (sattelförmig). Um sich den Unterschied vorzustellen, zeichne man in Gedanken ein Dreieck auf ein flaches Stück Papier, einen Ball und einen Sattel. Im flachen Raum addieren sich die Winkel des Dreiecks zu 180, im sphärischen ist ihre Summe *größer* als 180° und im hyperbolischen *kleiner* als 180°. Das Maß, in dem sich die Summe von 180 unterscheidet, gibt die Stärke der Krümmung der Oberfläche an – sie ist positiv für eine Kugel, negativ für ein Hyperboloid.

Wie im vorigen Kapitel erwähnt, hat die Frage, welches dieser Modelle den kosmischen Raum zutreffend abbildet, mit der Materiedichte zu tun. Wenn die kosmische Materiedichte größer ist als die kritische Dichte, ist der Raum wie eine Schale um das Universum herumgewickelt, und das Universum ist sphärisch. Wenn die Materiedichte kleiner ist als der kritische Wert, ist das Universum hyperbolisch. Bei kritischer Dichte liegt die Geometrie mitten zwischen den sphärischen und hyperbolischen Fällen, und der Raum ist flach. Der Dichteparameter Ω ist in einem sphärischen Universum größer als eins, in einem hyperbolischen kleiner als eins und in einem flachen genau gleich eins. In dem in diesem Buch bevorzugten Modell ist Ω eins, und der Raum *scheint* lokal flach zu sein, obwohl der Kosmos im ganz Großen – sehr viel größer als der Teil des Universums, den wir zur jetzigen Zeit beobachten können – gekrümmt ist.

Auch das andere Newtonsche Rätsel – Wie durchquert die Schwerkraft den leeren Raum? – ist gelöst, weil uns die Relativitätstheorie der Notwendigkeit enthebt, die Gravitation als solche zu betrachten. Das ist einer der bewundernswertesten Aspekte von Einsteins größtem Kunstwerk: Die Allgemeine Relativitätstheorie ist eine Gravitationstheorie, die die Schwerkraft abschafft. Das liegt daran, daß die Wirkungen, die Newton der Schwerkraft zuschreibt, im gekrümmten Raum lokal sind und keine Fernwirkungen. In der Allgemeinen Relativitätstheorie beschreibt die Geschichte eines jeden Körpers eine »Weltlinie«, also eine Bahn durch Raum und Zeit. Wenn nichts anderes auf einen Körper wirkt, folgt er dem Weg des kleinsten Widerstands in der Raumzeit, also einer Geodätischen. Die Natur tut das Einfachste – das ist das Prinzip der kleinsten Wirkung –, und die Bewegung auf einer Geodätischen erfordert überhaupt keine Energie.[11] Ein Apfel fällt vom Baum, weil der Raum in der Nähe der Erde gekrümmt ist: Der Apfel bewegt sich in der Raumzeit hinab. Der Mond umläuft die Erde, weil die Erde eine Delle in der Raumzeit besetzt, und der Mond läuft entlang der Innenwand dieser Delle wie eine Roulettekugel in der Rouletteschüssel. Dieses Verhalten ist lokal: In der klassischen Physik ist die Schwerkraft eine Fernwirkung (was Newton unbehaglich war), aber in der Relativitätstheorie reagieren Objekte einfach auf die Beschaffenheit des Raums in ihrer unmittelbaren Nähe.

Wenn man die Bahnen frei bewegter Objekte im Raum verfolgt, beobachtet man Geodätische in der Raumzeit. Das ist etwa so, als ob wir vom Raum aus Pferde beobachteten, die Scheuklappen tragen und, sich selbst überlassen, einen Pflug ziehen. Die Pferde werden dem Weg des kleinsten Widerstands folgen und auf einem ebenen Feld geradeaus gehen, aber auf abschüssigem oder steilem Gelände in Bögen. Wenn wir begreifen, daß die Pferde einfach auf die jeweiligen Bedingungen reagieren, können wir die Konturen des Feldes abbilden, indem wir ihren Weg aufzeichnen. In der Relativitätstheorie ist die Schwerkraft lediglich eine Folge der örtlichen Geometrie.

Dies erklärt übrigens auch Galileis Entdeckung, daß alle Dinge im luftleeren Raum gleich schnell fallen. Für den gesunden Menschenverstand – und, was das betrifft, auch für die Newtonsche Schwerkraft – wäre es völlig vernünftig, wenn Kanonenkugeln schneller fielen als Federn. Aber in der Relativitätstheorie müssen alle Dinge derselben Geodätischen folgen, weil der lokale Weg des geringsten Widerstands immer der gleiche ist, unabhängig davon, wer ihn zurücklegt. Große und kleine Ackergäule folgen denselben Pfaden, und Planeten und Kieselsteine folgen identischen Weltlinien, weil sie alle auf die Gegebenheiten des lokalen Raums reagieren.

Zusammenfassend beweist die Allgemeine Relativitätstheorie daß die Schwerkraft (die gewöhnlich als eine Kraft gesehen wird) auch als eine Auswirkung der Hyperdimensionalität auf die dreidimensionale Welt unserer normalen Erfahrungswelt gedeutet werden kann. Wenn wir eine Dimension hinzufügen – das Universum also in vier Dimensionen abbilden statt in drei –, folgt die Schwerkraft, wie Einstein zeigte, aus der Geometrie.

Dieses Prinzip läßt sich zu einer Behauptung verallgemeinern, die große Aussagekraft hat und bei unseren späteren Ausführungen über Supersymmetrie und Superstringtheorie eine wichtige Rolle spielen wird. Die Behauptung ist, daß alle »Kräfte« Folgerungen aus der Geometrie sind. Riemann eröffnete diese Möglichkeit, Einstein zeigte, daß sich jedenfalls die Schwerkraft in eine erfolgreiche physikalische Theorie einordnen läßt. Später in diesem Buch werden wir untersuchen, wie man durch die Abbildung der Natur in noch höherdimensionalen Räumen zu dem Ergebnis kommen kann, daß alle Kräfte im Grunde geometrisch sind. Insbesondere werden wir sehen, daß das Universum den Superstringtheorien zufolge zu Beginn zehn oder mehr Dimensionen hatte. Diese Theorien sind »vereinheitlichte« Theorien, was bedeutet, daß sie darauf abzielen, Phänomene zu erfassen, die zur Zeit noch von Relativitätstheorie und Quantenphysik getrennt behandelt werden. Auch dies erinnert an Riemann, der die hyperdimensionale Geometrie als »Einheit aller physikalischen Gesetze« sah.[12] Die Superstringtheorie behauptet, daß alle Materie und alle Energie – die Tatsache, daß es etwas gibt und daß etwas passiert – auf der im Grunde hyperdimensionalen Geometrie des Universums beruhen.

Kehren wir zu weniger spekulativen Themen zurück: Die Raumkrümmung führt zu vielen Phänomenen, die für die Kosmologie wichtig sind und schon beobachtet wurden. Dazu gehören die im vorigen Kapitel erwähnten »Gravitationslinsen« – Situationen, in denen Galaxienhaufen im Vordergrund den Raum so krümmen, daß Mehrfachbilder ferner Quasare entstehen oder deren altes Licht in schöne blaue Bögen verwandelt wird, so daß die weiten Fernen des beobachtbaren Universums getüpfelt sind wie ein Teich im Mondlicht. Es gibt auch Mikrolinsen-Effekte, die von nahen Sternen herrühren; ihnen werden wir in dem Kapitel begegnen, das sich mit dunkler Materie beschäftigt. Eine dritte Möglichkeit ist, daß es Gravitationswellen gibt – ein Gekräusel im Raum, das mit Lichtgeschwindigkeit von Neutronensternen in Doppelsternsystemen und anderen Systemen mit starker Gravitationswirkung ausgeht. Die Existenz von Gravitationswellen wurde indirekt bestätigt; es ist zu erwarten, daß sie bald auch direkt beobachtet werden.

Uns jedoch geht es hier vor allem um die beiden relativistischen Phänomene, die für die Kosmologie wichtig sind und die an entgegengesetzten räumlichen Extremen liegen. Eines davon hat damit zu tun, daß wir das buchstäblich größte Problem der Wissenschaft, die Geometrie des Kosmos, insgesamt besser verstehen lernen. Das andere ist die Erforschung Schwarzer Löcher – Objekte im kleinen Maßstab, an denen die lokale Raumkrümmung unendlich wird und die Relativitätstheorie versagt.

Zunächst zur kosmischen Geometrie. Für Geschöpfe wie uns selbst, deren Evolution sich in einer offensichtlich dreidimensionalen Welt abspielte, ist der vierdimensionale Kosmos gewöhnungsbedürftig. Da, wie wir im vorigen Kapitel erörtert haben, die Krümmung des kosmischen Raums durch die kosmische Materiedichte bestimmt wird und diese wiederum die Ausdehnung des Universums verzögert, können wir im Prinzip Aufschluß über die Form des Raums erhalten, indem wir den Bremsparameter messen, also bestimmen, in welchem Maß sich die Ausdehnung des Weltalls verlangsamt. Hier überlegen wir, wie die Raumkrümmung direkt beobachtet werden könnte.

Der Bequemlichkeit halber setzen wir wieder voraus, daß der kosmische Raum sphärisch ist, und nehmen die zweidimensionale Erdoberfläche als Modell für seine drei Raumdimensionen. Während wir natürlich ein beliebiges Koordinatensystem wählen könnten, versetzen wir uns der Klarheit zuliebe an den Nordpol. Um die Beugung von Lichtstrahlen im gekrümmten Raum nachzuahmen, stellen wir uns vor, daß Licht auf der Erdoberfläche entlangkriecht, als ob es von Glasfaserkabeln geleitet würde, die entlang der Längengrade ausgelegt sind, die von unserem Posten am Pol aus nach Süden strahlen. Schließlich stellen wir überall auf der Erde, mehr oder weniger zufällig verteilt, Weihnachtsbäume auf, damit wir etwas anzuschauen haben. Ihr Licht soll Galaxienhaufen darstellen.

Was sehen wir dann?

Zunächst bemerken wir, daß wir im Gesichtsfeld eines jeden Fernrohrs um so mehr Lichter sehen, je weiter wir in die Ferne schauen. Das ist zum Teil ein schlichter perspektivischer Effekt, der sogar im flachen Raum zu beobachten ist. Wenn wir in größere Fernen schauen, sehen wir in einem bestimmten Gesichtsfeld mehr Galaxien, weil jeder Winkel – das lange schmale Tortenstück, das sich von unserem Teleskop aus in den Raum erstreckt – um so mehr Raum aufnimmt, je weiter man schaut. Deshalb kann man einen fernen Berg mit dem Zeigefinger verdecken. Im sphärischen Raum ist der Effekt jedoch komplizierter. Wenn wir in größere Fernen hinausblicken, vergrößert sich unser Gesichtsfeld, wie erwartet. Aber dann – wenn wir auf unserem Erdmodell über den Äquator hinauskommen – verkleinert die Erdkrümmung unser Gesichtsfeld. Man stelle sich vor, wie die Längengrade zum Pol hin konvergieren: Am Südpol ist unser Gesichtsfeld Null.

Im Urknallmodell stellt der Südpol den Ursprung des Universums dar. Deshalb sehen wir und andere Beobachter im Universum die kosmische Mikrowellenhintergrundstrahlung als einen fernen Schimmer, der gleichmäßig in alle Richtungen über den Himmel verteilt ist. (Die Hintergrundstrahlung hat eine Struktur und ein Ausmaß, weil sie nicht zur Zeit Null geschaffen wurde, denn dann würde sie infinitesimal klein sein, sondern zu der Zeit, als sich die Photonen entkoppelten, als das Universum sich schon eine halbe Million Jahre lang ausgedehnt hatte.)

Wenn wir uns vorstellen, daß unsere Modellerde sich von einem Ursprung im »Urknall« an ausgebreitet hat und daß Licht sich so langsam über ihre Oberfläche bewegt, daß es wirkliches Licht repräsentiert, das den Kosmos durchquert, muß die Anzahl der Galaxien für jedes vorgegebene Gesichtsfeld noch rascher zunehmen. Das kommt daher, daß wir in eine frühere Zeit zurückblicken, als die Erde kleiner war und unsere Weihnachtsbaum-Galaxien näher beieinanderstanden. Diese einfache Überlegung zeigt uns, daß wir dann, wenn wir abschätzen können, wie rasch sich das Universum ausdehnt und wie sehr es sich verlangsamt hat, die Krümmung des kosmischen Raums messen können, indem wir die Dichte von Galaxien in unterschiedlichen Entfernungen auszählen.

Bis jetzt haben wir uns vorgestellt, daß wir das ganze Universum sehen könnten. Das ist unrealistisch, denn tatsächlich können wir nur jene Galaxien sehen, die uns so nahe sind, daß ihr Licht uns bis heute schon erreichen konnte. Nur Galaxien, deren »Rückblickzeiten« kürzer sind als das Alter des Universums, bevölkern das beobachtbare Universum. In allen vorstellbaren Modellen eines expandierenden Universums ist das beobachtbare Universum nur ein Bruchteil des Ganzen. Ein inflationäres Universum wäre heute unglaublich groß, und das beobachtbare Universum wäre nur ein unglaublich kleiner Teil davon. Wenn die Gesamtheit eines inflationären Universums der Erdoberfläche entspräche, wäre der beobachtbare Teil kleiner als ein Proton. Das inflationäre Universum könnte global sphärisch oder global hyperbolisch sein, aber es würde allen Beobachtern lokal flach erscheinen. Wenn wir also in einem inflationären Universum leben, können wir, falls überhaupt, nur sehr schwer herausfinden, welche Form der gesamte Raum hat, genau so, wie es schwierig ist, den Erdradius zu bestimmen, wenn man nur ein kleines Fleckchen Erdboden ausmißt.

Es gäbe noch viel mehr über die Krümmung des Raums im Großen zu sagen, und wir werden von Zeit zu Zeit auf dieses Thema zurückkommen. Jetzt aber kommen wir zu den Schwarzen Löchern.

Das Schwarze Loch ist für die Physik des 20. Jahrhunderts eine Art Mandala: ein unvergleichliches Objekt der Meditation, ein Treffpunkt für Relativitätstheorie und Quantenphysik, ein triumphales Beispiel dafür, wie kreatives theoretisches Denken ein Fenster zur wirklichen Welt öffnen kann. Die Existenz Schwarzer Löcher wird von der Allgemeinen Relativitätstheorie vorhergesagt, aber bei ihnen versagt sie auch. (Im Inneren Schwarzer Löcher wird die Raumkrümmung unendlich, und dann führen die Gleichungen der Relativitätstheorie zu unendlich großen Werten. Professor Einstein zieht seinen Hut und verläßt elegant die Bühne.) Wer über diesen Punkt hinaus weiterfragen will, braucht eine Theorie der Quantengravitation. Deshalb überrascht es nicht, daß einige der verheißungsvolleren Schritte zu einer vereinheitlichten Theorie, die Quantenmechanik und Allgemeine Relativitätstheorie umfaßt, von der Erforschung Schwarzer Löcher herrühren.

Diese Erforschung läßt sich in zwei Teile gliedern, einen (vergleichsweise) profanen und einen exotischeren.

Zunächst der profane Teil:

Der Begriff eines Schwarzen Lochs ist einfach genug, um auch ohne Rückgriff auf die Relativitätstheorie vorstellbar zu sein. Das gelang schon 1783 Reverend John Michell, einem britischen Liebhaberastronomen. Auf dieser, der »klassischen« Ebene, sind Schwarze Löcher als Objekte definiert, deren Schwerefelder so stark sind, daß ihnen kein Licht entkommen kann. Jedes massereiche Objekt hat eine Fluchtgeschwindigkeit. Wenn man einen Ball in die Luft wirft, kommt er zurück. Wenn man ihn mit mehr Kraft wirft, braucht er länger, bis er wieder fällt. Die Geschwindigkeit, mit der man einen Ball werfen muß, damit er nie wieder zurückkommt, ist gleich der Fluchtgeschwindigkeit des Planeten, auf dem man dabei steht. Auf der Erde beträgt sie etwa 40 000 Kilometer in der Stunde; diese Geschwindigkeit also mußte auch das Raumschiff Apollo übertreffen, damit es Astronauten zum Mond bringen konnte. Die Fluchtgeschwindigkeit ist eine Funktion von zwei Größen, der Masse des Planeten und seinem Radius. Die Masse bestimmt die Stärke des Schwerefeldes, der Radius gibt die Entfernung eines Raumschiffs auf seiner Startrampe von der Mitte des Planeten an, von dem das Gravitationsfeld auszugehen scheint. (Relativistisch gesehen sitzt die Erde in einer Raumdelle. Je mehr wir uns ihrer Mitte nähern, desto schwerer können wir herausklettern.) Sie und ich sind etwa 6000 Kilometer vom Erdmittelpunkt entfernt. In dieser Entfernung spüren wir eine Gravi-

tationskraft, die wir 1 G nennen. Wenn wir die Erde in eine gigantische Schraubzwinge klemmen und auf ihren halben Durchmesser zusammenpressen könnten, wäre unsere Entfernung von der Mitte nur
noch halb so groß; dann wäre die Schwerkraft auf der Oberfläche der
komprimierten Erde 4 G, und die Fluchtgeschwindigkeit würde um
das 1,4fache auf über 55 000 Kilometer pro Stunde zugenommen haben. Wenn wir die Erde weiter zusammenpreßten, würden wir
schließlich an einen Punkt kommen – ihr Radius beträgt dann knapp
einen Zentimeter –, an dem die Fluchtgeschwindigkeit gleich der
Lichtgeschwindigkeit ist. Dann wäre die Erde ein Schwarzes Loch.
Dieser kritische Wert ist der sogenannte Schwarzschildradius. Er
wurde nach Karl Schwarzschild benannt, der die ersten strengen Lösungen der relativistischen Feldgleichungen aufstellte, als er im Ersten Weltkrieg als Artillerieleutnant des deutschen Kaiserlichen Hee-
res an der russischen Front kämpfte. (Er zog sich dort eine tödliche
Hautkrankheit zu und starb 1916 im Alter von 42 Jahren.) Da die
Fluchtgeschwindigkeit von der Masse und dem Radius abhängt,
nimmt der Schwarzschildradius mit der Masse des fraglichen Objekts zu: Je massereicher das Objekt ist, desto größer kann es sein,
wenn es ein Schwarzes Loch wird. Die Sonne würde zu einem
Schwarzen Loch, wenn unsere gigantische Schraubzwinge sie bis auf
einen Radius von etwa drei Kilometern zusammenpressen könnte.

Die Betrachtung imaginärer Sterne, die ihr eigenes Licht verzehren, blieb eine seltsame Vorstellung, bis Einstein in der Speziellen Relativitätstheorie nachwies, daß die Lichtgeschwindigkeit keine beliebige Größe ist, sondern fest mit dem Universum verwoben. Diese
Einsicht findet ihren Ausdruck in der berühmten Gleichung $E = mc^2$,
die zeigt, daß die Menge der Energie, die in jedem Stück Materie enthalten ist, gleich dem Produkt aus ihrer Masse und dem Quadrat der
Lichtgeschwindigkeit ist. Aus dieser Überlegung folgt, das nichts auf
eine größere Geschwindigkeit als die des Lichts beschleunigt werden
kann. Man stelle sich ein robustes Raumschiff vor, das immer stärker
beschleunigt wird. Je näher es der Lichtgeschwindigkeit kommt, desto stärker verändert es sich. Die Masse des Raumschiffs nimmt zu.
Seine Länge, gemessen entlang der Achse seiner Bewegungsrichtung,

schrumpft. Die Zeit an Bord verlangsamt sich. Die Energiemenge, die nötig ist, um das Schiff schneller fahren zu lassen, steigt steil an. Es würde unendlich viel Energie verbrauchen, bis es Lichtgeschwindigkeit erreicht. Gleichzeitig würde seine Masse unendlich, seine Länge schrumpfte auf Null, und die Zeit an Bord würde zu einem Stillstand kommen. Daß etwas unmöglich ist, läßt sich kaum besser veranschaulichen, und deshalb sagen wir, daß nichts bis auf Lichtgeschwindigkeit beschleunigt werden kann.

So führt also das klassische Bild von Schwarzen Löchern – Sternen oder Planeten, die in ihrer Größe reduziert werden, bis ihre Fluchtgeschwindigkeit die Lichtgeschwindigkeit übertrifft – in Verbindung mit der Speziellen Relativitätstheorie zu der Folgerung, daß solche Gebilde vom übrigen Universum abgeschnitten sind. Man kann etwas in sie hineinwerfen, aber nichts kann entkommen.

Unseres Wissens geht niemand herum und nimmt Planeten und Sterne in die Zwinge. Aber etwas Ähnliches kann passieren, wenn ein Riesenstern kollabiert. Hier wirkt die Schwerkraft als Schraubstock.

Jeder gesunde Stern stellt ein Gleichgewicht zwischen zwei entgegengesetzten Kräften her. Die Schwerkraft neigt dazu, den Stern kollabieren zu lassen. Wärme, die von der Kernfusion im Innern erzeugt wird, strahlt nach außen und wirkt dahin, den Stern zu zerreißen. Die in dieser Klemme gefangenen Sterne pulsieren ein wenig, weil der Sog der Schwerkraft sie nach innen zieht und die Strahlung sie nach außen drängt. Diese Pulsationen werden durch einen eleganten Rückkopplungsmechanismus moduliert. Immer wenn die Schwerkraft Oberhand gewinnt und die Dichte des Kerns zunimmt, wird er auch heißer. (Alles wird wärmer, wenn es zusammengepreßt wird.) Wenn der Kern heißer wird, nimmt die Geschwindigkeit der thermonuklearen Fusion zu, weil die subatomaren Teilchen dort schneller sind (das ist die Definition von Wärme) und deshalb mit höheren Geschwindigkeiten aufeinander prasseln, wobei mehr von ihnen verschmelzen und damit mehr Energie freisetzen. Die Wärme erweitert den Kern, der dann dünner wird. Die Fusionsrate verlangsamt sich, woraufhin der Kern etwas abkühlt und wieder zu kontrahieren beginnt, und der Zyklus beginnt aufs neue.

Solange ein Stern in seinem Inneren beständig brennt, kann er in diesem ausgeglichenen Zustand bleiben. Bei den meisten Sternen sind die Pulsationen zu vernachlässigen, während andere, die veränderlichen Sterne, so stark pulsieren, daß die Veränderungen ihrer Leuchtkraft beobachtbar sind. Aber solange es Brennstoff gibt, können sie alle überleben. Das Ende des Gleichgewichts kommt, wenn der Stern so wenig Brennstoff hat, daß sein Kernofen versagt. Die Antwort auf die Frage, wann dieser Fall eintritt, hängt von einer Reihe von Faktoren ab, unter anderem davon, in welchem Ausmaß es der Stern schafft, die erschöpfte Materie seines Inneren mit der relativ unverbrauchten Materie in der Nähe seiner Oberfläche zu vermischen. Aber die wichtigste Determinante ist die Masse des Sterns: Je massereicher er ist, desto rascher brennt er. Die Faustregel ist, daß die Verbrennungsrate sich wie die dritte Potenz der Sternenmasse verhält. Ein Riesenstern, der zehnmal soviel Masse hat wie die Sonne, verbrennt folglich seinen Brennstoff tausendmal rascher und kommt zu einem schnelleren Ende. Die Sonne begann mit genug Brennstoff für etwa zehn Milliarden Jahre – sie ist jetzt in ihrer Lebensmitte, da sie seit etwas weniger als fünf Milliarden Jahren existiert –, während ein Stern mit dem Zehnfachen der Sonnenmasse seinen Brennstoff schon in zehn Millionen Jahren verbraucht.

Ist der Ofen erst einmal ins Stocken geraten, reicht die aus dem Inneren abgestrahlte Energie nicht mehr, den Stern in seinem bisherigen Zustand aufrechtzuerhalten. Jetzt gewinnt die Schraubzwinge der Schwerkraft die Oberhand, und der Stern kollabiert. Das Unglück geschieht rasend schnell. In weniger als einer Sekunde schrumpft das Innere des Sterns von der Größe der Erde auf die eines Hochhauses. Der Stern schüttelt viel von seiner Materie ab – die äußere Hülle –, während das Innere sich weiter zusammenzieht.

Das Ende der Geschichte hängt von der Masse im Inneren des Sterns ab. Wenn diese Masse weniger beträgt als das 1,4fache der Sonnenmasse (die Chandrasekhar-Grenze), wird der Stern zu einem »weißen Zwerg«. Weiße Zwergsterne haben einen »entarteten« Kern, der gewöhnlich aus Kohlenstoff und Sauerstoff besteht und von einer dichten, etwa 75 Kilometer dicken, gasförmigen Hülle umgeben ist. Der Stern wird durch eine quantenphysikalische Regel vom weiteren Kollaps abgehalten, die Pauli-Ausschließungsprinzip heißt. (Es wurde nach dem Physiker Wolfgang Pauli benannt, einem streitlustigen Theoretiker, der aus Wien stammte und in Zürich starb; er pflegte Gedanken, die ihm nicht gefielen, schneidend als »nicht einmal falsch« abzutun.) Nach dem Ausschließungsprinzip können höchstens zwei Elektronen mit entgegengesetztem Spin denselben Energiezustand besetzen. Dadurch ist die Anzahl der Elektronen in jeder Schale um den Atomkern begrenzt, womit Chemie möglich wird. Die »Wertigkeiten«, die wir im Chemieunterricht in der Schule lernen mußten, hängen davon ab, ob Atome in einem Molekül in ihren Elektronenschalen Raum zur Verfügung haben, so daß sie sich mit benachbarten Atomen verbinden können. Wenn Elektronen durch weiße Zwergsterne hindurchströmen, schränkt das Ausschließungsprinzip ihre Dichte ein und schützt damit den Stern vor weiterem Kollabieren.

Wenn jedoch der Kern des sterbenden Sterns mehr wiegt als 1,4 Sonnenmassen, kann seine Schwerkraft das Ausschließungsprinzip überwinden, und die Elektronen werden in die Protonen hineingeschleudert, die dadurch zu Neutronen werden. Das Ergebnis ist ein Neutronenstern. Während weiße Zwerge so groß sind wie Planeten, haben Neutronensterne einen Durchmesser von etwa 15 Kilometern und sind damit so groß wie eine mittlere Stadt. Der Kern eines Neutronensterns besteht, wie der Name sagt, überwiegend aus Neutronen, elektrisch neutralen subatomaren Teilchen. Die Dichte im Sterninneren ist so groß, daß nicht einmal Atomkerne (die unter normalen Umständen aus Protonen und Neutronen bestehen) dort überleben können. Vielmehr finden wir die Neutronen zusammen mit einigen Protonen und Elektronen in einem »supraflüssigen« Zustand, dickflüssiger als das qualitativ beste irdische Öl. Der Kern wird von einer Hülle umgeben, in welcher der immer noch beträchtliche Druck niedrig genug ist, um die Existenz von Atomkernen zu erlauben. Diese Hülle ist etwa anderthalb Kilometer dick und wird von einer

Kruste umgeben, die aus Atomkernen und Elektronen besteht. Die Schwerkraft an der Oberfläche ist so stark und die Kruste so formbar, daß ein Neutronenstern einem riesigen Kugellager gleicht. Ein Hügel von einem Millimeter Höhe ist auf einem Neutronenstern ein Mount Everest.

Neutronensterne rotieren rasch, einige mehr als tausendmal pro Sekunde. Wenn sie Magnetfelder haben, gehen von ihren Magnetpolen starke Energieströme im Längenbereich von Radiowellen aus, und wenn diese Radiostrahlung zufällig auf die Erde gerichtet ist, können wir hier einen rasch schlagenden Radiopuls wahrnehmen. Solche Neutronensterne heißen *Pulsare*.

Neutronensterne sind offenbar exotisch genug, um auch dem wagemutigsten Denker zu gefallen, und in der Tat haben viele Wissenschaftler jahrzehntelang nicht glauben wollen, daß ein Stern noch weiter kollabieren könnte. Jetzt aber scheint es, als ob die Schwerkraft eines Sterns, der zu einem hinreichend kleinen und dichten Stadium zusammenfällt, alle anderen Kräfte überwältigt, die ihn aufrechterhalten könnten – der Stern wird ein Schwarzes Loch.

Da gekrümmte Lichtstrahlen einen gekrümmten Raum anzeigen, ist ein Schwarzes Loch aus der Sicht der Allgemeinen Relativitätstheorie ein Gebilde, das in eine Art Fabergé-Ei aus lauter Raum verpackt ist. Stellen wir uns wieder vor, daß die Sonne in eine riesige Schraubzwinge gepreßt wird und daß wir dieses Experiment von einem günstigen Beobachtungspunkt auf der Erde aus verfolgen. Wie Eddington bei der Expedition beobachtete, die während einer Sonnenfinsternis die erste Bestätigung für die Allgemeine Relativitätstheorie fand, werden Lichtstrahlen von fernen Sternen abgelenkt, wenn sie an der Sonne vorbeigehen. Wir wiederholen Eddingtons Beobachtungen, brauchen aber diesmal keine Sonnenfinsternis, da das Sonnenlicht von der höllischen Schraubzwinge abgeblockt wird. Wenn die Sonne schrumpft, sehen wir Sterne, die zuvor hinter der Sonnenscheibe lagen. Ihre scheinbare Position stimmt jedoch immer weniger mit der auf unseren Sternkarten überein, weil die Lichtstrahlen immer stärker gekrümmt werden. Wenn die Sonne dann schließlich ein Schwarzes Loch geworden ist, umlaufen die Lichtstrahlen sie ganz. Die Sonne verschwindet und wird durch einen winzigen Kreis absoluter Schwärze ersetzt, der von einem glänzenden Schimmer gekrümmten Sternenlichts umgeben ist.

Das sich ergebende Schwarze Loch ist in eine abgeflachte Zone eingebettet, den Ereignishorizont, in den sich niemand wagen kann, der auf Rückkehr hofft. Die Überquerung des Ereignishorizonts eines kleinen Schwarzen Lochs wäre eine unangenehme Erfahrung: Gezeiteneffekte würden wagemutige Raumfahrer in die Länge ziehen, bis sie so lang und dünn wären wie ein Faden. Der Ereignishorizont eines großen Schwarzen Lochs – eines mit, sagen wir, zehntausendfacher Sonnenmasse – ist groß und sanft gekrümmt; ihn könnte man so bequem überqueren, als säße man im Deckstuhl eines Ozeanriesen. Aber man wäre doch verdammt, denn im Inneren des Horizonts führen alle Wege zur zentralen Singularität, wo die Krümmung der Raumzeit unendlich wird. Vom Standpunkt eines außenstehenden Beobachters kommt alles am Ereignishorizont zum Stillstand. Ein suizidaler Astronaut, der in ein Schwarzes Loch fiele, würde beim Überqueren des Horizonts nichts Ungewöhnliches bemerken, aber jene, die ihn verabschiedeten, würden sehen, wie sein Bild immer roter wird und seine Bewegungen immer langsamer, bis sein Bild schließlich gefriert und dann verschwindet. Dieser Effekt rührt von der gravitativen Rotverschiebung her, der Verschiebung des Lichts zum roten Ende des Spektrums hin, da es bei seinen Versuchen, aus dem gekrümmten Raum, der das Schwarze Loch umgibt, herauszuklettern, Energie verliert.

Das war die profane Seite der Schwarzen Löcher. Nun zur exotischen:

Die verblüffenden, unserer Intuition zuwiderlaufenden Eigenschaften dieser seltsamen Objekte zeigen sich, sobald wir auch nur eine so einfache Frage stellen wie die, was ein Schwarzes Loch eigentlich ist. Aus quasi-klassischer oder naiv-realistischer Sicht ist ein Schwarzes Loch genau das, was ich gerade beschrieben habe – ein kollabierter Stern oder irgendein anderes Objekt mit einer Fluchtgeschwindigkeit, die jene des Lichts übertrifft. Aber da die Zeit am Ereignishorizont gefriert, geht der zeitartige Aspekt der Raumzeit innerhalb eines Schwarzen Lochs verloren. Das Ergebnis ist der Schaum der Raumzeit, ein Zustand, in dem der Raum atomisiert wird und die Zeit keine kohärente Richtung hat. Wie der Relativitätstheoretiker Kip S. Thorne sagt, kann man die Raumzeit außerhalb des Schwarzen Lochs

> mit einem Stück Holz vergleichen, das mit Wasser vollgesogen ist. In dieser Analogie entspricht das Holz dem Raum, während das Wasser die Zeit symbolisiert, und beide (Holz und Wasser; Raum und Zeit) sind eng miteinander verbunden. Die Singularität und die sie beherrschenden Gesetze der Quantengravitation wirken nun wie ein Feuer, in das man das Holzstück wirft. Das Wasser verdampft aus dem Holz, während das Holz zurückbleibt; in der Singularität zerstört die Quantengravitation die Zeit und läßt den Raum zurück. Das Feuer verwandelt schließlich das Holz in Flocken von Asche; die Gesetze der Quantengravitation verwandeln den Raum in ein zufälliges, schaumartiges Gebilde, das von Wahrscheinlichkeiten bestimmt ist.[13]

Dieser Aspekt der Theorie kann nicht überprüft werden. Wenn ich in ein Schwarzes Loch hineinspringen würde, gäbe es keine Möglichkeit, Bericht zu erstatten. Das Schwarze Loch ist vom Rest des Universums abgeschnitten.

Schwarze Löcher sind nicht aggressiv: Sie greifen nicht um sich, um Unschuldige in der Ferne zu verschlucken. Ein Schwarzes Loch mit dreißigfacher Sonnenmasse ist von einem Gravitationsfeld umgeben, dessen Stärke gleich der eines Sterns von dreißig Sonnenmassen ist, und ein Planet, der es in sicherer Entfernung umläuft, verhält sich, als ob er einen solchen Stern umliefe. Aber da wir weder in die unendlich gekrümmte Raumzeit, die ein Schwarzes Loch umgibt, hineinzusehen vermögen, noch Berichte von jenen zitieren können, die sich hineingewagt haben, meinen viele Relativitätstheoretiker, Schwarze Löcher bestünden aus nichts anderem als unendlich gekrümmter Raumzeit. Daher rührt ihr Name. John Archibald Wheeler, der den Begriff »Schwarzes Loch« prägte, spricht von ihnen als körperloser Masse – Masse ohne Materie.[14]

Die Tatsache, daß wir nicht in ein Schwarzes Loch hineinsehen können, bedeutet, daß wir die Singularität – den Zustand unendlicher Raumzeitkrümmung – nicht beobachten können. Wenn wir das könnten, würden wir einen Schwerezustand beobachten, den die Relativitätstheorie nicht definieren kann. Für einen Relativitätstheoretiker wäre das, als ob man ein Wolkenkuckucksheim betrachtete, in dem eins plus eins gleich drei ist. Mit einem Gefühl der Erleichterung, daß ein Schwarzes Loch den Anstand wahrt, sagen die Relativisten, die Singularität sei in solchen Fällen »bekleidet«, und berufen sich auf die von dem englischen Mathematiker Roger Penrose aufgestellte Hypothese von der »kosmischen Zensur«, wonach es keine »nackten« Singularitäten gibt. Nach Meinung einiger Theoretiker könnten jedoch Teile eines unregelmäßig geformten Gebildes, das zu einem Schwarzen Loch zusammenfällt, so herausragen, daß sie der Außenwelt das ärgerliche Bild einer nackten Singularität bieten könnten. Stephen Hawking, der mit Penrose auf dem Gebiet der Relativitätstheorie zusammengearbeitet hat, vermutet, daß ein Schwarzes Loch unter bestimmten Bedingungen eine nackte Singularität hinterlassen könnte, wenn es verdampft. Aber niemand weiß mit Gewißheit, ob das passieren kann oder was man sehen würde, wenn es geschähe und man es beobachten könnte.

Als Alternative zu dem Gedanken, daß Schwarze Löcher lediglich Kugeln von Raumzeit sind und nichts anderes, haben Thorne und andere das sogenannte »Membran-Paradigma« konstruiert. Um das zu verstehen, müssen wir auf unsere früheren Gedanken über die Magnetfelder von Neutronensternen zurückkommen. Neutronensterne rotieren rasch, weil ihre Rotationsgeschwindigkeit zunimmt, während sie kontrahieren, genau wie Eiskunstläufer sich rascher drehen, wenn sie ihre Arme anziehen. Weil die Flüssigkeit im Inneren eines Neutronensterns supraleitfähig ist, hat ein Neutronenstern ein starkes Magnetfeld. Dieses Feld fängt Elektronen und andere geladene Teilchen ein und zwingt sie, den Neutronenstern rasch zu umlaufen. Je größer die Bahn einer Teilchenmenge, desto größer ist ihre

Bahngeschwindigkeit, und irgendwann ist die Entfernung so groß, daß ihre Geschwindigkeit die des Lichts übertreffen müßte. An diesem Punkt gilt, wie Thorne und sein Kollege Richard Price schreiben: »Da die Teilchen sich nicht schneller als mit Lichtgeschwindigkeit bewegen können, leisten sie der Drehung der Feldlinien dadurch Widerstand, daß sie die Feldlinien zurückbiegen und selbst entlang der Feldlinien mit Geschwindigkeiten nach außen gleiten, die gerade noch unter der Lichtgeschwindigkeit liegen. Die Feldlinien wirken auf diese Weise wie Hebel, mit deren Hilfe die Rotationsenergie des Sterns auf das ausströmende Plasma übertragen wird.«[15]

Auch ein Schwarzes Loch rotiert vermutlich rasch und gibt über ein Magnetfeld Energie an die Umgebung ab. Gas, das in ein Schwarzes Loch fällt, bildet vermutlich eine rasch rotierende Scheibe. Die Ebene dieser sogenannten *Akkretionsscheibe,* in der sich die Materie am Schwarzen Loch versammelt, steht senkrecht zur Drehachse des Schwarzen Lochs. Die von dem Schwarzen Loch erzeugten starken elektromagnetischen Felder machen die wirbelnde Scheibe zu einem gewaltigen Dynamo. (Einstein hätte an diesem Bild Gefallen gefunden, denn er war der Sohn eines Dynamoherstellers und gründete seine Spezielle Relativitätstheorie teilweise auf Untersuchungen, die er als Jugendlicher an den elektromagnetischen Feldern im Inneren von Dynamos angestellt hatte.) Nach den Berechnungen der Theoretiker würde ein Schwarzes Loch in dieser Umgebung zehnmal wirksamer Energie erzeugen als die thermonuklearen Vorgänge, die die Energie der Sterne liefern. Hier deuten sich Erkenntnisse über eine mögliche Verwendung Schwarzer Löcher als Energieerzeuger an.

Aus diesem und anderen Gründen denkt man, daß Schwarze Löcher in einem Anfall von Freßsucht energiereiche Ereignisse in ihrer Umgebung verursachen könnten, die fernen Beobachtern, etwa uns, ihre Gegenwart signalisieren. Die Materie der Akkretionsscheibe, die mit großer Geschwindigkeit zum Loch hin wirbelt und deren zum Untergang bestimmte Moleküle oft zusammenstoßen, sollte weiß glühen und ein Spektrum von elektromagnetischer Energie ausschicken, das bis zur Röntgenstrahlung und vielleicht sogar Gammastrahlung reicht, den energiereichsten aller Photonen. Die heiße

Scheibe könnte auch glühende Plasmaströme erzeugen. Theoretiker haben sich mehrere Möglichkeiten ausgedacht, wie das geschehen könnte. Eine davon, die denen unter uns gefallen dürfte, die starke Stürme mögen, besagt, daß die Akkretionsscheibe durch die starke Hitze in ihrer Mitte verdickt wird. Wenn wir die Scheibe beispielsweise mit, sagen wir, einer Ebene in Kansas vergleichen und die herausgeblasenen Teile mit der Atmosphäre, sehen wir, daß die Zentrifugalkraft, die von der Drehung der Scheibe erzeugt wird, über und unter der Scheibe Wolkentunnel – Tornados – erzeugt. Die Wirbelstürme bündeln die umgebende Atmosphäre zu dünnen Strömen, die so heiß sind, daß sie nahezu mit Lichtgeschwindigkeit in den Raum hinausrasen.

Diese Anzeichen – eine glühende Akkretionsscheibe, die Ausstrahlung von Röntgenstrahlen, ein Paar hervorschießende Jetströme – sollten sich am deutlichsten dort zeigen, wo das begleitende Schwarze Loch besonders massereich ist und mit einfallender Materie gefüttert wird. Wenn also die Astronomen ihre Theorie überprüfen, suchen sie dort nach großen Schwarzen Löchern, wo es etwas zu verzehren gibt. Wo könnten sie diese am ehesten finden? Inmitten junger Galaxien. Sterne sind in den Kernen von Galaxien besonders dicht verteilt. Die Riesen unter diesen Sternen, die ihren Brennstoff schnell aufgebraucht haben, sollten schon früh zu Schwarzen Löchern kollabiert sein, sicherlich jedoch lange vor dem milliardsten Geburtstag ihrer Wirtsgalaxie. Man vermutet deshalb, daß der Kern einer Galaxie viele Schwarze Löcher enthält. Da sie relativ eng benachbart sind, würden einige von ihnen unvermeidlich zusammenstoßen und verschmelzen, so daß größere Schwarze Löcher entstünden, die mit noch größerer Wahrscheinlichkeit Sterne und andere Schwarze Löcher verschlucken und auch vom interstellaren Gas leben, das in jungen Galaxien vermutlich überreichlich vorhanden ist. Das Ergebnis wäre ein Schwarzes Loch im Zentrum der Galaxie mit einer Masse in der Größenordnung von hundert Millionen Sonnen. Wenn Gas in dieses Monstrum fiele, sollte die Akkretionsscheibe weiß glühen und Röntgenstrahlung aussenden. Sie könnte auch Plasmaströme aussenden, die hunderttausend Lichtjahre weit in den

103

Raum reichen. Diese Ströme wären unterschiedlich hell und sollten immer dann sichtbar sein, wenn Materie in das Loch fällt. Sie müßten aber erlöschen, wenn das Monster keine Nahrung findet. Im Vergleich zu diesem Spektakel wäre die Premiere eines Hollywoodfilms ein wohlgehütetes Geheimnis. Dies kann aber kein dauerhafter Zustand sein. Im Lauf der Zeit, wenn die Wirtsgalaxie altert und die Gase in der Mitte erschöpft sind, müßte das riesige Schwarze Loch in der Mitte seines Brennstoffs beraubt worden sein; dann verschwinden auch die Jetströme. Das Schwarze Loch bliebe natürlich am Leben und lauerte auf die nächste Fütterung. Geduldig, wie es ist, könnte es beliebig lange warten.

Wenn dieses Szenario zutrifft, sollte man in jungen Galaxien oft helle, sprühende Kerne finden, in älteren dagegen im allgemeinen nicht. Und genau das ist der Fall. Die hellen galaktischen Kerne sind »Quasare«.[16] Quasare sind in Entfernungen von Milliarden Lichtjahren überhäufig, wo wir die Galaxien so sehen, wie sie vor Milliarden Jahren waren. Sie sind selten in unserer Nähe, wo wir die Galaxien sehen, wie sie heute sind. (Der nächste uns bekannte Quasar ist zwei Milliarden Lichtjahre von der Erde entfernt.) Quasare werden oft in Galaxien gefunden, die mit benachbarten Galaxien in Wechselwirkung standen. Diese Störungen erschüttern die Wirtsgalaxie und schicken einen Teil des interstellaren Gases in ihrer Scheibe in die galaktische Mitte, wo es das Schwarze Loch zu neuen heftigen Ausbrüchen anregt. Als besondere Zugabe senden Quasare oft Jetströme aus, von denen es vermutlich mehr gibt, als wir beobachten. Jets, die mehr oder weniger zur Erde hin gerichtet sind, heben sich nicht von dem Quasar im Hintergrund ab, deshalb sehen wir nur jene, die sich zufällig im Profil zeigen. Diese Jets rasen mit nahezu Lichtgeschwindigkeit in den intergalaktischen Raum hinaus und verraten damit, daß sie aus ungeheuer dramatischen Ereignissen stammen. Man hat für Schwarze Löcher in der Nähe von Galaxien Massen hergeleitet, die zwischen hundert Millionen und mehr als einer Milliarde Sonnenmassen liegen. Damit die supermassiven Schwarzen Löcher, in denen man die Energiequelle von Quasaren vermutet, so hell brennen können, brauchen sie viel Brennstoff. Auch eine heftig gestörte

Galaxie verfügt kaum über genug Brennmaterial, um den Lebensstil eines Quasars lange Zeit aufrechterhalten zu können. Höchstwahrscheinlich glühen Quasare während der relativ kurzen Zeitspanne, in der das Schwarze Loch Brennstoff verschlingt – Perioden von etwa fünfzig Millionen Jahren –, um dann bis zur nächsten Fütterung zu versiegen.

Es sollte möglich sein, ein supermassives Schwarzes Loch auch dann zu entdecken, wenn es gerade ruht. Da Sterne in den Mittelpunkten von Galaxien reichlich vorhanden sind, sollten viele auf Bahnen um das Schwarze Loch herum gefangen sein. Astronomen können die Bahngeschwindigkeit von Sternen bestimmen, indem sie ihre Spektren messen. Spektrallinien bewegter Objekte sind verschwommen, weil ihr Licht dopplerverschoben ist: Die Linien sich entfernender Sterne sind in einem Grad, der proportional ist zu ihrer Geschwindigkeit, zum roten Ende des Spektrums hin verschoben, die Linien sich nähernder Sterne dagegen zum blauen. (Da die Bahnen sowohl frontal als auch seitlich und in allen Zwischenlagen gesehen werden, muß man viele Sterne messen und die Geschwindigkeiten mitteln, wenn man annimmt, daß ihre Bahnebenen zufällig verteilt sind.)

Solche Beobachtungen haben Hinweise darauf gegeben, daß in der Mitte einer Reihe von Galaxien supermassive Schwarze Löcher lauern könnten. Die Sterne in den mittleren zehn Lichtjahren der Andromeda-Galaxie sind in einer Scheibe angeordnet und haben Umlaufgeschwindigkeiten, die nahelegen, daß sie um ein Objekt mit einer Masse von dreißig bis siebzig Millionen Sonnen herumtanzen. Ein so massereicher Stern oder Sternhaufen sollte aufgrund seiner Helligkeit beobachtbar sein. Aber wir sehen nichts. Die Quelle der Schwerkraft, die diese Sterne durcheinanderwirbelt, ist massereich, klein und schwarz.

Ähnliche Hinweise auf supermassereiche Schwarze Löcher wurden auch in anderen Galaxien gefunden. Die Galaxie Markarian 315 hat einen hellen Kern und enthält offensichtlich ein Schwarzes Loch, das kürzlich von Gas reaktiviert wurde, das nach einem Zusammenstoß mit einer anderen Galaxie hineingesogen wurde. Die Sombrero-

Galaxie enthält anscheinend ein zentrales Schwarzes Loch mit einer Masse von fast einer Milliarde Sonnen. Die riesige elliptische Galaxie M87, aus der Jets wie Blitze in entgegengesetzte Richtungen sprühen, ist ein ausgezeichnetes Forschungsobjekt, weil sie relativ frei ist von interstellarem Gas, wir also ihr Inneres sehen können. Eine Untersuchung mit hoher Auflösung, die 1994 mit dem Hubble-Teleskop durchgeführt wurde, bestätigte frühere Ergebnisse, die vermuten lassen, daß M87 ein zentrales Schwarzes Loch mit einer Masse von drei Milliarden Sonnen hat. Geschwindigkeitsmessungen des Kerns der Galaxie NGC 4258 weisen auf ein Schwarzes Loch mit einer Masse von vierzig Millionen Sonnen hin. Auf einer besonders spektakulären Aufnahme zeigt ein Hubble-Bild in der Mitte der Galaxie NGC 4261 einen Ring von glühendem Gas und Staub mit einem höllisch aussehenden Trichter weißglühender Materie, die aus seiner Mitte hervorströmt – genau das Kennzeichen eines Schwarzen Lochs. Mario Livio vom Space Telescope Science Institute in Baltimore erklärte 1995 bei einer Konferenz der Johns-Hopkins-Universität: »Wir können wirklich behaupten, daß Schwarze Löcher beobachtet wurden.«[17]

Womöglich enthält auch unsere eigene Galaxie ein ruhendes Schwarzes Loch. Die Mitte des Milchstraßensystems ist unseren Blicken verborgen, weil entlang der 28 000 Lichtjahre langen galaktischen Scheibe zwischen ihr und uns ungeheure Mengen von interstellarem Gas und Staub liegen. Das galaktische Zentrum kann jedoch in den durchdringenderen Wellenlängen des Radio- und Infrarotbereichs aufgespürt werden, und diese Beobachtungen zeigen, daß dieses Zentrum ein außerordentlich komplexer Bereich ist, exotisch wie ein tropisches Korallenriff. Die Mitte ist ein Kronleuchter aus rasch umlaufenden Sternen, einem Paar Jets von etwa vier Lichtjahren Länge, einem stabilen Ring umlaufender Gaswolken, einem weiteren, nach außen rasenden Ring und einer Reihe dünner Bögen und Fäden, die siebzig Lichtjahre hoch steigen. Untersuchungen der Bewegungen lassen innerhalb eines Radius von drei Vierteln eines Lichtjahres um das galaktische Zentrum herum auf eine Masse von nahezu einer Million Sonnen schließen, von der nur etwa hunderttausend Sonnenmassen in Form von Sternen sichtbar sind. Der Bereich ist anscheinend wie ein Dynamo in ein mächtiges elektromagnetisches Feld eingebettet. Obwohl noch vieles unverstanden ist, paßt das Bild insgesamt gut zu der Vorstellung, daß es in der Mitte unserer Galaxie ein Schwarzes Loch mit einer Masse von tausend bis zu einer Million Sonnen gibt.

So wie es in den Zentren von Galaxien viele Sterne gibt, könnte es auch in einem galaktischen Zentrum mehr als ein massereiches Schwarzes Loch geben. Schwarze Löcher, die in das Gravitationspotential im galaktischen Zentrum hineinrutschen, könnten später zusammenstoßen. Die Relativitätstheorie sagt vorher, daß es in zusammenstoßenden Schwarzen Löchern gewaltige Ausbrüche von Gravitationswellen geben sollte – ein Gekräusel im Gewebe der Raumzeit, das sich mit Lichtgeschwindigkeit ausbreitet. Die Existenz der Gravitationswellen wurde schon nachgewiesen: Joseph Taylor und Russell Hulse von der Universität Princeton erhielten 1993 den Nobelpreis für Untersuchungen an binären Neutronensternen, die zeigen, daß diese Sterne mit genau der Geschwindigkeit aufeinander zu laufen, die die Relativitätstheorie vorhersagt, wenn Gravitationswellen dem System Energie wegnehmen.

Gegenwärtig sind eine Reihe von Gravitationswellendetektoren im Bau. Im Rahmen von LIGO (Laser Interferometer Gravitational-Wave Observatory) wird in den USA an zwei Detektoren gearbeitet. Ein Detektor, VIRGO (er ist nach dem Virgo-Galaxienhaufen im Sternbild Jungfrau benannt), wird in der Nähe von Galileis Heimatstadt Pisa errichtet, in Japan ist das Projekt TAMA im Bau, und in deutsch-englischer Zusammenarbeit wird in der Nähe von Hannover das Projekt GEO (German English Observatory) verwirklicht. Diese Observatorien sollen mit Hilfe von Laserstrahlen kleine Veränderungen in der Geometrie des lokalen Raums aufdecken, während er sich beim Durchgang von Gravitationswellen ausdehnt und kontrahiert. Kip Thorne bemerkt dazu: »Gravitationswellendetektoren werden in nicht allzu ferner Zukunft Himmelskarten von Schwarzen Löchern erstellen und die symphonischen Klänge kollidierender Schwarzer Löcher aufzeichnen – Symphonien, die uns mit reichhaltigen neuen Informationen über das Verhalten stark vibrierender Raumzeitkrümmungen versorgen. Mit Hilfe von Supercomputern wird man versuchen, diese Symphonien zu simulieren und ihre Bedeutung zu entschlüsseln. Schwarze Löcher werden damit endlich einer detaillierten experimentellen Forschung zugänglich sein.«[18]

Bei all dem Sturm und Drang, den sie in ihrer Umgebung verursachen, und aller Freude zum Trotz, die sie als Spielplatz der theoretischen Astrophysik bereiten, gehören Schwarze Löcher in gewissem Sinn zu den langweiligsten makroskopischen Objekten, die man in den Naturwissenschaften kennt. Normalerweise verrät ein Schwarzes Loch äußeren Beobachtern nur dreierlei – Masse, Rotation und elektrische Ladung. Man kann alles mögliche hineinwerfen – den ganzen Brockhaus, atomare Unterseeboote, ganze Fakultäten von Gesellschaftswissenschaftlern – und das Schwarze Loch wird wie ein Kriegsgefangener, der nur Name, Rang und Dienstnummer sagen darf, nicht mehr verraten als Masse, Rotation und elektrische Ladung. John Wheeler prägte einen Slogan für ihre Fadheit, als er sagte: »Ein Schwarzes Loch hat kein Haar.«[19]

Aber Schwarze Löcher könnten haariger sein, als er dachte – könnten also vielleicht doch mehr Information bereithalten. Diese Überlegung hat vor allem mit dem Entropiegesetz zu tun, wonach alle Systeme dazu neigen, im Lauf der Zeit ihre Unordnung zu vergrößern (also die Entropie zu vermehren), wenn nichts dagegen unternommen wird. Wenn Schwarze Löcher keine Haare haben, könnte man dieses Gesetz verletzen, indem man ein ungeordnetes System in ein Schwarzes Loch wirft und dadurch die Menge der Unordnung im beobachtbaren Universum vermindert, ohne das durch eine entsprechende Gegenleistung zu rechtfertigen. Auf diese Überlegung könnte man reagieren, indem man sagt: »Nun gut, Schwarze Löcher verletzen eben das Entropiegesetz!« So reagierten zunächst auch wirklich viele der führenden Theoretiker. Aber das Entropiegesetz ist tief im wissenschaftlichen Denken verankert, und Bemühungen, für Schwarze Löcher eine Ausnahme zu machen, warfen gewöhnlich mehr Probleme auf, als sie lösten. Damit blieb den Forschern noch die Möglichkeit, daß Schwarze Löcher sich ihrer verborgenen Entropie entweder sofort oder später wieder entledigen könnten. Aber niemand konnte herausfinden, wie sie das tun sollten. Dieser Punkt erwies sich als sehr interessant, weil Entropie mit Information verknüpft ist. Je weniger Entropie es in einem System gibt, desto mehr Information steht zur Verfügung; und deshalb nennt man die Frage nach der Entropie auch »das Informationsrätsel«. Es wurde zuerst 1976 von Hawking formuliert. Wenn man seine Entwicklung verfolgt, betritt man eines der Wunderländer der modernen theoretischen Physik.

Einer der ersten, die sich auf die Suche nach der Entropie Schwarzer Löcher begaben, war John Wheeler in Princeton. Er dachte eines Nachmittags im Gespräch mit seinem Doktoranden Jacob Bekenstein laut über das Thema der Entropie nach. Entropie bedeutet – wie schon erwähnt – Unordnung. Der Ausdruck kommt aus der Thermodynamik, der Wissenschaft der Wärme, und stellt eine Spitzenleistung der Physik des 19. Jahrhunderts dar, die formuliert wurde, als die Dampfmaschine, Thermodynamik in rasselnder Aktion, als höchste Errungenschaft der modernen Technik galt. Die Physiker jener Tage bewiesen, daß jede Arbeit einen gewissen unvermeidbaren Zuwachs an Entropie bedeutet. Deshalb gibt es kein »Perpetuum mobile«, denn um Arbeit leisten zu können, muß eine Maschine die Entropie vergrößern, und wenn keine Energie hinzugefügt wird, zwingt die vermehrte Entropie die Maschine schließlich zum Stillstand. Wegen dieser Entropie müssen Autos zur Inspektion und Kinderzimmer aufgeräumt werden. Um die Entropie zu verringern, ist Arbeit nötig. Man denke sich zwei Tassen, von denen die eine mit heißem und die andere mit kaltem Tee gefüllt ist. Ihr Inhalt läßt sich leicht vermischen, aber schwer wieder trennen. Ist der Tee erst einmal vermischt, werden die Moleküle im kalten Tee schneller und die im heißen Tee langsamer, bis sie alle die gleiche Geschwindigkeitsverteilung aufweisen – ein Zustand, der als thermisches Gleichgewicht bekannt ist. Der Tee wird dann bald die Temperatur der Umgebung angenommen haben. (Deshalb konnte ein Komiker mit gutem Grund behaupten, er könne mit Hilfe außersinnlicher Wahrnehmung ein Glas Wasser zum Kochen bringen. Er habe es zwar noch nicht getan, aber doch einen Anfangserfolg erzielt und in einer halben Stunde vollkommener Konzentration das Wasser auf Zimmertemperatur gebracht.) Die Umkehrung des Vorgangs – die Trennung der Moleküle, die noch vor Minuten in der Tasse mit dem heißen Tee waren, von den anderen – ist praktisch unmöglich.

Mehr Entropie bedeutet weniger Information. Claude Shannon von den Bell Laboratories hat das gezeigt, und deshalb spricht man heute von »Shannon-Entropie«, wenn man sagen will, daß man über Entropie im Sinne von Information und nicht von Wärme spricht. Bei unseren zwei Tassen Tee handelte es sich um ein System mit zwei Zuständen. Hätte ich Ihnen die beiden Tassen Tee auf einem Tablett serviert, hätte ich sagen können: »Wählen Sie: In dieser Tasse ist heißer Tee, in dieser kalter.« Als aber der Tee vermischt war, hatte das System nur noch einen Zustand: »Hier ist Tee.« Die Aussage des zweiten Hauptsatzes der Thermodynamik – daß die Entropie zunimmt, wenn nicht Energie darauf verwendet wird, sie zu verringern – bedeutet deshalb auch, daß Information dazu neigt, abzunehmen.[20]

Bei seinem Gespräch mit Bekenstein hatte Wheeler solche Gedanken im Sinn. Er sagte, es bereite ihm Sorge, daß Schwarze Löcher ein Schließfach sein könnten, in das man Verletzungen des Entropiegesetzes einfach wegsperren kann. »Ich erzählte ihm von dem Unbehagen, das ich immer verspüre, wenn eine Tasse mit heißem Tee ihre Wärmeenergie mit einer Tasse kalten Tees austauscht«, schreibt Wheeler.[21] »Indem ich diesen Wärmeaustausch erlaube, ändere ich nichts an der Energie des Universums, ich erhöhe aber dessen mikroskopische Unordnung, seinen Informationsverlust, seine Entropie. Bei einem irreversiblen Prozeß wie diesem erhöht sich immer die Entropie der Welt. Die Folgen meiner bösen Tat, Jacob, bestehen bis zum Ende aller Zeiten. Wenn aber ein Schwarzes Loch vorbeikommt und ich die Teetasse hineinwerfe, kann ich das Beweismaterial für mein Vergehen vor aller Welt verbergen.«

Bekenstein erwog dieses Rätsel und kam einige Tage später mit einem Lösungsansatz zurück. Wheeler erinnert sich, daß er ihm sagte: »Du zerstörst keine Entropie, wenn du diese Teetassen in das Schwarze Loch wirfst, denn das Schwarze Loch besitzt schon eine Entropie, die erhöhst du nur.« Bekenstein zeichnete ein exotisches

Bild, in dem Schwarze Löcher größer werden, wenn ihre Entropie zunimmt. Man kann Bekensteins Gedanken nachvollziehen, wenn man sich den Horizont eines Schwarzen Lochs als Mosaik aus einer ungeheuer großen Zahl winziger Steinchen vorstellt, die genau zusammenpassen. Jedes Steinchen stellt entweder eine Null oder eine Eins dar – also eine einzige Informationseinheit, ein Bit. (Ein Bit, die Abkürzung für »binary digit«, ist die kleinste mögliche Dateneinheit. Dieser aus der Informatik vertraute Begriff dient in der Entropietheorie zur Quantifizierung der Information.) Wenn man eine Teetasse oder irgend etwas anderes in ein Schwarzes Loch wirft, vergrößert man die Entropie des Schwarzen Lochs. Die Gesamtzahl der imaginären Mosaiksteinchen und damit auch der Umfang des Ereignishorizonts nehmen zu. Die Größe des Ereignishorizonts ist deshalb ein Index für die Menge an Information, die das Schwarze Loch schon verschlungen hat.

Bekensteins Hypothese faszinierte Wheeler, erzürnte jedoch Stephen Hawking. Hawking, an den Rollstuhl gefesselt und fast völlig gelähmt, läßt sich die ihn interessierenden Arbeiten in seinem Büro in der Universität Cambridge auf Tischen ausbreiten und fährt von einem zum anderen wie ein Schachspieler, der gleichzeitig gegen ein Dutzend Gegner spielt. Ein Assistent blättert ihm in bestimmten Abständen die Seiten um. Hawking schreibt und unterhält sich, indem er mit seinen zwei noch etwas beweglichen Fingern einen Hebel drückt, der mit einem Computer verbunden ist. Er denkt sehr anschaulich und vertritt seine Ansichten mit großer Entschiedenheit. Als Intellektueller, der sich seiner Sache verschrieben hat, gibt er nicht viel auf konventionelle Umgangsformen. »Ich habe es aufgegeben, exakt zu sein«, sagte er mir einmal. »Mir geht es nur darum, daß ich im Recht bin.«[22]

Hawking konnte akzeptieren, daß die Größe des Ereignishorizonts eines Schwarzen Lochs analog zu dessen Entropie ist. Er hatte früher selbst ähnliche Gedanken verfolgt und kannte die Arbeiten, wonach ein Ereignishorizont im Lauf der Zeit allmählich größer wird. (Das liegt daran, daß in jedes Schwarze Loch immer ein wenig Materie fällt, weil der Raum niemals völlig leer ist.) Das, erkannte

Hawking, hatte Ähnlichkeit mit dem Entropiegesetz. Wenn heißer Tee in kalten Tee gegossen wird, nimmt die Entropie rasch zu. Wenn man das System in Ruhe läßt, nimmt die Entropie auch zu, aber langsamer. Die Entropie nimmt aber niemals ab, sofern die Teetassen nicht manipuliert werden – genau wie der Radius des Ereignishorizonts eines Schwarzen Lochs. Die Ähnlichkeit war mehr als nur eine Intuition: Als Hawking und seine Kollegen das Problem weiterverfolgten, fanden sie, daß die Gesetze der Schwarzen Löcher und die Gesetze der Thermodynamik formal identisch sind. Trotzdem sah Hawking in der Thermodynamik Schwarzer Löcher nicht mehr als eine Analogie. Bekenstein aber meinte keine Analogien, sondern behauptete, daß Schwarze Löcher tatsächlich Entropie aufweisen.

»Ich war eigentlich sehr dagegen [gegen Bekensteins Hypothese]«, erinnerte sich Hawking 1983.[23] »Ich glaubte, es sei wirklich nur eine Analogie. Es ging darum, daß ein Schwarzes Loch, wenn es wirklich Entropie aufweist, auch eine Temperatur haben sollte, und das würde bedeuten, es müßte Teilchen aussenden … Wenn ein Schwarzes Loch keine Teilchen aussendet, kann man nicht wirklich behaupten, daß es Entropie oder eine Temperatur hat.« (Das Kennzeichen der Schwarzen Löcher soll ja gerade sein, daß ihnen nichts entkommen kann.) Hawking dachte, daß rotierende Schwarze Löcher Teilchen aussenden könnten, und in dem Fall könnte man die Thermodynamik Schwarzer Löcher buchstäblich nehmen. Ein rotierendes Schwarzes Loch sollte gewisse Wellen verstärken, und das könnte relativistisch als Aussendung von Teilchen gedeutet werden. Aber da nicht-rotierende Schwarze Löcher nichts dergleichen tun, nahm Hawking an, daß sie keine Wärme erzeugen können.

Es ist nicht leicht, Hawking zu widersprechen, aber Bekenstein ließ sich nicht beirren. Es war ihm nicht geheuer bei dem Gedanken, daß die Gesetze der Thermodynamik verletzt werden könnten – daß die Entropie abnehmen könnte –, indem man einfach lauwarmen Tee und andere entropische Systeme in ein Schwarzes Loch schüttet. Bis auf Wheeler stimmte fast jeder, der auf dem Gebiet arbeitete, Hawking zu. Ein Schwarzes Loch ist von unserem Universum praktisch abgeschnitten. Wenn man lauwarmen Tee in ein Schwarzes Loch schüttet, ist das so, als ob man ihn aus dieser Welt hinauswirft. Warum sollte man sich dann über eine kleine Verletzung der Gesetze der Thermodynamik aufregen, die ja schließlich sowieso nur statistische Gesetze sind?

Die Auseinandersetzung spitzte sich 1972 zu, als Hawking, James Bardeen und Brandon Carter die Gesetze der Mechanik Schwarzer Löcher formulierten und diese sich als identisch mit den Gesetzen der Thermodynamik erwiesen. Beispielsweise wird der Zweite Hauptsatz – das Gesetz von der Zunahme der Entropie – gewöhnlich mit Worten ausgedrückt wie: »Ein sich selbst überlassenes System neigt zu einem Zustand maximaler Entropie.« Kip Thorne sagt dazu: »Man bestimme in irgendeinem Gebiet des Raumes zu irgendeinem Zeitpunkt (in irgendeinem Bezugssystem) die gesamte Entropie. Dann warte man eine beliebige Zeit und bestimme nochmals die Entropie. Wenn zwischen den Messungen nichts die Grenzen des gegebenen räumlichen Gebiets verlassen hat, kann sich die Gesamtentropie nicht verringert haben, sondern sie wird in den meisten Fällen, zumindest um einen kleinen Betrag, zugenommen haben.«[24] Hawking und seine Mitarbeiter hatten bewiesen, daß für Schwarze Löcher ein identisches Gesetz gilt, der sogenannte Flächensatz. Man erhält den Flächensatz, wenn man in Thornes Definition einfach das Wort »Entropie« durch »Horizontfläche« ersetzt. Aber Hawking, Bardeen und Carter stellten sich die Beziehung weiterhin als rein metaphorisch vor, und deswegen sprachen sie im Titel ihrer Arbeit von der »Mechanik« und nicht von der »Thermodynamik« Schwarzer Löcher. Sie waren noch nicht bereit zu behaupten, daß Schwarze Löcher wirklich Teilchen aussenden könnten.

Im Rückblick ist alles klar, und heute können wir sagen, daß der Widerstand der Theoretiker gegen die Erkenntnis, daß Schwarze Löcher gar nicht so kahl sind, auf einer unangemessenen Einschätzung der Bedeutung beruhte, die der Quantenmechanik in der Physik des Raums zukommt. Der Raum wird in der Relativitätstheorie als ein Kontinuum gesehen, also glatt wie Seide, nicht körnig wie ein Strand. Die Quantenmechanik aber mag kein Kontinuum. Sie sieht alles als diskrete Einheiten, Quanten. Die meisten Relativitätstheoretiker waren der von Wheeler immer wieder geäußerten Überzeugung, daß die endgültige Gravitationstheorie Relativitätstheorie und Quantentheorie vereinigen und eine quantisierte Raumzeit – einen Raumzeitschaum – erzeugen würde. Aber eine vollständige Theorie der Quantenraumzeit war noch nicht geschrieben (es gibt sie immer noch nicht, obwohl das Ziel mit einiger Wahrscheinlichkeit im nächsten Jahrzehnt erreicht werden könnte). In der Praxis arbeiteten also fast alle Theoretiker, die sich mit Schwarzen Löchern beschäftigten, mit einer glatten, unquantisierten Raumzeit.

Eine Ausnahme machte der russische Astrophysiker Yakov Borisovich Zeldovich. Er hatte eines Nachts die Idee, ein rotierendes Schwarzes Loch müsse Strahlung aussenden. Zeldovich dachte gern in Bildern und erarbeitete die Mathematik dazu erst später. Sein Gedanke beruhte auf einer intuitiven Analogie mit einer gewöhnlichen rotierenden Stahlkugel. Nach den Gesetzen der Quantenmechanik sollte eine solche Kugel Energie ausstrahlen, weil sie mit dem Quantenraum in Wechselwirkung steht. Zeldovich berechnete, daß dasselbe für ein Schwarzes Loch gelten müßte. Wenn es rotierte, würde es Energie aussenden; diese Strahlung würde das Schwarze Loch bremsen, bis es sich nicht mehr drehte, und danach würde es nichts mehr emittieren. Er veröffentlichte diese ausgefallene Idee 1971 in einer Arbeit, die die Gutachter im wesentlichen aufgrund des großen Ansehens, das Zeldovich genoß, angenommen hatten. Die Arbeit fand wenig Beachtung; sie war aber eine Zeitbombe, die in den Regalen der Bibliotheken ruhig vor sich hin tickte.

Auch Hawking gehörte nicht zu jenen, die den glatten Raum begünstigten. Obwohl er Zweifel über die Strahlung Schwarzer Löcher hegte, interessierte ihn das Verhalten von Quantenfeldern in der Umgebung Schwarzer Löcher. Er nahm Zeldovichs Vorschlag zur Kenntnis, rechnete ihn aber selbst durch, weil ihm die eher ad hoc erdachte Mathematik nicht gefiel, mit der die Idee begründet wurde. Die Ergebnisse waren nicht, wie er erwartet hatte; Zeldovich, so schloß Hawking, hatte recht – so weit, wie er gegangen war. Rotierende Schwarze Löcher strahlen wirklich, und die Strahlung kann ihre Rotation zum Stillstand bringen. Das ließ sich mit der allgemeinen Auffassung vereinbaren, wonach Schwarze Löcher auf Dauer vom Rest des Universums getrennt sind.

Aber dann sah sich Hawking – zu seinem »Entsetzen«, wie er sich erinnert –, durch seine Berechnungen unvermeidlich zu der Folgerung gezwungen, daß auch nicht-rotierende Schwarze Löcher Teilchen aussenden. Bekenstein hatte also recht. Schwarze Löcher verhalten sich nicht nur so, als ob sie warm wären – sie sind tatsächlich warm. Die von Hawking, Bardeen und Carter hergeleiteten Gesetze für Schwarze Löcher sind nicht nur analog zur Thermodynamik, sie sind Thermodynamik.

Die phänomenologischen Folgerungen waren nicht weniger provozierend. Wenn ein Schwarzes Loch Teilchen aussendet, verliert es Masse. Falls ihm nicht von außen Materie zugeführt wird, nimmt seine Masse weiter ab, bis es schließlich nicht mehr genug Masse hat, um die Raumzeit, in die es verwickelt ist, festzuhalten. Wenn es so weit gekommen ist, explodiert das Schwarze Loch.

Der Gedanke war so bizarr, daß Hawking den Titel der Arbeit, in der er ihn ausführte, mit einem Fragezeichen versah: *Explosionen Schwarzer Löcher?*[25] Aber die Arbeit hat der Kritik standgehalten, und heute haben sich die meisten Theoretiker mit der außerordentlichen Vorstellung abgefunden, daß Schwarze Löcher nicht unsterblich sind, sondern von der Hawking-Strahlung dazu verdammt, mit einem Ausstoß von Röntgenstrahlen zu verdampfen. (Eine Ausnahme ist die Klasse der sogenannten »extremen« Schwarzen Löcher, die, falls es sie gibt, so klein sind wie subatomare Teilchen.)

Die Entdeckung der Hawking-Strahlung nimmt unter Hawkings Arbeiten eine Stellung ein, die sich beispielsweise mit der des Streichquartetts Opus 132 im Werk Beethovens vergleichen läßt. Hawking sieht darin ein Abbild der Eleganz der Natur. »Die Gedanken führen uns so, daß sich alles zusammenfügt«, sagte er Jahre später. »Ein Beispiel dafür ist die Thermodynamik Schwarzer Löcher. Alles paßte so gut zusammen, daß es einfach richtig sein mußte … Die Natur hätte sich nichts so Elegantes ausgedacht, wenn es falsch wäre.«[26]

Hawkings Theorie ist zum Teil deshalb so überzeugend, weil sie Relativitätstheorie, Thermodynamik und Quantenmechanik vereinigt, drei getrennte Gebiete der Physik, die niemals zuvor in einem einzigen Gleichungssystem vereint worden waren. Die Relativitätstheorie führte uns zur Vorstellung der Schwarzen Löcher. Aus der Thermodynamik stammte die Hypothese, daß Schwarze Löcher Energie abstrahlen. Aber erst durch die Hinzunahme der Quantenmechanik gelangte Hawkings Theorie zu ihrem bemerkenswerten Ergebnis, das sie als Archetyp einer zukünftigen vereinheitlichteren Physik in den Brennpunkt des Interesses rückt.

Für die Quantenphysik ist das sogenannte »Unschärfe«- oder »Unbestimmtheits«-Prinzip entscheidend. Es wurde 1927 in Göttingen von dem jungen Physiker Werner Heisenberg entdeckt und besagt, daß subatomare Teilchen in der Raumzeit keinen festen Ort besetzen. Vielmehr kann ihr Ort nur mit einer gewissen Wahrscheinlichkeit angegeben werden. Man erhält gelegentlich den Eindruck, als ob es beim Unschärfeprinzip um die Schwierigkeit geht, die Bahnen und Orte von Teilchen zu messen. Aber es geht nicht darum, daß es schwierig ist herauszufinden, wo beispielsweise ein Elektron genau ist, sondern darum, daß das Elektron keinen genauen Ort hat. Je nachdem wie es gemessen wird, kann ein Elektron so klar umrissen aussehen wie ein Nadelstich oder so vage wie eine Schäfchenwolke.

Man nahm an, daß die Wirkungen der Unschärfebeziehung am Ereignishorizont eines Schwarzen Lochs vernachlässigbar sind, denn dort steckt die Energie weniger in den subatomaren Teilchen als in den Schwankungen der Gravitation, die von der steil gekrümmten lokalen Raumzeit verursacht werden. Hawking aber berechnete, daß auch Quanteneffekte den Untergang des Schwarzen Lochs herbeiführen können. Nach der Relativitätstheorie können Teilchen innerhalb des Ereignishorizonts eines Schwarzen Lochs diesen Horizont nicht überqueren. Nach der Quantenphysik kann jedoch der Ort eines Teilchens nicht genau bestimmt werden. Die Wahrscheinlichkeit ist groß, daß ein Teilchen, das im Inneren ist, im Inneren bleibt, aber es könnte auch einen Quantensprung an einen anderen Ort außerhalb des Horizonts machen. In diesem Fall kann es ins äußere Universum entkommen.

Mit etwas mehr Fachjargon können wir sagen: In der Quanten-physik ist der Raum nicht leer, sondern voller »virtueller« Teilchen – geisterhafter Teilchen, die normalerweise nur einen Augenblick lang leben und fortwährend aus dem Vakuum herauskochen, sich spal-ten, wieder vereinigen und erneut verschwinden. (»Geschaffen und vernichtet, geschaffen und vernichtet – was für eine Zeitverschwen-dung«, pflegte Richard Feynman zu sagen.[27]) Im flachen Raum kön-nen virtuelle Teilchen nicht lange überleben. Sie existieren, indem sie sich vom Vakuum Energie ausleihen, und solche Energie ist gewöhn-lich knapp. Aber in der stark gekrümmten Raumzeit am Ereignisho-rizont eines Schwarzen Lochs herrschen gewaltige »Gezeitenkräfte«. Diese Energie rührt von der Schwerkraft her und ergibt sich aus dem Unterschied in der Gravitationskraft, die zwischen zwei unterschied-lich weit vom Schwarzen Loch entfernten Punkten wirkt. Die Gezei-tenkraft zieht jedes Paar virtueller Teilchen auseinander und pumpt Energie in sie hinein – so viel Energie, daß sie von virtuellen (also kurzlebigen) Teilchen zu »wirklichen« (also dauerhaften) Teilchen werden. Wenn das passiert, kann eines der neuen langlebigen Teil-chen in das Schwarze Loch fallen, während das andere entkommt. Das führt dazu, daß das Schwarze Loch fortwährend Teilchen aus-strahlt und dabei Masse verliert. Letztlich verdampft es, wenn es keine neue Materie erhält.

Große Schwarze Löcher sind kalt – der Horizont eines Schwarzen Lochs, das drei Sonnenmassen wiegt, hat eine Bekenstein-Hawking-Temperatur von nur 200 Millionstel Kelvin –, und je größer das Loch ist, desto kälter ist es. Schwarze Löcher, die aus Sternen entstehen, strahlen nur sehr langsam und leben folglich sehr lange. Ein Schwar-zes Loch mit doppelter Sonnenmasse wird erst explodieren, wenn das Universum 10^{67} Jahre alt ist. Aber kleine Schwarze Löcher, falls es welche gibt, sind heißer und deshalb nicht so langlebig. (Die Le-bensdauer Schwarzer Löcher ist proportional zur dritten Potenz ihrer Masse.) Wenn sich winzige Schwarze Miniaturlöcher, nicht masserei-cher als Hügel oder Berge, gebildet hätten, als unser Universum jung war, würden sie schon explodiert sein. Jede Explosion hätte soviel Energie erzeugt wie eine Million Wasserstoffbomben, die je eine Megatonne Sprengkraft besitzen. Ein Großteil dieser Energie hätte die Form von Gammastrahlen. Als Astronomen, die mit Teleskopen in diesem Bereich arbeiteten, auf diese Möglichkeit aufmerksam wurden, machten sie sich auf die Suche nach urzeitlichen Schwarzen Löchern, die in der Vergangenheit explodiert sind. Sie fanden keine.

»Das ist jammerschade«, sagte Hawking, als diese Suche ergebnislos geblieben war. »Warum?« fragte man ihn. »Weil ich sonst den Nobelpreis bekäme.«[28]

Die Untersuchung der Thermodynamik Schwarzer Löcher geht weiter und weist in eine vielversprechende Richtung. Man erinnere sich, daß der Begriff der Entropie mit dem der Information verknüpft ist. Was wird aus der Information, die in Objekten enthalten ist, die in Schwarze Löcher fallen? Sie könnte für immer verloren sein: Wenn dann das einzige Manuskript eines ersten Romans in ein Schwarzes Loch gerät, ist der Roman einfach weg. Das ist das Ergebnis von Hawkings Formulierung.[29] Aber sie behagt einigen Theoretikern gar nicht. Sie weisen darauf hin, daß Information nach den Gesetzen der Thermodynamik sehr wohl so weit entarten kann, daß sie sehr schwer wieder herzustellen ist, aber sie haben etwas gegen die Behauptung, daß ihre Wiederherstellung unmöglich sein könnte. Ihre Abneigung beruht auf der Überlegung, daß der völlige Informationsverlust ein Gesetz der Quantenmechanik verletzen würde, auf das wir hier nicht eingehen werden, das sich aber in die einprägsame Form bringen läßt: »Reine Zustände können sich nicht zu gemischten Zuständen entwickeln.« Wenn wir, im Jargon gesprochen, »Reinheit bewahren« wollen, muß es eine Möglichkeit geben, die Information wiederzugewinnen, die scheinbar verlorengeht, wenn ein Buch in ein Schwarzes Loch fällt.

Es gibt zwei Vorschläge, wie das zu erreichen sei. Der erste stammt von dem einfallsreichen Holländer Gerard t' Hooft. Danach ist die Information in der Hawking-Strahlung enthalten, die das Schwarze Loch aussendet. Die Entzifferung der Botschaft wäre schwierig, aber vielleicht nicht unmöglich. Der andere Vorschlag ist herrlich verrückt. Er besagt, daß ein Schwarzes Loch bei seiner Explosion nicht völlig verschwindet, sondern einen Rest hinterläßt, eine

Art Asche. Dieser Rest würde aus einem einzelnen Teilchen bestehen, das die Theoretiker nach Ludwig Boltzmann, dem großen Wiener Thermodynamiker des 19. Jahrhunderts, ein »Boltzmon« nennen. Es wäre winzig – etwa so groß wie die Planck-Wheeler-Fläche, die mit 10^{-66} cm² etwa so klein ist, wie es kleiner nicht geht. In ihm wäre die Gesamtsumme aller Information gebündelt, die je von dem Schwarzen Loch verschlungen wurde. Da jedes Boltzmon in seinem winzigen Volumen ganze Bibliotheken enthalten müßte, wäre jedes einzigartig. Während ein Teilchen normalerweise einige wenige Eigenschaften hat (positive oder negative elektrische Ladung, ganzzahliger oder halbzahliger Spin etc.), würde ein Boltzmon unendlich viele haben. Dadurch wäre es höchst instabil. Es könnte auf eine Störung reagieren, indem es ein Loch in die Raumzeit bohrt und darin verschwindet, aus unserem Weltall hinaus.

Schwarze Löcher haben uns nicht nur Einsicht in ihre Thermodynamik erlaubt; wir verdanken ihnen auch nützliche Einsichten in die Möglichkeiten des gekrümmten Raums.

Eine davon, ein Liebling der Science-fiction-Autoren, ist die Vorstellung von »Wurmlöchern«. Zu ihrer Veranschaulichung borgen wir uns zunächst ein vertrautes (wenn auch eher unsympathisches) Bild aus der Populärwissenschaft und stellen uns die kosmische Raumzeit als eine Gummimembran vor. Diese Membran ist nicht eben und weist um massereiche Objekte herum tiefe Gruben auf. Hier und dort finden wir unendlich tiefe Löcher und bodenlose Abgründe, sie stellen Schwarze Löcher dar. Jedes hat einen schmalen Stiel wie eine Vase, die für eine einzelne Rose bestimmt ist. Jetzt verbiege man die Gummimembran so, daß die Enden zweier solcher Stiele sich begegnen. Das Ergebnis ist ein Wurmloch – ein Tunnel, der zwei getrennte Raumpunkte verbindet. Wurmlöcher könnten den Höhepunkt des effizienten Reisens bedeuten: Ein Wurmloch von einem Kilometer Länge könnte zwei Raumbereiche verbinden, die Hunderte von Lichtjahren voneinander entfernt sind. Wenn wir in die Öffnung eines Wurmlochs (sie wäre eine Kugel, das dreidimensionale Äquivalent eines Bullauges) eintauchen könnten, würden wir, falls wir die Reise überleben, am anderen Ende wieder auftauchen und uns an einem fernen Bereich des Universums wiederfinden, nachdem wir in kürzester oder gar keiner Zeit ungeheure Entfernungen zurückgelegt hätten. Wegen ihrer mutmaßlichen Fähigkeit, Reisende in einem Augenblick Millionen Lichtjahre weit zu transportieren, sind Wurmlöcher zu einem Bestandteil von Science-fiction-Romanen geworden, die über ein intergalaktisches Hochgeschwindigkeitstransportsystem spekulieren.

In der Praxis (wenn man davon reden kann) würde ein Wurmloch-Astronaut viele Schwierigkeiten zu bewältigen haben. Erstens weiß niemand, wo die Wurmlöcher sind. Sie sollten in der Kindheit des Universums gebildet worden sein – anscheinend reicht die Energie heute nicht, um die Gummimembran zu verformen – und bis heute überlebt haben. Es könnte wohl sein, daß in unserem Universum keine dieser Bedingungen erfüllt wurde. Zweitens könnte ein Kosmonaut die Reise im Wurmloch möglicherweise nicht überleben. Gezeiteneffekte würden einen solchen Abenteurer in eine enorm lange Fadennudel verwandeln – eine ausgesprochen unangenehme Erfahrung, besonders für die, die schon in der Touristenklasse der heutigen Flugzeuge geflogen sind. Drittens ist nicht gesichert, ob ein Wurmloch, wenn sich denn eines auftäte, so lange offen bleiben würde, wie man zum Hineinspringen braucht. Der raumzeitliche Quantenfluß könnte es augenblicklich wieder zuknallen lassen.

Trotzdem, wenn Schwarze Löcher die Naturwissenschaften irgend etwas gelehrt haben, dann sicher, daß man einen vielversprechenden Gedanken nicht allein deshalb ablehnen sollte, weil er zu bizarren Schlußfolgerungen führt. Halten wir uns also zurück, wenn wir den Wunsch verspüren, die Spekulationen über Wurmlöcher sofort beiseite zu schieben, obwohl sie zu so seltsamen Schlüssen führen, daß Schwarze Löcher im Vergleich damit vertraut erscheinen wie alte Schuhe.

Wie seltsam? Man erinnere sich an die Thornesche Vermutung.

Mitte der achtziger Jahre behauptete Kip Thorne, es könne möglich sein, Wurmlöcher auf eine solche Weise zu öffnen, daß sie für Reisende geeignet sind. Thornes Rezept war, das Wurmloch mit »exotischer« Materie zu durchsetzen. Diese theoretische Form der

Materie hätte im Bezugssystem des Wurmlochs eine negative Energiedichte, die wie eine Antischwerkraft wirken und das Wurmloch offen halten würde. Exotische Materie findet sich normalerweise nicht in der Natur, aber die Forschungen von Hawking legen nahe, daß es sie im Quantenmaßstab in der Nähe der Ereignishorizonte Schwarzer Löcher gibt. Thorne meinte nun, eine fortgeschrittene Zivilisation könne vielleicht exotische Materie sammeln oder herstellen und sie dazu einsetzen, Wurmlöcher Reisenden zugänglich zu machen. Möglicherweise, sagte Thorne, könne eine solche Zivilisation aus Abfällen auch selbst Wurmlöcher bauen, wenn sich keine finden, die vom Urknall übrig geblieben sind.

Die Thornesche Vermutung eröffnete die Möglichkeit, daß Wurmlöcher als Zeitmaschinen dienen könnten, die Reisende nicht nur durch den Raum, sondern auch durch die Zeit in die Vergangenheit bringen könnten.[30] Diese Aussicht wurde von den Medien mit so viel Aufmerksamkeit bedacht, daß Thorne den Ausdruck »Zeitreise« in seinen Arbeiten durch das nach Fachjargon klingende Synonym »geschlossene zeitartige Schleifen« ersetzte, das wenige Journalisten verstanden und über das deshalb auch nur wenig berichtet wurde. Die Reise in die Vergangenheit des eigenen Universums verletzt die Kausalität und führt zu ernsthaften Widersprüchen. Wenn man im eigenen Wohnzimmer in ein Wurmloch steigt und eine Minute vor der Abreise wieder ankommt, hätte man nicht nur eine Kopie von sich selbst geschaffen, sondern man könnte sich auch davon abhalten, in das Wurmloch zu steigen. In dem Fall würde diejenige Version von einem selbst, die einen am Hineinsteigen hindert, gar nicht eingreifen können – und würde es dennoch tun! Solche paradoxen Überlegungen untergraben sowohl die Grundlagen der Naturwissenschaft als auch den gesunden Menschenverstand, und viele Physiker halten Zeitreisen für schlichtweg unmöglich. Zu ihnen gehört auch Hawking, der aus fachspezifischen Gründen behauptet hat, daß jeder Versuch einer Zeitmaschine durch Fluktuationen im Quantenvakuum gestört würde. Hawking führt auch ein ansprechendes, nicht-fachspezifisches Argument an, indem er bemerkt, daß Zeitreisen, sollten sie je Wirklichkeit werden, bei Neugierigen und Börsenspekulanten beliebt sein würden. Ihre Nichtexistenz wird, so bemerkt er, dadurch bewiesen, daß wir »noch nicht von Touristenhorden aus der Zukunft überrannt« wurden.[31]

Es gibt jedoch zwei Bereiche, in denen wir uns Zeitreisen vorstellen können, ohne daß die Kausalität verletzt würde. Beide betreffen Orte, die von unserem Universum getrennt sind.

Eine Vorstellung besteht darin, daß Wurmlöcher nicht einen Bereich unseres Universums mit einem anderen verbinden, sondern einen Ort in unserem Universum mit einem Ort in einem anderen Universum. Wir werden diese Möglichkeit weiter unten betrachten, wenn wir die Theorie erwägen, daß unser Universum eines von vielen ist.

Die andere Vorstellung geht davon aus, daß Zeitreisen tatsächlich möglich sind, aber nur im Inneren von Schwarzen Löchern. Anfang der neunziger Jahre behaupteten mehrere Relativitätstheoretiker, unter ihnen J. Richard Gott III von der Universität Princeton und Alan Guth vom MIT, die Raumzeitgeometrie im Inneren Schwarzer Löcher könne einen gefangenen Kosmonauten in seine eigene Vergangenheit zurückwirbeln. Bei einer Kosmologenkonferenz im kalifornischen Irvine beschrieb Gott 1992 ein solches Szenario. »Man stelle sich vor, man fällt in ein Schwarzes Loch«, sagte er. »In der Hoffnung, so lange wie möglich zu leben, steuert man auf eine geschlossene zeitartige Schleife zu. Dort sieht man, sagen wir mal, elf Bilder von sich selbst. Das erste sagt: ›Ich bin schon einmal rum.‹ Das zweite sagt: ›Ich bin schon zweimal rum‹ und so weiter. Man selbst wirbelt durch die erste Schleife und sieht sich in der Vergangenheit aus dem Horizont des Schwarzen Lochs hineinfallen. Wenn man sich selbst helfen will, ruft man sich zu: Ich bin schon einmal rum. Noch eine Schleife, und man ist der zweite und ruft: ›Ich bin schon zweimal rum.‹«[32]

All diesen Entwicklungen liegt eine revolutionäre Veränderung der Raumvorstellung in der Naturwissenschaft zugrunde. Die neue Sichtweise läßt sich mit dem Bau eines Torbogens vergleichen, wobei die Relativitätstheoretiker einer vereinheitlichten Theorie das Vorhaben von der Seite der klassischen Physik her im großen Maßstab angehen, während die Teilchenphysiker vom kleinräumigen Bereich der Quantenphysik ausgehen. Wie wir sahen, gilt die Nahtlosigkeit des Raums in der Darstellung der Relativitätstheorie offensichtlich nur im Makroskopischen. Wenn wir den Raum sehr genau betrachten, finden wir, so die Theorie, daß er sich in die unstetige Quantenstruktur auflöst, die wir Raumzeit-Schaum nennen. Kurz nach dem Urknall, während der »Planckzeit« – einem kurzen, aber wichtigen Augenblick zwischen der Zeit Null und nur 10^{-43} Sekunden –, sollte der Raumzeit-Schaum alle Ereignisse beherrscht haben. Während der Planckzeit war jedes Teilchen so energiereich (und deshalb so massereich, denn Energie ist Masse), daß sein Schwerefeld – die Krümmung der Raumzeit um jedes Teilchen – stark genug war, um die Wechselwirkungen der Teilchen so stark zu beeinflussen wie die normalerweise viel stärkeren elektromagnetischen und nuklearen Kräfte. Die vollständige Erforschung der Planckzeit wird jedoch erst auf der Grundlage einer ausformulierten Quantentheorie der Gravitation möglich sein.

Inzwischen wurden von den Relativitätstheoretikern, die die sogenannten extremen Schwarzen Löcher untersuchen, von ihrer Seite des Bogens aus Beiträge zu einer vereinheitlichten supersymmetrischen oder Superstringtheorie der Teilchen erbracht. Wie wir später in diesem Buch sehen werden, sehen Superstringtheorien subatomare Teilchen als Komposita aus hyperdimensionalem Raum. In diesem Szenario begann das Universum in einem mehrdimensionalen Zustand – wahrscheinlich waren es zehn Dimensionen –, und die Teilchen wurden aus dem gekrümmten Raum geschaffen, als die zusätzlichen Dimensionen kollabierten, nahe dem Beginn der Zeit. Faszinierenderweise hat ein subatomares Teilchen in der Superstringtheorie Ähnlichkeit mit einem Schwarzen Loch: Beide bestehen aus unendlich gekrümmtem Raum. Ist es möglich, daß Teilchen in gewissem Sinn Schwarze Löcher *sind*? Hier kommen also extreme Schwarze Löcher ins Spiel.

Extreme Schwarze Löcher sind definiert als Schwarze Löcher, deren elektrische Ladung genau gleich ihrer Masse ist. (»Normale« Schwarze Löcher haben mehr Masse als Ladung. Schwarze Löcher, die weniger Masse hätten als Ladung, würden nackte Singularitäten darstellen und damit gegen die kosmische Zensur verstoßen, deshalb hält man sie für nicht existent.) Extreme Schwarze Löcher sind von der Größe winziger subatomarer Teilchen, von ihnen geht keine Hawking-Strahlung aus, deshalb sind sie stabil und verdampfen nicht. Und sie haben »Haare«. Sie können sogar mit einer ganzen Reihe von Eigenschaften aufwarten, genau wie man es von Superstrings erwartet. (Die russische Physikerin Renata Kallosh, jetzt an der Universität Stanford, sagt gern, extreme Schwarze Löcher hätten »Superhaar«.) Dieser Reichtum an Information macht es möglich, eine superstringartige Theorie subatomarer Teilchen aus der Betrachtung extremer Schwarzer Löcher heraus aufzubauen. Während diese Arbeit weitergeht – wobei die Teilchenphysiker ihre Allgemeine Relativitätstheorie aufpolieren und die Relativisten sich auf Superstringtheorien einlassen –, sieht es so aus, als ob die beiden Richtungen gemeinsam einen Bogen schlagen könnten, dessen Schlußstein die langersehnte vereinheitlichte Theorie ist, die alle grundlegenden Wechselwirkungen durch ein einziges Gleichungssystem erklärt. Das Wesentliche an dieser Theorie, an der Einstein seine Freude gehabt hätte, ist, daß alles aus gekrümmtem Raum besteht.

KAPITEL 4

Ein Knall aus der Vergangenheit

Materie ist Energie.

Albert Einstein, *Spezielle Relativitätstheorie*

Energie ist ewiges Entzücken

William Blake[1]

Alle Wege führen in der Zeit zurück zum Urknall, in dem die chemische Evolution des Kosmos begann. Jeder Fetzen Materie und Energie weist seine Spuren auf, wir müssen nur lernen, sie zu lesen. Die Kosmologen durchforsten diese Welt nach Hinweisen auf Ereignisse, die sich, wenn auch nicht in großer Entfernung, so doch vor langer Zeit abgespielt haben.

Wir beginnen mit zwei Tatsachen, die die Naturwissenschaften schwer erkämpfen mußten und die jetzt beide zu dem Allgemeinwissen gehören, das in der Schule gelehrt wird.

Die erste ist die Tatsache, daß Materie gefrorene Energie ist. Das ist die Aussage von $E = mc^2$, der wohl berühmtesten Gleichung der Welt. Die Energie eines Körpers ist gleich seiner Masse multipliziert mit dem Quadrat der Lichtgeschwindigkeit. Die Lichtgeschwindigkeit ist eine große Zahl, rund 300 000 Kilometer pro Sekunde, deshalb sagt uns diese harmlos aussehende Gleichung, daß in einer kleinen Masse sehr viel Energie steckt. Sie erklärt, zu unserer Beruhigung, warum ein Stern wie die Sonne viele Milliarden Jahre lang brennen kann und, zu unserer Beunruhigung, warum eine Bombe, die nicht größer ist als eine Apfelsine, eine Stadt zerstören kann.

Zweitens ist es eine Tatsache, daß Materie aus Atomen besteht. Die Masse eines Atoms steckt in seinem Kern, der aus Protonen und

Neutronen besteht. (Eine Ausnahme macht nur das Wasserstoff-atom, dessen Kern ein einzelnes Proton ist.) Die Gesamtzahl von Protonen und Neutronen im Kern bestimmt das »Atomgewicht« eines Atoms. Protonen sind elektrisch positiv geladen; Neutronen sind elektrisch neutral. Das von Protonen erzeugte positive elektrische Feld zieht Elektronen an, die eine negative elektrische Ladung tragen. Die Elektronen nehmen ihren Platz in einer von vielen Schalen ein, die die Kerne umgeben. Jede Schale kann nur eine bestimmte Anzahl von Elektronen aufnehmen; Elektronen besetzen eine Schale etwa so, wie Eier in einem Eierkarton einen Platz haben. Die innerste Schale kann zwei Elektronen aufnehmen, die nächste höchstens acht und die dritte 18.

Die Struktur der Welt im Großen ist zu einem wesentlichen Teil von dieser Bauweise des ganz Kleinen bestimmt. Die Periodentafel der Elemente, die in Chemiesälen an der Wand hängt, beruht, wie auch die Chemie insgesamt, auf dem atomaren Bau der Materie. Die Elemente sind in der Tabelle nach ihrem Atomgewicht angeordnet. Wie leicht sich Atome zu Molekülen verbinden, hängt von der Anzahl und dem Zustand der Elektronen in der äußersten Schale ab. Diese Elektronen bestimmen die »Periodizitäten«, nach denen die Periodentafel benannt ist. Atome, die in ihren äußersten Schalen eine Leerstelle haben, können sich leicht mit anderen Atomen verbinden. Ein solches Atom ist der einfache Wasserstoff, der nur ein Elektron hat, obwohl die Elektronenschale Platz hat für zwei. Wasserstoff ist folglich chemisch flüchtig, verbindet sich also leicht, beispielsweise mit Sauerstoff, und dabei entsteht, was die Chemiker »rasche Oxidation« nennen und wir anderen Feuer. Gewöhnliches Helium andererseits hat im Kern zwei Protonen, und deshalb ist seine Elektronenschale normalerweise mit zwei Elektronen besetzt, was die Heliumatome chemisch träge macht. Die Explosion der *Hindenburg* – sie ging 1937 bei der Landung in Amerika in Flammen auf, was dazu führte, daß lenkbare, mit Wasserstoff gefüllte Luftschiffe weltweit durch solche mit Helium ersetzt wurden – ist im Grunde die Geschichte des Unterschieds von nur einem Elektron zwischen der Wertigkeit von Wasserstoff- und Heliumatomen.

Die Sache wird komplizierter durch die chemischen »Isotope«. Ein Isotop (nach dem griechischen Wort für »gleicher Ort«) eines Elements ist ein Atom mit derselben Atomzahl, aber unterschiedlichen Neutronenzahlen. Wenn zu dem einen Proton im Kern eines Wasserstoffatoms ein Neutron hinzukommt, ergibt sich Deuterium, kommt ein zweites Neutron hinzu, entsteht Tritium. Die zusätzlichen Neutronen erhöhen das Atomgewicht, ohne die elektrische Ladung zu verändern. Isotope werden durch ihr Gewicht bezeichnet, das (willkürlich) relativ zu dem des Kohlenstoff-12-Atoms gemessen wird. Deshalb wiegt ein Helium-3-Atom ein Viertel eines Kohlenstoff-12-Atoms, und Helium-4 wiegt ein Drittel von Kohlenstoff-12. Einige Isotope, beispielsweise Deuterium, sind stabil und können, sich selbst überlassen, beliebig lange leben. Andere, wie Tritium, sind instabil – also »radioaktiv«. Sie zerfallen, geben dabei Teilchen ab und verlieren dadurch Masse. Der Moment, in dem ein bestimmtes Atom zerfällt, wird von der Quantenunsicherheit bestimmt und kann deshalb nicht vorhergesagt werden, aber wie immer in der Quantenphysik mitteln sich die Unschärfen in dem Aggregat gewöhnlich weg. Deshalb ist das Verhalten einer Ansammlung vieler Atome – die, sagen wir, ein Zehntel Gramm Tritium ausmacht – in hohem Maße vorhersagbar. Die Halbwertzeit von Tritium, also die Zeit, in der die Hälfte aller Atome einer beliebigen Tritiumstichprobe zerfallen, beträgt 12,3 Jahre.

Bei diesen Ausführungen kommt es mir darauf an, daß diese wichtigen Tatsachen – daß Materie gefrorene Energie ist und die Form von Atomen hat – erst dann verständlich sind, wenn wir die kosmische Evolution berücksichtigen. Alle Dinge sind Produkte der kosmischen Geschichte. Das bedeutet trivialerweise, daß Wissenschaftler die Welt aus ihrer Geschichte heraus erklären und zeigen können, daß die Dinge so sind, wie sie sind, weil sie so waren, wie sie waren. Wichtiger noch: Es bedeutet, daß die Dinge danach befragt werden können, wie sich das Universum entwickelte. Das gilt nicht nur für große astronomische Objekte wie Planeten und Sterne, sondern auch für die kleinen unscheinbaren Dinge unserer Umwelt. Wir sehen wirklich, wie William Blake sagte, eine Welt in einem Körnchen Sand.[2] Das gilt wortwörtlich: Sand ist im wesentlichen Silizium, und die Untersuchung von Silizium beschäftigt auch heute jene Astrophysiker, die sich für solche Themen wie den Ursprung des Sonnensystems und die Rolle des Silizium-Brennens in Sternen interessieren.

Unser Thema in diesem Kapitel ist der Ursprung der Atome, und unsere Geschichte hat zwei Teile. Der erste Teil handelt davon, wie das Universum im Alter von einer Sekunde bis etwa zwei Minuten beschaffen war. In dieser kurzen Zeit entstand fast alles Helium und das gesamte Deuterium, das es in der Welt gibt. Der zweite Teil betrifft die Bildung der schwereren Elemente, die im Sterninneren abläuft und bis heute anhält.

Warum ist Materie gefrorene Energie? Weil das Universum in einem hochenergetischen Zustand begann und sich seitdem immer weiter abgekühlt hat; heiße Energie gefror zu kalter Materie. Warum hat es sich abgekühlt? Weil es sich ausdehnt: Wenn sich dieselbe Energiemenge auf ein immer größeres Raumvolumen verteilt, ist das Energieniveau insgesamt niedriger. Materie ist »gefrorene« Energie.

Warum besteht Materie aus Atomen? Für die leichteren Elemente Deuterium, Helium und Lithium lautet die Antwort, daß das Energieniveau der Umgebung in den ersten Minuten der kosmischen Ausdehnung unter das der starken Kernkraft fiel, so daß sich Protonen und Neutronen zu Atomkernen verbinden konnten. Die schwereren Elemente jedoch wurden im Inneren von Sternen gebaut, wo leichtere Kerne zu schwereren verschmelzen. (Kernfusion setzt Energie frei. Deshalb leuchten die Sterne.) Einige der schwereren Kerne wurden in den Raum hinein geschleudert, als ihre Wirtssterne explodierten. Andere starben friedlicher, erschöpft, als ihre Sterne instabil wurden und ihre Atmosphäre abstießen, oder sie wurden schon vorher als Staub und Sonnenwind in den Raum geweht.

Durch Erhitzen von Materie gelangt man zu Bedingungen zurück, wie sie früher in der kosmischen Geschichte herrschten. Wenn man Sand in einem Ofen auf 3000 Kelvin erhitzt, werden die Elektronen aus den Atomschalen herausgerissen. Die sich dabei ergebende Wolke nackter Kerne und freier Elektronen heißt Plasma, der vierte

Zustand der Materie (neben fest, flüssig und gasförmig). Sterne sind Plasma wie auch die Jetströme, die von den Kernen mancher, besonders aktiver Galaxien ausgehen. Das ganze Universum war im Plasmazustand, bis es einige hunderttausend Jahre alt war und sich so weit abgekühlt hatte, daß Elektronen in ihren Schalen bleiben und vollständige Atome bilden konnten. (Dabei wurde das Plasma lichtdurchlässig; denn die Photonen wurden dadurch aus der kosmischen Mikrowellenhintergrundstrahlung befreit.) Wenn man den Ofen noch weiter erhitzt, überwindet man schließlich die Kernbindungsenergie, und die Protonen und Neutronen im Atomkern können nicht zusammenbleiben: Damit ist die klassische Atomstruktur zerstört. In diesem Zustand war das Universum, als es erst wenige Minuten alt war. Gelegentlich werden vergleichbare Energieniveaus in gigantischen Teilchenbeschleunigern erreicht, die man deshalb auch als Zeitmaschinen sehen kann.

Teilchenbeschleuniger können Protonen und Neutronen sogar in einzelne Quarks aufspalten, die in ihnen stecken. Das geschieht bei einer Temperatur von hunderttausend Milliarden Kelvin – zehn Giga-Elektronenvolt, abgekürzt GeV. Ein Proton besteht aus zwei up-Quarks und einem down-Quark. Wir werden später mehr über Quarks sagen, die uns als Manifestationen einer Symmetrie viel Information über die Rolle der Symmetriebrechung im frühen Universum vermitteln. Jetzt ist es wichtig zu verstehen, daß Materie umgewandelt werden kann. Ihr jetziger, relativ unveränderlicher Zustand folgt daraus, daß sie ihn erst spät in der kosmischen Geschichte annimmt. Und wir müssen begreifen, daß Materie vor allem Raum ist. Ein typisches Atom (ich denke hier an Natrium) hat einen Durchmesser von einem zehnmillionstel Zentimeter. Sein Kern ist noch einhunderttausendmal kleiner. Wenn der Kern so groß wäre wie ein Golfball, wären die äußersten Elektronen drei Kilometer entfernt. Atome sind wie Galaxien Kathedralen des leeren Raums. Eine Tischplatte fühlt sich fest an, weil die elektromagnetischen Felder, die die Atome in dem Tisch erzeugen, ähnliche Felder in unserer Faust abstoßen. Materie *ist* Energie. Werner Heisenberg fragte 1963: Woraus besteht das Proton? Kann man das Elektron teilen oder ist es unteil-

129

bar? Ist das Lichtquant einfach oder zusammengesetzt und so weiter. Aber alle diese Fragen sind, so Heisenberg, falsch gestellt, weil die Worte »teilen« oder »bestehen aus« weitgehend ihren Sinn verloren haben. Es wäre unsere Aufgabe, unsere Sprache und unser Denken – das heißt: auch unsere naturwissenschaftliche Philosophie – dieser von den Experimenten geschaffenen neuen Lage anzupassen. Doch das ist leider sehr schwer. So schleichen sich in die Teilchenphysik immer wieder falsche Fragen und falsche Vorstellungen ein und führen zu Fehlentwicklungen.[3]

Wenn wir weiter erörtern, wie Atome im Urknall und im Sterninneren entstanden sind, sollten wir uns also bewußt sein, welche Grenzen der Sprache auferlegt sind und wie sehr sie Ausdruck vorgefaßter Meinungen ist. Das Universum ist nicht nur deshalb verwirrend, weil es groß ist, sondern weil es unsere Überzeugungen in Frage stellt. Wenn wir Sterne in einen Eimer tun könnten, würde der Eimer größer, und schließlich explodiert er.

Wir beginnen mit etwas menschlicher Geschichte – einem dünnen Segment, herausgeschnitten aus dem langen Epos dessen, wie es dazu kam, daß Menschen im 20. Jahrhundert endlich zu verstehen begannen, wie Sterne leuchten und woher Atome kommen. Es ist eine komplizierte Geschichte, und sie veranschaulicht, daß auch verschrobene Gedanken und dem Untergang geweihte Theorien Stück für Stück zu wirklichem Wissensfortschritt führen können.

Edwin Hubbles Entdeckung der Ausdehnung des Universums veranlaßte Theoretiker zu der Überlegung, daß die Dichte der kosmischen Materie im Lauf der Zeit abgenommen haben muß und alles im Universum vor langer Zeit einmal so heiß und dicht war wie die Mitte eines Sterns – womöglich sogar noch heißer und dichter. Der belgische Astronom Georges Lemaître nannte diesen Urzustand das »atom primitif« und fragte sich, ob die Ausdehnung des Universums durch einen Prozeß ausgelöst worden sein könnte, der Ähnlichkeit hat mit dem radioaktiven Zerfall eines instabilen Atomkerns. Als er Anfang der zwanziger Jahre in der Bibliothek des Mt.-Wilson-Observatoriums in Pasadena einen Vortrag hielt – unter den Zuhörern war auch Albert Einstein –, erklärte er: »Am Anfang von allem gab es ein Feuerwerk von unvorstellbarer Schönheit. Dann kam die Explosion, und der Himmel füllte sich mit Rauch. Wir sind zu spät gekommen und können uns den verschwundenen Glanz des Geburtstags der Schöpfung nur noch ausmalen.«[4] Lemaîtres Darstellung der Genesis war rhetorisch mächtig und ging wenig auf die Einzelheiten ein – und wo er ins Detail ging, irrte er sich –, aber Einstein, der begriff, daß der Stil so wichtig sein kann wie die Substanz, erhob sich am Ende des Vortrags und sprach von »der schönsten und befriedigendsten Deutung«, die er je gehört habe.[5] Weder der Physiker Lemaître noch die Physik an sich hätte damals schon den Urknall analysieren können. Aber indem Lemaître das frühe Universum mit den Augen der Kernphysiker sah, gab er die Anregung zu einer fruchtbaren Zusammenarbeit zwischen Kosmologen, die sich für die Entwicklung des Weltalls interessierten, und Hochenergiephysikern, die in der Lage waren, thermonukleare Ereignisse im frühen Universum zu berechnen.

Ende der vierziger Jahre – die Kernphysik hatte es damals schon weit gebracht, was zum Teil der Entwicklung der Kernwaffen im Rahmen des Manhattanprojekts zu verdanken war – erregte die Physik des frühen Universums die Aufmerksamkeit des vielseitigen Theoretikers George Gamow. Gamow, 1904 in Odessa geboren, arbeitete in Cambridge mit Ernest Rutherford zusammen und legte dort die theoretischen Grundlagen für die künstliche Elementumwandlung. (Sie gelang 1932, womit endlich der Traum der Alchemisten Wirklichkeit wurde.) Gamow verließ 1933 die Sowjetunion und emigrierte in die USA, wo er seine amerikanischen Kollegen als possenreißender Naturwissenschaftler beeindruckte. Er kümmerte sich gelegentlich nicht allzusehr darum, wohin das Dezimalkomma gehörte, aber er hatte einen so gesunden Instinkt für die Zusammenhänge, daß Mathematiker bei ihren Bemühungen, in Ordnung zu bringen, was er gesagt hatte, oft bemerkten, was für ein »Glück« er hatte, daß sich seine Rechenfehler gegenseitig aufhoben. (Er nahm sich selbst auf den Arm und veröffentlichte einmal eine Arbeit, die absichtlich einen großen Fehler enthielt, und etwas später ein schon vorher verfaßtes Erratum, indem er sagte, eine seiner Gleichungen sei um einen Faktor 10^{24} – eine Million Milliarden Milliarden – falsch, was sich aber, wie er seinen Lesern versicherte, »nicht auf das Ergebnis auswirkt«.[6]) Gamow hatte eine außerordentliche Fähigkeit, das Wesentliche eines Problems zu erfassen. Er erkannte 1948, daß ein sich ausdehnendes Universum, das mit einem Urknall begann, eine Entwicklung nimmt, von der die Atome zeugen könnten. Er schrieb dazu in einer im selben Jahr in der Zeitschrift *Nature* veröffentlichten Arbeit:

> Die Entdeckung der Rotverschiebung in den Spektren ferner Galaxien offenbarte die wichtige Tatsache, daß unser Universum im Zustand gleichförmiger Ausdehnung ist, und warf eine interessante Frage auf, ob nämlich die jetzigen Eigenschaften des Universums sich als ein Ergebnis ihrer Evolution verstehen lassen … Wir schließen vor allem, daß die relativen Häufigkeiten unterschiedlicher Atomarten (die sich im wesentlichen im ganzen beobachteten Bereich des Universums als dieselben erwiesen) die ältesten archäologischen Dokumente für die Geschichte des Universums darstellen.[7]

Gamows Arbeiten zum frühen Universum enthielten einen großen richtigen Gedanken und einen genauso großen falschen. Sein richtiger Gedanke war, daß Elemente in den Feuern des Urknalls geschmiedet wurden, und der falsche, daß *alle* Elemente dort entstanden. »Diese Häufigkeiten«, schrieb er in bezug auf die Mengen der verschiedenen chemischen Elemente, die heute im Weltall gefunden werden (z. B. viel Wasserstoff, wenig Gold), »müssen sich schon in den ersten Stadien der Ausdehnung eingestellt haben, als die Temperatur der Urmaterie noch so hoch war, daß Kerntransformationen den gesamten Bereich der chemischen Elemente durchlaufen konnten«.[8] Das war ein sehr eleganter Gedanke, aber er war falsch. Zwar könnten sich Deuterium, Helium, etwas Lithium und Spuren von Beryll und Bor beim Urknall gebildet haben, nicht aber die schwereren Elemente. Das liegt daran, daß es keine stabilen Atomkerne mit den Atomgewichten 5 und 8 gibt. Deuterium und Helium könnten zwar im frühen Universum durch den »Einfang« von Neutronen entstanden sein (als sich Neutronen an Protonen anhefteten), aber wenn der Prozeß beim Atomgewicht 5 angekommen ist und auch wenn er bei 8 ist, zerfällt der Kern sofort, ist also keine Grundlage für den Bau schwererer Kerne. Gamows Hoffnungen, die Lücken füllen zu können, schwanden, als 1950 der italienische Physiker Enrico Fermi alle denkbaren Reaktionsmechanismen überprüfte und schloß, daß im Urknall fast nichts entstanden sein könne, das schwerer ist als Lithium.

Obwohl es Gamow nicht gelang, sein ursprüngliches Ziel zu erreichen, war seine Arbeit seiner Zeit weit voraus und führte zu einer der folgenreichsten Vorhersagen der gesamten Kosmologie: Er behauptete, das Universum müsse von all den Photonen erfüllt sein, die das ausmachen, was wir heute die kosmische Mikrowellenhintergrundstrahlung nennen. Seine Kollegen Ralph Alpher und Robert Herman berechneten diesen Photonenfluß 1948 und schlossen, daß »die Temperatur im Universum heute etwa fünf Kelvin betragen sollte.«[9] Das liegt bemerkenswert nah am aktuellen Wert von 2,726 K, der von COBE gemessen wurde, dem Satelliten, der den kosmischen Hintergrund erkundet.[10] Und wie wir sahen, stellen die Existenz, das Spektrum und die Struktur des Mikrowellenhintergrunds bemerkenswerte Beweise für die Urknalltheorie dar.

Während Gamow und seine Kollegen sich mit der Physik des Urknalls beschäftigten, suchten andere Forscher nach Möglichkeiten, ohne Urknalltheorie auszukommen. Ihre Beweggründe waren in erster Linie wissenschaftlicher Natur, denn die Urknalltheorie litt um 1950 unter schwerwiegenden Mängeln, zu denen vor allem die unangenehme Tatsache gehörte, daß die Hubble-Konstante damals ein Alter für das Universum ergab, das niedriger war als das Alter, das die Geophysiker für die Erde berechnet hatten. Auch ästhetische Gründe sprachen gegen den Urknall: Durch seine Verknüpfung mit thermonuklearen Bomben erschien er zerstörerisch und unzugänglich, und wie aus ihm die Welt entstanden sein sollte, würde, so schien es, immer ein Geheimnis, wenn nicht gar ein Mystizismus bleiben. Von 1946 an beschäftigten sich der englische Physiker Fred

Hoyle und seine beiden aus Österreich stammenden Kollegen Thomas Gold und Hermann Bondi mit diesen spürbaren Mängeln der Urknalltheorie. Gold hatte Bondi kennengelernt, als dieser, obwohl als »feindlicher Ausländer« eingestuft, im Krieg bei der britischen Marine arbeitete. Die drei Physiker dachten sich eine Alternative zur Urknalltheorie aus, die sie »Steady-State-Theorie« oder »C-Feld-Theorie« nannten. Die Steady-State-Theorie behauptete, daß Materie aus dem Vakuum des Raums ins Sein sickert. Ein Universum in diesem Zustand kann sich ausdehnen und doch unendlich alt sein, weil die neugeborene Materie die Materiedichte ersetzt, die durch die kosmische Ausdehnung verlorengeht. Der Kritik, eine Erschaffung der Materie im C-Feld sei doch recht geheimnisvoll, begegneten die Vertreter der Steady-State-Theorie mit der Bemerkung, sie sei nicht geheimnisvoller als der behauptete Ursprung aller Materie am Anfang der Zeit im Urknallmodell.

Alle drei Urheber der ursprünglichen Steady-State-Theorie machten Karriere. Am bekanntesten ist sicher Hoyle. Seine wunderbare Begabung, Wissenschaft allgemeinverständlich darzustellen, machte ihn zu einem begehrten Gast bei Radio und Fernsehen; er verbindet ein bewundernswertes Verständnis der Mathematik und der theoretischen Physik mit einem ungewöhnlich breiten Spektrum wissenschaftlicher Interessen und mit der Bereitschaft, sich für unpopuläre Gedanken einzusetzen.[11] (In den letzten Jahren behauptete er, die Viren, die Grippe-Epidemien hervorrufen, kämen aus dem Weltraum; die meisten Epidemiologen lehnen diesen Gedanken ab.) Wie er sich in seiner 1994 veröffentlichten Autobiographie erinnert, ärgerte ihn an der Urknalltheorie vor allem, daß sie die von Einstein in der Allgemeinen Relativitätstheorie aufgestellte Annahme der Allgemeingültigkeit der Naturgesetze verletzt. Diese Annahme wird in der Steady-State-Theorie beibehalten, nicht aber in der Urknalltheorie, die vermutet, daß die Raumkrümmung am Anfang der Zeit unendlich war und die Allgemeine Relativitätstheorie dann nicht galt. Auch viele andere Naturgesetze könnten möglicherweise nicht schon in der ersten Mikrosekunde gegolten haben. Vielleicht wurden die Gesetze vom Zufall diktiert und in zufälligen »symmetriebrechenden« Ereignissen festgelegt, die sich während der ersten Augenblicke der kosmischen Expansion abspielten. Sir Fred spricht von dieser Möglichkeit mit Abscheu als »dem grausamen Brechen der Naturgesetze, das die Urknallkosmologie fordert«.[12]

Aber Hoyle ist keineswegs nur ein lästiger Störenfried. Seine wichtigen Beiträge zur Kosmologie lassen sich am besten daran veranschaulichen, wie seine Forschungen auf dem Gebiet der Steady-State-Theorie halfen, den Ursprung der schwereren Elemente in Sternen zu erklären.

Da Hoyle die Urknalltheorie ablehnte, mußte er anderswo nach Heizquellen suchen, in denen Atome gebacken worden sein könnten. Offensichtliche Kandidaten waren die Sterne. Eine Reihe von Kernphysikern hatte zusammengetragen, wie die Kernfusion – die Kombination leichterer Kerne zu schwereren – die Energie erzeugt, die die Sterne antreibt. Dazu gehörten Robert Atkinson, Carl Friedrich von Weizsäcker, Hans Bethe – und Gamow, der in einem wichtigen Schritt gezeigt hatte, daß Protonen wegen des Unschärfeprinzips Quantensprünge über die Kraftfelder hinweg machen können, die durch gegenseitige elektrische Abstoßung entstehen und deshalb mit höherer Geschwindigkeit verschmelzen, als es die klassische Physik vorhersagt.

In Sternen, so stellt sich heraus, laufen eine Reihe von Kernreaktionen ab. Eine wichtige Reaktion in der Sonne und ähnlichen Sternen ist der »Proton-Proton-Prozeß«: Zwei Protonen verschmelzen, bilden einen Deuteriumkern (ein Proton plus ein Neutron) und setzen ein Positron und ein Neutrino frei. Das Neutrino entkommt in den Raum; das Positron trifft gewöhnlich auf ein Elektron und vernichtet es, wobei ein Gammastrahl freigesetzt wird. Dann verschmilzt Deuterium mit Wasserstoff, bildet das Heliumisotop Helium-3 und setzt noch mehr Gammastrahlung frei. Die Verschmelzung von zwei Helium-3-Kernen führt zu einem Helium-4-Kern und zwei Protonen. Das Endergebnis, zwei Wasserstoffkerne und ein Helium-4-Kern, wiegt sieben Zehntel von einem Prozent weniger als der ursprüngliche Kern. Dieser Bruchteil der Masse wurde in Energie umgewandelt. Die Sonne, die vermutlich 98 Prozent ihrer Energie durch die Proton-Proton-Reaktion erzeugt, verwandelt auf diese Weise in jeder Sekunde 600 Millionen Tonnen Wasserstoff in Helium und vier Millionen Tonnen Wasserstoff in Energie um. Eine andere Reaktion, die nur etwa zwei Prozent der Sonnenenergie liefert, in heißeren Sternen aber viel mehr, ist der »Kohlenstoff-Stickstoff-Zyklus«. Hier wirkt Kohlenstoff als Katalysator bei einer Reaktion, die vier Wasserstoffkerne zu Heliumisotopen schmiedet und soviel Kohlenstoff zurückläßt, wie zu Beginn vorhanden war, dabei aber doch Energie freisetzt. In noch heißeren Sternen – Riesen, deren Kerne Temperaturen von mehr als hundert Millionen Kelvin aufrechterhalten können – spielt sich der »Tripelalpha-Prozeß« ab. Dieser Prozeß ist nach den Heliumkernen benannt, die bei den Physikern aus historischen Gründen auch »Alpha«teilchen heißen, und baut dreiwertiges Helium in Beryll und Kohlenstoff um.

Hoyle lieferte Anfang bis Mitte der fünfziger Jahre wichtige Beiträge zu den Fusionsvorgängen in Sternen und berichtete unter anderem zuerst davon, wie Sterne Elemente herstellen, die schwerer sind als Kohlenstoff. Dann veröffentlichte er 1957 – zusammen mit dem ideenreichen Physiker William Fowler vom Caltech und dem Astronomenehepaar Margaret und Geoffrey Burbidge – eine Arbeit, die zu einem Meilenstein werden sollte. Die vier Verfasser beschrieben darin acht Fusionsprozesse, durch die Sterne leichte Elemente in schwere verwandeln, die dann, so führten sie aus, von stellaren Winden, durch die Abstoßung der Hülle von roten Riesensternen und durch Supernovae in den interstellaren Raum geschleudert werden.[13] Das Hauptargument der Arbeit, daß *alle* Elemente in Sternen entstehen – eine Behauptung, die Hoyle sehr wichtig war, da er nicht an den Urknall glaubte –, hat der Überprüfung durch die Beobachtung nicht standhalten können. Das Modell sagt eine Häufigkeit von kosmischem Helium von nur einem bis vier Prozent vorher und nicht den beobachteten Wert von etwa 25 Prozent, und da Deuterium in Sternen zerstört und nicht erzeugt wird, kann es auch nicht die Häufigkeit von kosmischem Deuterium erklären.

Trotzdem stellt die Arbeit dieser vier Autoren, die als B²FH bekannt wurde, zusammen mit den von Gamow veröffentlichten Arbeiten zum Urknall die Grundlage für unser Verständnis der kosmischen Evolution der Elemente dar. Hier finden wir wieder einen Beleg für den Hang des Schicksals zur Ironie. Hoyle und seine Kollegen, die die Urknalltheorie untergraben wollten, indem sie zeigten, daß alle Elemente in Sternen hergestellt werden, konnten nicht die Entstehung von Deuterium und Helium erklären, wohl aber die schwererer Elemente. Gamow gelang es nicht, die Entstehung aller Elemente im Urknall herzuleiten, sondern nur die der leichten Elemente Deuterium, Helium und der Spuren von Lithium. Diese unerwarteten Spielchen führten zum Verständnis dessen, was Hoyle »die Geschichte der Materie« nannte.

Lassen wir die Geschichte hinter uns und fragen wir nach dem heutigen Stand der »Kernentstehung im Urknall« oder der BBN, Big-Bang-Nukleosynthese, wie die Erforschung der Elementherstellung im frühen Universum gern abgekürzt wird. Die Aufgabe herauszufinden, wie Atomkerne in den höllischen Bedingungen des Urknalls gebildet wurden, klingt einschüchternd, aber die betroffenen Physiker halten die Kernentstehung für technisch gar nicht so besonders schwierig. Die Temperaturen lagen in der Größenordnung von 10^{10} Kelvin, und die Dichten waren geringer als die von Wasser – unter diesen Bedingungen sind die möglichen Kernreaktionen weniger kompliziert als im Inneren eines Sterns. Die grundlegenden Berechnungen waren erfreulicherweise schon um 1950 ausreichend genau durchgeführt, und Gamow konnte die Häufigkeit des kosmischen Heliums auf fast genau den heutigen Wert abschätzen. BBN ist nach kosmologischen Maßstäben heute ausgereift. Gary Steigman von der Ohio State University sagt sogar: »Die Alchemie des Urknalls ist konventionelle Physik.«[14]

Die Hauptdarsteller im BBN-Szenario sind »Baryonen«, »Leptonen« und »Bosonen«. Baryonen (nach dem griechischen Wort für »schwer«) sind die behäbigen Teilchen, zu denen Protonen und Neutronen gehören und die den größten Teil der Masse der gewöhnlichen Materie ausmachen, die wir sehen und berühren und aus der wir gemacht sind. Zu den Leptonen (griechisch für »leicht«) gehören Elektronen, die eine kleine Masse haben, und Neutrinos, deren

Masse Null oder fast Null ist. Bosonen sind die Teilchen, die Kraft übertragen: Die Bosonen, die uns hier am meisten beschäftigen, sind die Photonen, die Teilchen, die Licht tragen. Sie sind unstofflich – sie würden die Masse Null haben, wenn sie je zur Ruhe kämen, was sie nie tun –, aber es gibt viele davon, eine Milliarde Photonen für jedes Baryon. Und die kurzwelligen Photonen, die in einer hochenergetischen Umwelt wie dem Urknall gefunden werden, können ganz schön zuschlagen: Kürzere Wellenlänge bedeutet mehr Energie, wie man sehen kann, wenn man eine Eisenstange erhitzt und beobachtet, wie sich ihre Farbe von Rot über Gelb zu Blau verfärbt. Deshalb kann ultraviolettes Licht, dessen Wellenlänge kürzer ist als die des sichtbaren Lichts, zu einem höchst unangenehmen Sonnenbrand führen, und deshalb können Röntgenstrahlen, also noch kurzwelligere Photonen, Fleisch durchdringen, bevor sie auf Knochen stoßen. Es ist ein wichtiges Thema der Kernsynthese im Urknall, welche Rolle die Photonen bei der Zerstörung von Atomkernen spielten und wie ihre Rolle während der Ausdehnung und Abkühlung des Universums unbedeutender wurde.

Wie zu Beginn dieses Kapitels bemerkt, dauerte die Epoche der Kernsynthese nur wenige Minuten.[15] (»Die Elemente waren schneller gekocht, als eine Ente gebraten ist«, sagte Gamow einmal.[16]) Unsere Geschichte beginnt, als das Universum eine Sekunde alt war. In der ersten Sekunde konnte es keine Atomkerne geben, denn sowie sich welche bildeten, wurden sie vom starken Photonenstrom wieder zerrissen. Während dieser ersten Sekunde verwandelten sich Protonen auch immer wieder in Neutronen und umgekehrt; das lag an den Wechselwirkungen, die die schwache Kernkraft verursachte, die Kraft, die für den radioaktiven Zerfall verantwortlich ist.

Nach einer Sekunde wurde die Geschwindigkeit der schwachen Wechselwirkungen langsamer als die der kosmischen Ausdehnung, und an diesem Punkt »gefror« das Verhältnis von Protonen zu Neutronen. Danach blieb es immer gleich: Es gibt mehr Protonen als Neutronen, denn Neutronen sind massereicher, brauchen also zu ihrer Entstehung mehr Energie. Wenn die Geschichte damit aufhörte, wäre das Ende der Neutronen unrühmlich, denn ein sich selbst überlassenes freies Neutron zerfällt im Mittel nach 14 Minuten und 49 Sekunden in ein Proton, ein Elektron und ein Antineutrino. Zum Glück für die Zukunft der Atome stießen Protonen und Neutronen in der Hitze des Urknalls weiterhin mit hoher Geschwindigkeit aufeinander, während die starke Kernkraft die destruktive Interferenz der Photonen bald aufhalten konnte. Sie band Protonen und Neutronen aneinander und zog die Neutronen in den geschützten Raum des Atomkerns, wo sie nicht weiter zerfallen. Dieser Einfangprozeß begann nach der ersten Sekunde und kam nach etwa zehn Sekunden richtig in Gang. Das Verschmelzen eines Protons mit einem Neutron erzeugte einen Deuteriumkern, das Verschmelzen von zwei Deuteriumkernen erzeugte Helium-4, und damit war das Schicksal des größten Teils des Deuteriums besiegelt. Es entstanden auch Spuren von Tritium (ein Proton und zwei Neutronen) und Lithium-7 (drei Protonen, vier Neutronen). Praktisch alle Neutronen wurden in Helium, meistens Helium-4, eingebaut. Wenn das Atomgewicht der entstehenden Atomkerne aufgrund der vorhandenen Neutronen berechnet wird, ergibt sich, daß der Urknall etwa 25 Prozent der Masse des Universums in Helium verwandelte, während etwa 0,001 Prozent zu Deuterium wurde und noch weniger zu Lithium.

Dieser Befund hat vielen Überprüfungen standgehalten. Die Bestätigung der BBN-Elementhäufigkeit stammt aus Untersuchungen junger und alter Sterne, planetarischer Nebel (das sind die von instabilen Sternen weggeschleuderten gasförmigen Schalen), der glühenden Gaswolken, die HII-Regionen genannt werden, des Mondgesteins, das die Apollo-Astronauten zur Erde brachten, und von Teilchen des Sonnenwinds, die sich auf dem Mond auf speziell dazu ausgebreiteter Aluminiumfolie ansammelten. Die Lage wird jedoch durch die Tatsache kompliziert, daß der größte Teil der Materie in unserer Galaxis und in ähnlichen Galaxien schon ein- oder zweimal von Sternen verarbeitet wurde, so daß man vernünftige Annahmen über die Sternentwicklung machen muß, bevor man den Beobachtungen etwas über den Ursprung der leichteren Elemente entnehmen kann. Betrachten wir als Beispiel Helium. Offensichtlich gibt es im Universum viel mehr Helium, als in Sternen hergestellt werden konnte. Aber da viele Sterne Helium herstellen, muß ihr Beitrag zur Entwicklung des Kosmos berücksichtigt werden, bevor man sagen kann, wieviel des beobachteten Heliums auf den Urknall zurückgeht. Beim Deuterium ist die Lage ähnlich kompliziert. Deuteriumkerne sind schwach gebunden – sie haben eine geringere Bindungsenergie als alle anderen stabilen Kerne – und werden daher in Sternen rasch zerstört. Deshalb können Beobachtungen etwa von interstellaren Wolken heute nur eine untere Grenze dafür angeben, wieviel Deuterium aus dem Urknall stammt. Auch Lithium kann im Sterninneren zerstört werden. Man hat es auf der Oberfläche alter Sterne entdeckt; vermutlich haben diese Sterne in ihren Kernen erst wenig von dem Material ihrer Hülle verarbeitet. Man hat auch auf der Oberfläche von braunen Zwergen größere Mengen Lithium gefunden – die sind Sterne mit so wenig Masse, daß es in ihnen wenig oder keine Fusionsprozesse gab. (Der Astronom Gibor Basri von der Universität Berkeley beobachtete 1995 als erster einen braunen Zwerg, als er mit dem 10-Meter-Keck-Teleskop auf dem Mauna Kea, Hawaii, nach Lithium suchte.)

Natürlich haben Atome auch eine Geschichte nach dem Urknall. Darüber kann man etwas erfahren, wenn man nach Objekten sucht, deren Geschichte relativ ereignislos verlief – wie es bei Atomen in intergalaktischen Wolken der Fall ist, die, wenn sie immer intergalaktisch waren, womöglich niemals in Sternen verarbeitet wurden.[17] Eine andere Möglichkeit ist die Untersuchung ferner Objekte, die wir in einem Stadium sehen, in dem die kosmische Evolution weniger weit vorangeschritten war als heute. Man kann die beiden Ansätze vereinen, indem man in kosmologisch bedeutsamen Entfernungen nach intergalaktischen Wolken sucht. Dazu bestimmt man die Spektren ferner Quasare und sucht in den dazwischenliegenden Wolken nach Absorptionslinien, den spektralen Erkennungszeichen von Elementen. Das kann außerordentlich mühsam sein: Man sucht entlang einer sehr langen Sichtlinie, und viele Wolken mit unterschiedlichen Rotverschiebungen erzeugen ein Durcheinander von Spektrallinien. (Astronomen sprechen vom »Lyman-α-Wald« – die Lyman-α-Linie ist eine starke Linie im Wasserstoffspektrum, nach der sie suchen, wenn sie die Rotverschiebung einzelner Wolken entziffern wollen.[18])

So quälend die Suche nach fernen intergalaktischen Wolken auch ist, hat sie doch nach vielen Jahren endlich Ergebnisse gebracht. Beobachtungen, die 1994 und 1995 mit dem Keck-Teleskop gemacht wurden, lassen vermuten, daß es im Universum zehnmal soviel Deuterium wie heute gab, als es ein Drittel seines jetzigen Alters hatte, gerade so, wie es die Standard-BBN-Theorie vorhersagt.[19] Eine besonders aufregende Bestätigung der Theorie ergab sich im März 1995, als Astronomen in einer intergalaktischen Wolke in zehn Milliarden Lichtjahren Entfernung mit Hilfe eines Ultraviolett-Teleskops Helium fanden, dessen Häufigkeit näherungsweise mit der übereinstimmte, die das BBN-Modell vorhersagt. »Das zeigt, daß Helium vom Urknall stammt«, bemerkte der Physiker David Schramm von der Universität Chicago. »Dies ist der endgültige Beweis. Und es stimmt mit Vorhersagen des Standardmodells der Urknalltheorie überein.«[20]

Das ist beruhigend. Weil diese Übereinstimmung zwischen BBN-Theorie und Beobachtungen so gut ist, kann man sich den Urknall als das »endgültige Experiment« der Hochenergiephysik vorstellen, dessen Ergebnis noch unbekannte Dinge darüber offenbaren könnte, wie das Universum heute beschaffen ist. Dafür sind Neutrinos ein ausgezeichnetes Beispiel. Neutrinos sind Leptonen, die die elektromagnetischen und starken Kernkräfte ignorieren und nur schwach mit gewöhnlicher Materie wechselwirken. Es gibt drei Arten oder »Familien« – das »Elektron«-Neutrino, das zugleich mit einem Elektron in dem von der schwachen Wechselwirkung bestimmten Ereignis entsteht, das wir als Betazerfall kennen, und das »My«- und »Tau«-Neutrino, Zerfallsprodukte bei Ereignissen, die Myonen und Tau-Teilchen erzeugen, schwerere Partner des Elektrons.

In den siebziger Jahren wurden bei den Experimenten der Hochenergiephysik viele neue Teilchenarten gefunden – damals verglich man die Teilchenphysik mit der ptolemäischen Kosmologie und die zunehmende Teilchenzahl mit der unbefriedigenden Praxis, ptolemäische Epizyklen hinzuzufügen, um die »Erscheinungen zu retten«.

Damals gab es auch Spekulationen über die Existenz weiterer Familien von Neutrinos. Die Kernsynthese des Urknalls »engte« die Neutrinopopulation jedoch ein: Wenn das BBN-Szenario zutraf, sollte es, wie die Theoretiker sagten, nur die drei bekannten Neutrino-Familien geben.[21] Die BBN hätte damals also noch leicht experimentell widerlegt werden können; sie wäre erledigt gewesen, sobald man eine vierte Neutrino-Familie gefunden hätte. Bis jetzt hat sie überlebt. Die letzten Ergebnisse von Beschleunigerexperimenten bei CERN ergaben 2,987 Neutrino-Familien plus oder minus 0,016. (Die Anzahl der Familien wird durch die Reaktionsraten definiert und muß deshalb nicht ganzzahlig sein.)

Die faszinierendste BBN-«Vorhersage» hat mit der Dichte der kosmischen Materie zu tun – also mit dem Wert von Ω und den Folgerungen für die Form und das Schicksal des expandierenden Universums. Die Produktionsrate von Helium-4 ist hochempfindlich für die Materiedichte im Urknall – dadurch wird die Anzahl der Neutrinofamilien eingeschränkt –, und die Herstellung von Deuterium und Helium-3 ist abhängig von der Baryonendichte. Baryonen sind ja »gewöhnliche« Materie wie Protonen und Neutronen.[22] Je höher die Baryonendichte im Urknall, desto effizienter können Heliumatome hergestellt werden und desto weniger Deuterium entsteht. Man kann also mit Hilfe der BBN-Gleichungen abschätzen, wieviel baryonische Materie es im Universum gibt – welcher Anteil des Universums also aus gewöhnlicher Materie besteht.

Das führt zu einem erstaunlichen Ergebnis: Der größte Teil der Materie im Universum besteht gar nicht aus Baryonen! Das genaue Verhältnis von baryonischer zu nicht-baryonischer Materie hängt von mehreren ungewissen Parametern ab, auch von der kosmischen Expansionsrate. Aber in keiner vernünftigen Formulierung beläuft sich die Baryonenmasse des Universums auf mehr als zehn Prozent der Gesamtmasse. Und wenn wir in einer Welt mit kritischer Dichte leben (also in einem Universum mit $\Omega = 1$), wie viele Theoretiker glauben und wie dieses Buch behauptet, dann sind sogar 99 Prozent der Masse des Universums nicht-baryonisch. Mit anderen Worten: Wenn in unserem Universum Ω gleich eins ist und leichte Elemente im Urknall hergestellt wurden, dann stellen alle Planeten und Sterne und Galaxien, die wir sehen, die Milliarden von Objekten in den astronomischen Katalogen, nur eine winzige Minderheit der Materie im Kosmos dar. Wir müssen also schließen, daß der größte Teil des Universums aus dunkler, nicht-baryonischer Materie besteht und daß alles, was wir bis heute untersucht haben, nur eine Art Schatten-welt ist.

Das ist das Rätsel der dunklen Materie, das Thema unseres näch-sten Kapitels.

KAPITEL 5

Das schwarze Taj Mahal

Möge es vor dem Richter kein Wehklagen geben!
Wie Schiffe im Sonnenuntergang in einem Tagtraum
sind wir Schatten von dem, was wir sind.

F. D. Reeve[1]

Begrüße das Ungesehene mit Jubel!

Robert Browning[2]

Besuchern des Taj Mahal wird erzählt, Schah Jahan, der Kaiser, der seiner Frau Mumtaz Mahal im 17. Jahrhundert das weiße Marmorgrab baute, habe auf der anderen Seite des Yamuna für sich selbst ein zweites Mausoleum bauen wollen. Auch wenn es keine Belege dafür gibt, lebt der Mythos vom schwarzen Taj und fasziniert die Vorstellungskraft aller, die von ihm gehört haben.[3]

Malen wir uns einmal die Reaktion der Öffentlichkeit aus, wenn Wissenschaftler Hinweise darauf finden würden, daß es das schwarze Taj wirklich gibt, genau gegenüber vom weißen Taj, auf der anderen Seite des Yamuna, unsichtbar, aber spürbar durch sein Schwerefeld – und daß es zehn- bis hundertmal so massereich ist wie das sichtbare Taj und zum Teil aus einer unbekannten Materieform besteht. Ein solcher Fund würde überall auf der Welt Schlagzeilen machen.

Dunkle Materie ist das schwarze Taj der modernen Kosmologie. Während der letzten zwanzig Jahre haben Theorie und Beobachtung gleichermaßen Belege dafür gefunden, daß mindestens neunzig Prozent und vielleicht sogar 99 Prozent der Masse des Universums dunkel ist. Sie ist nicht deshalb unsichtbar, weil sie so weit entfernt ist – die meisten Astronomen nehmen an, daß sie mehr oder weniger

144

so verteilt ist wie die sichtbare Masse –, sondern weil sie Licht weder aussendet noch absorbiert. Zumindest ein Teil der dunklen Materie besteht aus vertrautem Stoff, das meiste aber könnte von einer noch unbekannten exotischen Art sein. Bis wir wissen, was es ist, werden die Kosmologen mit dem ärgerlichen Gedanken leben müssen, daß die Millionen von Galaxien, die sie untersucht haben, nur eine winzige Minderheit und eine möglicherweise überhaupt nicht repräsentative Stichprobe darstellen. Wenn die dunkle Mehrheit der kosmischen Masse ihrer Natur oder ihrem Verhalten nach anders ist als die helle Minderheit, könnten wissenschaftliche Schlußfolgerungen, die die Mehrheit ignorieren, so verzerrt sein wie beispielsweise eine Meinungsumfrage, die versucht, das Ergebnis einer politischen Wahl vorherzusagen, indem sie nur vegetarische Monarchisten befragt.

Die deutlichsten Hinweise auf die Existenz dunkler Materie stammen aus früheren Untersuchungen der Bahnbewegungen von Sternen und Galaxien. Wir sahen früher, wie sich mit Hilfe von Newtons Gleichungen die Sonnenmasse bestimmen läßt, wenn man die Bahngeschwindigkeit eines Planeten und seine Entfernung von der Sonne kennt. Weil die Gravitationskraft, die die Sonne auf Planeten ausübt, mit dem Abstand ihrer Entfernung von der Sonne abnimmt, bewegen sich die inneren Planeten auf ihrer Bahn rascher als die äußeren. Die Erde beispielsweise rast mit einer Geschwindigkeit von dreißig Kilometern pro Sekunde durch das All, während der fünfmal weiter von der Sonne entfernte Jupiter vergleichsweise behäbig 13 Kilometer pro Sekunde zurücklegt. Die Abnahme der Bahngeschwindigkeit mit zunehmender Bahngröße folgt aus Keplers drittem Gesetz und ist charakteristisch für alle Bahnsysteme, bei denen die Masse im Bahninneren konzentriert ist, wie es bei den Planeten des Sonnensystems der Fall ist. Die Sonne, die 99 Prozent der Masse des Sonnensystems enthält, könnte sich zu einem roten Riesen aufblähen oder zu einem Zwerg schrumpfen, ohne daß sich die Bahngeschwindigkeiten der äußeren Planeten verändern würden. Sie würden sich weiter nach dem dritten Keplerschen Gesetz verhalten, solange die Sonnenmasse im Inneren ihrer Bahnen bliebe.

Aber nehmen wir an, daß die Sonne von einem schweren Halo umgeben wird – einer Wolke aus unsichtbarer Materie, die so massereich ist wie die Sonne und sich weit über die Bahn von Pluto hinaus erstreckt. Dann würde die Bahngeschwindigkeit der Planeten nicht länger einer Keplerschen Verteilung gehorchen, sondern die äußeren Planeten würden sich so rasch bewegen wie die inneren. Das liegt daran, daß jeder Planet die Schwerkraft »spürt«, die von der gesamten in seiner Bahn enthaltenen Masse ausgeübt wird – so, als ob diese Kraft von einem Punkt in der Mitte ausstrahlte. Je größer die Bahn des Planeten ist, desto mehr Halomasse kann sie umfassen. Deshalb würde Jupiter, obwohl er in einem schwächeren Teil des Gravitationsfelds der Sonne liegt als die Erde, auf das stärkere Gravitationsfeld reagieren, das von der Halomasse innerhalb seiner riesigen Umlaufbahn erzeugt wird, und könnte sich also auf seiner Bahn so rasch bewegen wie die Erde.

Anscheinend haben viele Spiralgalaxien einen solchen massereichen Halo. Die Beobachtung zeigt, daß Sterne in der Nähe des Rands der sichtbaren Scheibe einer solchen Galaxie mit Geschwindigkeiten laufen, die jenen im Inneren vergleichbar sind. Wenn man ausschließt, daß in der Newtonschen Gravitationstheorie unbekannte Variablen eine Rolle spielen – und bevor man das Glas zerbricht und *diesen* Feueralarm auslöst, denkt man ja lieber noch einmal gut nach –, müssen diese Galaxien in massereiche Halos eingebettet sein. Wenn die Halomaterie Licht ausschickte oder verschluckte, könnte sie mit den vorhandenen Instrumenten entdeckt werden. Sie wurde nicht entdeckt, deshalb nimmt man an, daß sie dunkle Materie ist.

Die Situation ist ähnlich bei Galaxien in der Nähe des äußeren Randes eines Galaxienhaufens. Ihre Geschwindigkeiten lassen auf die Gesamtmasse des Haufens innerhalb der Bahn einer jeden Galaxie schließen. Diese Geschwindigkeitsmessungen deuten auf ein viel stärkeres Gravitationsfeld hin, als sich erklären läßt, wenn man die Masse aller Sterne und anderer heller Objekte im Haufen addiert. Je größer der Maßstab, in dem wir das Universum betrachten, desto größer ist anscheinend auch der Anteil der dunklen Materie.

Ich heiße Fritz Zwicky,
Bin oft ganz schön zickig,
Dieser Song sagt sofort:
Ich wußte jedes Wort,
und wär auch jemand noch so fleißig,
ich sagte es schon Dreiunddreißig
Man denke an den Comahaufen,
wie schnell die Galaxien laufen,
wo ihre Rotverschiebungen
verlangen nach Straf-Quittungen.
Und wenn sie so rasen
dann fehlen noch Massen!
Dunkle Materie.
DAVID WEINBERG, »Der Dunkle-Materie-Rap«[4]

Die ersten Hinweise auf die Existenz dunkler Materie fand der holländische Astronom Jan Oort, der die Bewegung von Sternen in unserer Galaxis untersuchte und dabei vieles von dem nachwies, was Kinder heute in der Schule über die Milchstraße lernen: Er fand heraus, daß die Sonne etwa 30 000 Lichtjahre von der Mitte der Galaxis entfernt ist, berechnete die Masse der Galaxis als das etwa Einhundertmilliardenfache der Sonne und vermaß als erster die Position ihrer Spiralarme, indem er mit Hilfe von Radioteleskopen die Bewegungen der interstellaren Wasserstoffwolken beobachtete. Bei all seinen Leistungen als kosmischer Kartograph vergaß Oort nie, daß dort draußen mehr ist, als sich auf Karten einzeichnen läßt. Er begründete 1950 theoretisch, daß Kometen, die in das innere Sonnensystem hineingeraten, aus einer gewaltigen Schale stammen, die um die Sonne zentriert ist und deren Radius viel größer ist als die Bahnen der äußeren Planeten. Obwohl die Oortsche Wolke sich der Beobachtung bis heute entzogen hat, erklärt die Theorie die Verteilung der Kometenbahnen so gut, daß die meisten heutigen Astronomen ihre Existenz für gesichert halten und behaupten, sie erstrecke sich bis zu einer Entfernung von näherungsweise zwei Lichtjahren von der Sonne, also bis zur Hälfte der Entfernung zum nächsten Fixstern.

Oorts Untersuchungen der Bahngeschwindigkeit von Sternen in Sonnennähe führten zu einem gleichermaßen überraschenden Ergebnis, das einen viel größeren Maßstab betrifft. Danach gibt es nämlich in der galaktischen Scheibe mindestens doppelt soviel Masse wie sich erklären läßt, wenn man alle in ihr enthaltenen sichtbaren Objekte addiert.

Der Astronom Fritz Zwicky entdeckte 1933, daß die äußeren Galaxien im Comahaufen sich viel rascher bewegen, als sie sich bewegen würden, wenn ihre Masse auf die der sichtbaren Galaxien beschränkt wäre. Der Comahaufen muß viel massereicher sein, als wir aufgrund seines Lichts erwarten würden, denn sonst wären diese Galaxien schon vor langer Zeit hinausgeflogen. (Da das Alter des Haufens auf weit über zehn Milliarden Jahre geschätzt wird, ist es sehr unwahrscheinlich, daß er schon die ganze Zeit verdampft.) Zwicky berechnete, daß der Comahaufen zu über neun Zehnteln aus dunkler Materie besteht. Gegenwärtige Schätzungen kommen auf etwa denselben Wert.

Zwicky, als Sohn Schweizer Eltern in Bulgarien geboren, studierte in der Schweiz Physik und kam in jenen aufregenden Jahren ans Caltech – die Technische Universität von Kalifornien –, in denen der 2,5-Meter-Spiegel auf dem Mount Wilson und später der 5-Meter-Spiegel auf dem Mount Palomar das intergalaktische Universum entschleierten. Zwicky war eine bemerkenswert anregende und irritierende Gestalt, deren bahnbrechende Forschung weit über die Entdeckung der ersten Hinweise auf intergalaktische dunkle Materie hinausging. Er behauptete die Existenz massearmer Galaxien und bestätigte seine Vorhersage später selbst, als er mit dem 2,5-Meter-Spiegel innerhalb weniger Monate nach der Fertigstellung des Teleskops die ersten Zwerggalaxien entdeckte. Er und Walter Baade waren die ersten, die vermuteten, daß die ausgebrannten Kerne von Supernovae als Neutronensterne weiterleben. (Zwicky prägte den Ausdruck Supernova und hält heute noch den Rekord als der Berufsastronom, der die meisten Supernovae entdeckt hat.) Er sagte – noch vor der Entdeckung der Quasare – voraus, daß am Nachthimmel kompakte blaue Galaxien zu sehen sein sollten, die man für Sterne halten könnte. Ebenso sagte er 1937 voraus, daß man das Problem der dunklen Materie in Angriff nehmen könnte, indem man Galaxien untersucht, die als Gravitationslinsen wirken; dieser Ansatz wurde erst in den neunziger Jahren durchführbar. Auch der Begriff dunkle Materie stammt von Zwicky.

Jede dieser Leistungen würde genügen, um einem Astronomen einen dauerhaften Platz in der Geschichte der Naturwissenschaften zu sichern, aber Zwicky blieb außerhalb astronomischer Kreise weitgehend unbekannt. Ein Grund dafür ist, daß er mehr ausgefallene Ideen ans Licht zerrte, als seine Kollegen verarbeiten konnten. Er war stolz auf seine Kreativität. »Ich habe alle zwei Jahre eine gute Idee. Sagen Sie mir, worum es geht, und ich liefere die Idee«,[5] sagte er zu Robert Millikan, dem Präsidenten des Caltech. Aber die weniger guten Ideen waren mindestens ebenso häufig. Er träumte von einem Düsenflugzeug, das sich durch die Erde hindurchgraben würde. Er ließ einen Assistenten nachts mit einem Gewehr aus der Kuppel des Observatoriums schießen, um zu sehen, ob das große Teleskop das Geschoß fotografieren konnte.

Auch sein schroffer Umgangsstil war Zwickys Ruf abträglich. In einer Zeit, in der Astronomen es vermieden, einander auf die Füße zu treten, zog er dazu Schuhe mit Spikes an. Er begann Auseinandersetzungen gern damit, daß er der Einstellung, die ein Kollege besonders leidenschaftlich vertrat, sofort widersprach – er meinte nämlich, man tue gut daran, feste Überzeugungen anzuzweifeln, weil absolute Überzeugungen fast immer falsch seien. Edwin Hubble war sicher, daß es keine Zwerggalaxien gibt, also behauptete Zwicky, es müsse sie geben. Zwicky hatte recht, und Hubble ärgerte sich. Jeder, dem es trotz dieser Hindernisse gelang, sein Freund zu werden, mußte sich mit Zwickys Auffassung abfinden, die Mißachtung der üblichen Konventionen der Höflichkeit sei ein Zeichen persönlicher Freiheit. Er beschimpfte seine Kollegen, nannte sie »sphärische Bastarde« – er meinte damit, sie seien Bastarde, ganz gleich, aus welcher Perspektive man sie betrachtete –, und auch seine Körperkraft war erschreckend: Er stellte sie gern unter Beweis, indem er im Athenäum, dem eleganten Fakultäts-Speisesaal des Caltech, einarmige Liegestütze vorführte, und er schüchterte Baade so sehr ein, daß der sich schließlich weigerte, mit ihm, seinem früheren Mitarbeiter, allein im selben Zimmer zu bleiben. Man bekommt vom Leben zurück, was man hineinsteckt, und Zwickys Kollegen reagierten auf seine Respektlosigkeit ihren Ideen und Gedanken gegenüber, indem sie die seinen ignorierten. So lag die von ihm angeregte Untersuchung der dunklen Materie bis in die siebziger Jahre brach.

> *Fast vierzig Jahre*
> *ruhte das Problem und keinen kümmerts.*
> *»Geschieht ihm recht, dem Fritz,*
> *das kommt vom Aberwitz.*
> *Es ist in den Siebzigern weiter gediehen,*
> *Ostriker und Peebles, Dynamik der Galaxien,*
> *Instabilitäten in kalten Scheiben.*
> *»Wenn in Sternen Massen bleiben«,*
> *sagt man, »wären die Spiralen*
> *Nebel, in denen sich Balken aalen!*
> *Gravitierende Scheiben? Nein, o nein,*
> *um sie drum rum muß ein Halo sein.*
> *Doch schaut nur, es zeigt die Observation,*
> *Vera Rubins optische Kurven der Rotation,*
> *Sie liefern die nötige Konfirmation:*
> *Die Kurven fallen nicht, es sind ja FLACHE!*
> *Dunkle Materie, das ist hier SACHE.*
> DAVID WEINBERG, »Der Dunkle-Materie-Rap«

Das Interesse an der dunklen Materie wurde 1973 wiederbelebt, als Jeremiah Ostriker und James Peebles in Princeton berechneten, daß gewöhnliche Spiralgalaxien wie die Milchstraße instabil wären, wenn der größte Teil ihrer Masse in ihren Scheiben läge. Insbesondere zeigten sie, daß die Scheibe dann nämlich schon vor langer Zeit zu einem sogenannten Balken geworden wäre. Etwa ein Drittel aller Spiralgalaxien sind Balkengalaxien: Ihre Scheibe ist nicht von deutlichen Spiralarmen umgeben, sondern weist an entgegengesetzten Enden eine Art Röhren auf, die jeweils einige zehntausend Lichtjahre lang sind. In einigen dieser Galaxien endet der Balken in einem Paar nach außen laufender Spiralarme, die der Galaxie eine S-Form verleihen, in anderen ist der Balken von einem Sternenring umgeben, so daß die Galaxie dem griechischen Buchstaben Theta ähnelt: Θ. Ostriker und Peebles behaupteten, Spiralgalaxien, die keine Balkengalaxien sind – also zwei Drittel –, müßten durch einen massereichen galaktischen Halo stabilisiert werden. Der Halo würde die Scheibe in ähnlicher Weise stabilisieren wie die Balancierstange einen Seiltänzer.

Wir wissen vom Milchstraßensystem, daß es von einem Halo umgeben ist, der mit alten Sternen gesprenkelt ist. Nach der vorherrschenden Theorie waren Spiralgalaxien ursprünglich Gaskugeln, die dann zu Scheiben kollabierten. (Der gleiche Mechanismus ebnete, in kleinerem Maßstab, die Materie, aus der sich die Planeten der Sonne bildeten.) Als die junge Galaxis kollabierte, erzeugte sie die erste Generation von Sternen. Diese laufen bis heute in zufällig geneigten kreisförmigen oder elliptischen Bahnen – was bedeutet, daß ihre Bahnen einen sphärischen Halo besetzen, wobei die Bahnebenen der Sterne im Halo beliebig geneigt sein können, ähnlich wie die Elektronenbahnen in alten Atommodellen. Halosterne wurden bereits seit vielen Jahren untersucht, auch Oort hatte sich schon mit ihnen beschäftigt. Aber die Gesamtmasse von Halosternen reicht nicht annähernd aus, um den von Ostriker und Peebles aufgestellten Bedarf zu erfüllen: Ihre Berechnungen zeigen, daß der Halo mindestens so viel Masse wie die Scheibe haben muß.

Diese einflußreiche Arbeit zweier hervorragender Kosmologen lenkte die Aufmerksamkeit auf die Forschungen der relativ unbekannten Astronomin Vera Rubin. Sie war schon als Zwölfjährige von der Astronomie fasziniert gewesen und hatte nachts stundenlang zugesehen, wie die Sternbilder an ihrem Schlafzimmerfenster vorbeidefilierten. Als Studentin erlebte auch sie die abfällige Einstellung der männlich dominierten Gesellschaft gegenüber Frauen, die früher in den Naturwissenschaften selbstverständlich war und die bis heute vieles erstickt. Auf ihren Brief an die Universität Princeton, in dem sie sich nach den Voraussetzungen zur Zulassung für die Promotion erkundigte, erhielt sie die Antwort, die Promotion sei für sie aus biologischen Gründen unmöglich, da Princeton Frauen nicht zur Promotion zulasse. Sie erhielt ihren Doktorhut 1954 von der George-Washington-Universität und dazu von ihrem Doktorvater George Gamow einen Strauß Georginen. Der aufrührerische und unkonventionelle Gamow förderte Rubins ungezügelten Instinkt, und so nahm sie sich schon früh in ihrer Laufbahn vor, die Modethemen zu vermeiden, die jene aufgeweckten jungen Astronomen bevorzugten, die Karriere machen wollten. »Ich beschloß, mich einfach einem Problem zu widmen, das keinen interessieren würde, während ich daran arbeitete,« erinnert sich Rubin, »und hoffte, dann, wenn ich fertig wäre, zeigen zu können, was ich geleistet hatte, und jeder würde es für gut halten.«[6] Zu einer Zeit, in der die Entdeckung der Quasare die Aufmerksamkeit erregte und auf die Kerne von Galaxien lenkte, schaute Rubin in die andere Richtung und begann sich mit dem zu beschäftigen, was an den Ausläufern der Galaxien passierte.

Eine typische Spiralgalaxie bestht aus einer leuchtenden »zentralen Wölbung« voller Sterne und einer dünner besetzten Scheibe, die die Wölbung umgibt. Wie jeder weiß, der einmal eine Spiralgalaxie durch ein Fernrohr betrachtet hat, ist die Wölbung viel heller als die Scheibe, und die Scheibe ist in der Nähe der Wölbung heller als weiter außen in der Nähe dessen, was ihr Rand zu sein scheint und wo sie in Dunkelheit versinkt. Wenn die Materiedichte in Spiralgalaxien so abnehmen würde wie die Helligkeit der Scheibe, würden die Sterne einer Keplerschen Geschwindigkeitskurve gehorchen – die Bahngeschwindigkeiten der Sterne am Rand der Scheibe wären also viel geringer als die der Sterne in der Nähe der zentralen Wölbung. Und genau das hielt fast jedermann für eine Tatsache. In alten Zeichentrickfilmen, die die Astronomie erklären, bewegen sich Galaxien immer auf Keplersche Weise.

Rubin fand heraus, daß diese Annahme falsch war. In Zusammenarbeit mit Kollegen am Carnegie Institute in Washington, D. C., untersuchte sie die Bewegung von Sternen in den Scheiben von Spiralgalaxien mit Hilfe einer Bildröhre, die Ähnlichkeit hat mit einer Fernsehkamera, die (so primitiv sie nach dem Maßstab der heutigen

CCDs auch sein mag) lichtempfindlicher war als die damals in der Beobachtungsastronomie verwandten photographischen Emulsionen. Ihre Gruppe bestätigte, daß Scheibensterne tatsächlich langsamer laufen als jene in der Wölbung. Aber sie fand auch, daß äußere Sterne sich genauso rasch bewegen wie Sterne in der Scheibe. Im allgemeinen nimmt die Bahngeschwindigkeit der Sterne bis an die Beobachtungsgrenzen nicht wesentlich ab, und in einigen Fällen bewegen sich die äußeren Sterne sogar rascher als jene in der Hauptscheibe. Die galaktische Materie nimmt also anscheinend nicht annähernd so rasch ab wie die Dichte der sichtbaren Sterne. »Was man in einer Spiralgalaxie sieht, ist nicht das, was man erwartet,« schloß Rubin.[7]

»Wäre die Leuchtkraft ein zuverlässiger Indikator für die Masse, so müßte sich die Masse einer Galaxie auf ihren zentralen Bereich konzentrieren .... Beobachtet hat man jedoch etwas anderes: Die Rotationsgeschwindigkeiten bleiben bei vielen Spiralgalaxien auch bei zunehmendem Abstand vom Zentrum konstant; und bisweilen steigen sie sogar leicht an, jedenfalls in den beobachtbaren (leuchtenden) Bereichen. Dieser Befund läßt darauf schließen, daß die Abnahme an leuchtender Materie in den fernsten Bereichen mit einer Zunahme an nicht-leuchtender Materie – also dunkler Materie einhergeht.«[8]

Rubin war auf Öl gestoßen, obwohl jeder meinte, sie bohre in einem trockenen Feld. Jetzt war ihre Forschung plötzlich en vogue, und viele Beobachter sammelten Daten, die ihre Funde bestätigten. Besonders interessant war die Arbeit von Radioastronomen, die eine 21-Zentimeter-Radiostrahlung von Wasserstoffwolken entdeckten, und zwar in galaktischen Scheiben, die zur Hälfte außerhalb des Punkts liegen, an dem die Scheiben in optischen Wellenlängen unsichtbar werden. Aufgrund ihrer Arbeit nimmt man jetzt weithin an, daß Spiralgalaxien von massereichen »dunklen Halos« unsichtbarer Materie umgeben sind. Kosmisch gesprochen liegt die dunkle Materie vor unserer eigenen Haustür.

Als man in den Scheiben und Halos von Spiralgalaxien schon viel dunkle Materie gefunden – oder vielmehr ihr Vorhandensein gefolgert – hatte, wollten die Astronomen gern wissen, ob auch die anderen Hauptgalaxientypen, die elliptischen und die Zwerggalaxien, dunkle Materie enthalten. Ihre Suche war nicht vergeblich.

Elliptische Galaxien machen etwa ein Drittel aller auffallend hell leuchtenden Galaxien aus. Zu ihnen gehören die riesigen »haufendominierenden« Galaxien, die man in der Mitte von kugelförmigen Galaxienhaufen wie dem Comahaufen findet. Elliptische Galaxien haben weder Scheiben noch Arme, und sie enthalten viel weniger interstellaren Staub und Gas, als man in Spiralen findet. Einige sind so kugelrund wie Basketbälle, andere sind so langgestreckt wie die kurze dicke Zigarre eines Zirkusclowns. Da eine zigarrenförmige Galaxie kugelförmig erscheint, wenn man sie von der Seite betrachtet, läßt sich die wirkliche Form einer bestimmten elliptischen Galaxie nur schwer herausfinden. Auch die Bestimmung ihrer Masse ist nicht einfach. Wenn wir eine Spiralgalaxie beobachten, die, sagen wir, um einen Winkel von 45 Grad geneigt ist, kann man die Dopplerverschiebung von solchen Sternen messen, die sich auf der einen Seite der Scheibe von uns entfernen, und von solchen, die sich auf der anderen Seite nähern. Aber elliptische Galaxien haben keine oder wenig Eigenrotation, und ihre Sterne laufen auf komplizierteren Bahnen: Beispielsweise gehen einige nahe am Massenzentrum vorbei, andere dagegen nicht. Deshalb ist die direkte Anwendung Newtonscher und Keplerscher Dynamik, die sich bei Spiralgalaxien so gut bewährt, bei elliptischen Galaxien nicht sehr praktisch. Aber vorläufige Untersuchungen der Dynamik lassen vermuten, daß elliptische Galaxien zu mindestens siebzig Prozent aus dunkler Materie bestehen.

Die Beobachtungen im Röntgenwellenlängenbereich werden fortgesetzt und lassen vermuten, daß elliptische Galaxien zu etwa neunzig Prozent aus dunkler Materie bestehen. Mitte der achtziger Jahre untersuchten Christine Jones und ihr Ehemann William Forman, beide am Harvard-Smithsonian Center for Astrophysics, jene Koronen aus heißem, im Röntgenbereich strahlenden Gas, die riesige elliptische Galaxien in der Mitte von Haufen umgeben, und schlossen, daß solche Galaxien mindestens zehnmal soviel wiegen müssen, wie ihre sichtbaren Sterne es vermuten lassen. Die Überlegung verläuft wie folgt: Aus der Energie der Röntgenstrahlung läßt sich die Temperatur des Gases in der Korona berechnen. Die Temperatur der Wolke gibt an, welche Geschwindigkeit die Atome in ihr durchschnittlich haben. (Das ist die Definition von Temperatur, und deshalb sprechen Astronomen – leider ziemlich verwirrend – von extrem »heißen« Wolken, deren Atome äußerst schnell sind, die aber so dünn sind, daß ein ganzer See davon nicht ausreichen würde, um ein Spiegelei zu braten.) Die Geschwindigkeiten der Atome setzen der Fluchtgeschwindigkeit der Galaxie eine untere Grenze: Wenn die Geschwindigkeit der Atome die Fluchtgeschwindigkeit überstiege, wäre das heiße Gas schon vor langer Zeit aus der Galaxie herausgepustet worden. Die Fluchtgeschwindigkeit ihrerseits ergibt für die Galaxie eine Mindestmasse. Und diese Masse stellt sich als das Zehnfache der Masse aller sichtbaren Sterne in der Galaxie heraus. Zu einer ähnlichen Schätzung kamen auch David Merritt und Benoit Tremblay von der Rutgers-Universität. Sie analysierten die Geschwindigkeit von Kugelsternhaufen, welche die riesige elliptische Galaxie M87 umlaufen. Elliptische Galaxien bestehen also offensichtlich vor allem aus dunkler Materie.

Zwerggalaxien sind voller dunkler Materie. Vermutlich hat das mit der Tatsache zu tun, daß die Zwerge geringere Massen haben – gewöhnlich nur etwa so viel wie ein bis zehn Millionen Sonnen, tausendmal weniger als eine durchschnittliche Spiralgalaxie – und deshalb auch niedrigere Fluchtgeschwindigkeiten. Materie, die von Supernovae und in Form von Sternenwind von roten Riesensternen ausgestoßen wird – Materie, die eine große Galaxie nicht loslassen, sondern zu neuen Sternen verarbeiten würde –, kann eine Zwerggalaxie ohne weiteres verlassen. Folglich nimmt die Sternenmasse einer typischen Zwerggalaxie im Lauf der Zeit ab (vielleicht wird sie gelegentlich ersetzt, wenn die Galaxie mit einer intergalaktischen Gaswolke zusammenstößt), während die dunkle Materie – was immer dies auch sein mag – bleibt. Zwerge sind also arm an Sternen, aber reich an dunkler Materie.

Auch in Galaxiengruppen und Galaxienhaufen finden Astronomen dunkle Materie im Übermaß. Die kleinsten Ansammlungen von Galaxien bestehen aus Paaren, Dreiergruppen und Gruppen.

155

Die Lokale Gruppe ist mit etwa 26 Galaxien, zu denen das Milchstraßensystem gehört, mittelgroß. Bei der Untersuchung solcher Gruppen finden sich Hinweise auf dunkle Materie im intergalaktischen Raum. So fand man 1994, daß Dreiergruppen von Galaxien in stabilen Bahnen um ihren gemeinsamen Schwerpunkt mit Geschwindigkeiten herumtanzen, die nur möglich sind, wenn dort sehr viel dunkle Materie ist.[9] Ein Röntgenbild, das mit dem ROSAT-Satelliten von der Gruppe NGC 2300 gemacht wurde – einer kleinen, von drei Galaxien beherrschten Gruppe in 150 Millionen Lichtjahren Entfernung im Sternbild Cepheus –, zeigt eine dichte Gaswolke, die so heiß ist, daß sie aus dem Haufen hinausgeblasen worden wäre, wenn die Wolke nicht fest im Griff von Massen wäre, welche die der sichtbaren Galaxien um das 15- bis 25fache übertreffen. Die meisten Galaxien gehören zu solchen kleinen Gruppen, und mit großer Wahrscheinlichkeit enthalten die meisten von ihnen in ihrer unmittelbaren intergalaktischen Nachbarschaft dunkle Materie.

Es gibt mehrere Hinweise darauf, daß Galaxienhaufen zu mindestens neun Zehnteln aus dunkler Materie bestehen. Röntgenbeobachtungen von Gruppen wie NGC 2300 zeigen, daß massereiche Haufen heiße intergalaktische Wolken enthalten, die nicht in solchen Haufen gebunden bleiben könnten, wenn diese nicht sehr massereich wären. Dynamische Analysen und Röntgenuntersuchungen des Comahaufens bestätigen die Einschätzung des oft gelästerten Fritz Zwicky, daß Coma zu mindestens neunzig Prozent aus dunkler Materie besteht.

Neuerdings konnten Gravitationslinsen bei der Abschätzung der Massen von Galaxienhaufen helfen.

Wir sprachen schon weiter oben von der vielversprechenden Möglichkeit, mit Hilfe von Gravitationslinsen die Entfernungen zu Galaxienhaufen direkt zu messen, indem man die Hubble-Konstante und damit die Ausdehnungsrate des Universums bestimmt. Wir erinnern daran, daß in mehreren Fällen auf beiden Seiten eines Galaxienhaufens Mehrfachbilder eines fernen Quasars beobachtet wurden, die von der Gravitationskrümmung des den Haufen umgebenden Raums herrühren. Da die Stärke des Gravitationsfelds ein Anzeichen für die Masse des Haufens ist, können Astronomen die Masse des Haufens bestimmen, der die Linse darstellt, indem sie das Feld einer Gravitationslinse vermessen. Fortwährend werden mehr Gravitationslinsen entdeckt, und einige von ihnen zeigen Mehrfachbögen – Scheiben von Linsen –, die eine genaue Abbildung der Masse des Haufens und der Verteilung erlauben. Besonders aufregend war ein Bild, das 1995 mit Hilfe des Hubble-Teleskops gemacht wurde. Es zeigt, daß der Galaxienhaufen Abell 2218 von mehr als hundert blauweißen Bögen umgeben ist, die einem Schaum aus schimmernden Blasen ähneln. Untersuchungen von lichtablenkenden Haufen sind bei der Suche nach dunkler Materie deshalb besonders nützlich, weil die Linse alle Massen im Inneren der Linse anzeigt; auch solche, die sich gewöhnlich weiter von der Haufenmitte entfernt befinden als a) die äußersten Galaxien, die bei der Analyse der Bewegungen berücksichtigt werden, und b) die heißen Gaswolken, die im Röntgenbereich strahlen. Die Gravitationslinsenforschung läßt also ebenfalls vermuten, daß mindestens einige Galaxienhaufen zu über neunzig Prozent aus dunkler Materie bestehen.

Auch Untersuchungen im allergrößten Maßstab finden reichlich dunkle Materie. Eine besondere Herausforderung war das Ergebnis der sogenannten »Sieben Samurai« gegen Ende der achtziger Jahre. Diese Gruppe von sieben Astronomen zeigte unter der Leitung von Alan Dressler, Sandra Faber und Donald Lynden-Bell, daß sich die Lokale Gruppe und Tausende ihrer Nachbargalaxien mit einer Geschwindigkeit von über 630 Kilometern pro Sekunde relativ zum Universum bewegen. Das ist ziemlich schnell – fast das Dreifache der Geschwindigkeit der Sonne in ihrer Bahn um das Zentrum des Milchstraßensystems. Die Sieben Samurai vermuteten, daß die Gruppe von einer großen und noch unbeobachteten Masse angezogen wird, die sie »den Großen Attraktor« nannten. Der Große Attraktor liegt offenbar zweihundert Millionen Lichtjahre von unserer Galaxis entfernt, jenseits der Virgo- und Hydra-Centaurus-Haufen. Anscheinend beschleunigt er diese sogar noch durch seine Anziehung. Wenn sein Einfluß in solch enormen Größenordnungen dermaßen gewichtig ist, muß seine Masse beträchtlich sein – das Äquivalent von 50 000 Galaxien, neunzig Prozent davon dunkle Materie.

Die Hypothese, daß es einen Großen Attraktor gibt, beruht auf statistischen Untersuchungen der Bewegung von Galaxien, die sehr anfällig sind für alle Arten von Fehlern, und natürlich beruhen sie auch auf mehreren theoretischen Annahmen. In Anbetracht all dieser Unwägbarkeiten tun einige Forscher das Vorhaben als »wissenschaftliche Schlammschlacht« ab. Aber die Sieben Samurai sind ernsthafte Wissenschaftler, ihre Arbeit hat bis jetzt der anhaltenden Skepsis kritischer Kollegen standgehalten, und ihre Moral ist ungebrochen. »Ich stecke im Schlamm, aber ich bleibe standfest«, sagt Sandra Faber.[10] Je größer der untersuchte Teil des Universums ist, desto größer ist der Prozentsatz der darin gefundenen dunklen Materie. Das läßt sich gut an dem kosmischen Dichteparameter Ω nachweisen.

Wie man sich erinnern wird, ist die Dichte des Universums dann kritisch, wenn $\Omega = 1$ gilt, denn dann ist es »flach« und dehnt sich immer aus.[11] Bis heute wurde noch nicht so viel Materie beobachtet, wie es für einen so hohen Wert von Ω notwendig ist. Die helle Materie liefert nur ein Prozent des kritischen Werts, und selbst wenn man die gesamte vermutete dunkle Materie bis zur Größe von Galaxienhaufen addiert, ergibt sich erst ein Omega-Wert von nicht mehr als zehn Prozent. Trotzdem meinen viele Forscher, Ω müsse eins sein, weil ihnen die Inflationstheorie zusagt und die meisten Inflationstheorien für Ω den Wert 1 vorhersagen. Es gibt auch andere gute Gründe für diese Meinung: Im Standardmodell für den Urknall, bei dem sich das Universum ausdehnt, hat die kosmische Dichte nur dann immer denselben Wert, wenn $\Omega = 1$ ist. Wenn Ω *nicht* eins ist, leben wir heute in einer besonderen Zeit, in der Ω zufällig gerade nahe am kritischen Wert ist, während es in Wirklichkeit einem anderen Wert zustrebt. Es könnte also reiner Zufall sein, daß wir in einer Zeit leben, in der der kosmische Dichteparameter bis auf einen Faktor zehn in der Nähe des kritischen Werts liegt. Kosmologen hegen jedoch viel Mißtrauen gegenüber Überlegungen, die uns in eine besondere Zeit oder an einen besonderen Ort versetzen, weil das Spekulationen anderer Art Tür und Tor öffnet. (Man sagt, solche Überlegungen verletzten das *kosmologische Prinzip*.) Der Kosmologe Andrej Linde sagt gern, ein Universum mit kritischer Dichte sei »natürlicher« als ein anderes.

Für Theoretiker, die so denken, ist Ω eine Tasse, die gefüllt werden muß. Die Beobachter haben ein Zehntel der Materie geliefert, die nötig ist, um die Tasse zu füllen – um Ω auf eins zu bringen –, und die Aufgabe besteht jetzt darin, die übrigen neunzig Prozent der kosmischen Materie zu finden. Da ein Universum, das weniger Masse hat, als es die kritische Dichte erfordert, »offen« genannt wird, spricht man, wenn man den Versuch bezeichnen will, genug Masse zu finden, um die Tasse zu füllen, gelegentlich auch davon, man wolle das Universum »schließen«. (Das ist natürlich nur eine Redeweise. Die kosmische Geometrie ist, was sie ist, und wir versuchen herauszufinden, was sie ist, und nicht, sie zu beeinflussen.) Jene, die das Universum schließen wollen, bemerken mit Interesse, daß die Beobachtungen im größten Maßstab die größten Anteile dunkler Materie aufspüren – und gehen davon aus, daß sie schließlich einmal ausreichen wird, die Tasse zu füllen.

So erschallt der Ruf nach dunklen Materie-Proleten:
Schwarzen Löchern, Schneebällen, Gaswolken,
   massearmen Sternen oder Planeten.
Aber da kommen wir in die Klemme schon,
denn eine Galaxienformation
setzt viel Struktur voraus in der Hintergrund-Radiation,
solange wir nichts haben als Baryonen und adiabatische Fluktuation.
Die Russen kennen die Antwort: »Raus aus der Sackgasse!
Ljubimow hat gezeigt, das Neutrino hat Masse.«
Pfannkuchen! schreit Zeldovich: »Dunkles ist heiß!«
»Nein«, brüllen Carlos Frenk, Marc Davis und Simon White-Weiß,
Quasare sind alt und Pfannkuchen jung,
Von oben nach unten führt's zu Mißbildung,
Also weg mit Neutrinos, und ab ist der Lack.
Aber in Kalifornien sagen Blumenthal und Primack:
Verkriecht euch doch nicht in Asche und Sack!
Es gibt noch viele Partikel,
Lest nur die richtigen Artikel.
DAVID WEINBERG, »Der Dunkle-Materie-Rap«

Unabhängig davon, ob es genug dunkle Materie gibt, um das Weltall zu schließen, gibt es sicherlich sehr viel mehr dunkle Materie als leuchtende. Eine Forschergruppe sagt es so: »Die Frage ist nicht mehr: ›Gibt es dunkle Materie?‹, sondern: ›Was ist die häufigste Materieform?‹«[12]

Was also ist dieser Stoff?

Eine Möglichkeit ist, daß alle dunkle Materie aus Baryonen besteht – also aus Protonen und Neutronen gewöhnlicher Materie. Man kann sich viele Formen baryonischer dunkler Materie vorstellen, die mit einiger Wahrscheinlichkeit im Raum vorkommen könnten. Zu den Kandidaten gehören Zwergsterne, die zu schwach sind, um schon beobachtet werden zu können, »Jupiterähnliche« (substellare Objekte mit Massen von etwa einem Tausendstel der Sonnenmasse), Schwarze Löcher und massereiche kalte Gaswolken. Sicherlich ist ein Teil der dunklen Materie baryonisch: Schließlich sollten die etwa hundert Milliarden Kometen der Oortschen Wolke, wenn es sie gibt, als baryonische dunkle Materie bezeichnet werden können, und es gibt dort draußen mit ziemlicher Sicherheit eine Menge anderer unscheinbarer Dinge, die aus Protonen und Neutronen bestehen.

Baryonische dunkle Materie könnte zwar die gesamte unsichtbare Masse der Milchstraße und anderer Galaxien liefern, reicht aber sicher nicht aus für Galaxien und Galaxienhaufen und Superhaufen, denn die Berechnungen über die Kernsynthese im Urknall – die, wie wir gesehen haben, die kosmische Häufigkeit von Deuterium und Helium richtig vorhersagen – schließen aus, daß baryonische Masse mehr als rund ein Zehntel des kritischen Werts ausmacht. Sonst würde fast alles Deuterium im Urknall zu Helium verbrannt sein, und diese Möglichkeit wird durch das ausgeschlossen, was David Schramm »Deuteronomie« nannte, die Untersuchung der beobachteten kosmischen Deuteriumhäufigkeit. Offensichtlich müssen wir also nach nicht-baryonischen Formen dunkler Materie suchen.

In dem saloppen Jargon, in dem die Forscher von der dunklen Materie sprechen, werden baryonische Teilchen als MACHOs bezeichnet, eine Abkürzung für Massive Compact Halo Objects (mit Halo sind galaktische Halos gemeint), und nicht-baryonische

Objekte als WIMPs, Weakly Interacting Massive Particles. Mit »schwach« ist gemeint, daß WIMPs mit anderer Materie nur durch die schwache Kernkraft wechselwirken (und durch die Schwerkraft, sonst wäre die dunkle Materie ja überhaupt nicht entdeckt worden). WIMPs haben keine Wechselwirkung mittels der starken Kernkraft oder, noch wichtiger, der elektromagnetischen Kraft. Sonst nämlich hätten wir sie schon identifiziert, weil sie überall an Atomen und Molekülen kleben würden. Wie die Neutrinos »spüren« sie nur die schwache Kraft. Falls sich herausstellt, daß Neutrinos Masse haben, wären sie WIMPs. Wir erörtern die faszinierende Frage der Neutrinomasse weiter unten genauer und überlegen, warum Neutrinos wahrscheinlich nicht die besten Kandidaten für WIMPs darstellen. Aber zunächst betrachten wir die Hinweise, die die Beobachtung für die Existenz von MACHOs liefert.

Als sich herausstellte, daß unsere Galaxis von einem massereichen dunklen Halo umgeben ist, ließ sich nicht unmittelbar herausfinden, welche Objekte den dunklen Halo ausmachen. Erste Erkenntnisse gab es Ende der achtziger Jahre, als im Oktober 1989 der Astrophysiker Charles Alcock vom Lawrence Livermore National Laboratory in einem Vortrag am Zentrum für Teilchen-Astrophysik der Universität Berkeley eine Suchstrategie skizzierte. Er und seine Kollegen wollten mit Hilfe von ladungsgekoppelten Geräten, CCDs, Ereignisse aufspüren, bei denen dunkle Objekte im galaktischen Halo als »Mikrolinsen« Lichtablenkungseffekte bewirken.

CCDs sind jene lichtsensiblen Siliziumchips, die die Astronomie für Berufs- wie für Amateurastronomen gleichermaßen revolutioniert haben. Ihr offensichtlichster Vorteil ist, daß sie viel empfindlicher sind als photographische Emulsionen. Das Teleskop, das ein Liebhaberastronom in seinem Garten stehen hat, kann, mit einer CCD-Kamera ausgerüstet, dieselbe Leistung erbringen wie früher das Teleskop auf dem Mount Palomar, und wenn CCDs in große Teleskope eingebaut werden, können diese Teleskope in derselben Belichtungszeit doppelt so weit beobachten. In seinem Vortrag in Berkeley konzentrierte sich Alcock jedoch auf einen anderen Aspekt der CCD-Technologie. Ein CCD-Chip besteht aus einer Reihe lichtempfindlicher Flecken, sogenannter Pixel, von denen jedes seine Information digital in Echtzeit an einen Computer weitergibt. Die CCDs stellen also eine Art Film her. Wenn man ein Objekt beobachtet, das hell genug ist, um in fünf Minuten aufgezeichnet zu werden, kann man einen Film drehen, in dem jede Einstellung fünf Minuten dauert. Und da ein CCD-Chip mit seinen Millionen von Pixeln Tausende von Sternen in einem teleskopischen Gesichtsfeld gleichzeitig festhalten kann, können die Astronomen mit Hilfe von CCDs bei all jenen Sternen zugleich nach Helligkeitsschwankungen suchen.

Alcock bemerkte, daß in der Großen Magellanschen Wolke, der massereichsten Satellitengalaxie der Milchstraße, innerhalb eines einzigen Weitwinkelbereichs Millionen Sterne zu sehen sind. Wenn ein mit einem CCD ausgerüstetes Teleskop stets auf die Wolke gerichtet würde, so überlegte er, könnte man an ihnen Veränderungen der Helligkeit beobachten, die sich ergeben, wenn ein dunkles Halo-Objekt – ein MACHO – im Halo unserer Galaxis die Sichtlinie durchquert, die vom Stern zum Teleskop hin verläuft. Das ist der Mikrolinsen-Effekt. Dabei krümmt der MACHO – beispielsweise ein Zwergstern mit halber Sonnenmasse – den Raum so stark, daß er Licht von dem fernen Stern sammelt, so daß der Stern scheinbar heller wird, wenn der MACHO vor ihm vorbeizieht. Selbst wenn sich alle Menschen auf der Erde freiwillig für diese mühsame Arbeit zur Verfügung stellen würden, könnten sie nicht alle sichtbaren Sterne der Magellanschen Wolke verfolgen. Aber es müsse, so meinte Alcock, mit Hilfe von Computern, die Sterne verfolgen, möglich sein, im Halo des Milchstraßensystems MACHOs zu finden.

Die Astronomen in Berkeley reagierten mit Begeisterung auf diesen Vorschlag, und bald hatte eine Gruppe von Wissenschaftlern von Livermore, Berkeley und der National University von Australien – die, wie sich denken läßt, den Spitznamen MACHO erhielt – ein veraltetes 75-Zentimeter-Instrument am Mount-Stromlo-Observatorium in der Nähe von Canberra in Australien mit CCDs aufgerüstet und auf die Große Magellansche Wolke gerichtet. In jeder klaren Nacht beobachteten die Computer die Helligkeit der fast zwei Millionen Sterne in der Wolke. Die Durchsicht der Daten war, wie zu erwarten, mühsam. Alle fünf Minuten erzeugten die Instrumente 75 Megabytes Daten, was dem Inhalt von anderthalb Metern Bücher entspricht. Die Astronomen mußten Tausende von zuvor nicht katalogisierten veränderlichen Sternen durchmustern und jene aussortieren, die ihre Helligkeit regelmäßig verändern und nicht nur bei einer einzigen Beobachtung. (Nebenher entdeckte die Gruppe übrigens auch mehrere neue Arten von Veränderlichen.) Aber das Verfahren bewährte sich. Mitte 1995 hatte die MACHO-Gruppe acht Mikrolinsen-Ereignisse in der Wolke beobachtet. (Zwei andere Gruppen führen ähnliche Projekte durch. Passend zur eingeführten Nomenklatur taufte man sie EROS, für Expérience de Recherche d'Objets Sombres, und OGLE für Optical Gravitational Lens Experiment.[13] Auch sie fanden solche Mikrolinsen-Effekte.)

In jedem dieser Fälle ist anscheinend ein kleines dunkles Objekt zwischen das Teleskop und einen Stern der Magellanschen Wolke geraten, das das Bild des Sterns kurzzeitig aufhellt. Aus der Dauer der Aufhellung, gewöhnlich etwa einen Monat, läßt sich der Durchmesser dieser MACHOs abmessen. Die Ergebnisse lassen vermuten, daß MACHOs zumeist Zwergsterne sind – entweder weiße Zwerge, die Asche toter Sterne, oder braune Zwerge, deren Masse nicht ausreicht, um in ihrem Inneren die Kernverschmelzung auszulösen.

Die MACHO-Gruppe stellte ihre Teleskope dann auf die zentrale Wölbung der Milchstraßengalaxie ein, eine Sternenkugel, die so gelb ist wie das Gelbe vom Ei und die über den dunklen Wolken der davorliegenden Scheibe lauert, im südlichen Sternbild Schütze, das hoch über dem Mount Stromlo am Himmel steht. Dort fanden sie viel mehr Mikrolinsen-Ereignisse als erwartet. Sie nahmen an, daß das Milchstraßensystem entweder eine Balkenspirale ist und der Balken zufällig zu uns hinweist, so daß wir unerwartet viel Materie sehen, wenn wir zur Wölbung hinschauen, oder daß der Halo abgeflacht ist, so daß seine Dichte zunimmt, wenn man zur Scheibe hin blickt. Jedenfalls gibt diese noch nicht abgeschlossene Arbeit die ersten direkten Hinweise darauf, daß es MACHOs gibt, und ermöglicht erste Vermutungen darüber, wo wenigstens einige von ihnen sich befinden. Und sie bestätigt, daß unsere Galaxis im wesentlichen dunkel ist.

Die Mikrolinsen-Verfahren stecken noch in den Kinderschuhen. Wenn die Daten reichlicher und die Methoden besser werden, sollten wir den galaktischen Halo mit ihrer Hilfe in größeren Einzelheiten abbilden können. Zur Zeit ist noch nicht bekannt, wie weit sich der Halo nach außen erstreckt. Wenn die Halos großer Galaxien wie dem Milchstraßensystem sich gewöhnlich bis hin zu einem Radius von, sagen wir, drei oder vier Millionen Lichtjahren erstrecken, eine Entfernung, die etwa den mittleren Entfernungen zwischen diesen Galaxien entspricht, könnte die baryonische Materie in den Halos der in Galaxienhaufen vermuteten dunklen Materie entsprechen. Dann könnten wir die Suche beenden und behaupten, die Frage sei zugunsten rein baryonischer dunkler Materie beantwortet – dunkle Materie bestehe aus nichts anderem als MACHOs. Wenn aber die Halos nicht ausreichen, könnte es irgendwo draußen noch viel baryonische dunkle Materie geben – vielleicht in Form »dunkler Galaxien«, die es sicherlich gibt und die vielleicht so zahlreich sind wie helle Galaxien, deren Anzahl aber noch nicht bekannt ist, weil sie wegen ihrer schwachen Leuchtkraft schwer auffindbar sind. Vielleicht können Baryonen die Arbeit auch allein leisten. Einige Wissenschaftler vertreten diese minimalistische Einstellung.

Aber die Einschränkungen, die die Kernsynthese im Urknall auferlegt, machen es unwahrscheinlich, daß soviel dunkle Materie in Baryonen steckt, wie zur Erklärung der Dynamik der Galaxienhaufen nötig ist. Und sicherlich gibt es nicht soviel Baryonen, wie nötig wären, um das Universum zu schließen. Wer für einen Kosmos mit kritischer Dichte plädiert, muß über MACHOs hinausschauen und auf WIMPs hoffen. Der Physiker Michael Turner von der Universität Chicago sagt: »Die großartigere – und radikalere – Sicht ist, daß ... wir in einem Universum leben, das von nicht-baryonischer dunkler Materie beherrscht wird. Aus Sicht der Theorie ist das ein besonders reizvolles Szenario – und es könnte sogar zutreffen!«[14] Der Vorschlag jedoch, daß es für ein Phänomen zwei zutreffende Erklärungen gibt – daß kosmische Materie (zu zehn Prozent) aus Baryonen besteht und (zu neunzig Prozent) aus exotischem Stoff, von dem man noch nicht weiß, daß es ihn gibt –, bedeutet einen Schritt, den nur wenige Wissenschaftler zu gehen bereit sind. Einige verweigern ihn kategorisch. Der Kosmologe Joseph Silk von der Universität Berkeley sagt: »Ich persönlich denke, der Organisator des Universums hätte uns wirklich sehr fies mitgespielt, wenn er mehrere Arten dunkler Materie geschaffen hätte.«[15]

Immerhin gibt es Hinweise auf die Existenz von WIMPs, d. h. nicht-baryonischen Teilchen.

Ein Hinweis ist, daß sich Galaxien und Galaxienhaufen anscheinend nicht allein aufgrund der Schwerkraft ihrer baryonischen Materie hätten bilden können. Es gibt zur Zeit *keine* glaubwürdige Theorie, die besagt, wie sich diese Strukturen hätten bilden können, wenn das Universum nur Baryonen enthielte. Ein anderer, noch provozierenderer Hinweis ist, daß viele Theorien der Teilchenphysik die Existenz von Teilchen vorhersagen, die genau die Kennzeichen haben, nach denen die Kosmologen suchen, die nicht-baryonischer dunkler Materie auf der Spur sind. Die theoretischen WIMPs waren eine Folge physikalischer Überlegungen, die nichts mit der Kosmologie zu tun hatten. Eine Gruppe sagt: »Dieser verblüffende Zufall legt nahe, daß solche Teilchen, wenn es sie gibt, die dunkle Materie ausmachen.«[16]

Die Existenz eines solchen WIMP wird von der Theorie der Supersymmetrie vorhergesagt. Ein führender Kandidat trägt den Namen LSP: Leichtestes Supersymmetrisches Teilchen. Seine Kennzeichen werden von den verschiedenen Fassungen der Supersymmetrie unterschiedlich vorhergesagt – deshalb hat es noch niemand für angebracht gehalten, ihm einen richtigen Namen zu geben –, aber es verhält sich in praktisch allen Fällen so, wie es auch dunkle Materie tun sollte. Wir werden die Supersymmetry (kurz SUSY) später als eine mögliche vereinheitlichte Theorie betrachten, wobei wir zugeben, daß SUSY rein theoretisch und auch unvollständig ist. Noch wurde keines der von der Supersymmetrie geforderten Teilchen in der Natur gefunden. Die Experimentatoren können auch erst dann nach ihnen suchen, wenn Beschleuniger mit höheren Energien gebaut sind, als es sie jetzt gibt. Aber bevor wir das LSP als reine Theorie abtun, wollen wir uns ein schwach wechselwirkendes nichtbaryonisches Teilchen ansehen, das wir kennen, weil es wirklich existiert. Es ist das Neutrino.

Neutrinos können nur mittels schwacher Kernkraft mit gewöhnlicher Materie wechselwirken, deshalb sind sie schwach wechselwirkende Teilchen (oder WIPs, Weakly Interacting Particles). Die Frage ist, ob sie Masse haben, also WIMPS, Weakly Interacting Massive Particles, sind. Im Urknall wurden viele Neutrinos freigesetzt: Der kosmische Neutrino-Hintergrund sollte etwa so viele Restneutrinos enthalten wie der Mikrowellenhintergrund Photonen. Wenn also auch nur eine einzige Neutrino-Art bloß ganz wenig Masse hat, könnte diese Masse ausreichen, um das Universum zu schließen.

Die Geschichte von der Entdeckung der Neutrinos kann all jenen als Warnung dienen, die WIMPs nur zu gerne als »reine Theorie« abtun würden. In den zwanziger Jahren befürchteten Physiker, die den radioaktiven Zerfall von instabilen Atomen erforschten, daß diese Ereignisse anscheinend den Energieerhaltungssatz verletzten. Wenn Atomkerne zerfallen, senden sie Elektronen aus und verlieren Masse. Damals beobachteten die Experimentatoren radioaktive Materie bei ihrem Zerfall, verzeichneten, welche Elektronen erzeugt wurden, und wogen Stichproben, um zu bestimmen, wieviel Masse verlorenging. Sie fanden, daß mehr Masse verlorenging, als die Elektronen davontrugen. Das verletzte die Erhaltungssätze, die fordern, daß die Gesamtmasse (oder Energie; Masse und Energie sind ja letztlich ein und dasselbe) bei jeder Transformation erhalten bleiben muß. Wenn man außerdem nur die Elektronen berücksichtigte, anscheinend die einzigen Teilchen, die beim Zerfall ausgesandt wurden, verletzte der radioaktive Zerfall ebenfalls die Erhaltung von Impuls und Drehimpuls.

Dann behauptete Wolfgang Pauli 1930 aufgrund theoretischer Überlegungen, die fehlende Masse werde von einem unbekannten Teilchen fortgetragen. Dieses Teilchen mußte eine sehr geringe Masse haben – Pauli meinte, seine Ruhemasse sei Null – und keine elektrische Ladung, sonst wäre es von den Experimentatoren bemerkt worden. Es mag recht *ad hoc* erscheinen, wenn man ein Problem zu lösen versucht, indem man ein neues Teilchen erfindet, auf das es keinerlei experimentelle Hinweise gibt – und man mag wie der Physiker Isidor Rabi beim Myon fragen: »Wer hat denn das bestellt?« Aber Paulis Theorie war raffiniert und beeindruckte Enrico Fermi so sehr, daß er das imaginäre Teilchen *Neutrino* taufte – italienisch für »kleines Neutrales«. Es dauerte 26 Jahre, bis bei einem raffinierten Versuch, den Frederick Reines und Clyde Cowan 1956 im Savannah-River-Kernreaktor in South Carolina durchführten, Hinweise darauf gefunden wurden, daß es Neutrinos wirklich gibt.

Heute spielen Neutrinos in der Physik eine Hauptrolle. Die Forscher wissen, daß sie im Urknall erzeugt wurden, daß sie in thermonuklearen Reaktionen, die die Sterne leuchten lassen, erzeugt werden, und daß das »Ausfrieren« der Neutrinos einen großen Teil der gewaltigen Energien verschlingt, die in Supernovae erzeugt werden. Aber es wurde niemals bewiesen, daß Pauli mit seiner Annahme, daß Neutrinos keine Masse haben, recht hatte, und es folgt weder aus experimentellen Hinweisen noch aufgrund von Symmetrieprinzipien, daß sie zutrifft. Die Theorie tendiert heute eher in die entgegengesetzte Richtung, da mehrere Fassungen der jetzt erarbeiteten vereinheitlichten Theorien eine nichtverschwindende Neutrinomasse voraussetzen. Deshalb haben Physiker, die von Kosmologen angespornt wurden, nach einem exotischen Teilchen zu suchen, das das Universum schließen könnte, die Frage untersucht, ob Neutrinos Masse haben.[17]

Von den drei Neutrino-Familien – Elektron, Myon und Tau – ist das Elektron-Neutrino anscheinend der beste Kandidat für die dunkle Materie, und mehrere Untersuchungen des radioaktiven Zerfalls haben nahegelegt, daß das Elektron-Neutrino eine Masse haben könnte. Aber sie ist nicht groß: Mehrere Beobachtungen haben der Neutrinomasse enge Obergrenzen gesetzt. Besonders bemerkenswert war die Entdeckung von Neutrinos, die von der Supernova 1987A in der Großen Magellanschen Wolke freigesetzt wurden. Supernovae setzen Neutrinos in einem plötzlichen Ausbruch frei: Die Wechselwirkung von Neutrinos mit anderen Teilchen ist so schwach, daß sie noch schneller aus dem Kern des zerberstenden Sterns herausfliegen als das Licht der Explosion. Je schwerer die Neutrinos, desto langsamer sind sie; wenn also beispielsweise die Elektron-Neutrinos eine Masse haben, durchqueren sie den Raum langsamer als die Neutrinos mit Ruhemasse Null, die ebenfalls von der Explosion freigesetzt wurden. Deshalb setzt die Gesamtzeit, in der Supernova-Neutrinos bei unseren Detektoren ankommen – zuerst kommen die masselosen Neutrinos, und die massereichen, falls es welche gibt, trudeln hinterher –, eine Obergrenze für die Masse der schwereren Neutrinos. Die Neutrinomasse ist um so weniger gestreut, je kürzer der Ausbruch ist. Neutrinos von der Supernova 1987A trafen am 23. Februar 1987 um 23.19 Uhr Mittlere Greenwich-Zeit auf der Erde ein – etwa sechs Stunden, bevor ein Astronom auf einem Berggipfel in Chile das Licht des explodierenden Sterns zuerst beobachtete – und wurden von mehreren unterirdischen Detektoren in Italien, den USA, Japan und anderswo verzeichnet. Einige der Daten sind fraglich, aber der Ausbruch dauerte, je nachdem, welche Daten man akzeptiert, etwa neun bis zwölf Sekunden. Das ergibt ein ziemlich genaues Bild und deutet darauf hin, daß selbst die schwersten Neutrinos von der Supernova 1987A keine oder nur wenig Masse hatten. Das kann den Kosmologen nur recht sein. Da es so außerordentlich viele Neutrinos gibt, genügt auch schon eine sehr kleine Neutrinomasse, um das Universum zu schließen.

Ein besonders beunruhigender Hinweis darauf, daß die Wissenschaft das Neutrino noch nicht völlig versteht, scheint den ganzen Tag lang auf uns herunter – und die ganze Nacht lang durch die Erde hindurch nach oben. Es geht um das Problem der Sonnen-Neutrinos.

Astrophysiker meinen die Sonne recht gut zu kennen. Insbesondere meinen sie, daß sie die wichtigen thermonuklearen Reaktionen verstehen, die im Sonneninneren ablaufen, und daß sie die Temperatur des Sonneninneren, die die Reaktionsgeschwindigkeit bestimmt, besser als mit einer Genauigkeit von fünf Prozent kennen. Aus der Reaktionsgeschwindigkeit wiederum ergibt sich die Rate, mit der die Sonne Neutrinos freisetzt. Inzwischen wurden Sonnen-Neutrinos auch wirklich entdeckt, was ein Hinweis darauf ist, daß die Astrophysiker auf der richtigen Spur sind, aber – und das ist das Problem – ihre Theorie sagt für das Sonnen-Neutrino eine Rate vorher, die doppelt so hoch ist wie die, die auf der Erde gemessen wird.

Sonnen-Neutrinos werden seit über 25 Jahren in einem Observatorium aufgespürt, das im wesentlichen aus einem mit 400 000 Liter Reinigungsflüssigkeit gefüllten Tank besteht. (Der Tank steht 1500 Meter unter der Erde in der Homestake-Goldmine in Lead, South Dakota. Die unterirdische Lage reduziert das durch kosmische Strahlung verursachte »Rauschen«, weil das Gestein diese Strahlung verschluckt, Neutrinos aber ungehindert hindurchläßt.) Gelegentlich stößt ein Neutrino in der Flüssigkeit mit einem Chloratom zusammen und verwandelt es in ein Argonatom. Die Experimentatoren saugen alle paar Monate die Flüssigkeit ab und filtern das Argon heraus. Aus der Menge des Argons können sie dann auf die Anzahl der Neutrino-Zusammenstöße schließen, und daraus auf die Gesamtzahl der Neutrinos, die durch den Tank gegangen sind.

Sonnen-Neutrino-Detektoren gehören zu den seltsamsten Observatorien in der Geschichte der Astronomie, und die Wissenschaftler, die Sonnen-Neutrinos erforschen, mußten eine gewisse Ratlosigkeit der Öffentlichkeit in bezug auf ihre Arbeit in Kauf nehmen.[18] John Bahcall vom Institute for Advanced Study in Princeton, der wesentliche Beiträge zum Standardmodell der Sonnenfusion geliefert hat, das durch die Detektorergebnisse in Frage gestellt worden ist, wurde von einem der Bergleute mit der Bemerkung getröstet, das Wetter sei in letzter Zeit ungewöhnlich wolkig gewesen. Und als Ray Davis Jr., der Leiter des Homestake-Experiments, zehn Güterwaggons mit Reinigungsflüssigkeit bestellt hatte, um den Detektor aufzufüllen, erhielt er bald darauf Angebote von einem Kleiderbügelverkäufer.

Immerhin verstehen die Physiker, wenn auch sonst nicht jeder, die Physik der Detektoren gut, und die Ergebnisse sind deutlich: Die Tanks fangen nur etwa halb so viele Elektron-Neutrinos auf, wie nach der Theorie zu erwarten wäre. Man hat sich viel Mühe gegeben, die Diskrepanz zu erklären, und zwar gewöhnlich, indem man die Abschätzungen der Innentemperatur der Sonne senkte (das führt zur Theorie von der »kalten Sonne«). Aber dann müßte die Sonne auch weniger hell leuchten, als sie es tut. Thomas Bowles aus Los Alamos sagt mit der für dieses Gebiet so typischen Untertreibung: »All diese Modelle haben Probleme damit, andere gemessene Parameter (beispielsweise die Leuchtkraft) der Sonne zu reproduzieren.«[19]

Anfang der neunziger Jahre nahmen zwei neue und empfindlichere Neutrinodetektoren die Arbeit auf. Wie es zu der eher esoterischen Färbung der Neutrinoforschung paßt, benutzen sie Gallium, ein seltenes und so teures Metall, daß eine Füllung eines Galliumdetektors bis zu zwanzig Millionen Dollar kosten kann. (Das Metall kann wiedergewonnen und verkauft werden, wenn der Detektor aufgegeben wird, was jedes solcher Projekte zu einem Spekulationsobjekt zur Zukunft von Gallium macht.) Beide Anlagen stecken tief im Gebirge – GALLEX (GALLium EXperiment) in einem Tunnel, der unter dem Gran-Sasso-Massiv im Apennin verläuft, und SAGE (Soviet-American Gallium Experiment) am Baksan-Neutrino-Observatorium unter dem Berg Andyrchi im Kaukasus. Die Daten der Galliumdetektoren bestätigen die Seltenheit der Sonnenneutrinos und schließen mit relativ großer Sicherheit astrophysikalische Erklärungen aus, wonach die Fusionsrate der Sonne reduziert oder unterbrochen sei. Es scheint also eine neue Physik nötig zu sein.

Eine plausible Erklärung ist, daß Neutrinos »oszillieren« – was in der Sprache der Quantenmechanik bedeutet, daß ein Neutrino sich auf seinem Weg vom Sonneninneren an die Oberfläche von einer Art in eine andere verwandelt. Oszillationen könnten Elektron-Neutrinos – diejenigen, die von Detektoren mit Gallium und Reinigungsflüssigkeit aufgefangen werden – in Myon-Neutrinos umwandeln, die die Detektoren nicht auffangen können. Die Theorie der Neutrino-Oszillation ist elegant und geradlinig – und, was besonders wichtig ist, sie kann in den großen Neutrinodetektoren überprüft werden, die zur Zeit ihre Arbeit aufnehmen. Erste vorläufige Ergebnisse aus einem Versuch, der 1996 am Los Alamos National Laboratory durchgeführt wurde, lassen vermuten, daß es Neutrino-Oszillationen wirklich gibt. Wie immer das endgültige Urteil auch lauten mag: Die besten Hinweise auf eine Neutrinomasse, die in kosmischen Szenarien vor langer Zeit und in großer Ferne eine Rolle spielt, werden von der nahen Sonne stammen.

*Wer hat recht? Noch müssen Beobachtung oder Experiment
erleichtern unser Prädikament.
Dunkle Materie wird populär, weil ja jeder weiß:
Wer sie entdeckt, dem winkt der Nobelpreis.*
DAVID WEINBERG, »Der Dunkle-Materie-Rap«

Aber während die Experimentalphysiker der Neutrinomasse auf der Spur sind, deren Entdeckung in jedem Fall von grundlegender Bedeutung für die Teilchenphysik wäre, sind Neutrinos für diejenigen Kosmologen, die nach der Masse suchen, die nötig ist, um das Universum zu schließen, nicht mehr aktuell. Das liegt daran, daß Neutrinos sich schlecht dazu eignen, eine der wichtigsten Aufgaben zu erfüllen, die die nicht-baryonische dunkle Materie erfüllen soll, nämlich Galaxien und Galaxienhaufen zu bilden. Computersimulationen, bei denen Neutrinos die nicht-baryonische dunkle Materie darstellen, bilden Galaxien entweder zu langsam, oder sie führen zu mehr Struktur (also zu klumpigeren Universen), als man beobachtet. Und deshalb hat sich das Scheinwerferlicht auf das leichteste supersymmetrische Partikel, LSP, gerichtet.

In den meisten heutigen Theorien, sowohl in den konservativen, mit minimalen Ausweitungen des Standardmodells, als auch in solch schimmernden Schlössern in der Ferne (einige würden von Luftschlössern sprechen) wie der Superstringtheorie, ist das *Neutralino* der führende LSP-Kandidat. Leser, die es gern genau wissen möchten, sollten sich merken, daß das Neutralino eine Linearkombination der supersymmetrischen Partner des Photons ist, also eines Bosons, das aus dem frühen Weltall stammt und Z^0 heißt: des theoretischen Higgs-Bosons. Wir werden diese und andere Bewohner des supersymmetrischen Zoos später kennenlernen, wenn wir die Symmetrie und die vereinheitlichten Theorien erörtern. In diesem Zusammenhang ist es wichtig, daß die meisten Fassungen der supersymmetrischen Theorie die Existenz eines stabilen Teilchens vorhersagen, das

171

die Masse und Häufigkeit hat, die zum Schließen des Universums notwendig sind. Die Entwicklungsgeschichte solcher Teilchen hat Ähnlichkeit mit dem, was wir bei der Vernichtung von Materie und Antimaterie gesehen haben: Im Feuerofen des Urknalls wäre LSP solange vernichtet worden, bis sich das ursprüngliche Plasma verdünnt hätte und der Anteil aus restlichen LSPs im Weltall neunzig Prozent der Masse betrug.

Die Masse (also die Energie) des LSP liegt fast innerhalb der Reichweite der Teilchenbeschleuniger bei CERN und Fermilab, deshalb sollte es bald möglich sein, diese Vorhersage der Supersymmetrie zu überprüfen. Bis dahin scheint es verfrüht zu sein, die Rede von exotischer dunkler Materie als »reine Theorie« abzutun. Man findet nur selten etwas, das man nicht sucht, und die Theorie sagt den Experimentatoren, wo sie suchen sollen. Manchmal finden sie das Gesuchte, manchmal nicht, und manchmal finden sie Unerwartetes. Wenn man ein Modell des Universums macht, ist das, als ob man in einer mondlosen Nacht im heulenden arktischen Wind ein Zelt aufstellen will. Das Zelt ist die Theorie. Der Wind ist das Experiment. Wenn man an den Abgrund gerät, wo der sichere Boden des Vertrauten hinter einem liegt und man nur die dunklen Schluchten des Unbekannten spürt, läßt sich nur sehr schwer erraten, wo man die Heringe einschlagen soll, und kaum vorhersagen, welche davon stärkerem Wind standhalten werden. Aber es gibt Anzeichen für eine wunderschöne Struktur, die gerade jenseits des Erkenntnishorizonts liegt, und diese werden wir nicht finden, wenn wir die Möglichkeit ihrer Existenz vorzeitig leugnen.[20] Es gilt immer noch, was der Physiker Percy Bridgman von der Harvard-Universität schon 1927 bemerkte: »Was immer man über die Einfachheit entweder der Gesetze oder der materiellen Strukturen denken mag, es ist keine Frage, daß bei dem Rennen um physikalische Entdeckungen diejenigen einen wirklichen Vorteil haben, die eine solche Überzeugung vertreten. Zweifellos gibt es noch viele einfache Zusammenhänge zu entdecken, und wer fest davon überzeugt ist, daß es diese einfachen Zusammenhänge gibt, findet sie mit viel größerer Wahrscheinlichkeit als der, der daran zweifelt, daß es sie gibt.«[21]

Inzwischen können wir einen Augenblick innehalten und die Aussicht genießen. Was immer aus den bis jetzt angestellten Vermutungen wird, wir wissen jedenfalls, daß die meiste Materie im beobachtbaren Universum (noch) nicht beobachtet wurde. Den kosmischen Kartographen stellt sich eine neue Herausforderung: Sie sollen das schwarze Taj Mahal abbilden, so wie sie das weiße abgebildet haben, seine Eigenschaften in Erfahrung bringen und herausfinden, wie weit es der hellen Seite ähnelt. Es könnte beispielsweise sein, daß die dunkle Materie nicht den Spuren der hellen folgt – sich also nicht wie die helle Materie zu Galaxien und Galaxienhaufen sammelt. Theorien, die eine andere Verteilung der dunkeln Materie fordern, enthalten etwas, das man »Gewichtung« nennt, und Theoretiker neigen dazu, sich dafür zu rechtfertigen. Sie sagen von ihr, was Robert Frost von Gedichten sagte, die sich nicht reimen: Das sei wie Tennis ohne Netz. Aber genau wie das Universum überhaupt nicht dazu verpflichtet ist, den Naturwissenschaftlern das Leben leicht zu machen, hat es sich vielleicht auch keine besondere Mühe gegeben, ihnen das Leben unnötig zu erschweren. Dunkle Materie sammelt sich vielleicht nicht wie helle Materie zu Haufen an. Bei dieser Frage spielt das Thema der großräumigen Struktur des Universums eine entscheidende Rolle.

KAPITEL 6

Die großräumige Struktur des Universums

Dann traten wir hinaus und sahen die Sterne.

Dante, *Inferno*[1]

In seiner Tiefe sah ich, daß zusammen
In einem Band mit Liebe eingebunden
All das, was sonst im Weltall sich entfaltet.
Die Wesenheiten, Zufall und ihr Walten
sind miteinander gleichsam so verschmolzen
Daß, was ich sage, nur ein einfach Leuchten.

Dante, *Paradies*[2]

Im »kosmologisch signifikanten« Maßstab, in dem Entfernungen in Milliarden Lichtjahren gemessen werden, ist das Universum nach Meinung der Naturwissenschaftler isotrop, sieht also in allen Richtungen gleich aus, und auch homogen, was bedeutet, daß Materie im Raum gleichmäßig verteilt ist. Diese Annahme globaler Isotropie und Homogenität spielt in der modernen Kosmologie eine zentrale Rolle, denn sie ermöglicht nicht nur vereinfachte Modelle, die das Universum behandeln, als ob es ein Gas wäre und die Galaxien Moleküle, sondern wird anscheinend auch durch die Beobachtung bestätigt. So strahlt der kosmische Mikrowellenhintergrund überall am Himmel mit fast genau gleicher Intensität und zeigt damit an, daß das frühe Universum homogen und isotrop war. Radiokarten zeigen bis eine Milliarde Lichtjahre tief in den Raum hinein, daß Galaxien so gleichmäßig verteilt sind wie gesiebter Sand, das Universum im Großen also auch heute isotrop und homogen ist.

Aber im kleineren Maßstab – unterhalb von, sagen wir, einigen wenigen hundert Millionen Lichtjahren – finden wir viel Struktur. Auf dieser Ebene ist sichtbare Materie überhaupt nicht gleichmäßig verteilt, sondern bildet Klumpen und Haufen. Es gibt Galaxien, Galaxienhaufen, Superhaufen und gewaltige Blasenwände, die Leeren umgeben, die sich über 300 Millionen Lichtjahre erstrecken. Das Universum als Ganzes mag also isotrop und homogen sein, im kleineren Maßstab weist es diese Eigenschaften aber nicht auf.

In gewissem Sinn wissen die Kosmologen das schon lange. Wäre das Universum *vollkommen* homogen, gäbe es solche Dinge wie Sterne, Planeten und Galaxien nicht, weil sie alle viel dichter sind als der Durchschnitt. Wäre es *vollkommen* isotrop, wäre die Raumforschung sinnlos, denn dann wäre alles überall gleich. Die Frage ist nur, wo die lokale Struktur in eine homogene und isotrope Verteilung übergeht. Anders gesagt: Was ist ein »kosmologisch signifikanter« Maßstab?

Diese Frage läßt sich quantifizieren, indem man fragt, wie groß das Volumen einer Stichprobe des Raums sein muß, damit alle Stichproben gleich aussehen. Historisch gesehen haben die untersuchten Gebilde immer größere Volumina eingenommen, wie ein Satz von Schachteln, von denen eine immer in die nächste hineinpaßt. Schachteln von der Größe des Sonnensystems sind nicht groß genug, um mit Sicherheit eine homogene Stichprobe zu ergeben, und auch nicht solche von der Größe von Galaxien oder von Galaxiengruppen, Haufen oder Superhaufen. In den letzten Jahren sind diese Schachteln zu Behältern geworden, deren Seiten Hunderte Millionen von Lichtjahren maßen, aber auch diese waren noch nicht groß genug, um über die Ebene der Struktur hinauszureichen. Deshalb haben einige Kosmologen darüber nachgedacht, ob die Annahme der Isotropie und Homogenität gerechtfertigt ist. Die Kosmologie ist zu einer Prinzessin auf der Erbse geworden. Die kosmologische Matratze ist wie aus einem Schwamm gemacht. Schwämme haben Löcher – sie haben eine lokale Struktur –, und ein Schwamm wird nur dann zu einer anständigen Matratze, wenn die Löcher relativ zur Größe und Empfindlichkeit der Prinzessin, die sich auf die Matratze legt, nicht zu groß sind. (Deshalb erzählt das Märchen von einer Prinzessin und nicht von einem Riesen, denn den würde eine Erbse wohl viel weniger stören.) Es gibt mehrere kosmologische Theorien, die unterschiedliche Größen von Löchern im Schwamm zulassen. Aber wenn man über einen bestimmten Punkt hinausgelangt – ungefähr den, den die Beobachtungen jetzt erreicht haben –, fangen alle sozusagen an, sich auf der Matratze hin und her zu wälzen.

Die großräumige Struktur ist ein für heutige Wissenschaftler außerordentlich interessantes Thema. Der russische Astrophysiker Yakov Zeldovich sah in ihr »die wichtigste Eigenschaft der uns umgebenden physikalischen Welt«.[3] Sein Kollege Igor Novikov ging so weit zu sagen, die wichtigste Aufgabe, die sich der modernen Kosmologie stellt, sei eine gründliche Analyse der Abweichungen vom Idealbild eines homogenen, isotropen Universums.[4] Dafür gibt es drei wichtige Gründe.

Erstens gewinnen Astronomen durch die Untersuchung der Strukturen bessere Karten des kosmischen Raums. Margaret Geller von der Harvard-Universität, der diese Forschung wesentliche Beiträge verdankt, sagte einmal: »Wenn meine Nachbarn im Flugzeug mich fragen, was ich tue, habe ich früher immer gesagt, ich sei Physikerin, und damit war das Gespräch beendet. Einmal sagte ich, ich sei Kosmologin, aber dann fragten sie mich über Make-ups aus, und wenn ich ›Astronomin‹ sage, wird es mit Astrologin verwechselt. Jetzt sage ich, ich erstelle Karten.«[5] Offenbar wäre es hilfreich, wenn Astronomen alle wichtigen Galaxien innerhalb von, sagen wir, einigen hundert Millionen Lichtjahren Entfernung von der Erde kennen würden und wüßten, an welcher Stelle des Raums sie sind und wie sie sich bewegen. Das lokale Universum ist der Teil, den wir am genauesten erkunden können, und je größer die Stichprobe wird, um so repräsentativer wird sie und desto weniger engstirnig.

Ein zweiter Grund hat mit der Tatsache zu tun, daß lokale Massenkonzentrationen das von der Ausdehnung des Universums erzeugte Geschwindigkeitsfeld stören. Die Messung der Geschwindigkeit, mit der sich das Universum ausdehnt (also die Bestimmung des Werts der Hubble-Konstante) wird durch die Tatsache kompliziert, daß unsere Galaxis in einen Superhaufen eingebettet ist, dessen lokales Gravitationsfeld die Ausdehnungsgeschwindigkeiten aller Galaxien verlangsamt, die weniger als hundert Millionen Lichtjahre von uns entfernt sind. Bis Astronomen diese Wirkungen verstanden haben, werden sie sich weiter über Unsicherheiten bei der grundlegenden Abschätzung der kosmischen Ausdehnungsgeschwindigkeiten naher Galaxien ärgern müssen.

Drittens spricht für die Erforschung großräumiger Strukturen, daß wir dadurch etwas über die Geschichte des Kosmos erfahren. Nach der Urknalltheorie haben die ungeheuer großen Strukturen, die wir um uns herum sehen, ihren Ursprung in winzigen Fluktuationen, die sich im frühen Universum entstanden. Die Strukturen selbst sind Überreste, und wenn wir verstehen, wie sie gebildet haben, werden wir mehr darüber wissen, welche Vorgänge sich abspielten, als das Universum jung war.

In diesem Kapitel schauen wir uns zunächst an, was die kosmischen Kartographen über die kosmische Struktur gelernt haben. Dann betrachten wir, wie die Struktur die Bewegungen von Galaxien beeinflußt (und wie sie von diesen offenbart wird). Und schließlich erörtern wir einige der maßgeblichen Theorien und Beobachtungen, die sich darauf beziehen, wie es dazu kam, daß die sichtbare Materie so verteilt ist, wie man es heute beobachtet.

Zunächst also zur Kartographie.

Die kosmische Struktur ist ein Kontinuum, und die Grenzen zwischen den verschiedenen Stufen der Hierarchie sind nicht immer klar. Beispielsweise kann die Unterscheidung zwischen einem großen *Superhaufen* und einem kleinen *Superhaufenkomplex* willkürlich sein – wie wenn man Eier danach sortiert, ob sie groß oder extra groß sind. Die Aufgabe wird manchmal mit der Herstellung von Weltkarten verglichen, aber sie ist schon erheblich schwieriger. Mit Hilfe der Ozeane können wir auf der Erde zumindest zwischen Land und Meer unterscheiden, während der Versuch, die Anordnung der Galaxien im Raum zu erfassen, mehr Ähnlichkeit mit dem Versuch hat, in einem bewölkten Himmel Ordnung zu finden. Bis wir eine angemessene Theorie der Strukturbildung haben, wird jedes taxonomische Schema bis zu einem gewissem Grade eine Sache des persönlichen

Geschmacks bleiben. Das Folgende ist als Versuch gedacht, die Sichtweise darzustellen, die heute allgemeine Zustimmung findet.

Astronomen unterscheiden fünf Größenordnungen von Strukturen, die größer sind als Galaxien – Gruppen, Haufen, Wolken, Superhaufen und die ungeheuer großen Ansammlungen, die Superhaufenkomplexe oder Mauern heißen. Die Mauern umgeben Leeren – kosmische Blasen, wenn man so will, mit nur wenigen Galaxien in ihrem Inneren. Man hat Ähnlichkeiten zwischen diesen Systemen gefunden, deren Bedeutung aber noch nicht recht verstanden ist. Superhaufen beispielsweise enthalten Gruppen von Galaxien, ähnlich wie einzelne Galaxien Sternhaufen enthalten. Einige Superhaufen sind offenbar flach wie Spiralgalaxien, aber was das bedeutet, ist ungewiß. Nach dem Standardmodell des Urknalls werden alle diese Strukturen von der Schwerkraft bewirkt – sie sind ein Abbild des lokalen Raums –, aber bis die Mechanismen, die sie erzeugt haben, quantitativ ausgearbeitet sind, bleibt eine gewisse Willkür. Trotzdem scheint die Einteilung der vorgefundenen Strukturen in diese fünf Schubladen vernünftig zu sein, wenn auch nur als eine Etappe auf dem Weg zu einer umfassenderen Darstellung.

Die kleinsten Einheiten in diesem Schema sind die *Gruppen* von Galaxien. Gruppen erstrecken sich gewöhnlich über einige wenige Millionen Lichtjahre und bestehen aus drei bis sechs auffälligen und etwa einem Dutzend schwächerer Galaxien. Viele der größeren Galaxien treten paarweise auf, manche auch in Dreiergruppen, und viele der kleineren Galaxien sind Satelliten der größeren. So könnte man sagen, daß die Gruppen selbst aus kleineren Ansammlungen von Galaxien bestehen.

Haufen haben Durchmesser von zehn Millionen bis zwanzig Millionen Lichtjahren und enthalten Hunderte und Tausende von Galaxien. Sie sind viel »reicher« – also dichter – als Gruppen; Gruppen enthalten gegenüber dem durchschnittlichen Universum nur wenige Male mehr Masse pro Raumvolumen, während reiche Haufen mindestens zehn- bis zwanzigmal so dicht sind und die Mitte des Haufens sogar zehntausendmal. Es gibt zwei Arten von Haufen: Unregelmäßige Haufen haben eine lockere, etwas wirre Gestalt, ku-

178

gelförmige Haufen ähneln riesigen elliptischen Galaxien. Irreguläre Haufen enthalten viele Spiralgalaxien, in kugelförmigen dagegen überwiegen elliptische und SO-Galaxien (das sind Spiralen, deren Scheiben keine Spiralarme zeigen).

Es gibt einen deutlichen Unterschied zwischen Haufen und allen größeren Strukturen, denn Haufen werden wie Gruppen von der Gravitation zusammengehalten und nicht von der Ausdehnung des Universums auseinandergezogen. Sie sind damit die größten Systeme im Universum, die von der Gravitation verbunden werden; was größer ist, wird von der kosmischen Ausdehnung gestreckt. Haufen und Gruppen unterscheiden sich dadurch, daß die Bahngeschwindigkeiten von Galaxien in Gruppen gering ist – rund hundert Kilometer pro Sekunde –, während die Geschwindigkeiten in Haufen zehnmal höher sind, etwa tausend Kilometer pro Sekunde. Das liegt daran, daß die Dichte in Haufen größer ist als in Gruppen. Galaxien in Haufen laufen aus demselben Grund rascher, aus dem beispielsweise der Saturnmond Dione einen Umlauf in nur einem Zehntel der Zeit vollendet, die unser Mond braucht, obwohl sein Bahnradius dem des Mondes vergleichbar ist: Dione ist eben in dem mächtigen Gravitationsfeld dieses massereichen Planeten gefangen (Dione braucht 2,7 Tage, der Mond 27,3).

Wenn wir zu noch größeren Maßstäben als dem von Haufen übergehen und die Systeme hinter uns lassen, die von der Schwerkraft zusammengehalten werden, können wir nur noch unterschiedliche Grade an Dichte unterscheiden, und deshalb wird die Klassifizierung etwas subjektiver. Einige Astronomen sprechen bei Ansammlungen, die einen Durchmesser von etwa dreißig Millionen Lichtjahren haben und oft zu sogenannten *Filamenten* verbunden sind, von Wolken.[6] Andere sprechen lieber gleich von *Superhaufen.*

Superhaufen haben gewöhnlich Durchmesser von mindestens hundert Millionen Lichtjahren und enthalten je etwa zehntausend Galaxien. Alan Dressler beschreibt sie treffend als »ausgedehnte Plateaus mäßig verstärkter Galaxiendichte … die sich wie riesige Brücken, die aussehen wie Klöppelspitze, zu benachbarten Galaxienhaufen erstrecken.«[7] Superhaufen wurden früher einmal für die größten

179

Strukturen der Natur gehalten, heute aber ordnet man sie den enormen Mauern unter, die gelegentlich Superhaufenkomplexe genannt werden und sich über eine Milliarde Lichtjahre erstrecken können. Das ist mehr als fünf Prozent vom Radius des beobachtbaren Universums. Es gibt Bemühungen, diese gigantischen Strukturen zu vermessen, und vorläufige Ergebnisse lassen vermuten, daß sie gekrümmte Mauern bilden, die ungeheuer große Leeren oder Blasen einschließen, in denen Galaxien selten sind und Superhaufen gar nicht vorkommen. Die Leeren haben Durchmesser von näherungsweise 300 Millionen Lichtjahren. Wo sich die Blasenmauern durchdringen, finden sich dichte Superhaufen. Wenn sich das Blasenbild als zutreffend erweist, hat die Verteilung der hellen Materie im Universum Ähnlichkeit mit der Struktur eines Schweizer Käses oder eines Schwamms.

In diese fünf Kategorien also können wir aus unserer Warte im Milchstraßensystem unsere kosmische Umwelt einordnen. Am besten schauen wir zu Beginn zum Sternbild Jungfrau, Virgo, der reichsten Konzentration heller Galaxien an unserem Himmel. Dort, in etwa sechzig Millionen Lichtjahren Entfernung, steht der Virgohaufen, eine unregelmäßige Ansammlung von 1170 größeren Galaxien – und zweifellos Tausenden von Zwerggalaxien, die so schwach sind, daß sie noch nicht entdeckt wurden. Im Mittelpunkt des Virgohaufen finden wir ein Paar gigantischer Galaxien, die so groß wurden, weil sie Spiralgalaxien verschluckten, die in die Mitte des Haufens gefallen waren. Der Weg, der vom Virgohaufen zur Milchstraße führt, ist eine Pinakothek pittoresker Galaxien. In dieser Galaxienausstellung finden sich Meilensteine wie Centaurus A, eine gewaltige elliptische Galaxie, die gerade die zierliche Spiralgalaxie M81 verzehrt und an deren Begleiter, M82, vorbeisegelt (er geht durch einen feurigen Sturm der Sternbildung hindurch, der ausgelöst wurde, als er in das gravitative Kielwasser von M81 hineingeriet). Außerdem finden sich dort die klumpige Spirale M101 mit ihren hellen Begleitern M51 und NGC 5055.

Warum ist der Weg zu Virgo von solchem Glanz gesäumt? Weil der Virgohaufen einen gewaltigen Halo von Galaxien hat – analog zu den Halos von Sternen und Kugelhaufen, die große Galaxien umgeben –, der sich wiederum zu einem Superhaufen vereint, von dem ein Teil bis zu uns hin reicht und sogar noch etwas über uns hinaus. Das ist der Virgo-Superhaufen. Er hat einen Radius von über hundert Millionen Lichtjahren und ist etwas abgeflacht, dadurch sieht er aus wie eine enorme Galaxie, deren Kern der Virgohaufen ist. Die meisten seiner Galaxien gehören zu Wolken, unter anderem zu Virgo II und III, Leo II und Canes Venatii. (Wie die meisten solcher Strukturen sind auch diese nach den Konstellationen benannt, durch die hindurch wir sie sehen.) Die Wolken wiederum enthalten viele Gruppen. Insgesamt enthält der Virgo-Superhaufen in seiner Mitte mindestens elf Haufen oder Wolken und im Halo vielleicht fünfzig weitere.

Wenn wir einen Augenblick lang innehalten und uns in unserer unmittelbaren Nachbarschaft umsehen, finden wir, daß das Milchstraßensystem zu einer gewöhnlichen Gruppe von Galaxien gehört, die Erdbewohnern als Lokale Gruppe bekannt ist. Wie andere solche Einheiten wird auch die Lokale Gruppe von einer Spiralgalaxie beherrscht (der Andromedagalaxie M31), die mit einer zweitrangigen Spiralgalaxie (dem Milchstraßensystem) ein Paar bildet. Zur lokalen Gruppe gehört auch die schwächere, aber immer noch eindrucksvolle Spiralgalaxie M33. Die anderen Galaxien der Lokalen Gruppe sind größtenteils unauffällige Zwerggalaxien und irreguläre sowie elliptische Galaxien. Außer den 26 bekannten Galaxien enthält die Gruppe vermutlich noch andere, die verborgen und noch unentdeckt hinter den kohlrabenschwarzen Staubwolken liegen, die die Scheibe der Milchstraße verdecken. Die Galaxien der Lokalen Gruppe werden durch die Schwerkraft zusammengehalten und gehören wie ein Schwarm Fische oder Vögel wirklich zusammen, sind also nicht nur zufällig am selben Ort. Die Andromedagalaxie und das Milchstraßensystem nähern sich einander heute mit einer Geschwindigkeit von 300 Kilometern pro Sekunde. In einigen Millionen Jahren werden sie sich begegnen und wieder voneinander entfernen, während sie weiter ihre Bahnen um den Schwerpunkt der Lokalen Gruppe verfolgen.

Die Lokale Gruppe befindet sich am äußeren Rand einer großen Wolke, der Lokalen oder Coma-Sculptor-Wolke, die selbst wieder eher am Rand des Virgo-Superhaufens liegt. Wieder einmal befinden wir uns am Rand. Die Erde nimmt keineswegs die Mitte des Sonnensystems ein (wie Kopernikus zeigte und vor ihm schon Aristarch von Samos behauptete), und ebenso ist das Sonnensystem weit von der Mitte des Milchstraßensystems entfernt (wie Harlow Shapley bewies). Überdies ist das Milchstraßensystem nach der Andromedagalaxie nur die zweitgrößte Galaxie in der Lokalen Gruppe. Außerdem liegt die Lokale Gruppe im Außenbereich des Virgo-Superhaufens. Für Egozentriker ist die Kosmographie höchst unbefriedigend.

Die größten bekannten Strukturen – mehrfache Superhaufen, die wie Blasenwände angeordnet sind und kosmische Leeren umschließen – werden sichtbar, wenn Karten Größenordnungen von einer Milliarde Lichtjahren Durchmesser zeigen. Diese Karten sind ungenau: Sie extrapolieren die Entfernungen von Millionen von Galaxien aus Daten für nur wenige tausend und enthalten zweifellos viele Fehler, über die spätere Astronomen schmunzeln werden. Aber sie zeigen doch, daß Superhaufen in vielen Fällen durch Brücken und Fasern mit benachbarten Superhaufen zu Superhaufenkomplexen verbunden sind. Ein Beispiel ist der Hydra-Centaurus-Pavo-Superhaufen, der aus der Sicht eines Beobachters auf der Nordhalbkugel der Erde links vom Sternbild Virgo liegt und anscheinend mit dem Virgo-Superhaufen verbunden ist; er ist einige hundert Millionen Lichtjahre von uns entfernt. Ähnlich bildet der Perseus-Pisces-Superhaufen mit dem Sculptor-Komplex ein Kontinuum. Auch die Superhaufen Leo und Leo-Coma könnten miteinander verbunden sein. Die Hypothese, daß solche Superhaufenkomplexe Blasenwände sind, die Leeren umschließen, wird bestärkt durch die Anzeichen für reiche Superhaufenkomplexe wie die Große Mauer und die Cetus-Mauer, die über eine Milliarde Lichtjahre lang sind und sich dort zeigen, wo die Wände mehrerer Blasen zusammentreffen.

Die meisten der Durchmusterungen, auf denen solche Karten im großen Maßstab beruhen, leiten Entfernungen für Galaxien lediglich aus ihren Rotverschiebungen her. Die Rotverschiebungen geben in einem expandierenden Universum näherungsweise Entfernungen an, aber weil die Galaxien auch Geschwindigkeiten haben, die von den Schwerefeldern der Strukturen erzeugt werden, zu denen sie gehören, sind solche Karten verzerrt. Beim Kartieren eines Haufens überschätzen Astronomen, die die Entfernungen von Galaxien allein aufgrund ihrer Rotverschiebungen bestimmen, beispielsweise die Entfernungen solcher Galaxien, deren Bahnen in den Haufen sie von uns wegführen, und sie unterschätzen die Entfernungen jener, die sich uns gerade nähern. Deshalb scheinen Haufen in Rotverschiebungskarten entlang einer zur Erde weisenden Achse drastisch in die Länge gezogen zu sein, ein Effekt, den man aus irgendeinem Grund als »Finger Gottes« bezeichnet. Ähnlich werden Galaxien auf den nahen und fernen Seiten von Mauern durch die Schwerkraft zur Mitte der Mauer hin gezogen: Jene, die uns am nächsten sind, werden daher zu weit entfernt abgebildet (weil sie von uns weg beschleunigt werden, zur Mauer hin), und jene auf der uns abgewandten Seite scheinen uns nah zu sein, mit dem Ergebnis, daß die Mauer auf der Karte dünner erscheint, als sie wirklich ist. Diese Verzerrungen lassen sich kompensieren, und die Karten stellen dennoch eine große Leistung dar. Wenn man bedenkt, daß die Existenz von Galaxien überhaupt erst seit 1925 gesichert ist, können wir sagen, daß die Reichweite der menschlichen Kartographie sich in weniger als 75 Jahren um das Zehntausendfache erweitert hat – von der Skala des Milchstraßensystems bis zu der von Blasenwänden. Da ein weiterer Sprung um das Zehn- oder Zwanzigfache über den Rand des beobachtbaren Universums hinausreichen würde, bedeutet dieser große Sprung möglicherweise für die Kartographie den großartigsten Fortschritt aller Zeiten.

Die Revolution bei den intergalaktischen Himmelskarten kam nur langsam in Gang, weil sowohl Daten fehlten als auch ein angemessener theoretischer Rahmen, in dem die Daten interpretiert werden konnten. Das offensichtlichste Zeichen für extragalaktische Struktur ist, daß helle Galaxien einen Fleck am Himmel bevorzugen, der, wie wir heute wissen, in der Ebene des Virgo-Superhaufens liegt. Das war schon 1784 dem scharfsinnigen Astronomen Wilhelm Herschel aufgefallen. Herschel, gebürtiger Hannoveraner, war als junger Mann nach England gegangen, um den Wirren des Siebenjährigen Krieges zu entgehen. Er hatte sich dort in Bath von seinen Pflichten als Organist und Kantor der Abteikapelle entbinden lassen und wurde zum erfolgreichsten Astronomen seiner Zeit. Er bemerkte, daß die meisten der hundert »Nebel«, womit er verschwommene Objekte meinte, die er außerhalb der Milchstraße beobachtet hatte, in einem breiten Gürtel – Herschel sprach von einem »Stratum« – lagen, der senkrecht zur Milchstraße verläuft. (Unsere Galaxis ist zufällig so ausgerichtet, daß sie sich dem Virgohaufen zuwendet, muß also für Beobachter mit Fernrohren in Virgo einen schönen Anblick bieten.) Ähnlich beobachtete der schwedische Astronom Knut Lundmark in den zwanziger Jahren dieses Jahrhunderts, daß helle Spiralgalaxien »sich um einen zur Milchstraße senkrechten Gürtel zu häufen scheinen«.[8] Deutliche Hinweise auf hierarchische Strukturen zeigten sich in Galaxienkatalogen, die von Harlow Shapley, Fritz Zwicky und George Abell zusammengestellt wurden, dessen Zuordnung von Galaxien zu »Abell-Haufen« im Lauf der Zeit immer hilfreicher wurde. (Abell wurde, wie Zwicky, zu seiner Zeit etwas unterschätzt, wenn auch aus den entgegengesetzten Gründen: Er stellte kein Feuerwerk von Eingebungen zur Schau, sondern arbeitete ausdauernd an einigen wenigen guten Gedanken, und seine fröhliche, gutgelaunte Zugänglichkeit – er konnte wissenschaftliche Zusammenhänge ausgezeichnet allgemeinverständlich erklären und war einer der bei Studienanfängern beliebtesten Dozenten an der Universität von Kalifornien in Los Angeles – verleitete einige Kollegen, die seine Arbeiten nicht gelesen hatten, ihn für ein Leichtgewicht zu halten.) Abells Untersuchungen von fast zweitausend Galaxiengruppen gaben Hinweise auf die Superhaufenbildung, und als Neta Bahcall von der Universität Princeton in den achtziger Jahren die Abell-Haufen untersuchte, zeigten ihre Ergebnisse, daß sich Haufen mit noch größerer Wahrscheinlichkeit in Superhaufen finden als Galaxien in Haufen – isolierte Galaxienhaufen sind also statistisch gesehen seltener als isolierte Galaxien.

Die Forschung, die zur Identifizierung des Virgo-Superhaufens führte, erhielt ihren Anstoß Mitte des zwanzigsten Jahrhunderts von

Gérard Henri de Vaucouleurs. Der in Paris geborene de Vaucouleurs arbeitete zunächst am Mount Stromlo in Australien und später an der Universität von Texas in Austin, wo er 1995 im Alter von 77 Jahren starb. Sein multikultureller Hintergrund zeigte sich in seiner Kleidung, denn in der Öffentlichkeit kombinierte er fast immer graue Pariser Lederhandschuhe mit einem Cowboyhut. Er verfügte über eine enzyklopädische Kenntnis der astronomischen Fachzeitschriften und war stets bereit, seine Behauptung, daß Galaxien Haufen und Superhaufen bilden, mit Daten zu untermauern, die er sehr vielen Arbeiten und auch seiner eigenen Forschung entnahm.

Wie sich de Vaucouleurs erinnerte, wurde seine Arbeit jahrelang mit »nachhaltigem Schweigen« aufgenommen.[9] Die Kosmologen – ihnen ging es um das große Bild, in dem das Universum für homogen gehalten wurde (und wird) – betrachteten die lokalen Inhomogenitäten als im besten Fall kleinkrämerisch und im schlimmsten Fall irritierend. Sie bauten Eisenbahnlinien und wollten nicht hören, daß hier und da einige Anschlüsse nicht stimmten. Außerdem gab es damals noch nicht genug beweiskräftige Daten über Galaxien. Astronomen kannten 1950 die Rotverschiebungen von nur etwa hundert Galaxien, und 1970 die von etwa zweitausend, und nur für einen Teil von ihnen gab es unabhängige Entfernungsschätzungen. Heute kennt man die Rotverschiebungen von mehr als hunderttausend Galaxien, und die Daten nehmen exponentiell zu. Allein das Projekt Sloan Digital Sky Survey soll die Spektren von einer Million Galaxien und 3500 reichen Haufen sammeln. Diese Arbeiten bestätigten die Behauptungen von Herschel, Lundmark, Zwicky, Abell und de Vaucouleurs, wonach die Inhomogenität – die Organisation der Materie in zusammenhängenden Strukturen – sich über größere Maßstäbe erstreckt, als die meisten Theoretiker angenommen hatten.

Entscheidende Beobachtungen wurden in den achtziger Jahren unter Leitung von John Huchra und Margaret Geller sowie von der Studentin Valérie de Lapparent am Harvard-Smithsonian-Institut für Astrophysik durchgeführt. Huchra und einige wenige andere Revoluzzer, darunter Marc Davis aus Berkeley, interessierten sich inzwischen so sehr für die großräumige Struktur, daß sie eine Durchmusterung durchführten, bei der sie die Rotverschiebungen von 2400 Galaxien bestimmten. Diese Suche ließ eine Struktur vermuten, deshalb begannen sie ein zweites, systematischeres Projekt, bei dem diesmal die Rotverschiebungen von eintausend Galaxien entlang eines bestimmten Streifens des Nordhimmels gemessen wurden. (Da jeder Sichtwinkel sich erweitert, wenn er sich in den Raum hinein erstreckt, beschreibt der Streifen einen dreidimensionalen Keil.) Huchra und Geller hatten nicht wirklich erwartet, etwas Interessantes zu finden. »Mir war klar, daß wir etwas sehen würden, wenn es dort Struktur gab«, erinnerte sich Geller. »Aber ich erwartete nicht, Struktur zu finden, weil man sich allgemein darüber einig war, daß es keine gibt.«[10] Folglich beeilte sich die Gruppe nicht sonderlich, die Daten zu reduzieren. Als de Lapparent ihre Ergebnisse schließlich präsentierte, war mit überraschender Deutlichkeit klar, daß es riesige Blasen und Mauern aus Galaxien gab. Huchra argwöhnte, es habe sich ein Fehler eingeschlichen. Geller war rascher bereit, das Ergebnis als gültig anzuerkennen und somit die »Parteilinie« zu verlassen, wonach es keine so großen Strukturen gab: »Ich bin eine überzeugte Vertreterin einer gesunden Skepsis gegenüber allen heftig vertretenen Überzeugungen, insbesondere meinen eigenen.«[11]

Der ursprüngliche Geller-Huchra-Keil ist zu einer der Ikonen der zeitgenössischen Kosmologie geworden. Er zeigt die »Finger Gottes« und andere Verzerrungen, die für Abbildungen von Rotverschiebungen charakteristisch sind, aber die Große Mauer ist deutlich zu erkennen und auch mindestens zwei der Blasen, deren Wände sie definieren hilft. Die Große Mauer erstreckt sich über eine Milliarde Lichtjahre, ist aber nur wenige zehn Millionen Lichtjahre dick. Jede zukünftige Fassung der Urknalltheorie, die ernsthaft den Anspruch erhebt, zu neuen Erkenntnissen zu führen, muß erklären, wie sich diese Leeren, die sich über 300 Millionen Lichtjahre erstrecken, und ihre Blasenhaut aus Galaxien gebildet haben.

Als Geller und Huchra sich auf diese Weise plötzlich als Wellenreiter wiederfanden, und noch dazu auf einer der größten Wellen der Wissenschaft, machten sie sich an die Arbeit, die Keile zu vermessen, die an ihre erste Durchmusterung angrenzten. Bald waren sie in der

Lage, von dem ursprünglich benutzten Teleskop, das, wie Geller sagte, »lausig« war, zu einem geeigneteren Instrument überzugehen, und Ende der neunziger Jahre hoffen sie, ihre Beobachtungen mit einem gigantischen 6,5-Meter-Teleskop zu machen, das mit einem faseroptischen »Oktopus«-Roboter ausgestattet ist, der in jeder sternenklaren Nacht über 1500 Rotverschiebungen von Galaxien messen kann.

Wenn solche Durchmusterungen fortgesetzt werden, finden wir möglicherweise noch höhere Stufen der Hierarchie. Sicherlich weist die Natur auf vielen räumlichen Größenordnungen Selbstähnlichkeit auf. Wie der Physiker Philip Morrison vom MIT sagt, hören wir einen Zweiertakt, wenn wir das Universum von den nuklearen bis zu den intergalaktischen Dimensionen umspannen: Leeren – die Leeren zwischen dem Atomkern und der Elektronenhülle, zwischen Sternen und ihren Planeten, zwischen Galaxienhaufen und Superhaufen und so fort – wechseln sich mit extrem dichten Bereichen ab, wie es Atomkerne, Moleküle in Kristallen, Galaxien und Galaxienhaufen sind.[12]

Aufgrund dieser Selbstähnlichkeit haben einige Theoretiker behauptet, die Geometrie des Universums sei *fraktal*. Während vertraute Geometrien ganzzahlige Dimensionen wie 2 oder 3 haben, sind die Dimensionen fraktaler Geometrien Brüche. Ein Fraktal kann beispielsweise die Dimension 1,2 haben. Strukturen, die auf fraktaler Geometrie beruhen, sind selbstähnlich, denn ihre Eigenschaften wiederholen sich in den unterschiedlichsten Größenordnungen. Das Verzweigen großer Äste vom Stamm einer Eiche beispielsweise hat viel Ähnlichkeit mit den kleineren Verzweigungen an ihren Astspitzen und den sich vergabelnden Adern in ihren Blättern. Der Mathematiker Benoît Mandelbrot brachte in den siebziger Jahren die Kosmologie durcheinander, als er behauptete, Galaxien seien in der Größenordnung der Superstrukturen so organisiert, als ob sie von einer fraktalen Geometrie mit der Dimension 1,23 erzeugt würden, während sie sich im noch größeren Maßstab (wo die Homogenität überwiegt) in das klassische dreidimensionale Bild auflösen. Für Mandelbrot haben Alan Dresslers riesige »Klöppelspitzen-Brücken« aus Galaxien Ähnlichkeit mit den Cirruswolken der Meteorologen, die aus seiner Sicht ebenfalls Fraktale sind.[13] Mit diesem Vorschlag haben nur wenige Kosmologen etwas anfangen können, obwohl James Peebles ihn in seine Forschung einbaute. Wenn sich herausstellt, daß das Universum auf einer fraktalen Geometrie beruht oder wenn es aus irgendeinem anderen Grund aus immer größeren Strukturen besteht, die die Eigenschaften kleinerer replizieren, ist die Homogenitätsannahme falsch, und das großräumige Strukturproblem läßt sich wahrscheinlich nur sehr schwer lösen.

Es ist jedoch wahrscheinlicher, daß die großen Mauern und gewaltigen Leeren, die Geller, Huchra und andere nachwiesen, sich entweder als die größten oder zumindest die vorletzten großen Strukturen im beobachtbaren Universum erweisen werden – wobei die oberste Stufe vielleicht aus einer gelegentlichen »Superblase« besteht, zu der sich mehrere in sie eingenistete Blasen vereint haben. Das wird durch den kosmischen Mikrowellenhintergrund nahegelegt: Seine Inhomogenitäten sind außerordentlich interessant, aber die kosmische Hintergrundstrahlung ist im allgemeinen homogen, und das scheint immer höhere Hierarchien der kosmischen Struktur auszuschließen. Untersuchungen ferner Quasare weisen in dieselbe Richtung: Sie zeigen einen Grad der Haufenbildung im jungen Universum, der nicht sehr verschieden ist von jenem auf den Karten in unserer Umgebung.

Ein anderer Hinweis, der Astronomen vermuten läßt, daß sie sich den oberen Grenzen der Strukturhierarchie nähern, kommt von Raumwinkelstichproben. Bei dieser Methode beschränken sich die Beobachter auf ein kleines Stück Himmel – gewöhnlich etwa den halben Durchmesser des Vollmonds – und messen die Rotverschiebungen aller Galaxien, die sie dort finden können, von hellen, nahen Systemen bis zu schwachen Flecken an der Auflösungsgrenze. Wenn man Gellers und Huchras Verfahren mit dem Ausheben eines tiefen Grabens vergleichen kann, entspricht diese Beobachtungsform einer Ölbohrung. Aufgrund der so erhaltenen Daten kann man ein Diagramm erstellen, in dem die zunehmende Rotverschiebung die horizontale Achse darstellt und die Anzahl der Galaxien, die man bei den unterschiedlichen Rotverschiebungen findet, als Spitze eingetragen werden. Das Verfahren ist mit raffinierten statistischen Komplikationen befrachtet. Da der lange dünne »Bleistiftstrahl« der Stichprobe immer größere Raumvolumen umfaßt, während er sich immer tiefer in den intergalaktischen Raum hineinbohrt, verpaßt er nahe Strukturen mit größerer Wahrscheinlichkeit als ferne – er kann beispielsweise einen Haufen zufällig so durchbohren, daß er auf keine Galaxie trifft –, aber wenn der Strahl relativ zu den Galaxien breiter ist, in der Ferne, trifft er sie mit größerer Wahrscheinlichkeit. Andererseits muß eine Galaxie um so heller sein, je ferner sie ist, damit die Instrumente sie überhaupt wahrnehmen können. Der Strahl könnte ein Dutzend großer Galaxien in einem fernen Haufen durchdringen, ohne eine von ihnen zu entdecken und doch eine noch entferntere Galaxie registrieren, die zufällig ungewöhnlich hell ist. Außerdem nimmt die Galaxiendichte in einem expandierenden Universum mit der Rückblickzeit zu – und damit werden die Chancen, auf entferntere Galaxien zu treffen, *größer*. Einige Wissenschaftler, die die Daten aus solchen Raumwinkelstichproben analysieren, sind besonders einfallsreiche und raffinierte Mathematiker, die ihre Begabung der Astronomie widmen. Sie reisen in der Welt umher, von einer Konferenz zur nächsten, und grübeln über dünne Zylinder nach, von denen sie sagen, diese »erhellten« den Raum, als ob sie wie die alten Griechen dächten, daß wir sehen, weil von unserem Auge ein Strahl in eine umnachtete Welt ausgeht.

Die bis heute weitreichendsten Raumwinkelstichproben haben zu einer graphischen Darstellung der Galaxienverteilung gegenüber der Rotverschiebung geführt, die wie ein Lattenzaun aussieht, dessen Latten hoch aufragen, wo der Strahl eine Mauer oder einen reichen Superhaufen kreuzt, und kurz und stämmig sind, wo er auf weniger dichte Ansammlungen von Galaxien trifft. Die Abstände der Latten sind ziemlich regelmäßig,[14] und das deutet auf Konzentrationen von Galaxien hin, die etwa 300 Millionen Lichtjahre auseinanderliegen, wobei möglicherweise hier und da einige Superblasen mit Durchmessern von 600 Millionen Lichtjahren auftauchen. Wenn man den Daten trauen kann, sind die größten wiederkehrenden Strukturen im Universum Superblasen mit Durchmessern, die nicht mehr als doppelt so groß sind wie die Blasen, die heute schon lokal abgebildet werden. Der Astrophysiker Alexander Szalay von der Johns-Hopkins-Universität und seine Kollegen, die diese Ergebnisse erhielten, geben zu, daß sie »gegenwärtig noch nicht endgültig, und möglicherweise auch wenig ansprechend sind«.[15] Wenn es aber größere Strukturen gäbe, sollten sie sich bei diesen Raumwinkelstichproben gezeigt haben, weil die Probe so weit in den Raum hinein reicht. Wenn man die Enden von zwei dieser Bleistiftstrahlen verbindet, so daß aus jedem galaktischen Pol einer hinausweist, erfassen sie damit *sechs Milliarden Lichtjahre* kosmischen Raum und Dutzende von Galaxienkonzentrationen. Es könnte also sein, daß damit die Grenzen der kosmischen Struktur erreicht sind. »Ich denke, wir haben eine für das Universum charakteristische Größenordnung erreicht«, behauptet Szalay. »Es ist keine Zufallsverteilung von kleinen Klecksen, großen Klecksen, größeren Klecksen. Es ist eine charakteristische Größe.«[16]

So viel zur Herstellung von Karten der großen Strukturen. Wir kommen jetzt zur Dynamik – den Bewegungen, die diese ungeheuer großen Strukturen den Galaxien auferlegen und die wiederum die Ausdehnung des Universums überlagern.

Wenn die Materie in, sagen wir, allen Größenordnungen, die über Galaxien hinausreichen, gleichmäßig über das Universum verteilt wäre, würde die kosmische Expansion – die Ausdehnung des Raums selbst – die einzige wichtige großräumige Bewegung sein, und ihre Geschwindigkeit, die Hubble-Konstante, ließe sich relativ leicht messen. Es genügte, die Entfernungen und Geschwindigkeiten von wenigen Dutzend Galaxien in Entfernungen von einigen zehn bis hundert Millionen Lichtjahren zu messen, und die Antwort läge auf der Hand.

Diese Aufgabe wird durch die Existenz großräumiger Strukturen beträchtlich kompliziert. Jede Massenkonzentration erzeugt ein Gravitationsfeld, das die Bewegungen der Galaxien in ihr und, in geringerem Maß, auch die außerhalb von ihr beeinflußt. Die Schwerkraft von Galaxiengruppen und dichten Haufen reicht aus, diese Massen zusammenzuhalten: Die Haufen nehmen teil an der kosmischen Expansion, aber sie dehnen sich nicht selbst aus. Superhaufen werden von der kosmischen Expansion gedehnt, aber ihre Schwerkraft verlangsamt die lokale Ausdehnungsrate. Die Lokale Gruppe beispielsweise entfernt sich vom Virgohaufen mit weniger als zwei Dritteln der Geschwindigkeit, die man aufgrund der kosmischen Ausdehnung erwarten würde, und das rührt von der Bremswirkung her, die der Virgohaufen ausübt.

Superhaufenkomplexe zerren an Tausenden von Galaxien. Es würde selbst dann schwierig sein, alle diese Bewegungen zu verstehen, wenn Astronomen ihre Entfernungen genau kennen würden, was nicht der Fall ist, und wenn sie alle mitwirkenden Galaxien sehen könnten – was sie nicht können, weil die Scheibe der Milchstraße sie verdunkelt. (Hinter dieser Scheibe sind viele Galaxien unserem Blick entzogen, deshalb sind Bemühungen im Gang, durch die Staubwolken hindurch zu schauen, damit wir mehr über den uns verborgenen Teil des Himmels in Erfahrung bringen können. Astronomen, die eine einzige Suche durchführten, bei der sie fotografische Platten überprüften, die im optischen Bereich gemacht wurden –, also mit Wellenlängen, die Staub nur schlecht durchdringen – gaben 1994 bekannt, daß sie am wolkenreichen Himmel entlang der südlichen Milchstraße »über achttausend zuvor unbekannte Galaxien« gefunden hätten.)[17] Man darf auch die Gravitationswirkung der dunklen Materie nicht vergessen, die möglicherweise genauso verteilt ist wie die sichtbaren Galaxien, möglicherweise aber auch anders. So verheißt also die Untersuchung der Bewegung von Galaxien aufgrund der unterschiedlichen Hierarchiestufen großräumiger Strukturen den Forschern reichlich Beschäftigung für kommende Jahrzehnte.

Glücklicherweise gibt es mehr als eine Möglichkeit, das Pferd aufzuzäumen. Der kosmische Mikrowellenhintergrund bietet eine Kulisse, vor der sich unsere Bewegung auf einer absoluten Skala abbilden läßt – das Machsche Ruhesystem für das Universum als Ganzes. Es gibt einen heißen Fleck im kosmischen Mikrowellenhintergrund, der sich durch unsere Bewegung in eine Richtung relativ zum Ruhesystem des Universums ergibt, und einen entsprechenden kalten Fleck auf der entgegengesetzten Seite des Himmels. Diese Bezugspunkte können das Bezugssystem für die Untersuchung unserer Bewegung und – als Folge davon – der Bewegung anderer Galaxien abgeben. Unsere eigene Bewegung ist kompliziert: Die Erde umläuft die Sonne mit einer Geschwindigkeit von dreißig Kilometern pro Sekunde, die Sonne wiederum umläuft das galaktische Zentrum mit 220 Kilometern pro Sekunde, und die Galaxie läuft innerhalb der Lokalen Gruppe auf einer Bahn, die ihrerseits in einem Wettstreit gefangen ist zwischen der kosmischen Ausdehnung einerseits und der Gravitationsanziehung des Virgohaufens und Strukturen jenseits davon andererseits. Solche Bewegungen können in manchen Fällen auf den Einfluß bekannter Strukturen zurückgeführt werden und in anderen auf das Vorhandensein von Strukturen, die noch nicht beobachtet wurden. Die Geschichte der außergalaktischen Bewegungsforschung geht also in beide Richtungen: Die Existenz bekannter Strukturen wird dazu benutzt, Besonderheiten der Bewegung zu erklären (wie Virgos Bremswirkung auf die Ausdehnungsgeschwindigkeit der Lokalen Gruppe), und Bewegungen dienen dazu, Astronomen auf die Existenz von zuvor unbekannten Massekonzentrationen hinzuweisen (wie den Großen Attraktor). Weiter vorne in diesem Buch haben wir den gekrümmten Raum der Allgemeinen Relativitätstheorie veranschaulicht, indem wir uns vorstellten, wie man die Umrisse einer Landschaft nachzeichnen kann, indem man Ackerpferde beim Pflugziehen beobachtet. Die pangalaktische Struktur diktiert die Raumkrümmung in unserem Teil des Universums, und wir können diesen Bereich abbilden, wenn wir verstehen, wie sich die darin enthaltenen Galaxien bewegen.

Erste Hinweise auf großräumige Bewegungen, die nicht von der Expansion des Universums herrühren, wurden 1976 entdeckt, als Vera Rubin, Norbert Thonnard und W. Kent Ford Daten von 96 Spiralgalaxien jenseits von Virgo sammelten und fanden, daß sie anscheinend alle mit nahezu 500 Kilometer pro Sekunde zu Perseus hinflogen. Diese sogenannte »Rubin-Ford-Anomalie« erregte die Aufmerksamkeit einiger bekannter Astronomen. Einer davon war Fred Hoyle, dem diese Anomalie willkommen war, weil sie möglicherweise die Urknalltheorie untergraben könnte. Ein anderer war Allen Sandage, dessen Daten zu einigen südlichen Galaxien Rubin und ihre Kollegen als Stütze ihrer Überlegungen zitiert hatten. Sandage, ein Urknall-Traditionalist, war keineswegs begeistert, daß seine Forschungsergebnisse zur Unterstützung eines so exotischen Ergebnisses dienen sollten, und behauptete, der Rubin-Ford-Effekt sei auf eine falsch gewichtete Stichprobe zurückzuführen, schloß aber die beunruhigende Möglichkeit, daß es den Effekt geben könne, nicht aus. Die meisten Astronomen jedoch ignorierten den Befund. Sie waren von der großräumigen Homogenität überzeugt und verwiesen, wenn sie dazu befragt wurden, auf den kosmischen Mikrowellenhintergrund, der seit seiner Entdeckung 1964 von Instrumenten auf Raketen und Ballons gemessen worden war und von dem man wußte, daß er so hoch isotrop ist, wie man es erwarten würde, wenn Materie durch das ganze Universum hindurch gleichmäßig verteilt ist.

Aber dann gaben George Smoot, Marc Gorenstein und Richard Muller weniger als ein Jahr nach der Veröffentlichung der Arbeit von Rubin und Ford die Ergebnisse von Beobachtungen bekannt, die unter ihrer Leitung von einem U-2-Spionageflugzeug durchgeführt worden waren. Dabei hatten sie eine Anisotropie des kosmischen Mikrowellenhintergrunds gefunden – den heißen Fleck, der anzeigt, daß die Lokale Gruppe sich relativ zum kosmischen Bezugsrahmen rasch bewegt. Der Vektor unserer Bewegungen, der sich aus ihrem Ergebnis ergab, stimmte nicht mit dem Vektor überein, den Rubin und Ford angegeben hatten – Richtungen sind in Untersuchungen zur großräumigen Dynamik sowieso ein Schreckgespenst –, aber als zwei voneinander unabhängige Untersuchungen für die Lokale Gruppe beide eine hohe Geschwindigkeit ergaben, verschwand prompt der Widerstand gegen die Auffassung, daß wir alle irgendwohin unterwegs sind.

Wir begegneten Vera Rubin schon weiter vorn als Urheberin der einsamen und wenig gefeierten Arbeit zur Rotation der Galaxien, die sich für die Untersuchung der dunklen Materie als wesentlich erwies. Sie reagierte auf diese Kehrtwendung mit ihrem üblichen Aplomb. »Wir hatten dieses Ergebnis erhalten, und kein einziger, der es anschaute, dachte, ich hätte wirklich eine so große Bewegung gemessen«, erinnerte sie sich. »Dann wurde sechs Monate danach der Mikrowellendipol entdeckt und zeigte fast dieselbe Geschwindigkeit. Danach sagte niemand mehr, wir könnten uns nicht so rasch bewegen, sondern jeder sagte, es [das Ergebnis] stimme nicht mit der Richtung [der Mikrowellenstrahlung] überein.«

»Ich habe niemals daran gezweifelt, daß unsere Stichprobe das zeigte, was sie zeigte«, fügte sie gelassen hinzu. »Die Astronomie ist immer noch eine Beobachtungswissenschaft. Wir müssen auf viele Überraschungen gefaßt sein, und die entdeckt man nur durch die Beobachtung. Selbst das relativ nahe Universum ist kompliziert, und unsere sehr einfachen Modelle der gleichförmigen Ausdehnung müssen womöglich verändert werden ... Irgendwie ist das schön, finde ich. Es ist schön, wenn man relativ nah Kosmologie betreiben kann. Man muß nicht immer Dinge beobachten, die am Rand des Universums liegen.«[18]

Nachdem Rubin die Ehrenrettung eines weiteren, zuvor übel beleumundeten Forschungsgebiets gelungen war, konnte sie vergnügt zuschauen, wie es aufblühte. De Vaucouleurs und seine Kollegen veröffentlichten 1981 eine Untersuchung an mehreren hundert Galaxien, die darauf hinwies, daß der gesamte Virgo-Superhaufen sich, von der kosmischen Ausdehnung abgesehen, mit einer Geschwindigkeit von nahezu 500 Kilometern pro Sekunde bewegt. Dann fanden Sandage und Gustav Tammann 1985, daß der Virgohaufen eine Eigenbewegung von über 600 Kilometern pro Sekunde in Richtung Hydra aufweist. Und im folgenden Jahr kamen die Sieben Samurai und sagten, daß die Lokale Gruppe Teil einer Flotte von Tausenden von Galaxien ist, die sich alle gemeinsam mit über 630 Kilometern pro Sekunde zu einer noch nicht vermessenen Massenkonzentration hin bewegen – dem Großen Attraktor.

Diesen Namen erfand Dressler spontan bei der Pressekonferenz einer Tagung der amerikanischen physikalischen Gesellschaft in Washington, D. C., im Mai 1987. »Während ich versuchte, die Ungeheuerlichkeit einer Superhaufenmasse zu verdeutlichen, die in der Lage ist, Galaxien über kosmische Distanzen anzuziehen, während ich also mit den Händen herumfuchtelte und nach Worten suchte, die gewaltig genug waren, um das Universum zu beschreiben, entschlüpfte mir die Bezeichnung ›Großer Attraktor‹«, erinnerte sich Dressler.[19] Den ebenso provokativen Spitznamen »Sieben Samurai« erhielten Dressler und seine sechs Mitarbeiter 1986 von Amos Yahil bei einem Treffen in Santa Cruz, bei dem es um nahe Galaxien ging. »Was sollen wir denn mit diesen sieben, diesen, diesen … sieben Samurai machen?«, knurrte Yahil, der nicht ganz glücklich war mit ihren Ergebnissen.[20] Dressler mag beide Ausdrücke nicht: »So froh [meine Mitarbeiter] waren, daß unsere Arbeit öffentliche Aufmerksamkeit fand, so besorgt waren sie andererseits, und das zu Recht, über die flotte Vokabel, die da einer ernsthaften wissenschaftlichen Arbeit angeheftet wurde …. So hatte der ›Große Attraktor‹ seine Vor- und Nachteile, und meine Mitstreiter überließen mir gern beides – den Ruhm und die Schande.«[21] Aber die Arbeit selbst hat sich bewährt und Belege für die großräumigsten Komplexitäten der kosmischen Struktur geliefert, die sich heute durch Messung der Bewegung von Galaxien erahnen lassen. Die Studie der Sieben Samurai wurde 1986 in Aspen, Colorado, einer, wie Dressler sagt, verblüfften Zuhörerschaft aus hervorragenden Wissenschaftlern vorgestellt und gibt Hinweise darauf, daß alle Galaxien in unserer kosmischen Nachbarschaft in Richtung des Sternbilds Centaurus gezogen werden. Diese gigantische Bewegung weist etwa in Richtung des heißen Flecks der Mikrowellenhintergrundstrahlung.

Und was ist es nun, das zieht? In dieser Richtung liegt der Centaurus-Teil des Hydra-Centaurus-Pavo-Superhaufens, aber er kann nicht die Ursache sein, weil er offensichtlich selbst in diese Richtung gezogen wird. Deshalb spekulieren die Samurai, daß der Große Attraktor, vermutlich ein außerordentlich reicher Superhaufenkomplex, noch weiter außerhalb liegt, vielleicht 200 Millionen Lichtjahre entfernt. Entsprechend der militärischen Weisheit, daß entscheidende Schlachten immer auf Terrain geschlagen werden, das im Schnittpunkt zweier ungenauer Karten liegt, ist der hypothetische Große Attraktor hinter den dunklen Wolken der Scheibe der Milchstraße verborgen, und deshalb wird sich seine Erforschung als schwierig erweisen. Weitere Untersuchungen könnten jedoch direkte Hinweise auf seine Masse ergeben, die vorläufig auf einige wenige hunderttausend Galaxien von der Größe der Milchstraße geschätzt wird. Diese Information wäre außerordentlich nützlich für die Bestimmung der Gestalt des Raums und der Ausdehnungsrate des Universums.

Eine Karte, in der die Massendichte die senkrechte Achse darstellt, zeigt den Virgo-Superhaufen und seine benachbarten Superhaufen als Hügel, die von dem alles überragenden Berg des Großen Attraktors durch ein sanft gewelltes Tal getrennt sind. In gewisser Weise ist das lediglich eine weitere Erinnerung daran, daß wir nicht im Mittelpunkt des kosmischen Geschehens stehen. Aber im Rahmen der Urknalltheorie ist dies enorm aussagekräftig. Da diese Strukturen mutmaßlich als Dichteschwankungen im Urknall begannen, könnten sie wichtige Hinweise darüber liefern, wie die Strukturbildung begann.

Und das bringt uns zum Anfang der Dinge zurück. Das herkömmliche Urknallmodell nimmt an, daß allein die Schwerkraft kosmische Strukturen bildete (»weil«, wie James Peebles es respektlos formulierte, »keinem eine andere Kraft einfällt, die in solch großem Maßstab wirken könnte«[22]). Nach diesem Bild der »gravitativen Instabilität« waren einige Bereiche des Urplasmas dichter als andere, und ihre etwas stärkeren Gravitationsfelder zogen deshalb Materie aus den umgebenden Bereichen an. Die dichteren Bereiche wurden Galaxien, Haufen und Superhaufen – die Reihenfolge ist noch umstritten –, die weniger dichten aber Leeren. Das Wachstum von Haufen und Leeren, das im Urknall begann, geht bis heute weiter, wie wir an Galaxien sehen, die zu Strukturen wie der Großen Mauer hingezogen werden, weg von den Leeren, die sie trennen.

Das Bild der gravitativen Instabilität stammt vom Beginn des zwanzigsten Jahrhunderts, als der britische Astrophysiker Sir James Jeans das berechnete, was heute als »Jeans-Masse« bekannt ist, also die Dichte und Temperatur, bei der eine Gaswolke mit einer bestimmten Masse unter dem Einfluß ihrer eigenen Schwerkraft kollabiert. Hätte das Universum als ein nichtexpandierender Gastümpel begonnen, hätten Zufallsbewegungen schließlich Bereiche erzeugt, die dicht genug waren, um die Jeans-Masse zu erreichen und zu kollabieren. Aber in dem expandierenden Plasma des Urknalls fiel die gesamte Materiedichte dafür zu rasch ab. Deshalb brauchen wir irgendwelche »Samen« – sehr dichte Bereiche, die robust genug sind, um die Jeans-Masse selbst dann zu erreichen, wenn die Gesamtdichte aufgrund der kosmischen Expansion abfällt. Da die Gestalt des Raums von der vorhandenen Materie bestimmt wird, läßt sich das Problem auch im Rahmen reiner Raumzeit-Geometrie sehen. Peebles sagt: »Wenn wir nach einer Theorie für den Ursprung großräumiger Struktur suchen, möchten wir etwas finden, das in der Geometrie des Universums kleine Wellen erzeugt hat.«[23] Diese Samen brauchen nicht sehr groß zu sein – sie können nicht einmal sehr groß sein, denn sonst würden weder der kosmische Mikrowellenhintergrund noch das heutige Universum so homogen und isotrop sein, wie sie es sind –, aber sie müssen dicht genug sein, um den Gravitationskollaps in Gang zu setzen, und sie müssen von irgendwo gekommen sein. Man kann sie natürlich einfach als »Anfangsbedingungen« sehen, und das wird in der Praxis auch oft getan, aber letztlich wünscht man sich eine physikalische Erklärung und nicht lediglich einen Deus ex machina.

Am verheißungsvollsten ist die Möglichkeit, die anfänglichen Dichtestörungen dadurch zu erklären, daß man sie dem Quantenfluß zuschreibt – dem gelegentlichen, zufälligen Auftreten von sehr dichten Bereichen in der Urmaterie. (Da Zufallsschwankungen in der Naturwissenschaft und den Ingenieurwissenschaften oft als »Rauschen« definiert werden, bezeichnet man den Quantenfluß auch als »Quantenrauschen«.) Die Quantenphysik läßt solche Bereiche nicht nur zu, sondern fordert sogar ihre Existenz. Dieser Quantenansatz wurde besonders von John Archibald Wheeler vertreten. Wir begegneten Wheeler schon in seiner Rolle als führender Theoretiker bei der Erforschung Schwarzer Löcher. Er hat mit Einstein zusammengearbeitet und kennt die Relativitätstheorie so gut wie kaum jemand, aber im Gegensatz zu Einstein beschäftigt er sich genauso gern mit der Quantenmechanik. Das Quantenprinzip ist, wie er gern sagt, *das* Naturprinzip. Wheeler ist jetzt emeritiert, aber als er noch Vorlesungen hielt, verkörperte er Niels Bohrs Diktum: »Lerne durch Lehren!« Er schrieb oft schwierige Probleme aus seiner eigenen Forschung an die Tafel und versuchte, sie mit Hilfe seiner Studenten zu lösen, indem er seine Hörer durch Achterbahnen der freien Assoziation leitete, die durch weite Landschaften der Physik, Mathematik, Philosophie und des gesunden Menschenverstands führten. Er bildete praktisch eine ganze Generation amerikanischer Physiker aus, und ein Teil seines intellektuellen Erbes ist die Anwendung von Quantenbegriffen auf die Kosmologie im allgemeinen und auf die Strukturbildung im besonderen.

Noch haben wir kein genaues Bild davon, wie es im Universum vom Quantenfluß zu großräumigen Strukturen kam, und das liegt zum Teil daran, daß wir noch keine Theorie haben, die es ermöglicht, Ereignisse zu berechnen, die in der Planck-Zeit passierten – dem ersten winzigen Bruchteil der Zeit (den ersten 10^{-43} Sekunden, um genau zu sein). Die Entwicklungen in bezug auf die Quantenkosmologie, die vereinheitlichten Theorien und die Inflationshypothese sind ermutigend, und wir werden diese positiven Erkenntnisse in den kommenden Kapiteln vorstellen. Hier nehmen wir an, daß der Quantenfluß die Samen für die Strukturbildung lieferte. Und wir nehmen, wie die meisten Theoretiker, auch an, daß diese Schwankungen zufällig waren (»Gauß-Verteilungen«, wie man in der Fachsprache sagt). Das ist die einfachste Annahme, und sie vermeidet die Berufung auf »gottgegebene« Anfangsbedingungen, die dazu gemacht sind, daß die Gleichungen so herauskommen, wie wir es wollen, indem wir zu Beginn das hineinlegen, was wir haben wollen.

Was hätte dann als nächstes folgen können? Es gibt im wesentlichen zwei Ansätze zur Theorie der Strukturbildung durch gravitative Instabilität: einen von unten nach oben, und einen in der umgekehrten Richtung.

Die sogenannten Bottom-up-Theorien behaupten, daß die im Urknall gesäten Samen Protogalaxien bildeten, deren Massen nur etwa das Millionenfache der Sonnenmasse betrugen, und daß sich diese Gebilde in der Folge zusammenfanden und Galaxien, Gruppen, Haufen und so weiter bildeten. Auf diesem Gebiet leisteten unter anderen Peebles und seine Kollegen in Princeton in den sechziger und frühen siebziger Jahren wichtige Beiträge. Aber mit diesem Ansatz lassen sich nur schwer die gewaltigen Superhaufen, Superhaufenkomplexe und Leeren erklären, die seitdem beobachtet wurden, obwohl sich die Galaxienentstehung mit seiner Hilfe – wenn auch etwas mühsam – erklären läßt.

Die sogenannten Top-down-Theorien behaupten, daß sich zuerst die allergrößten Strukturen bildeten, die sich später in Haufen, Gruppen und Galaxien aufspalteten. Dieser Ansatz wurde Anfang der siebziger Jahre unabhängig voneinander von Edward Harrison von der Universität von Massachusetts in Amherst und dem anscheinend allgegenwärtigen Astrophysiker Yakov Zeldovich von der Universität Moskau verfolgt.[24] Ihre Vorhersage für das primordiale Dichtespektrum ist deshalb als das Harrison-Zeldovich-Spektrum bekannt.

Harrison, ein Universalgelehrter, schrieb anschließend eine Reihe von Büchern, in denen er so einfache, aber tiefe Rätsel behandelte wie das, warum der Nachthimmel dunkel ist. Seine Antwort ist, daß die gesamte Energie des Universums – also die Energie, die freigesetzt würde, wenn alle Materie in Energie verwandelt würde – nicht ausreicht, um den Himmel zu erhellen. Die fernen Feuer des Urknalls, die der Dichter Edgar Allan Poe als »endlose goldene Mauern des Universums«[25] beschrieb und die heute als die kosmische Hintergrundstrahlung wahrgenommen werden, sind schwach, und Sterne in den Ansammlungen leuchten nicht hell genug, um diese Arbeit leisten zu können.

Zeldovich, der am 2. Dezember 1987 mit 73 Jahren an einem Schlaganfall starb, gehörte zu den hellsten Sternen in der strahlenden Konstellation der Physik des zwanzigsten Jahrhunderts. Er war ein ungezügelter Denker mit einem gewaltigen Appetit auf Ideen und die Freuden des irdischen Lebens – und ein Wodkakenner, der dann, wenn er in Moskau ausging, seine vielen vom Staat verliehenen Orden trug, um die Polizisten einzuschüchtern, deren Aufgabe es war, Betrunkene festzunehmen. Er war in der deutschen und französischen Literatur belesen (seine Mutter, Mitglied der Vereinigung sowjetischer Schriftsteller, hatte Proust ins Russische übersetzt) und zitierte gern Prousts Bemerkung, wonach »das höchste Gotteslob der

Unglaube eines Gelehrten ist, der davon überzeugt ist, daß die Vollkommenheit der Welt die Existenz von Göttern unnötig macht«.[26] Er lachte gern und war wie die meisten Leute, die Humor haben, im Grunde ein ernster Mensch. Wie sich der Physiker Andrej Sacharow erinnerte, »freute sich Zeldovich fast kindlich, wenn er es geschafft hatte, eine wichtige Arbeit zu vollenden oder eine methodologische Schwierigkeit durch eine elegante Methode zu überwinden, und litt schmerzlich unter Versagen und Irrtümern«.[27] Er brachte in seiner theoretischen Arbeit ein unfehlbares Gespür dafür mit, wie die Natur wirklich ist. In der Strukturbildung wird besonders sein Nachweis dafür gewürdigt, wie Galaxien in einem Top-down-Modell zu riesigen, flachen Ebenen werden – »Zeldovich-Pfannkuchen« –, die viel Ähnlichkeit mit der Großen Mauer und ähnlichen Membranen haben, die sich jetzt an den Schnittstellen kosmischer Blasen zeigen.

Zeldovich starb in der Gewißheit, daß uns der kosmische Mikrowellenhintergrund die Geschichte von der klumpigen Materie und der Zeit erzählt, als das Universum eine halbe Million Jahre alt war – und diese Geschichte paßt, wie er erwartete, tatsächlich zum Harrison-Zeldovich-Spektrum. Der Hintergrund bildete sich, wie schon gesagt, als die Urmaterie dünn genug wurde, um lichtdurchlässig zu werden – in der Ära der »Photonenentkopplung«. Wie ein riesiges Gemälde von Jackson Pollock füllt der Hintergrund den ganzen Himmel mit verschlüsselter Information über das, was sich in der Urgeschichte des Kosmos abspielte. Im Augenblick interessiert uns vor allem, was er über die Materieverteilung verrät. Photonen aus dichteren Bereichen mußten aus den tieferen Gravitationspotentialen der stärkeren Schwerefelder herausklettern. Deshalb ist Licht aus dichten Bereichen etwas schwächer als Licht aus der Umgebung. Zur Überprüfung dieses Gedankens wurde der COBE-Satellit entwickelt, der zwei Jahre lang Daten sammelte, den Mikrowellenhintergrund in großen Bereichen des Himmels vermaß und nach Helligkeitsschwankungen suchte, während alle Welt ungeduldig auf die Ergebnisse wartete. »Man könnte sagen, wir sind kurz vor einer Krise, aber in Wahrheit kommen wir zu dem Punkt, wo wir Schwankungen sehen sollten«, sagte Dressler. »Wir sind jetzt in der Lage, sie zu sehen – und weiß Gott, wir sollten sie finden, denn sonst sind diese Modelle falsch.«[28]

Am 23. April 1992 stellten George Smoot von der Universität Berkeley und seine Mitarbeiter am COBE-Projekt die langerwartete Karte vor, die sie aus den Satellitendaten zusammengestückelt hatten. Sie zeigte riesige Strukturen, die auf den ersten Himmel gemalt waren. Wenn Harrison und Zeldovich recht hatten, sollte der Temperaturunterschied zwischen den heißen und kalten Bereichen etwa ein Hunderttausendstel eines Grads betragen. Der von COBE entdeckte Unterschied war $5,5 \times 10^{-6}$, also sehr nahe am Harrison-Zeldovich-Wert. »Was für ein Triumph für das Bild von der gravitativen Instabilität!« jubelte J. Richard Gott III von der Universität Princeton.[29] Später fügte er hinzu: »Ich habe immer gesagt, dies wäre die Feuerprobe: COBE muß ein Zeldovich-Spektrum und eine Gauß'sche Zufallsverteilung ergeben. Das hat der Satellit getan.«[30] Andere Physiker äußerten ihre Begeisterung über die COBE-Ergebnisse ähnlich uneingeschränkt. Stephen Hawking nannte sie »die wissenschaftliche Entdeckung des Jahrhunderts – wenn nicht aller Zeiten.« Für Joel Primack von der Universität von Kalifornien in Santa Cruz war sie »eine der wichtigsten Entdeckungen des Jahrhunderts, wenn nicht eine der wichtigsten der Naturwissenschaft überhaupt.« Michael Turner von der Universität von Chicago erklärte: »Der heilige Gral der Kosmologie ist gefunden.«[31] Was immer man auch von diesen Äußerungen halten mag – die Physik hat mittlerweile mehr ›Heilige Grale‹ aufzuweisen als das Vatikan-Museum –, das COBE-Ergebnis hat sicherlich deutlich bestätigt, daß die Theoretiker auf der richtigen Spur waren, als sie behaupteten, die kosmische Strukturbildung, die die größten Objekte der Natur erschuf, beruhe auf dem zufälligen Quantenfluß, dem kleinsten Phänomen in der Natur.[32]

Aber vieles ist noch unverstanden. Ein wichtiger Teil des Problems ist das im vorigen Kapitel erörterte Rätsel, woraus die dunkle Materie besteht. Selbst wenn man sagen kann, daß Menschen jetzt wissen, daß das Universum Superhaufen aus Samen aufbaut, die aus dem Quantenfluß geboren wurden, verstehen wir noch nicht, welches Rezept es dabei benutzte. Im Grunde gibt es zwei Arten von Kochbüchern, die zwei Arten von Teilchen verwenden, heiße und kalte. Mit »heißen« Teilchen sind solche gemeint, die sich zur Zeit der Photonenentkopplung mit Geschwindigkeiten bewegten, die der Lichtgeschwindigkeit nahe kamen. »Kalte« Teilchen haben sich langsamer bewegt. Die beiden theoretischen Ansätze sind als »heiße dunkle Materie« und »kalte dunkle Materie« bekannt.

Der führende heiße (also schnelle) Kandidat für die dunkle Materie ist das Neutrino. Neutrinos können mit gewöhnlicher Materie nur durch die schwache Kernkraft wechselwirken, die sowohl schwach als auch kurzreichweitig ist. Folglich sind sie außerordentlich schwer zu fassen. In jeder Sekunde gehen Milliarden von ihnen durch Ihren und meinen Körper, aber sie richten keinen Schaden an – es macht ihnen sozusagen nichts aus, ob wir da sind oder nicht –, und genau so viele wie von oben gehen von unten durch uns hindurch, nachdem sie ungestört die Erde durchquert haben. Wie wir sagten, wurden viele Neutrinos als Ergebnisse von Kernreaktionen im Urknall freigesetzt. Aber Neutrinos mit Masse sind nicht besonders leistungsfähig, wenn es um die Bildung kosmischer Strukturen geht. In Computersimulationen bilden sie Galaxien entweder zu langsam oder sie führen zu mehr großräumigen Strukturen, als beobachtet werden.

Modelle für kalte dunkle Materie, in denen die dunkle Materie aus langsamen Teilchen besteht, möglicherweise von der supersymmetrischen Art, erscheinen hier vielversprechender. Aber auch sie werfen Probleme auf. Im jetzigen Zustand können sie entweder den heutigen kosmischen Strukturen entsprechen oder denen, die COBE im Mikrowellenhintergrund aufdeckte, aber nicht beiden. Die kalten und heißen Modelle machen eine Reihe unterschiedlicher Vorhersagen, und deshalb sollte es möglich sein, aufgrund von Beobachtung zwischen ihnen zu entscheiden. Außerdem geben sie unterschiedliche Antworten auf die Frage, ob dunkle Materie und helle Materie ähnlich verteilt sind – ob beispielsweise die kosmischen Leeren leer sind oder voller dunkler Materie.

Es gibt auch »gemischte« Theorien für die dunkle Materie, bei denen sowohl heiße als auch kalte Teilchen berücksichtigt werden. »Es sieht so aus, als ob wir beide brauchen«, sagt Marc Davis. »In den letzten Jahren haben wir immer mehr Hinweise darauf erhalten, daß die einfachsten Modelle für die dunkle Materie zu einfach waren.« Die Sparsamkeit der Natur spricht gewöhnlich gegen Theorien, die ein Ergebnis auf zwei verschiedene Agenzien zurückführen. Davis sagt dazu: »Wir sind nur widerstrebend zu diesem Schluß gekommen. Niemand macht seine Theorien gern kompliziert.«[33] Aber dies könnte der seltene Fall sein, in dem eine dualistische Erklärung die richtige ist. Schließlich ist es auch möglich, *zu* konservativ zu sein, wenn es darum geht zu bestimmen, welche Arten von Materie im weiten und vielfältigen Universum existieren könnten. Vor einem Jahrhundert kannte noch niemand Photonen, Neutrinos, Quarks oder irgendein anderes der hundert subatomaren Teilchen, die wir wiederholt in physikalischen Experimenten nachgewiesen haben. Wenn man also annimmt, daß schon die ein bis zehn Prozent des Universums, die aus heller Materie bestehen, kompliziert sind, ist es vielleicht nicht allzu weit hergeholt, wenn man sich vorstellt, daß auch die dunkle Materie, die den größten Teil darstellt, aus mehr als einer Teilchensorte besteht. Ein verheißungsvolles gemischtes Modell, das von Davis, F.J. Summers und David Schlegel, seinen Kollegen an der Universität Berkeley, etwa zur selben Zeit erdacht wurde, zu der die COBE-Ergebnisse bekanntgegeben wurden, sieht dreißig Prozent heiße und siebzig Prozent kalte dunkle Materie vor.

Zur Zeit wird der kosmische Mikrowellenhintergrund noch genauer erforscht. Einige Wissenschaftler lassen ihre Detektoren in Ballons von den gefrorenen Ebenen der Antarktis aufsteigen, wo die trockene ruhige Luft die Mikrowellenastronomie begünstigt. Andere Forscher analysieren die Daten des COBE-Satelliten, und die Europäische Raumfahrtagentur (ESA) plant für das Jahr 2004 den Start eines zweiten, viel empfindlicheren Satelliten von der Art des COBE. Er soll Störungen im kleineren Maßstab abbilden. (Die Störungen, die auf der COBE-Karte gezeigt wurden, waren alle größer als der Horizont des beobachtbaren Universums zu der Zeit, als die Hintergrundstrahlung ihr Dasein begann.) Einige Forscher möchten mit Hilfe der kosmischen Hintergrundstrahlung Dichte und Ausdehnungsrate des Universums bestimmen. Und natürlich ist jeder von der Tatsache fasziniert, daß die Mikrowellenstrahlung dann, wenn die Störungen wirklich ihren Ursprung im Quantenfluß haben, ein Fenster zum Quantenverhalten des sehr frühen Universums öffnet. Bis zu COBE, schreibt Joel Primack, »waren unsere kosmologischen Theorien auf Sand gebaut. Wir wußten nur wenig über die Anfangsbedingungen und die Ereignisse der entscheidenden ersten Sekunde, und wir hatten nur spekulative Theorien über den Ursprung der Galaxien und ihre großräumige Verteilung im Universum. Die neuen COBE-Daten haben es uns endlich ermöglicht, die kosmologische Theorie auf festen Boden zu gründen.«[34]

Hinter einem großen Teil dieser Arbeit lauert die Möglichkeit, daß wir in einem Universum mit kritischer Dichte leben – einem, in dem der kosmische Raum in den beobachtbaren Größenordnungen fast flach ist. Darauf lassen die Theorien über die kalte dunkle Materie und auch die gemischten Modelle schließen. Die Dynamik, die mit dem Großen Attraktor verknüpft wird, macht dann Sinn, wenn das Universum eine kritische Dichte hat. (Interessanterweise erfordert der Große Attraktor, wie Alan Dressler schon vor der COBE-Ankündigung feststellte, etwa dieselben Temperaturschwankungen, wie sie von COBE beobachtet wurden. »Dies ist genau die Energie, die Photonen verlieren, wenn sie aus der Grube des Gravitationspotentials eines embryonischen Großen Attraktors herausklettern«, bemerkt Dressler.[35])

Das bringt uns zu dem Ereignis, das den kosmischen Raum anscheinend flach gemacht und erste Dichteschwankungen auf genau die Weise verstärkt hat, die von der Theorie vorhergesagt und von den COBE-Ergebnissen bestätigt wurde. Räumlich gesehen war es das größte Ereignis, das es je gab – jedenfalls in unserem Universum. Dieses Ereignis wird als Inflation bezeichnet. Aber bevor wir die Inflation betrachten, müssen wir die kosmische Evolution und die Aussichten vereinheitlichter Theorien erkunden, die nicht nur die Existenz von Teilchen vorhersagen, die dunkle Materie sein könnten, sondern auch nahelegen, daß es wirklich eine Inflation gegeben hat.

KAPITEL 7

Die kosmische Evolution

Die Schöpfung ist nicht das Werk von einem Augenblicke.
Nachdem sie mit der Hervorbringung einer Unendlichkeit von
Substanzen und Materie den Anfang gemacht hat,
so ist sie mit immer zunehmenden Graden der Fruchtbarkeit
die ganze Folge der Ewigkeit hindurch wirksam.
Es werden Millionen und ganze Gebirge von
Millionen Jahrhunderten verfließen, binnen welchen
immer neue Welten und Weltordnungen
nacheinander in den entfernten Weiten von
dem Mittelpunkte der Natur sich bilden und
zur Vollkommenheit gelangen werden.

Immanuel Kant[1]

Warum sind wir auf der Erde, wenn nicht, um zu wachsen?

Robert Browning[2]

Wenn wir den gravierendsten Denkfehler der vorwissenschaftlichen Naturphilosophie mit einem einzigen Wort zusammenfassen sollten – wenn wir, anders gesagt, diejenige ihrer Unzulänglichkeiten nennen sollten, zu deren Behebung die Naturwissenschaften am meisten beigetragen haben –, wäre es meiner Meinung nach wohl die Annahme, das Universum sei *statisch*. Viele Philosophen haben Veränderung lediglich für eine Sinnestäuschung gehalten. Aus ihrer Sicht sind die Manifestationen der Zeit – das »bewegte Bild der Ewigkeit«, wie Platon sie nannte – ein Rauschen, das Eigentliche aber ist das Signal, das unveränderliche Summen der ewigen Stasis. Andere gaben zu, daß es Veränderung gibt, hielten sie aber für unwichtig. Sie meinten, die Zeit verlaufe in Zyklen, so daß Ereignisse, die aus unserem beschränkten Blickwinkel gesehen einzigartig und wichtig sind,

205

auf Dauer dazu bestimmt sind, sich zu wiederholen und endlos auf Bahnen fatalistischer Schicksalhaftigkeit zu laufen. Das Drehen dieser ewigen Räder, Musik in den Ohren vieler Gebildeter, klingt an in den Werken von Hesiod, Pythagoras, Platon, Aristoteles, seinem Schüler Eudemos und vielen anderen ihrer Nachfolger. Selbst die ungeheuren Zeiträume des Hinduismus, die von Wissenschaftsautoren oft als Vorahnung der heutigen astronomisch großen Zahlen beschrieben wurden – und die Zahlen sind wirklich groß; eintausend Mahayugas, die jedes vier Milliarden Jahre dauern, ergeben nur einen einzigen Brahma-Tag –, sind wenig mehr als größere Zahnräder, die in denselben alten Mechanismus der ewigen Wiederkehr eingebaut werden.[3] Man liest in den alten Büchern von *R*evolution, aber niemals von *E*volution. Die Veränderung spielt sich im Universum ab, ist aber letztlich nicht wesentlich, denn das Gesamtbild bleibt immer dasselbe. Man sagt, die Götter schauten mitleidig auf die Menschen herunter, die so naiv sind, sich vorzustellen, daß es so etwas wie Fortschritt gebe oder sich wirklich etwas verändere, wenn eine Stadt erobert oder ein Gedicht geschrieben wird. Tatsächlich war es gerade die vermeintlich olympische Statur einer solchen Schicksalsgläubigkeit, die sie bei Generationen von Philosophen und Philosophieprofessoren so beliebt gemacht hat, und auch bei jungen Studenten, die sich danach sehnen, unglücklich zu sein, damit sie tiefsinnig wirken.

Die wichtigsten Ausnahmen dieser vorherrschenden Verunglimpfung der Zeit finden sich in der jüdisch-christlichen Theologie. Die alten Juden weigerten sich hartnäckig, die Zeit als Illusion abzutun. Im Gegenteil, sie maßen ihr große Bedeutung zu. Die hebräische Darstellung der Schöpfungsgeschichte ist vollkommen zeitgebunden, sie tickt wie eine Uhr von den sieben Tagen der Erschaffung der Welt bis zur Aufeinanderfolge der menschlichen Generationen. Diese Tradition setzt sich bis heute fort, wie man der Bemerkung des verehrten Rabbi entnimmt, der auf die Frage eines staunenden Schülers, was man denn aus modernen Innovationen wie Eisenbahnen lernen könne, antwortete, man könne, wenn man den Zug knapp verpaßt, daraus lernen, daß ein Augenblick den ganzen Unterschied ausmacht. Die Kabbala bekennt sich offen zur Evolution, wenn auch nur als Inbegriff des Fortschritts, wenn sie erklärt: »Die Evolution folgt einer aufsteigenden Bahn und liefert der Welt damit Grund zum Optimismus. Wie kann man verzweifeln, wenn man sieht, daß sich alles entwickelt und aufsteigt?«[4]

Die Sichtweise der Christen war ähnlich; sie erzählen Geschichte in Form von *Geschichten*, in denen historische Ereignisse wie die Geburt Jesu die Welt wesentlich und anhaltend veränderten. Das war eine deutliche Abkehr vom griechischen Denken. Dem Vierten Laterankonzil, das sich 1215 traf, als die Werke des Aristoteles Europa wie eine zweite Sonne erleuchteten, schien es deshalb geraten, dessen Überzeugung abzustreiten, daß das Universum unendlich alt sei, und festzustellen, daß es nach dem christlichen Glauben einen Anfang in der Zeit hat und eine Reihe von einzigartigen – nicht ewig wiederkehrenden – Ereignissen durchlebt. Moderne Gelehrte erfassen nicht das Wesentliche, wenn sie sich über den irischen Bischof James Ussher lustig machen, der im 17. Jahrhundert zählte, wie oft »zeugte« in der Bibel vorkommt, und daraus schloß, daß »der Beginn der Zeit ... auf den Einbruch der Nacht vor dem 23. Oktober im Jahr ... 4004 vor Christus fällt«. Es ist unwichtig, daß Usshers Zahlen nicht stimmten – er irrte sich schließlich nur um einen Faktor von einer Million, und das ist nach kosmischen Maßstäben gar nicht so schlecht, wichtig ist vielmehr, daß er meinte, die Zeit *habe* einen Anfang und die Welt entwickle sich, wie ein Drama, auf unerwartete Weise. Der Einfluß der Kirche auf das wissenschaftliche Denken stellt für Wissenschaftler ein Ärgernis dar, die sich erinnern, daß Christen Galilei verfolgten und sich über Darwin lustig machten, und sie wehren sich heute verständlicherweise gegen eine Vermengung von Naturwissenschaft und Religion. Aber man sollte diese Verquickung im Sinn behalten, wenn auch nur als Gegenpol zu der vulgären Neigung, die Geschichte als Schwarzweißgemälde von Heldentum und Schurkerei darzustellen.

Abgesehen von diesen bemerkenswerten Ausnahmen nahmen nur sehr wenige vorwissenschaftliche Philosophen die Vorstellung ernst, daß die Zeit einen Anfang hat und vielleicht ein Ende haben wird und daß das Universum sich fortwährend verändert, während es durch die Zeit gleitet. Noch unbeliebter war die Sicht, daß das Universum eine *Evolution* durchmacht, damit meine ich, daß es früher weniger komplex und vielfältig war als heute. Folglich wurde der Begriff der kosmischen Evolution weitgehend vernachlässigt, bis die Naturwissenschaft ihn einführte.[5] Noch heute ist der Begriff problematisch. Das Wort »Evolution« stammt von dem lateinischen Verb für »entfalten« oder »entwickeln« ab, impliziert also, daß die Evolution lediglich das ans Licht bringt, was verborgen war, wie ein Teppichhändler, der einen Teppich ausrollt. Aber eine der zwingendsten Eigenschaften der Evolution ist, daß ihr Ergebnis größtenteils unvorhersagbar ist. Wir haben auch noch kein angemessenes Mittel, um zu quantifizieren, was wir meinen, wenn wir sagen, die Natur zeige heute mehr »Vielfalt« oder »Komplexität« als beispielsweise damals, als alles eine Suppe aus Quarks war.

Keine Untersuchung kann nützlich sein, wenn wir erst aufkeimende Zweifel ersticken müssen, und in diesem Kapitel werde ich behaupten, daß die Evolution in vielen Bereichen wirksam ist. Nicht nur entwickeln sich Galaxien chemisch, weil ihre Sterne Wasserstoff und Helium zu schwereren Elementen zusammenbrauen, so daß alte Galaxien chemisch komplexer und vielfältiger sind als junge, sondern die galaktische Evolution beruht auch auf Vorgängen, die ganze Galaxienhaufen betreffen. Moleküle bilden sich innerhalb der riesigen interstellaren Gewitterwolken, den sogenannten Molekülwolken, und auf Planeten. Das irdische Leben könnte als eine barocke Extrapolation der kosmischen molekularen Evolution gesehen werden – eine Einstellung, der die Ansicht einiger Biologen Gewicht verleiht, daß ein Huhn einem Ei dazu dient, ein weiteres Ei herzustellen, und daß Lebewesen nichts anderes sind als Überlebensmaschinen, die es DNS-Molekülen erlauben, mehr (und vielfältigere) DNS-Moleküle herzustellen. Die Naturgesetze selbst haben sich anscheinend aus einfacheren, ursprünglichen Gesetzen entwickelt, die sich wohl wiederum aus einem Zustand ursprünglicher Gesetzlosigkeit heraus entwickelt haben. Die Evolution könnte ein so wirkungsvolles Prinzip sein wie das Quantenprinzip, und in diesem Fall müssen alle Gedanken, die auf eine Verankerung in der materiellen Realität abzielen, entweder dynamisch sein oder die Dynamik in eine neue und raffiniertere Fassung der Stasis einbinden. Dynamik und Stasis werden im weiteren Verlauf dieses Buchs immer wieder aneinander zerren, weil sie Ausdruck einer grundlegenden Spannung sind. In diesem Kapitel untersuchen wir, wie der Gedanke der Evolution in das wissenschaftliche Denken gelangte, und dann betrachten wir die evolutionären Kräfte, die in kosmischen Größenordnungen wirksam sind.

Wir beginnen mit Charles Darwin, einem Mann, der von seinen Zeitgenossen gewöhnlich so unterschätzt wurde, daß er es für nötig hielt, sich gegen die verbreitete Verleumdung zu verteidigen, er habe ja gar nichts Neues gesagt. (Das ist ein Beispiel für die Wahrheit des Ausspruchs von Alexander von Humboldt, wonach die öffentliche Meinung bei einer großen Entdeckung drei Stadien durchläuft: Zuerst wird diese angezweifelt, dann wird ihre Bedeutung geleugnet, und schließlich wird sie dem falschen Urheber zugeschrieben.) Es trifft zu, daß Darwin viele unmittelbare Vorgänger hatte. Unter ihnen waren so progressive und perfektionistische Männer wie sein Großvater Erasmus Darwin, der sich die Evolution als eine Konstruktion vorstellte, durch die Gott solche Veränderungen in Lebewesen herbeiführen konnte, wie sie nötig waren, um ein vollkommenes Endergebnis (erstaunlicherweise *uns*) zu erhalten. Aber Charles Darwins Beitrag bestand nicht darin, eine Lanze für die Entwicklung im Sinne von »Evolution« zu brechen. Er sprach überhaupt nur selten davon, bis die Öffentlichkeit seinen Namen mit diesem Ausdruck verknüpfte. Nach meiner Kenntnis kommt das Wort in Darwins *Über die Entstehung der Arten durch natürliche Zuchtwahl* nur in dem berühmten letzten Satz vor: »Es ist wahrlich eine großartige Ansicht, daß der Schöpfer den Keim allen Lebens, das uns umgibt, nur wenigen oder einer einzigen Form eingehaucht habe, und daß, während dieser Planet den strengen Gesetzen der Schwerkraft folgend sich im Kreise schwingt, aus so einfachem Anfang sich eine endlose Reihe immer schönerer und vollkommenerer Wesen *entwickelt* hat und noch fort*entwickelt*.«[6] Darwin zeigte vielmehr einen Mechanismus auf, durch den die angeborenen Kennzeichen von Arten sich verändern

209

und neue Arten entstehen können. Seine Theorie war genau, aber nicht unverständlich und konnte durch Experimente überprüft werden. Kurz, sie war eine »wissenschaftliche« Theorie, und damit blieb der Begriff der Evolution nicht länger ein lediglich philosophisches Thema, sondern drang in den Bereich der Naturwissenschaft ein.

Der Darwinismus kam zu früh. Diejenigen, die am liebsten Theorien verwerfen möchten, die nicht von Anfang an alles erklären können, tun gut daran zu bedenken, daß der ursprünglichen Form von Darwins Darstellung mehrere Elemente fehlten, die für ihren späteren Erfolg letztlich ausschlaggebend waren. Vor allem fehlte noch der Begriff des »Gens«, das Mutationen durch Quantifizierung der vererbbaren Information daran hindert, wieder zu verschwinden, bevor sie sich auswirken können. Darwin gab zu, daß er diese ärgerliche Unzulänglichkeit nicht beheben konnte, wie er auch den Physikern nichts entgegnen konnte, die noch nicht wußten, wie radioaktive Isotope im Erdinneren Wärme erzeugen, und deshalb schlossen, der Planet könne, da sein Inneres noch warm ist, nicht alt genug sein, als daß die Evolution Spechte und Wale und erst recht solche Wunderwesen wie uns Menschen hervorgebracht haben könnte. Trotz aller Einwände behauptete Darwin hartnäckig, seine Theorie sei gültig, und das zu Recht.

Aus dem Darwinismus folgen drei Sachverhalte, die für unser Nachdenken über die kosmische Evolution besonders wichtig sind:

Erstens half Darwin dadurch, daß er jedes Lebewesen als Produkt seiner Vorfahren schilderte, statische Auffassungen der Welt beiseite zu fegen und die Achse der Geschichte in den Mittelpunkt zu stellen. Wie der Historiker Bert James Loewenberg schreibt, »gelang es ihm, die Gesamtheit des vergangenen Lebens mit jedem Aspekt jeder heutigen Lebensform zu verbinden.«[7]

Zweitens war für seine Theorie nicht nur Zeit als solche wichtig, sondern viel Zeit. Damit sich eine einzige ursprüngliche Lebensform zu den Millionen von Arten entwickeln konnte, die wir heute auf der Erde finden, waren viele hundert Millionen Jahre nötig – so viel Zeit, daß Darwin, der keine besondere Neigung zur Mathematik verspürte, manchmal nur die Hände über dem Kopf zusammenschlug und meinte, die Vergangenheit sei eben unendlich lang. Das war zwar übertrieben, aber der dahinterliegende Impuls war doch zutreffend. Die Evolution zeigt, daß die Geschichte nicht nur im Mittelpunkt steht, sondern auch einen langen Schatten wirft.

Nachdem Darwin so einen Maibaum der Geschichte aufgestellt hatte, der unerwartet hoch aufragte, wies er damit drittens auf die Sterne. Es ist kein Zufall, daß er in dem Schlußsatz seines Buches auf die Erde als einen Planeten verweist, der sich schon lange »im Kreise schwingt«. Denn wenn wir einmal erkennen, daß die Erde alt ist und daß alles auf ihr durch langanhaltende und miteinander verknüpfte historische Prozesse entstand, erkennen wir auch, daß unsere eigene Geschichte mit einer noch älteren Geschichte der kosmischen Evolution verwoben ist.

Im Haus der kosmischen Evolution gibt es viele Wohnungen. Ich will nur einige wenige davon erwähnen – in aufsteigender Größenordnung:

Auf der irdischen Ebene wird die fossile Vorgeschichte immer wieder durch Episoden von Massensterben unterbrochen – Ereignisse, bei denen die Mehrzahl der Arten plötzlich verschwand. In neuerer Zeit wurden sie den bedauerlichen Auswirkungen von Kometen oder Asteroiden zugeschrieben, die auf die Erde fielen und dadurch Naturkatastrophen wie Erdbeben, Überschwemmungen und Feuer auslösten, deren Ruß das Sonnenlicht jahrzehntelang blockierte. Man hat sieben solche globalen Katastrophen gefunden, die mit datierbaren Einschlägen von Kometen oder Asteroiden zusammenfielen – und dasselbe könnte auch für die anderen zutreffen. Eines der verheerendsten und am besten erforschten Massensterben führte vor 65 Millionen Jahren zum Bruch zwischen Kreide und Tertiär, als die Dinosaurier und die meisten ihrer Zeitgenossen plötzlich verschwanden. Die Umrisse des Einschlagskraters »Smoking gun« wurden mit Hilfe von Schwerefeldmessungen im Golf von Mexiko vor Yucatán gefunden und aufgezeichnet, und zwar ursprünglich von Geologen, die Öl suchten und merkten, daß sie auf etwas Wichtiges gestoßen waren, aber nicht wußten, was sie damit anfangen sollten. Später widmeten sich auch Wissenschaftler der Sache, die von der

Aufprall-Hypothese überzeugt waren. (Der unter jüngeren Strata vergrabene Krater hat einen Durchmesser von über 150 Kilometern.) Solche Katastrophen hatten drastische Folgen für die biologische Evolution, indem sie den Weg bahnten für das Erscheinen neuer Arten, die sonst wenig Aussichten gehabt hätten, ältere Lebensformen aus den ökologischen Nischen zu vertreiben, an die sie gut angepaßt waren. Da wir von einem solchen Nutznießer abstammen – einem kleinen halbaffenähnlichen Geschöpf, das auf Bäumen lebte, während die Dinosaurier vorüberdonnerten –, verdanken wir unsere Existenz vielleicht dem Kometen, der vor 65 Millionen Jahren ein Durcheinander anrichtete.

Gutartiger, wenn auch zeitlich viel weiter zurück und wissenschaftlich weniger gut belegt, war das Bombardement der Erde durch eisige Kometen, die im ganz jungen Sonnensystem sehr häufig gewesen sein dürften. Vielleicht haben erste Kometen die Meere gebildet und die Aminosäuren herunterregnen lassen, aus denen hier Leben entstand. Hinweise auf Füllhörner mit lebensspendendem Wasser und Aminosäuren lassen sich in den komplexen Kohlenstoffmolekülen finden, die in den Spektren von heutigen Kometen vorkommen und auf Satelliten wie dem Saturnmond Titan, ebenso in den riesigen Molekularwolken des Milchstraßensystems, wo sich heute neue Sterne und Planeten bilden.

Wenn wir im Rahmen der Evolution denken, liegt es nahe, in der heutigen Erscheinungsform der Dinge nach Hinweisen auf historische Ereignisse zu suchen. Das Sonnensystem liefert besonders viele Hinweise auf die Entstehung der Sonne und ihrer Planeten. Ein Beispiel sind die relativen Größen der Planeten. In Sonnennähe ziehen die steinigen Welten Merkur, Venus, Erde und Mars ihre Bahn. Weiter außen liegen die gasförmigen Giganten Jupiter, Saturn, Uranus und Neptun. Jeder dieser Riesen besteht aus einem felsigen Kern, der von Eis und kaltem Gas umgeben ist. Und jenseits von Pluto – einem Einzelgänger, dessen exzentrische Bahn ihn sowohl ins Innere der Bahn von Neptun trägt (wo er jetzt ist) als auch darüber hinaus – liegt das Reich der Kometen, die aus Eis, Schnee und Felstrümmern bestehen.[8] Wenn wir also die Bestandteile des Sonnensystems aufreihen –

wie bei einer polizeilichen Gegenüberstellung –, finden wir zuerst eine Zone kleiner, felsiger Planeten, dann eine kalter, von Gas umhüllter Riesen, dann eine noch kältere Sphäre eisiger Kometen. Was besagt das über ihre Evolution?

Die heutigen Astronomen bevorzugen eine Antwort, die auf eine moderne Fassung der »Nebelhypothese« hinausläuft, wonach sich die Planeten aus einer Scheibe von Staub- und Gasmassen heraus gebildet haben, die ursprünglich die Sonne umliefen. Diese Darstellung erklärt, warum die Planeten die Sonne alle in derselben Richtung umlaufen – eine Tatsache, die Newton verwunderte, der sie dem Willen Gottes zuschrieb, und die der französische Mathematiker Pierre-Simon de Laplace »sehr bemerkenswert« fand.[9] Für Laplace wie für Immanuel Kant waren diese und mehrere andere Regelmäßigkeiten in der Dynamik des Sonnensystems Anzeichen dafür, daß die Planeten aus einer wirbelnden Scheibe oder einem Strudel entstanden waren. Die Nebelhypothese von Kant und Laplace beherrschte im 19. Jahrhundert die Kosmogonie (die Wissenschaft vom Ursprung des Kosmos) und trug zu einer evolutionären Sichtweise bei, die die Natur, in Kants Worten, als etwas ansah, das »sich schon aus dem Chaos ausgewickelt und ihre gehörige Vollkommenheit erlangt hat«.[10] Diese Hypothese spricht uns an (irgendwie mögen wir Wirbel) und hat beträchtlichen Charme – jedenfalls kommt es mir so vor, vielleicht weil meine erste Begegnung mit ihr im Alter von etwa sechs Jahren eine Begeisterung für die Naturwissenschaften auslöste, die bis heute anhält. Aber die Nebelhypothese konzentrierte sich auf die Regelmäßigkeiten im Sonnensystem und konnte in ihrer ursprünglichen Form mehrere Unregelmäßigkeiten nicht erklären. Warum drehen sich beispielsweise einige Planeten (und einige ihrer Satelliten) in der falschen Richtung um ihre Achse? Warum ist die Drehachse mancher Planeten geneigt? Diese Ausnahmen von der Regel wurden bedeutungsvoller und bedrohlicher, als die Astronomen mehr über die einzelnen Planeten in Erfahrung brachten und deshalb neuere, mühsam revidierte Kataloge zur Verfügung standen.

Die moderne Fassung behält die ursprüngliche Scheibe aus Gas und Staub bei, hebt aber die Rolle des Staubs hervor. Dieses ist eines der aufregendsten Beispiele der Natur dafür, daß große Dinge ihren Anfang im Kleinen haben. Nach dieser Theorie (und sie enthält die bei weitem schlüssigste Darstellung der Planetenbildung, die es heute gibt), begann jeder Planet, auch die Erde, in dem Nebel, aus dem sich die Sonne bildete, als mikroskopisch kleines Staubkörnchen. Zu der Zeit, als sich die Protosonnenscheibe bildete, hatten sich ihm andere Körnchen hinzugesellt, und sie alle hielt die elektrostatische Kraft zu einem Klumpen von der Größe eines Medizinballs zusammen. Unterschiede in den Bahngeschwindigkeiten solcher Objekte in der Scheibe führten zu sanften Zusammenstößen, die den Durchmesser der Kugel bis auf anderthalb Kilometer Durchmesser anwachsen ließen. Sie gehörte jetzt zu einer von Millionen »Planetesimalen« – Objekten, deren Masse ausreicht, um einander gravitativ anzuziehen, die also nicht auf ein zufälliges Zusammentreffen angewiesen sind. Dann folgte eine Epoche gewaltiger Zusammenstöße, bei der die Planetesimale zerschmettert wurden, wenn ihre Aufprallgeschwindigkeit hoch genug war, aber überlebten und wuchsen, wenn die Zusammenstöße sanfter waren. Als Faustregel gilt, daß ein Planetesimal zerstört wird, wenn es mit einer Geschwindigkeit getroffen wird, die größer ist als seine eigene Fluchtgeschwindigkeit; denn dann fliegen seine Trümmer so schnell weg, daß das lokale Gravitationsfeld ihre Flucht nicht mehr aufhalten kann. Jene Planetesimale aber, bei denen der Aufprall mit niedrigerer Geschwindigkeit erfolgt, können ihre Angreifer festhalten und dadurch an Masse zunehmen. Dadurch vergrößert sich wiederum ihre Fluchtgeschwindigkeit, was ihr Überleben wahrscheinlicher macht – ein Beispiel dafür, daß die Reichen immer noch reicher werden (oder, wenn man so will, ein Beleg für ein Darwinsches Gesetz des Dschungels).

Das alles spielte sich nach astronomischen Maßstäben rasch ab. Die ersten drei Akte – von den mikroskopisch kleinen Staubkörnchen zu den Medizinbällen, von dort zu kilometergroßen Planetesimalen und von den Planetesimalen zu den Protoplaneten mit einem Durchmesser von einigen hundert Kilometern – dauerten jeweils nur etwa zehntausend Jahre. Der Vorgang war jedoch sehr erfolgreich, denn am Ende des dritten Akts waren die Bahnen der Protoplaneten leergefegt. Der vierte Akt, in dem diese Objekte zu ausgewachsenen Planeten verschmolzen, erforderte, daß einige von ihnen durch die Schwerkraft auf elliptischere Bahnen gezogen wurden, wo Zusammenstöße wahrscheinlicher waren. Das dauerte länger, mehr als zehn Millionen Jahre. Das Warten zahlte sich aus: Der Aufbau des Sonnensystems kam zu einem Höhepunkt in einer dramatischen Epoche, in der Welten zusammenstießen, von denen einige zu Trümmern zerschmettert wurden und andere sich zu den überlebensfähigen Planeten der Sonne zusammenfanden.

Da sehr viel Fels- und Eisbrocken übrigblieben, hielten die Bombardements Hunderte Millionen Jahre an, wobei die Planeten zwar beschädigt wurden, ihre Existenz aber selten wirklich bedroht war. Der interplanetare Hagelsturm fand seinen Höhepunkt im »endgültigen Bombardement«, als übriggebliebene Planetesimale, deren Bahngeschwindigkeiten vom Sonnenwind gebremst wurden, herunterpurzelten und auf die Planeten des inneren Sonnensystems stürzten. Auf der Erde, wo das älteste Oberflächengestein nur 3,8 Milliarden Jahre alt ist, hat die Erosion die allermeisten der dabei entstandenen Krater seit langem abgetragen, aber auf dem luftlosen und geologisch trägen Mond zeugen die Krater noch heute von den Unruhen früherer Zeiten. Der Mond wurde von so vielen Meteoren getroffen, daß seine Kruste von einer bis zu 25 Kilometer dicken Schicht zerschmetterter Felsen bedeckt ist. Man kann die älteren Gelände des mit Kratern durchsetzten lunaren Hochlands vom jüngeren Gelände der relativ ungebrochenen »Meere« unterscheiden, die sich bildeten, als in den Nachwehen des letzten Bombardements geschmolzene Lava über schon existierende Krater floß. Als die *Apollo*-Astronauten »junges« Mondgestein aus den Meeren und »altes« aus dem Hochland mitnahmen, hatten sie damit gleichzeitig faßbare Hinweise auf die Geschichte der Bombardements eingesammelt.

Ein großer Teil dieses Zertrümmerns und Zerschlagens spielte sich auch im größeren Umfeld mit der gleichen spektakulären Heftigkeit ab. Dabei stieß die heftig brennende Sonne aus ihren Polen weiße Plasmaströme aus und sturmartige Sonnenwinde fegten über eine mit Lichtblitzen gepfefferte Scheibe hinweg. Das könnte erklären, warum die äußeren Planeten noch heute viel Eis und leichtes Gas enthalten, die inneren aber nicht. In der Nähe der jungen Sonne brachten Hitze und Sonnenwind das Eis zum Schmelzen und raubten den Planeten den Wasserstoff und andere leichte Gase. Draußen beim Jupiter, den die Sonne nur etwa ein Fünfundzwanzigstel so stark wärmt wie die Erde, konnten die Planeten ihr ursprüngliches Gas behalten – und auch das Eis, wie wir an den Eispalästen der Jupitermonde sehen. Der Jupitersatellit Callisto ist so groß wie Merkur, hat aber weniger als ein Drittel seiner Masse. Das liegt daran, daß Merkur aus Eisen und Gestein besteht, Callisto aber zur Hälfte aus Eis. Eis wird immer vorherrschender, wenn wir zu Pluto und in den Bereich der Kometen hinausgelangen, wo die Sonne so fern ist, daß sie nur noch wie ein besonders hell leuchtender Stern aussieht. Hätten nicht die Kometen Eis zur Erde gebracht – auf unseren »gebackenen« kleinen Planeten, wie Newton sagte –, gäbe es hier vielleicht keine Ozeane. Und ohne die organischen Moleküle, die die Kometen mitbrachten, wäre die Erde möglicherweise immer ohne Leben geblieben. So könnten also ausgerechnet Kometen das Leben zur Erde gebracht haben, die Himmelskörper, die später so viel Leben vernichteten.

Aber die Schönheit einer evolutionären Sichtweise liegt weniger in ihrer Fähigkeit, nette Geschichten zu liefern, als darin, daß sie einen Rahmen für die weitere Forschung absteckt. Darwin hatte das klar erkannt und betonte in seinen späteren Jahren, daß seine Theorie die Biologie und die mit ihr verwandten Wissenschaften nicht vollendet, sondern vielmehr neu belebt habe, so wie Regen einem ausgetrockneten Garten gut tut. »Wie weit und reich ist das Forschungsgebiet, das sich durch das Evolutionsprinzip eröffnet hat«, schrieb er. »Und solche Gebiete wären ohne das Licht, das dieses Prinzip auf sie geworfen hat, lange oder sogar immer dürre geblieben.«[11] Ganz ähnliches geschah Mitte des 20. Jahrhunderts, als die Theorie der Plattentektonik, die auf der Erkenntnis beruht, daß die Wärme des Erdkerns die Kontinente verschiebt, die Geologie aus ihrem langen Schlummer weckte. Der Mars ist zu klein, um die nötige Wärme zu speichern, und deshalb geologisch träge; seine Entwicklung kam zum Stillstand, als er nur etwa eine Milliarde Jahre alt war.

Was diese Entwicklung gegebenenfalls damit zu tun haben könnte, daß die Flüsse und Seen des jungen Mars damals fest gefroren waren, ist eine der Fragen, um deren Beantwortung sich heute die Disziplin kümmert, die »vergleichende Planetologie« heißt. Der Ansatz der kosmischen Evolution ist noch nicht so anerkannt wie der der Darwinschen Evolution, aber schon jetzt verdanken ihm die Planetologie und die anderen Wissenschaften, die sich mit dem Sonnensystem beschäftigen, wertvolle Anregungen. Die Informationen, die wir mit Hilfe von Raumsonden wie den bemannten *Apollo*-Missionen zum Mond und den unbemannten Missionen – *Viking* reiste zum Mars, *Magellan* zur Venus und *Pioneer* und *Voyager* zum äußeren Sonnensystem – erhalten haben, lassen sich in ein evolutionäres Szenario einbetten, das es den Wissenschaftlern erlaubt, die Geschichte der Sonne und ihrer Planeten zusammen als Sonnen*system* darzustellen, und nicht nur als eine Anhäufung von Merkwürdigkeiten.

Das Modell der Planetesimalen löste das Rätsel, wie es zur Drehrichtung der Sonnenplaneten kommt. Die meisten Planeten, auch die Erde, drehen sich in derselben Richtung um ihre Achse – von Norden aus gesehen gegen den Uhrzeigersinn, Venus aber dreht sich im Uhrzeigersinn, und auch Pluto. Uranus hat eine Sonderstellung: Sein Nordpol ist um mehr als neunzig Grad geneigt, liegt also genau in seiner Bahnebene. Die Theorie der Planetesimalen erklärt diese Anomalien, indem sie behauptet, Venus, Pluto und Uranus seien bei den Bombardements durch Objekte getroffen worden, die sie umwarfen oder ihre Drehrichtung umkehrten. Dieses Bild wird durch das seltsame Schicksal des Uranusmondes Miranda bekräftigt. Seine Oberfläche, die 1986 aus *Voyager* 2 abgebildet wurde, ist ein bemerkenswertes Gemisch von alten, mit Kratern überzogenen Gebieten, jungem glattem Gelände und mehreren Strukturen, die keinerlei Ähnlichkeit mit irgend etwas anderem im Sonnensystem haben. Die Theorie behauptet, der Mond sei durch die harten Treffer fast zerstört worden. Die Überreste flogen erst auseinander, dann wieder aufeinander zu und bildeten schließlich eine seltsam wirre Welt. Wenn das zutrifft, ist Miranda ein Opfer der Nachwehen des letzten Bombardements.

217

Der Erdmond stellt ein Geheimnis dar. Mit seinem Durchmesser von mehr als einem Viertel des Erddurchmessers ist er groß. Nur Pluto hat einen Mond, der relativ zu ihm so groß ist. Der Unterschied ist so deutlich, daß Planetologen die Systeme Erde-Mond und Pluto-Charon als »Doppelplaneten« bezeichnen. Außerdem besteht der Mond aus dem falschen Stoff. Während die Erde einen schweren Eisenkern hat, enthält der Mond praktisch kein Eisen. Seine Dichte, etwa 3,3 Gramm pro Kubikzentimeter, ähnelt der des Erdmantels, aber nicht der des Erdkerns. Und der Mond enthält nicht viele flüchtige Substanzen – wie Wasser –, mit denen die Erde aber wohlversorgt ist. Die Sache wird noch verwirrender, weil es auch Ähnlichkeiten zwischen den beiden gibt: Alle zwei enthalten viele Mineralien, und die relative Häufigkeit einiger Isotope, wie etwa der des Sauerstoffs (der im Mond in Gestein gebunden ist), ist sehr ähnlich. Schließlich stimmt die Mondbahn überhaupt nicht. Jeder andere große Satellit im Sonnensystem umläuft den Äquator seines Planeten, das gilt sogar für die Satelliten des umgekippten Uranus. Aber während die Erdachse relativ zu ihrer Bahnebene um 23 Grad geneigt ist, liegt die Mondbahn über der Bahnebene der Erde, nicht über ihrem Äquator.

Zusammengenommen scheinen diese Überlegungen zwei sonst vielversprechende Theorien über die Entstehung des Systems Erde-Mond auszuschließen. Die erste behauptete, sie seien gemeinsam aus einem Wirbel in der ungeheuer großen Scheibe von Material, das die neugeborene Sonne umrundete, entstanden. Aber wenn das der Fall wäre, müßten beide Körper etwa dieselbe chemische Zusammensetzung haben, so daß der Mond beispielsweise soviel Eisen enthielte wie die Erde – was nicht der Fall ist. Die andere Theorie besagt, der Mond habe sich sonstwo im Sonnensystem gebildet und sei später von der Erde eingefangen worden. Aber Untersuchungen von Bahnbewegungen zeigen, daß ein solches Einfangen den unwahrscheinlichen Eingriff eines dritten Planetenkörpers erfordert hätte. Deshalb stehen die Chancen für diesen Vorschlag schlecht; man hat jedenfalls kein solches Objekt gefunden. Außerdem kann die Einfangtheorie die Ähnlichkeiten in der Zusammensetzung von

Erde und Mond nicht erklären, die sich in ihren Isotopenanteilen zeigen.

Vor kurzem hat eine neue Erklärung, die auf dem planetesimalen Modell beruht, mögliche Antworten auf die Frage nach der Herkunft des Mondes geliefert. Nach dieser Darstellung wurde die junge, unter ihrer dünnen Kruste noch rotglühende Erde von einem massereichen konkurrierenden Planeten getroffen, der etwa die Größe des Mars hatte. (Der Eindringling war einer der elliptisch umlaufenden Körper, die im vierten Akt des Dramas der Planetenbildung mitspielten.) Der größte Teil der Materie des zerstörten einfallenden Planeten wurde der flüssigen Erde einverleibt und vergrößerte so die Masse unseres Heimatplaneten. Der Dampf aber, der sich in der ungeheuren Hitze bildete, als die beiden Himmelskörper zusammenstießen, wurde innerhalb von wenigen Minuten in den Raum hinausgestoßen. Dort fand er seine Umlaufbahn und kondensierte zum Mond. Weil diese Materie vor allem aus der Erdkruste und nicht aus dem Erdinneren stammte, fehlt dem Mond heute Eisen, und deshalb ist er weniger dicht als die Erde. Aber weil Erde und Mond einen gemeinsamen Ursprung haben, konnten einige chemische Ähnlichkeiten überleben. Computersimulationen lassen vermuten, daß die junge Erde in der Tat von mindestens einem Planeten getroffen wurde, der so groß ist wie Mars, und auch von zwei oder drei kleineren, aber immer noch ansehnlichen Planetesimalen. Ein ähnliches Bild könnte erklären, warum Merkur, der innerste Planet, einen viel größeren Eisenkern besitzt, als man es bei einem so kleinen Planeten erwarten würde. Vielleicht ließ ein kleinerer Planet, der auf Merkur prallte, seine steinige Kruste weitgehend verdampfen, so daß nur der Kern eines vormals größeren Planeten übrig blieb – der vielleicht auch sonnenferner gewesen war und durch den Aufprall auf seine jetzige Bahn geworfen wurde. Es bleibt noch viel zu tun, bevor diese Fragen vollständig beantwortet sind. Inzwischen sollten wir, wenn wir so kenntnisreich vom Ursprung des Universums und von den fernen Galaxien sprechen, im Auge behalten, wie wenig wir über den Ursprung der uns nächsten Himmelskörper wissen. Der dicke, romantische Mond, der heute im

Osten aufsteigt und, wie Archibald MacLeish sagte, »Zweig auf Zweig der nachtverhangenen Bäume freigibt«, trägt immer noch seinen alten geheimnisumwitterten Mantel.[12]

Während das planetesimale Modell vor allem dank der wachsenden Datenberge, die wir den Raumsonden verdanken und auf deren Grundlage Computersimulationen erstellt werden, Fortschritte macht, läßt sich die Evolution des Sonnensystems wohl nicht voll verstehen, bis sie mit der anderer Planetensysteme verglichen werden kann. Die gute Nachricht ist in diesem Zusammenhang, daß das Milchstraßensystem weiterhin neue Sterne bildet und die Astronomen deshalb im Prinzip in der Lage sein sollten, extrasolare Planetensysteme in unterschiedlichen Stadien ihrer Entwicklung zu beobachten, von neugeborenen Sternen mit protoplanetaren Scheiben bis hin zu ausgereiften Systemen wie unserem eigenen. Die schlechte Nachricht ist, daß es gar nicht so einfach ist, sie zu finden. Sterne bilden sich innerhalb dunkler Wolken, die ihr sichtbares Licht blockieren. (Glücklicherweise können sie im Infrarotlicht entdeckt werden, dessen lange Wellen die Wolken durchdringen können.) Ältere Sterne heben sich von den Wolken ab und sind klarer zu sehen, aber sie haben dann womöglich schon ihre protoplanetare Scheibe verloren, und Planeten sind zu schwach und zu nahe an ihren Sternen, als daß die existierenden Teleskope sie auflösen könnten. Wenn wir auf einem Planeten lebten, der Alpha Centauri umkreiste, den sonnennächsten Stern, hätten wir wohl noch keinen der Planeten der Sonne beobachtet – den riesigen Jupiter nicht und sicherlich auch nicht den kleinen inneren Planeten Erde. Trotzdem wurden in den letzten Jahren einige bemerkenswerte Beobachtungen durchgeführt, die das Vorhandensein von extrasolaren Planeten nahelegen und damit andeuten, daß die planetare Evolution einen wichtigen Teil des kosmischen Bildes darstellen könnte. Man hat bei der Beobachtung von Planetensystemen in allen drei Stadien Fortschritte gemacht – im Inneren von Molekülwolken, bei ausgereiften Systemen im offenen Raum und in einer Zwischenphase, in der der Stern aus einer Wolke herausgetreten ist, seine Planeten sich aber noch nicht verfestigt haben.

Molekülwolken sind faszinierende Objekte – riesige, tinten-schwarze Beutel, Tropfen und Fasern, die die galaktische Scheibe mit Tupfern und Strichen schmücken. Einige werden von unerfahre-nen Beobachtern leicht übersehen, die ihre massereiche Schwärze für leeren Raum halten. Andere, die sich von den Hintergrundster-nen abheben, zeigen sich als große traubenförmige Sphäroide, ge-spenstische Schornsteine und breite tintenschwarze Flüsse. Es gibt in unserer Galaxis etwa sechstausend solcher riesigen molekularen Wolken. Die meisten findet man entlang von Spiralarmen, wie Ge-witter, die sich vor einer Bergkette aufreihen. Sie sind »riesig« inso-fern, als sie einen Durchmesser von mehr als hundert Lichtjahren haben und gewöhnlich bis zu einer Million Sonnen wiegen – und »molekular« insofern, als sie nicht nur die freien Atome von Wasser-stoff und Helium enthalten, die im interstellaren Raum häufig sind, sondern auch eine Vielfalt von Molekülen, darunter die von Kohlen-stoffmonoxid, Formaldehyd, Alkohol und Wasser. Sie gehören zum Kältesten, was wir kennen, und haben Temperaturen, die von weni-gen Kelvin bis zu etwa hundert Kelvin reichen. Dennoch sind sie Maschinen, die Sterne erzeugen, und wenn sich Sterne bilden, er-wärmen sie ihren Teil der Wolke, fegen ihn sauber und bringen das verbleibende Gas zum Glühen. Die sich ergebenden Brandblasen bilden eine Klasse von »Emissionsnebeln«, die HII-Regionen hei-ßen. (»HII« bezieht sich auf Wasserstoffatome in ihrem ionisierten Zustand, was bedeutet, daß ihre Elektronen abgestoßen wurden und sie positiv elektrisch geladen sind. »HI« bezeichnet nichtioni-sierten Wasserstoff, der elektrisch neutral ist.) Eine solche HII-Region ist der Orionnebel. Er stellt eine spektakuläre, blütenähnli-che Anordnung dar, die im roten Licht von ionisiertem Wasserstoff und in den blauen und limonengrünen Farbtönen ionisierten Sauer-stoffs und Stickstoffs leuchtet. Er ist mit embryonischen Bereichen durchsetzt, in denen sich Sterne bilden, die die Astronomen »evapo-rierende gasförmige Globule« oder EGG nennen, und sitzt auf der nahen Seite eines gigantischen Komplexes von Molekülwolken, der einen großen Teil des Sternbilds Orion umfaßt – ein Fleck, der selbst in der Entfernung von 1500 Lichtjahren von der Erde einen größeren Teil des Himmels einnimmt, als eine ausgestreckte Hand verdeckt.

Die Forscher, die sich mit der Sternentstehung beschäftigen, haben berechnet, daß neugeborene Sterne sowohl protoplanetarische Scheiben als auch bipolare Jetströme aufweisen sollten, also Plasmaströme, die der Stern an seinen Polen ausstößt. (Beide ergeben sich aus den dynamischen Vorgängen, die eine kollabierende Gaswolke dazu bringen, zu rotieren, sich abzuflachen und Materie abzustoßen, um das Drehmoment zu verteilen. Dasselbe passiert, wenn auch heftiger, in der Umgebung Schwarzer Löcher.) Bemerkenswert ist, daß bei Protosternen sowohl die Scheiben als auch die Jets beobachtet werden konnten. Mit Hilfe des Hubble-Teleskops wurden 1994 Scheiben gefunden, die zu 56 der 110 Sterne gehören, die sich im Orion-Nebel finden. Das Hubble-Teleskop erhielt 1995 hoch aufgelöste Bilder bipolarer Jets, die von jungen Sternen ausgingen. Die Jets erstrecken sich Milliarden Kilometer weit und enthalten Knoten und Wölbungen, an denen sich ablesen läßt, wann die unterschiedlichen Gasmengen ausgestoßen wurden. »Die klumpige Struktur der Jets ist wie der Fernschreiber eines Börsenmaklers«, sagte Jon Morse vom Space Telescope Science Institute in Baltimore kurz nach der Entdeckung.[13] »Sie gibt einen historischen Bericht von den Ereignissen, die in der Nähe des Sterns passierten. Die Abstände der Klumpen in dem Jet zeigen, daß Variationen auf mehreren Zeitskalen auftreten, wobei kleine Knoten alle paar Jahre hinausgepumpt werden, und große etwa einmal pro Jahrhundert.«

Dank des Hubble-Teleskops und anderer hochauflösender Instrumente sind wir in einer Ära, in der Sterne innerhalb von einigen tausend Lichtjahren Entfernung nach Scheiben, Jets und anderen Hinweisen auf die Prozesse untersucht werden können, von denen man meint, daß sie die Planeten der Sonne erzeugt haben. Innerhalb dieses Bereichs liegen die großen Wolken, in denen Sterne entstehen, und die wir entlang der Spiralarme unserer Galaxis in den Sternbildern Orion und Schütze finden, so daß es genug Systeme gibt, die man untersuchen kann. Wilhelm Herschel, der größte Astronom des 18. Jahrhunderts, war auch einer der ersten, der die kosmische Evolution als eine fruchtbare, wenn auch noch unausgereifte Möglichkeit sah, astronomische Phänomene zu verstehen. »Diese Methode der Himmelsbetrachtung scheint den Himmel in ein neuartiges Licht zu rücken«, schrieb er.

Er bietet sich jetzt dem Blick dar wie ein üppiger Garten, der die größte Vielfalt an Pflanzen in verschiedenen Blumenbeeten enthält. Einen Vorteil können wir zumindest daraus ziehen, nämlich den, daß wir den Umfang unserer Erfahrungen sozusagen auf eine unendliche Dauer erweitern können. Um das Gleichnis fortzusetzen, das ich dem Pflanzenreich entlehnt habe, meine ich, es sei fast dasselbe, ob wir nacheinander das Keimen, Blühen, die Blattbildung, das Erscheinen der Frucht, das Ausbleichen, Schrumpfen und Vergehen einer Pflanze miterleben oder ob eine ungeheure Vielzahl von Einzelstücken, aus allen Stadien ausgesucht, die die Pflanze in ihrer Existenz durchläuft, uns gleichzeitig vor Augen geführt würde.[14]

Herschels Traum wird heute wahr. Nicht nur sehen wir neue Protosterne im Orion und sonstwo, sondern die Astronomen haben auch dazwischenliegende jugendliche Sterne gefunden, die noch ihre protoplanetaren Scheiben haben. Die entscheidende Entdeckung kam 1983, als zwei Astronomen beim Eichen eines Teleskops von IRAS, dem Astronomischen Infrarot-Satelliten, eine Scheibe fanden, die den hellen jungen Stern Vega umgibt, der 26 Lichtjahre von der Erde entfernt ist. Die Entdeckung regte das Interesse an anderen nahen Sternen an, die, wie IRAS zeigte, von einem Übermaß an Infrarotstrahlung umgeben sind. Dann gelang es Beobachtern am Las-Campanas-Observatorium in Chile 1984, eine protoplanetare Scheiben zu fotografieren, die Beta Pictoris umgibt, einen Stern am Südhimmel, der 50 Lichtjahre von der Erde entfernt ist. Weitere Beobachtungen von Vega und Beta Pictoris haben Lücken in ihren Scheiben aufgezeigt, die sehr wohl von neu entstandenen Planeten leergefegt worden sein könnten.

223

Es ist außerordentlich schwierig, die Existenz ausgewachsener Planeten zu bestätigen, weil es noch keine Teleskope gibt, deren Auflösung ausreicht, sie direkt abzubilden. Ein bewährtes, wenn auch mühevolles Verfahren zur Suche nach voll ausgebildeten extrasolaren Planeten besteht darin, daß man nach Hinweisen auf ihre gravitative Wechselwirkung mit den Sternen achtet, die sie umlaufen. Wenn ein massereicher Planet wie Jupiter auf seiner Bahn läuft, zieht er seinen Zentralstern immer zu sich hin, also einmal in diese und einmal in jene Richtung. Dieser Effekt sollte bci nahen Sternen beobachtet werden können. Wenn Planetensysteme der Erde zugewandt sind, sollte man sie entdecken können, indem man den Zentralstern über eine Periode von einigen Jahren fotografiert und Schwankungen seiner Bahn registriert. Man hat bei einigen Sternen Hinweise auf solche Wirkungen gefunden, obwohl die Daten und ihre Deutung noch umstritten sind. Wenn wir Planetensysteme frontal beobachten können, können wir das Spektrum des Sterns nach periodischen Blau- und Rotverschiebungen im Sternenlicht absuchen, die entstehen, wenn seine Planeten ihn ein wenig zur Erde hin oder von ihr weg ziehen. Auch dieser Ansatz ist mühsam, denn man versucht dann, Schwankungen in der Bewegung eines Sterns von weniger als fünf Kilometern pro Stunde zu messen, also der Geschwindigkeit, mit der wir spazierengehen. Aber 1995 wurde ein Erfolg gemeldet, als die Astronomen Michel Mayor und Didier Queloz von der Sternwarte in Genf Schlagzeilen machten: Sie hatten Hinweise auf einen Planeten gefunden, der den sonnenähnlichen Stern 51 Pegasi umläuft. Wenn ihre Berechnungen richtig sind, ist der Planet groß – etwa so massereich wie Jupiter –, aber mit nur einem Zehntel der Entfernung von Erde und Sonne sehr nahe an seinem Stern. Ein so großer Planet, der einem Stern so nahe ist, wäre verblüffend anders als alles im Sonnensystem. Er könnte die hier beschriebene Planetenbildung in Frage stellen – falls nicht der Planet in größerer Entfernung entstand und erst im vierten Akt des Schauspiels der frühen Entwicklung von 51 Pegasi in seine jetzige Bahn hineingestoßen wurde.

Bald darauf machten die Spektralverfahren weitere Fortschritte. Mit einer ähnlichen Methode wie der der Schweizer Beobachter identifizierten zwei Astronomen am Lick-Observatorium in Kalifornien 1996 Planeten der sonnenähnlichen Sterne 70 Virginis im Sternbild Jungfrau in der Nähe des Arcturus und 47 Ursae Majoris in der Nähe des Großen Wagens. Beide Sterne liegen innerhalb eines Radius von 35 Lichtjahren Entfernung von der Erde und sind mit dem bloßen Auge sichtbar. Nach Meinung des Astronomen Geoffrey Marcy von der San-Francisco-State-University, der die Planeten gemeinsam mit seinem Forschungsassistenten Paul Butler entdeckte, als er an der Universität Berkeley arbeitete, hat der Planet 70 Virginis das 8,1-fache der Masse des Jupiter und ist etwa so weit von seinem Stern entfernt wie Merkur von der Sonne.[15] In dieser Entfernung sollte er eine Oberflächentemperatur von etwa 85 °C haben. Da das deutlich unter dem Siedepunkt von Wasser liegt, könnte es auf dem Planeten Meere und Leben geben. Der Planet von 47 Ursae Majoris hat das 3,5fache der Masse von Jupiter, liegt in einer Entfernung, die mit der des Asteroidengürtels der Sonne (zwischen den Bahnen von Jupiter und Mars) vergleichbar ist, und umläuft seinen Stern einmal in 1100 Tagen. Auch auf ihm könnte es Ozeane mit flüssigem Wasser geben. Die Entdeckung dieser weniger sonderbaren Planeten, die nahe Sterne umlaufen, sorgte bei den Astronomen für große Aufregung. Daniel Goldin, Verwaltungsleiter der NASA, kündigte prompt an, daß die Raumagentur der Suche nach extrasolaren Planeten hohe Priorität einräumen werde, und sagte vorher, daß Teleskope Mitte des 21. Jahrhunderts »Meere, Wolken, Kontinente und Bergketten« auf erdähnlichen Planeten fotografieren werden, die Sterne umlaufen, die bis zu hundert Lichtjahre von der Erde entfernt sind.[16] Ein anderer Astronom, der sich an der Suche nach ausgewachsenen Planeten beteiligt, ist William J. Boruchi vom Ames- Forschungszentrum in Mountain View, Kalifornien. Er jubelte: »Wir finden neue Welten« und verglich das Unterfangen mit »der zweiten Ankunft von Marco Polo oder Kolumbus«.[17]

Theoretische Untersuchungen sprechen dafür, daß bei der Sternbildung Supernovae auftreten. Dabei fegen nämlich Dichtewellen durch die galaktische Scheibe und sammeln Gas und Staub an, bis einige Wolken dicht genug sind, um unter ihrem eigenen Gewicht zu kollabieren und zu Sternen zu werden. Die massereichsten der neuen Sterne, die Superriesen, verbrennen den Brennstoff in ihrem Kern sehr rasch und detonieren innerhalb von nur zehn bis hundert Millionen Jahren als Supernovae – so jung, so daß sie sich bei der Explosion noch in dem Bereich befinden, in dem sie entstanden sind. Deshalb können die Schockwellen von einer Supernova oder mehrerer Supernovae die Bildung vieler weiterer Sterne auslösen. Wir halten Supernovae gewöhnlich für relativ seltene Ereignisse, aber sie sind doch so häufig, daß ihnen in der galaktischen Ökologie eine Hauptrolle zukommt: Im Mittel explodieren in jedem Jahrhundert in einer durchschnittlichen Galaxie drei Sterne. Es gibt also im beobachtbaren Universum pro Sekunde eine Supernova.

Die Trümmer, die von den Supernovae in den Raum geblasen werden, sind reich an radioaktiven Isotopen, von denen einige so langlebig sind, daß wir lokal Spuren von ihnen finden sollten, falls eine Supernova die Bildung des Sonnensystems ausgelöst hätte. Solche Isotope wurden tatsächlich in Meteoriten gefunden – Gesteinsbrocken, die entweder bei der Bildung von Planetesimalen übrigblieben oder bei einem späteren Aufprall auf größere Körper abgeschlagen wurden. Meteoritenjäger suchen sie gern in der Antarktis, wo sie sich deutlich vom Schnee abheben. Viele stammen aus den Trümmern ehemaliger Kometen, einige sind aus dem Asteroidengürtel zugewandert, und einige wenige wurden von der Mond- oder Marsoberfläche weggeblasen.[18] Meteoriten sind außerordentlich nützlich bei der Erforschung des Alters, der Chemie und der Evolution des Sonnensystems, da sie, anders als das Gestein auf der Erdoberfläche, kaum der Erosion ausgesetzt waren. Abgesehen von einer oberflächlichen Abflachung, die von der kurzen Hitzeeinwirkung während ihrer feurigen Reise durch die Erdatmosphäre herrührt, waren sie außer dem sanften heißen Sonnenwind und »dem mikrometeoritähnlichen Verwittern« durch interplanetaren Staub kaum widrigen Umständen ausgesetzt.

Radioaktive Atome, die in Meteoriten gefangen sind, zerfallen mit einer Geschwindigkeit, die durch ihre Halbwertzeit bestimmt wird, in »Tochteratome«. Das Alter eines Meteoriten läßt sich deshalb abschätzen, indem man die Proportionen der Eltern- und Tochterelemente mißt. Messungen dieser Beziehungen wie etwa die von Rubidium zu Strontium und von Samarium zu Neodymium ergeben ein Alter für die Meteoriten – und damit mutmaßlich für die meisten festen Körper im inneren Sonnensystem – von 4,56 Milliarden Jahren. Das paßt gut zum Alter der Sonne von etwa fünf Milliarden Jahren, wie es die Astrophysiker unabhängig davon hergeleitet haben. In vielen Meteoriten hat man auch einen Überschuß an Atomen gefunden, die durch den Zerfall relativ kurzlebiger radioaktiver Atome entstanden sind, die unmittelbar vor der Bildung des Sonnensystems in einer Supernova geschmiedet worden sein müssen. Besonders verräterisch ist das Vorkommen von Magnesium-26, der Tochter von Aluminium-26, das in einigen Meteoriten gefunden wurde. Aluminium-26 hat eine Halbwertszeit von nur 720 000 Jahren. Wenn es in so hohen Mengen ins Sonnensystem eingebaut wurde, daß sein Tochterisotop noch heute vorkommt, kann es höchstens einige Millionen Jahre durch den Raum gereist sein. Diese Meteoritenforschung – sie wurde unabhängig voneinander von Donald Clayton, jetzt an der Clemson-Universität, Robert Hutchison vom Natural History Museum in London und Gerald J. Wasserburg vom Caltech durchgeführt – bringt uns zu dem bemerkenswerten Schluß, daß die Geburt der Sonne und ihrer Planeten von einer Supernova verursacht wurde, die weniger als hundert Lichtjahre entfernt war. Wir müssen also in Betracht ziehen, daß eine nahe Supernova, die heute das meiste Leben auf der Erde auslöschen würde, früher die zukünftige Heimstatt irdischen Lebens schuf. Zeugen dieses titanischsten aller astronomischen Ereignisse könnten die kalten, kleinen Gesteinsbrocken sein, die zu den bescheidensten Komponenten des Sonnensystems gehören.

Die Sternentwicklung läßt sich an einem faszinierenden Diagramm nachverfolgen, das Hertzsprung-Russell-Diagramm heißt. Es wurde erstmals Anfang 1911 von Ejnar Hertzsprung gezeichnet, einem dänischen Ingenieur und Autodidakten auf dem Gebiet der Astronomie, und unabhängig davon zwei Jahre später von dem amerikanischen Astrophysiker Henry Norris Russell. Dieses sogenannte

HR-Diagramm verzeichnet die absoluten Helligkeiten von Sternen im Vergleich zu ihrer Farbe oder Spektralklasse. Blaue Sterne werden links und rote rechts eingetragen, und je heller ein Stern ist, desto weiter oben ist sein Bild. Das auffälligste Kennzeichen eines HR-Diagramms ist die Hauptreihe – ein S-förmiger Baumstamm, auf dem die meisten Sterne sitzen. Massereiche, helle, blauweiße Sterne besetzen den oberen Bereich der Hauptreihe, kleine, schwächere Sterne befinden sich am unteren Rand und mittelgroße wie die Sonne liegen dazwischen. Die Sterne verbringen den größten Teil ihres Lebens auf der Hauptreihe, aber wenn sie einmal keinen Kernbrennstoff mehr haben, werden sie zu Roten Riesen: Dann bewegen sie sich nach rechts (weil sie roter werden) und nach oben (weil sie heller werden). Auf ihrem Weg dahin gehen sie durch mehrere *Instabilitätsstreifen* hindurch – enge Bereiche, in denen die Sterne pulsieren und im Diagramm vorwärts und rückwärts torkeln. (Die Cepheiden, mit deren Hilfe intergalaktische Entfernungen bestimmt werden, sind massereiche Sterne, die auf einem solchen Instabilitätsstreifen liegen.) Schließlich schütteln die Roten Riesen ihre äußeren Atmosphären ab, hinterlassen Weiße Zwerge, die auf dem Diagramm nach links (weil sie nicht mehr rot sind) und nach unten (weil sie schwächer werden) rutschen, und tauchen in den Friedhof der Zwerge ein. Ein HR-Diagramm einer Stichprobe von Sternen aller Entwicklungsstadien enthält also drei wichtige Komponenten – den gekrümmten Stamm der Hauptreihe, eine Reihe von Ranken, die sich wie Zweige im Wind nach rechts erstrecken und aus Roten Riesen bestehen, und einen Haufen aus Zwergen, die wie abgefallene Blätter am Boden liegen.

Astronomen benutzen das HR-Diagramm, um das Alter von Sternhaufen zu bestimmen. Praktisch alle Sterne in einem jungen Haufen liegen auf der Hauptreihe. Wenn der Haufen altert, verbrauchen die massereichsten Sterne ihren Brennstoff – die großen verbrennen am schnellsten – und verlassen die Hauptreihe nach rechts oben. Auf diese Weise verwandelt sich der obere Teil der Hauptreihe in einen Seitenast. Dasselbe geschieht im Lauf der Zeit auch mit weniger massereichen Sternen. Die Hauptreihe wird also von oben her

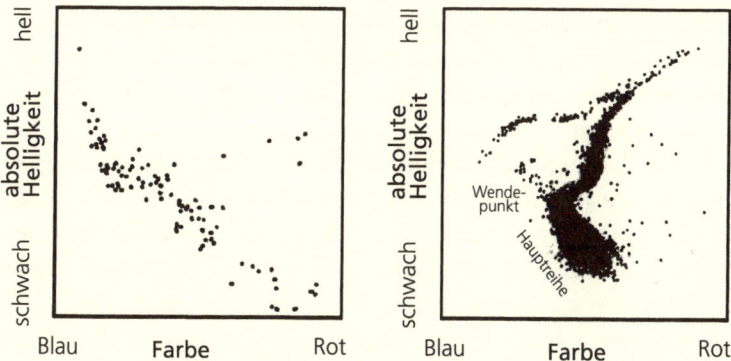

Die meisten Sterne in dem jungen Haufen (*links*) liegen auf der Hauptreihe, während die massereicheren Sterne in einem alten Haufen (*rechts*) zu Roten Riesen geworden sind. Dieses Schicksal erwartet im Lauf der Zeit immer weniger massereiche Sterne, deshalb gibt die Lage des Wendepunkts einen Hinweis auf das Alter des Haufens.

beschnitten und bildet zusätzliche Äste aus, die in dem sich entleerenden Raum wurzeln, in dem vorher die Hauptreihe war. Dort, wo der Ast zu der Zeit an der Hauptreihe ansetzt, zu der wir den Haufen beobachten, ist der sogenannte *Wendepunkt*. Er zeigt das Alter des Haufens an: Je weiter unten der Wendepunkt, desto älter ist der Haufen. Alte Kugelhaufen, die die ältesten Sterne in der Galaxie enthalten, haben HR-Diagramme, in denen die Hauptreihe auf einen Stumpen reduziert ist.

Auch Galaxien entwickeln sich. Das Milchstraßensystem begann vermutlich als kugelförmige Wolke aus Wasserstoff und Heliumgas. Heute enthält sie eine solche Vielfalt von Objekten, daß Astronomen, wenn sie nicht über die Milchstraße hinaussehen könnten, noch Tausende von Jahren mit ihrer Untersuchung beschäftigt wären. Ein bescheidenes Beispiel für viele ist die Blase von relativ leerem Raum, durch die das Sonnensystem gerade hindurchgeht. Die Blase umfaßt einen entleerten Bereich in der Ebene unserer Galaxis, der weniger als ein Zehntel der Menge von interstellarem Gas enthält, das sich normalerweise in der galaktischen Ebene findet. Sie hat einen Radius von mindestens 300 Lichtjahren, so daß sie wahrscheinlich über die galaktische Scheibe hinweggreicht und eine Röhre erschaffen hat, die man als galaktischen Kamin bezeichnet, und die eine ungehinderte Sicht in die Tiefen des Universums ermöglicht. Das ist ein Glücksfall für irdische Astronomen – besonders für jene, die in den kurzen Wellenlängen des extrem ultravioletten Lichts arbeiten und nicht viel sehen würden, wenn sie durch den Nebel der Scheibe schauten. Die Blase wurde mit großer Sicherheit von einer Supernova geschaffen. Die Astronomen Neil Gehrels und Wan Chen vom Goddard Space Flight Center der NASA haben 1992 die Vermutung angestellt, daß ein dem Sternbild Zwillinge entlaufener Pulsar aus dieser Supernova stammt. (Die Kerne von Supernovae kollabieren manchmal unsymmetrisch und erzeugen dabei einen Jet, der den entstehenden Pulsar mit Geschwindigkeiten von mehr als hundert Kilometern pro Sekunde durch den Raum schickt. Wir haben es also mit einem rasch rotierenden Neutronenstern zu tun, der glatt ist wie eine Murmel und nur 15 Kilometer Durchmesser hat, aber so massereich ist wie die Sonne und sich hundertmal rascher bewegt als eine Gewehrkugel.) Er ist als der »Geminga«-Pulsar bekannt.[19] Schätzungen der Bahn des Pulsars und der Geschwindigkeit, mit der sich seine Rotation verlangsamt, lassen vermuten, daß der Pulsar schon tausend Lichtjahre zurückgelegt hat, seit er in einer Supernova entstand, die sich vor etwa 300 000 Jahren vermutlich nur wenige hundert Lichtjahre von der Erde entfernt ereignete. Unsere fernen Vorfahren haben die Supernova vielleicht als »neuen Stern« im Orion beobachten können, der so hell war wie der Vollmond und etwa zwei Jahre lang den Himmel beherrschte. Die Schockwelle der Supernova, die etwa zehntausend Jahre später das Sonnensystem erreichte, wurde vermutlich vom Sonnenwind abgelenkt, bevor sie die Erde erreichte. Aber sie könnte weiter draußen auf den noch unberührten Oberflächen der jungen Monde von Saturn und Neptun Spuren hinterlassen haben. Wenn zukünftige Raumsonden dort verräterische Hinweise auf eine Supernova finden, haben wir ein weiteres Beispiel dafür, wie die kosmische Evolution die lokale Entwicklung beeinflussen kann.

Ein Hinweis auf die lange und komplizierte Entwicklungsgeschichte der Galaxien ergibt sich aus der Überlegung, daß Galaxien, die man in großen Entfernungen (und deshalb früh in kosmischer Zeit) sieht, gewöhnlich blauer sind als solche, die uns in Raum und Zeit näher sind. Vermutlich war die Sternbildung in Galaxien also früher häufiger als heute, denn je rascher die Sternbildung abläuft, desto mehr blau-weiße Riesensterne gibt es, deren Licht die Wirtsgalaxie blau färbt. Bis vor kurzem waren die Aufnahmen nicht so scharf, wie es für die Untersuchung ferner blauer Galaxien nötig ist, aber 1995 kündigte eine Gruppe englischer und amerikanischer Wissenschaftler an, daß sie Bilder von Galaxien dreißigfacher Größe gewinnen konnten, indem sie das Hubble-Teleskop bis an die Grenzen seiner Empfindlichkeit forderten. Diese Gebilde sind vier Milliarden mal schwächer, als das bloße Auge sie wahrnehmen kann. Man fand in Entfernungen von etwa acht Milliarden Lichtjahren Schwärme von Galaxien, die im strahlenden Blau unzähliger junger Sterne leuchten. Viele der blauen Galaxien sind sonderbar geformt, was vielleicht daher rührt, daß die starken Schockwellen, die die Sterne bildeten, die galaktische Scheibe in Stücke zerrissen haben. (Hubble-Aufnahmen von Galaxien in mehr als zehn Milliarden Lichtjahren Entfernung zeigten 1996, daß ein ganzes Drittel von ihnen zu verzerrt war, um klassifiziert zu werden, was im modernen Universum nur für wenige Prozent zutrifft.) Es war nicht sofort klar, ob alle blauen Galaxien diese Qualen überstanden haben. »Einige von ihnen haben sich vermutlich selbst zerstört«, sagte Richard Griffiths von der Johns-Hopkins-Universität, der Leiter dieser Gruppe.[20]

Da ferne Galaxien voller heller junger Riesensterne sind, ist ihre absolute Helligkeit gewöhnlich viel größer als die näherer Galaxien. Eine extrem junge Galaxie, die 1996 von Astronomen mit Hilfe des von Kanada, Frankreich und Hawaii betriebenen Teleskops auf Mauna Kea entdeckt wurde, bringt in einem Jahr bis zu tausend neue Sterne hervor – eine gewöhnliche Spiralgalaxie dagegen nur etwa drei. Es ist jedoch bemerkenswert, wie steil die Kurve der Leuchtkraft der Galaxien mit der Entfernung zunimmt: Offensichtlich war das junge Universum voller sternsprühender Galaxien; im Vergleich zu ihnen scheinen selbst die hellsten heutigen Galaxien schwach zu sein. Wenn Astronomen nur ein Viertel des Weges zum Urknall zurückblicken, finden sie Galaxien, die Sterne fünf- bis zehnmal so schnell herstellen wie heute, und die Aktivität wird in noch größerer Entfernung noch viel lebhafter. Das hat große Vorteile für bewohnte Planeten wie den unseren, da Galaxien, die viele Sterne bilden, auch viele Supernovae bilden, die eine Gefahr bedeuten, wenn sie allzu nah sind. Aber es macht Physiker auch etwas wehmütig. Man muß es ihnen wohl nachsehen, wenn sie beim Nachdenken über die Heftigkeit der Vorgänge in der kosmologischen Vergangenheit gelegentlich das Gefühl haben, die kosmische Geschichte gliche einer Party, bei der man erst dazukommt, nachdem das Feuerwerk schon abgebrannt ist, die besten Speisen und Getränke verzehrt und die meisten Gäste schon entschwunden sind.

Die wilde Jugend von Galaxien hat viel mit ihrer Wechselwirkung mit anderen Galaxien zu tun – sie ist ein Beispiel für das, was der Physiker Heinz Pagels als das »komplizierte Wechselspiel zwischen allen Objekten, die wir am Himmel wahrnehmen«, bezeichnete. Er vergleicht diesen Vorgang mit der vernetzten Ökologie, die Pflanzen und andere Lebewesen ermöglicht.[21] Wechselwirkungen in den Galaxien lösen die Sternbildung aus. Wenn zwei Galaxien einander nahekommen, rütteln sie sich gegenseitig auf. Sie werden von Gezeitenwirkungen beeinflußt, die von den Unterschieden in der Gravitationskraft herrühren, und zwar, vom Eindringling her gesehen, an den nächsten und fernsten Bereichen einer Galaxie. Der Unterschied ist beträchtlich, da die Schwerkraft mit dem Inversen des Entfernungsquadrats abnimmt: Die nahe Seite der Galaxie kann tief in eine Grube des Gravitationspotentials hineingeraten, die die ferne Seite kaum wahrnimmt. Die Gezeiten bringen Tausende von Wolken zum Kollaps und lösen damit die Geburt unzähliger neuer Sterne aus. Die frontal gesehene Galaxie M51 ist ein verblüffendes Beispiel für eine solche intergalaktische Gezeitenwirkung. Ein Eindringling, NGC 5195, raste erst gestern – also in den vergangenen wenigen hundert Millionen Jahren – an ihr vorbei; dadurch entwirrten sich die Spiralarme von M51 und sind jetzt mit Millionen heißer junger Sterne übersät. Da die meisten großen Galaxien zu Doppelsystemen, Gruppen oder Haufen gehören, sind solche Wechselwirkungen ganz alltäglich. Das läßt vermuten, daß Milliarden von Planeten – darunter plausiblerweise auch viele, auf denen Leben entstanden ist – ihre Geburt den intergalaktischen Wechselwirkungen verdanken. Hier wie in vielen anderen Fällen sucht man vergeblich nach einem Punkt, von dem man mit Fug und Recht erklären kann, daß ab dort alle Prozesse lokalen Ereignissen zugeschrieben werden können, während sie bis dahin als kosmisch zu betrachten seien. Auf vielfältige Weise sind das Leben auf der Erde und die geologischen Prozesse, die es hervorbrachten, selbst auch Teil der kosmischen Evolution.

Galaxien wie M51 und die Milchstraße – die zu den kleineren, spärlich bevölkerten Gruppen gehören – sind nur selten großen Wechselwirkungen mit anderen Systemen ausgesetzt und finden ihre Fassung bald wieder, wenn sie doch einmal ineinander taumeln. Einige Sterne werden in den intergalaktischen Raum geschleudert und hinterlassen eine verräterische Pfütze aus Gas, aber wenige hundert Millionen Jahren später sieht alles wieder so aus wie früher. In dichten Haufen können die häufigeren und folgenreicheren Wechselwirkungen Galaxien jedoch dauerhaft verändern. Edwin Hubble und Milton Humason fanden in den dreißiger Jahren, daß massereiche Galaxien zu zwei Typen gehören – zu den fruchtbaren Spiralen, in denen sich weiterhin Sterne bilden, und zu den sterilen elliptischen Galaxien, in denen keine Sterne mehr entstehen und deren Sterne folglich alle alt sind. Astronomen haben sich seitdem immer wieder gefragt, ob die galaktische Taxonomie etwas über die kosmische Entwicklung aussagt. Die Antwort wird heute positiv beschieden. Es hat viele Wechselwirkungen in Haufen gegeben – man schätzt, daß die meisten Haufengalaxien bis jetzt entweder mit anderen Galaxien kollidiert oder nahe an ihnen vorbeigegangen sind –, und solche nahen Begegnungen können den beteiligten Galaxien die interstellaren Wolken entziehen und ihrer sternbildenden Laufbahn ein Ende setzen.

Vielleicht haben sich elliptische Galaxien auf diese Weise gebildet; sie sind heute jedenfalls häufiger als in der Vergangenheit. Bei einer wichtigen Untersuchung benutzte Alan Dressler von den Carnegie Observatories in Pasadena, Kalifornien, das Hubble-Teleskop, um einen Zensus des reichen Haufens CL 0939+4713 durchzuführen, dessen Licht etwa fünf Milliarden Jahre alt ist. Er fand, daß damals, jedenfalls in diesem einen Haufen, sehr viel mehr Galaxien miteinander verschmolzen waren, als es in vergleichbaren Haufen heute der Fall ist, und daß Spiralgalaxien viel häufiger waren. »Unsere Aufnahmen zeigen, daß Spiralgalaxien noch vor vier Milliarden Jahren ein Hauptbestandteil reicher Haufen waren. Damals machten sie etwa ein Drittel aller Haufensterne aus. Im Gegensatz dazu sind nur fünf Prozent der Galaxien in nahen reichen Haufen Spiralen«, berichtete Dressler.[22] Daraus folgert er, daß Galaxien in reichen Haufen oft zusammengestoßen und verschmolzen sind, wobei Spiralen ihres interstellaren Gases beraubt wurden und als elliptische Galaxien endeten. Bestätigung für diese Hypothese findet man im Inneren der riesigen elliptischen Galaxien, die sich gewöhnlich in der Mitte reicher Haufen befinden. Sie haben gewöhnlich mehr als einen Kern. Die vielen Kerne könnten von anderen Galaxien stammen, die diese »elliptischen Kannibalen« verschluckt haben.

Da Quasare offensichtlich die Kerne leuchtstarker junger Galaxien sind, die wegen ihrer großen Helligkeit aus großen Entfernungen sichtbar sind, hegen Kosmologen die berechtigte Hoffnung, daß sie durch das Studium der Quasare mehr über die Entwicklung von Galaxien lernen können. Die Quasare selbst haben sich offensichtlich im Lauf der kosmischen Zeit in etwas weniger Auffälliges verwandelt. Man findet im Umkreis von zwei Milliarden Lichtjahren keine Quasare, aber ihre Anzahl nimmt deutlich zu, wenn wir weiter in die Vergangenheit zurückschauen, und fernere Quasare sind noch zahlreicher, heller und häufiger veränderlich und flackern wie Kerzen. Das paßt zu der Vorstellung, daß Quasare sich dann bilden, wenn Gas in den Kern einer Galaxie fällt. Das Gas nährt ein Schwarzes Loch im galaktischen Zentrum, erhitzt die Akkretionsscheibe, die das Schwarze Loch umgibt, und heizt seine Plasmajets an, wodurch es den außerordentlich hellen galaktischen Kern anfeuert, den wir Quasar nennen. Vermutlich erhielten die Quasare in den frühen Tagen des Universums häufiger Nahrung, als es mehr intergalaktische Materie gab, die sie verzehren konnten.

Die Beobachtung von Quasaren wird durch unvermeidliche Nebeneffekte erschwert, die sie vor unseren Blicken verbergen. Die Wolken, die das zentrale Schwarze Loch füttern, können auch die Sicht auf das Licht eines Quasars versperren, vor allem wenn die Galaxie eine Spirale ist, die wir von der Seite sehen, und insbesondere dann, wenn der Quasar seine Energie aus dem Verschmelzen zweier Spiralen erhielet, die gewöhnlich sehr staubreich sind. Es kann also sein, daß es viel mehr Quasare gibt, als die Beobachtungsdaten nahelegen, und daß wir nur jene Galaxien als Quasare sehen, die uns zufällig eine Frontalansicht bieten und uns auf diese Weise einen Blick in ihr feuriges Inneres gewähren.

Wenn wir diese kurze Übersicht zusammenfassen, scheint es sowohl erlaubt als auch hilfreich – obwohl zugegebenermaßen keineswegs eindeutig –, daß wir Lebewesen, Planeten, Sterne, Galaxien und die Atome und Moleküle, aus denen sie bestehen, als Produkte der kosmischen Evolution beschreiben können. Aber ist diese These wirklich gerechtfertigt? Die Evolution hat sicherlich das Leben auf der Erde geformt, aber wie jeder Vergleich kann auch dieser überstrapaziert werden, und wohl deshalb fühlen sich viele unbehaglich, wenn von kosmischer Evolution gesprochen wird.

Kritiker weisen darauf hin, daß eine wissenschaftliche Theorie in der Lage sein muß, überprüfbare Vorhersagen zu machen, daß wir aber, wenn wir von kosmischer Evolution sprechen, weniger die Zukunft vorhersagen als vielmehr die Vergangenheit erklären. Darauf können wir antworten, daß die Wissenschaft allgemein nicht ausschließlich das Ergebnis von Naturphänomenen vorhersagt, die noch nicht eingetreten sind; sie sagt auch vorher, was wir *in* der Zukunft über die Vergangenheit lernen werden. Solche »Nachhersagen« sind wichtig, wenn wir die kosmische Geschichte zusammensetzen, die schon lange währt und über die wir noch viel zu lernen haben. Denken wir nur an die Theorie, daß sich die Dinosaurier zu Vögeln entwickelt haben. Die Dinosaurier sind tot und vergangen. Entweder haben sie sich zu Vögeln entwickelt oder nicht. Die Theorie sagt vorher, daß paläontologische Befunde weitere Bindeglieder zwischen Dinosauriern und Vögeln aufdecken werden. Wenn das geschieht, wird die Theorie Bestand haben. Wenn nicht, dann nicht.[23] Die Theorie hat also Vorhersagekraft, obwohl das, was sie vorhersagt, nicht die Zukunft von Dinosauriern und Vögeln betrifft, sondern die Zukunft unseres Wissens über sie. Ähnliches gilt für Vorhersagen über die kosmische Geschichte, die auf dem Gedanken der Evolution beruhen, wie etwa die Behauptung, es werde sich erweisen, daß junge Haufen wie der, den Dressler untersuchte, mehr Spiralgalaxien enthalten als reiche Haufen heute.

Eine aussagekräftigere Kritik folgt aus der Beobachtung, daß die Evolution in gewissem Sinn »kreativ« ist. Das wurde von mehreren Philosophen behauptet, vor allem von Henri Bergson in seiner 1907 veröffentlichten *L'Évolution créatrice* und, auf gesichertem wissenschaftlichem Grund stehend, von dem Astrophysiker David Layzer in seinem 1990 erschienenen Buch *Cosmogenesis*.[24] Mit »kreativ« meinen diese Verfasser, daß die Evolution ihrem Wesen nach innovativ ist – daß ihre Ergebnisse also nicht im einzelnen vorhergesagt werden können. Die superintelligenten Bewohner eines Raumschiffs, das die Erde vor 65 Millionen Jahren umrundete, hätten, als sie den Aufprall des tödlichen Kometen beobachteten, vorhersehen können, daß die Dinosaurier und die meisten anderen irdischen Lebensformen nicht mehr lange überleben würden und daß neue und völlig andere Lebewesen auftreten würden, die von ihrem Unglück profitierten. Aber es wäre ihnen vom Prinzip her unmöglich gewesen vorherzusagen, daß dieses Ereignis, anders als vorhergehende, im Lauf der Zeit zur Entstehung intelligenter Zweifüßler führen sollte, deren Hände sich zu feinmotorischen Werkzeugen entwickeln und die eine Begabung für das haben würden, was Wissen schafft. Sagen wir dann nicht auch, daß Naturvorgänge unvorhersagbar sind, soweit wir sie als evolutionär beschreiben? Und hätten wir, falls das zutrifft, dann nicht gerade die Bedeutung der Vorhersage für die Wissenschaft verraten? Schließlich besteht der Beweis für die Newtonsche Mechanik darin, daß sie vorhersagen kann, wo ein Stein, zwei Sekunden nachdem ich ihn von einem Turm habe fallen lassen, liegen wird und wo der Mond um 23.40 Uhr am Silvesterabend des Jahres 2525 über Miami stehen wird. (Meinem Computer zufolge wird der Mond bei den

Himmelskoordinaten Rektaszension 7 Stunden, 46 Minuten, 15 Sekunden, Deklination 26 Grad, 12 Minuten, 39 Sekunden im Sternbild Zwillinge sein, und er wird ein näherungsweise rechtwinkliges Dreieck mit den Sternen Castor und Pollux bilden.) Worin liegt der Wert des Begriffs »kosmische Evolution« für die Naturwissenschaft, wenn alles darauf hinausläuft, daß viele Dinge nicht vorhergesagt werden können?

Der Wert liegt darin, würde ich antworten, daß es wahr sein könnte. Wenn ich das sage, trete ich, philosophisch gesehen, sicherlich einigen auf die Füße. Der Begriff der schöpferischen Evolution kann vermutlich nicht empirisch bestätigt werden. Um ihn zu bestätigen, müßte man beweisen, daß die Entstehung von, sagen wir, einer neuen Schmetterlingsart auf der Erde oder von Einzellern auf einem zuvor leblosen Planeten nicht nur nicht vorhergesagt wurde, sondern auch nicht vorhergesagt werden konnte, und das ist wahrscheinlich unmöglich. Wenn man die Theorie von der schöpferischen Evolution widerlegen wollte, brauchte man eine Theorie, die einen Bauplan für Schmetterlinge oder für außerirdische Flechten vorlegen könnte, bevor sie auftreten, und das ist wohl ebenso unwahrscheinlich. Der Geltungsbereich der kreativen Evolution liegt anscheinend jenseits des Geltungsbereichs der Naturwissenschaften. Der Gedanke ist, kurz gesagt, ein philosophischer, kein wissenschaftlicher. Als solcher wird er von jenen rasch abgetan, die meinen, die Wissenschaft stelle den einzigen Weg zur Wahrheit dar. Vielleicht schenken jene, die lieber den ganzen Regenbogen menschlichen Denkens zulassen wollen, statt sich nur auf Gedanken zu beschränken, die einen wissenschaftlichen Anstrich haben, der Lehre von der kreativen Evolution zumindest Gehör. Wäre es denn so schlimm, wenn sich herausstellen würde, daß einige Phänomene nicht vorhersagbar sind, der wissenschaftlichen Suche also eine Grenze gesetzt ist? Die großartigen Behauptungen einiger weniger Naturwissenschaftler, daß die Naturwissenschaft schließlich einmal alles werde vorhersagen können, waren niemals sehr anmutig; vielleicht fehlte ihnen die Anmut, weil sie nicht wahr waren. Pierre-Simon de Laplace, der Urheber der Nebelhypothese, stellte auch die folgende berühmte Behauptung auf:

Eine Intelligenz, welche für einen gegebenen Augenblick alle in der Natur wirkenden Kräfte sowie die gegenseitige Lage der sie zusammensetzenden Elemente kannte und überdies umfassend genug wäre, um diese gegebenen Größen der Analysis zu unterwerfen, würde in derselben Formel die Bewegungen der größten Weltkörper wie des leichtesten Atoms umschließen; nichts würde ihr ungewiß sein, und Zukunft wie Vergangenheit würden ihr offen vor Augen liegen. Der menschliche Geist bietet in der Vollendung, die er der Astronomie zu geben verstand, ein schwaches Abbild dieser Intelligenz.[25]

Einige wenige Wissenschaftler messen dieser mutigen Behauptung wohl auch heute noch Gewicht zu, die allermeisten jedoch nicht. Ein »normaler« Mensch lacht laut über den Gedanken, Naturwissenschaftler könnten eines Tages den Text eines ungeschriebenen Lieds vorhersagen, indem sie ihren Supercomputer zu Rate ziehen, oder wissen, wann ein Tänzer bei der Probe zu einem noch gar nicht existierenden Ballett stolpert. Alles andere erschiene absurd und ist es auch. Der naheliegende Fehler, den Laplace macht, ist, daß es »eine Intelligenz …, die umfassend genug wäre, um diese gegebenen Größen der Analysis zu unterwerfen«, niemals geben kann, wenn man sich nicht auf theologische Vorstellungen eines allwissenden Gottes beruft.

Die Welt ist *nicht* streng deterministisch. Das gilt insbesondere auf der Quantenebene, wo Heisenbergs Unbestimmtheitsprinzip uns hindert, das Verhalten von einzelnen subatomaren Teilchen vorherzusagen. Und es gilt womöglich überall dort, wo man begründet sagen kann, daß die Evolution am Werk ist – gerade, weil die Evolution kreativ ist und weil Kreativität unvorhersagbar ist. Wir leben, wie Layzer sagt, in »einer Welt des Werdens und des Seins, einer Welt, in der aus dem ursprünglichen Chaos Ordnung entstand und die neue Formen von Ordnung erzeugte. Die Prozesse, die Ordnung geschaffen haben und weiter schaffen, gehorchen universalen und unveränderlichen physikalischen Gesetzen. Aber weil sie Information erzeugen, stecken ihre Ergebnisse nicht implizit in ihren Anfangsbedingungen.«[26]

Das führt uns schließlich zur Frage nach der Beziehung zwischen der kosmischen Evolution und dem menschlichen Denken.

Jeder evolutionäre Vorgang hat drei Aspekte – einen konservativen, einen innovativen und einen dritten, selektiven.

Erstens muß es eine Möglichkeit geben, ältere Eigenschaften zu erhalten, die »sich bewähren«, womit gemeint ist, daß sie zum langfristigen Überleben der Größen beitragen, um die es geht. Wenn wir die Evolution mit dem Bau eines Hauses vergleichen, ähnelt dieser »erhaltende« Mechanismus der Errichtung der Grundmauern und der tragenden Balken. (Damit soll nicht gesagt sein, daß die Evolution progressiv ist, denn das ist eine Annahme, bei der, wie wir bemerkten, große Vorsicht geboten ist.) Viele dieser Fundamente werden in der Folge möglicherweise wieder eingerissen und neu errichtet, aber es muß sie geben, und wenigstens einige von ihnen müssen überdauern, wenn die Evolution komplexere und vielfältigere Dinge zustande bringen und nicht nur Bestehendes herumschieben soll. In der biologischen Evolution wird die konservative Aufgabe durch die Stabilität des DNS-Moleküls erreicht, das die ererbte genetische Information bewahrt. Starke Hinweise auf biologische Bewahrung finden sich auch in der Embryologie, wo sie zu dem Slogan führte: Die Ontogenese ist eine Rekapitulation der Phylogenese.[27] Ein menschlicher Embryo hat erst Kiemen, wie seine fischähnlichen Vorfahren, die später zu Lungen umgebaut werden. Ähnlich entwickelt und zerstört er dann so viel Gehirngewebe, daß die allermeisten Gehirnzellen, deren Absterben wir miterleben, schon vor unserer Geburt sterben. Das ist nicht unbedingt das effizienteste vorstellbare Verfahren. Die Ingenieure bei Boeing würden niemals eine 747 bauen, indem sie zuerst das Gerüst einer 707 bauen, von dem sie dann bis auf die wenigen Teile, die sie für eine 747 verwenden können, alles wieder entfernen. Aber dieser Ansatz wird durch die stark konservative Einstellung vorgegeben, welche die biologische Evolution kennzeichnet, die die Zukunft mit Hilfe der Werkzeuge und Verfahren der Vergangenheit formen muß.[28]

Zweitens erfordert die Evolution »Erneuerung«, also Möglichkeiten, die Eigenschaften der beteiligten Größen zu verändern. In der

239

biologischen Evolution ist das erneuernde Agens die Mutation, die Veränderung der DNS-Moleküle durch Fehler bei der Replikation – dem chemischen Äquivalent eines Schreibfehlers – oder durch äußere Einflüsse wie Strahlung, giftige Chemikalien oder kosmische Strahlen. Mutationen ergeben sich willkürlich und ungeplant. Sie sind zufällig und sind treffend als »blindes Umhertappen« bezeichnet worden.[29]

Erhaltung allein bedeutet Stillstand. Erst Erhaltung und Erneuerung zusammen führen zu Veränderung. Damit es zur Evolution kommt, ist eine dritte Komponente nötig, die *Selektion*. Hier kommen wir zum Kern von Darwins großer Einsicht in die biologische Evolution. Lebewesen reproduzieren sich viel rascher, als die Umwelt es erträgt. (Darwin kam zu dieser Einsicht, als er Thomas Malthus las, der den Gedanken wiederum von Benjamin Franklin übernahm.) Die meisten Individuen müssen deshalb miteinander wetteifern. Einige überleben lange genug, um Nachkommen zu zeugen, andere nicht. Zufallsschwankungen führen innerhalb einer Art zu unterschiedlichen Individuen: Keine zwei Klapperschlangen und keine zwei Dorsche sind identisch. Viele dieser genetischen Experimente versagen, wie jedes Kind weiß, das schon einmal den Verlust eines Welpen aus einem Wurf oder eines Kükens aus einem Gelege betrauert hat. Aber gelegentlich taucht eine Variante auf, die sich besser bewährt als der Durchschnitt, weil sie entweder eine neue Eigenschaft hat, die in einer unveränderten Umwelt nützlich ist, oder weil sich die Umwelt plötzlich auf eine Weise verändert hat, die ihnen Vorteile verschafft.[30] Dank des reproduktiven Vorsprungs, den diese Variante durch die genetische Neuerung hat, wird sie zumindest in der lokalen Population überwiegen und in manchen Fällen sogar zur Entstehung neuer Arten führen.

Wenn wir nun sinnvoll von »Sternentwicklung« oder »kosmischer Evolution« sprechen wollen, muß es möglich sein, zumindest lose die drei Kennzeichen Erhaltung, Erneuerung und Auslese auf nichtbiologische Phänomene anzuwenden. Ist das möglich?

Die Antwort auf diese Frage hängt vom Umfang des betrachteten Systems ab. Wenn wir uns reduktionistisch auf einfache Systeme und die Naturgesetze beschränken, erscheint die Welt als deterministisch und der Begriff der Evolution als überflüssig. Man kann also den Ausdruck »Sternentwicklung« in Frage stellen, indem man behauptet, ein Stern sei determiniert. Das ist der Standpunkt einiger Astronomen: Sagt uns, welche Masse und chemische Zusammensetzung ein Stern hat, dann sagen wir jede spätere Phase seiner Entwicklung vorher, vom Protostern zur Hauptreihe zum Roten Riesen zum Weißen Zwerg. Den Begriff der »Evolution« eines Sterns brauchen wir dazu nicht. So weit, so gut. Wenn wir aber den Rahmen unserer Forschung weiter fassen, so daß sie eine ganze Galaxie von Sternen umfaßt, dann läßt sich der Determinismus nicht mehr so leicht vertreten. Ein Stern ist ein Knoten unter Millionen in einem Komplex galaktischer Chemie. Die Entwicklung all dieser Sterne hängt von sehr vielen Dingen ab, auch von ihrer Wechselwirkung untereinander und mit interstellaren Wolken, und irgendwann werden diese Veränderungen zu kompliziert, als daß sie im einzelnen berechnet werden können. Und wenn wir dann noch die chemischen und geologischen Veränderungen bei all den Planeten berücksichtigen, die zu diesen Sternen gehören, geht der Vorgang von vorhersagbarem Determinismus in unvorhersagbare Kreativität über, und deshalb kann er zu Recht als evolutionär bezeichnet werden.

Kann man auch beim Universum von einer Evolution sprechen? Wieder scheint der Ausdruck unnötig zu sein, wenn wir uns beispielsweise auf die Erörterung der Physik des Urknalls beschränken. Er ist aber gerechtfertigt, wenn wir über die unzähligen Einzelheiten des historischen Universums spekulieren. Ein deterministischer Ansatz könnte Wissenschaftlern die Vorhersage ermöglichen, daß ein extrasolarer Planet, der Ähnlichkeit mit Saturn hat, vermutlich einen Mond besitzt, der Dione ähnelt, aber es ist sehr unwahrscheinlich, daß man im voraus je eine genaue Karte seiner Dione-ähnlichen Oberfläche zeichnen könnte. Der Vorgang, der das Universum von der relativen Gleichförmigkeit des Urknalls in eines mit der unglaublichen Vielfalt verwandelt hat, die wir heute am Himmel sehen, wird mit dem Ausdruck evolutionär angemessener beschrieben.

Dennoch bleibt es sowohl problematisch als auch anregend, wenn wir die Begriffe Erhaltung, Erneuerung und Auslese, die wir mit der Evolution verbinden, auf die kosmische Geschichte anwenden.

Die verschiedenen vereinheitlichten Theorien fordern, daß zumindest einige der Naturkonstanten nicht immer so waren, sondern sich durch Zufall bei symmetriebrechenden Ereignissen in den ersten Momenten der kosmischen Zeit ergeben haben. Die Frage, ob es eine Instanz gibt, die die Naturgesetze bewahrt, hängt letztlich davon ab, ob sich herausstellt, daß es eine Art Supergesetz gibt – Vorschriften (wie das arithmetische Prinzip, daß eins nicht gleich zwei ist, oder der topologische Befund, daß man Knoten nur in drei Dimensionen binden kann), die die Bühne darstellen, auf der evolutionäre Kräfte wirken, die allem zugrunde liegen. John Wheeler spricht vom »Gesetz ohne Gesetz«.[31] Seine Umrisse sind heute bestenfalls verschwommen. Sicherlich hat es im Universum Erneuerung gegeben, aber die Frage der Auslese ist viel problematischer. Wenn es, nehmen wir dies einmal an, unendlich viele Universen gibt, die alle eine andere Physik haben, ermöglichen einige von ihnen unter Umständen Leben und andere nicht. Wir könnten die unbewohnten Universen »nichtexistent« nennen, und in diesem Fall könnten wir die bewohnten als diejenigen betrachten, die »ausgelesen« wurden. Wir werden am Schluß des Buches auf diese Frage zurückkommen.

Wenn es nur ein Universum gibt, ist es jedoch viel schwieriger zu erkennen, wie der Begriff der Auslese darauf angewendet werden könnte. Die Auffassung, daß Konstanten wie z. B. die Stärke der elektromagnetischen Kraft zufällig entstanden sind, erinnert an die Frage nach der Beziehung zwischen Anlage und Umwelt bei der biologischen Entwicklung. Wenn wir etwa ein Schachwunderkind vor uns haben, möchten wir gern wissen, ob und in welchem Umfang seine Begabung auf seinen Erbanlagen beruht oder darauf, daß seine Familie das Schachspiel förderte. In der Kosmologie läuft diese Frage auf die Unterscheidung zwischen den wirklich fundamentalen Naturgesetzen hinaus – also jenen, die nicht anders sein könnten als die Aussage, daß eins nicht zwei sein kann – und den »eingefrorenen Zufallsereignissen«. Eingefrorene Zufallsereignisse sind, wie der Physiker

Murray Gell-Mann schreibt, »solche Ereignisse, deren spezielle Ergebnisse eine Vielzahl von langfristigen Konsequenzen nach sich ziehen, die alle durch ihre gemeinsame Herkunft miteinander in Beziehung stehen«. Gell-Mann veranschaulicht den Begriff des eingefrorenen Zufalls so: »Beim Betrachten von Münzen mit dem Bildnis König Heinrichs VIII. von England denken wir vielleicht an all die Erwähnungen seiner Person – nicht nur auf Münzen, sondern auch in Urkunden, in Dokumenten im Zusammenhang mit der Beschlagnahme von Klöstern und in Geschichtsbüchern – und daran, wie anders alles gekommen wäre, wenn sein älterer Bruder Arthur am Leben geblieben wäre und statt seiner den Thron bestiegen hätte. Und in welchem Ausmaß mag sich dieses eingefrorene Zufallsereignis auf die weitere Geschichte auswirken!«[32] Ein klassisches Beispiel in der Physik ist die Antimaterie – also die spiegelbildlichen Partner des Protons, des Elektrons und anderer Teilchen, aber mit entgegengesetzter Ladung. Antimaterie existiert in den Berechnungen der Theoretiker und in Beschleunigerexperimenten, ist aber in der Natur selten. Vermutlich begann das Universum mit fast gleichen Mengen von Materie und Antimaterie, die sich im Feuer des Urknalls wechselseitig vernichteten und einen Rest an Materie hinterließen. Wenn das so ist, war es ein Zufallsereignis, daß die Materie überlebte und die Antimaterie seitdem in die Natur eingefroren ist.

Es ist, wie Henry Adams sagte, gut möglich, daß Chaos das Gesetz der Natur ist und Ordnung nur der Traum der Menschen.[33] Wir müssen also vorsichtig sein, wenn wir der Natur ein System zuschreiben, insbesondere ein so vieldeutiges wie die Evolution. Die Geschichte der Gedanken ist voller Versuche, die Natur als etwas darzustellen, das den Regeln des einen oder anderen geordneten Schemas gehorcht. Viele kluge Köpfe haben gepredigt, das Universum sei Wasser oder Feuer oder bestehe aus Wirbeln oder Atomen, aber die meisten solcher hochtrabenden Versuche, von der *vis vitalis* des Aristoteles bis zu Joseph Priestleys aussichtslosem Versuch zu beweisen, daß der (nichtexistente) Stoff Phlogiston Feuer erzeugt, wurden von der Selektion ignoriert. Die Naturwissenschaft ist nicht dafür bekannt und beliebt, daß sie behauptet, die Natur sei rational, sondern dafür, daß sie stets bereit ist, die eine oder andere Behauptung durch Beobachtung und Experiment einer kritischen Überprüfung zu unterwerfen. Die Evolution ist offensichtlich eine Tatsache – sie gilt jedenfalls für das Leben und vielleicht auch für die anorganische Natur –, aber wir müssen uns hüten, vorschnell Schlüsse darüber zu ziehen, was Evolution bedeutet. Adams sah die Begeisterung für Einheit und Ordnung als eine Eigenschaft der Jugend: »Je älter der Verstand, desto älter seine Komplexität, und je weiter er schaut, um so mehr sieht er, bis selbst die Sterne sich vermehren«, schrieb er und spielt dabei auf Doppelsternsysteme an, ein aktuelles Forschungsthema zu Adams' Zeit, »aber das Kind wird immer nur einen Stern sehen.«[34] Da unsere Art noch jung ist (und die Wissenschaft, wie Jacques Monod bemerkt, »ein immer junges Auge hat«[35]), sind wir womöglich übereifrig, wenn wir alles in ein einheitliches System pressen wollen, in dem die kosmische Evolution sowohl unausweichlich als auch unweigerlich fortschrittlich zu sein scheint. Dieser Versuchung sind viele bedeutende Denker erlegen, unter ihnen Herbert Spencer, Teilhard de Chardin, Hegel, Marx und Engels. Für die Fortschrittsgläubigen des 19. Jahrhunderts war die Überzeugung wesentlich, daß die kosmische Evolution das Universum immer noch besser mache. Sie ließen sich anregen von dem, was sie für die aufstrebende Geschichte des Lebens auf der Erde hielten, einer bewegenden Geschichte von bescheidenen Einzellern und Moosen, die sich zu Pterosauriern, großen Affen und Erbauern von Fernrohren erhoben. Aber die andere Seite derselben Medaille ist geprägt von der nüchternen Überlegung, daß das irdische Leben fast achtzig Prozent seiner Geschichte auf der Stufe der Einzeller verbrachte und daß sich Intelligenz – die wir der Einfachheit zuliebe als die Fähigkeit definieren, Werkzeuge herzustellen – erst vor sehr kurzer Zeit zeigte. Veranschaulicht man das Alter der Erde als ein Kalenderjahr, tauchen die ersten Wirbeltiere am 21. November auf, die ersten Primaten am zweiten Weihnachtstag und *Homo sapiens* erst am Silvesterabend, dreieinhalb Minuten vor Mitternacht. Wenn hier Fortschritt am Werk ist, ist es ein sehr zögerlicher Fortschritt. Demokrit sagte, daß alles, was es im Universum gibt, das Ergebnis von Zufall und Notwendigkeit sei.[36] Welchem von beiden verdanken wir Menschen unsere Existenz? Die ehrliche Antwort ist, daß niemand es weiß.

Aber es ist etwas Reizvolles an der unbestreitbaren Überlegung, daß das Universum nicht ausschließlich damit beschäftigt ist, einen entropischen Schlackenberg hinunterzutorkeln, sondern an manchen Zeiten und Orten auch so faszinierende anti-entropische Größen wie Binärpulsare oder Mathematiker Gestalt annehmen ließ. Wir verwenden den Ausdruck »Evolution«, um den »Sperrklinken-Mechanismus« zu beschreiben, durch den das passierte. Die Sperrklinke wird offenbar vom Zufall bestimmt, aber wir können niemals sicher sein, ob das, was Zufall zu sein scheint, auch wirklich Zufall ist – darauf kommen wir noch zurück –, denn unter seinen Produkten sind denkende Wesen, die so diszipliniert, wie es ihnen möglich ist, nach Ordnung suchen und die anscheinend auch Ordnung finden. Darwin hat diesen Gedanken oft wie in einer Kristallkugel gedreht und gewendet, und er sah über sein Bild in ihr hinaus, fand aber niemals eine Antwort. Er wunderte sich über »die Unmöglichkeit sich vorzustellen, daß dieses großartige und wunderbare Weltall mit uns bewußten Wesen durch bloßen Zufall entstanden sei, und [dies] der Hauptbeweisgrund für die Annahme der Existenz Gottes zu scheint … Aber dann kommt der Zweifel auf, ob man dem menschlichen Verstand, der sich, wie ich fest glaube, aus einem entwickelt hat, der so niedrig ist wie der des niedrigsten Tieres, trauen darf, wenn er solche großartigen Schlußfolgerungen zieht.«[37]

Darwin war ein Gentleman, ein sanfter Mensch, der noch im Alter unter der Erinnerung litt, daß er als kleiner Junge einmal einen kleinen Hund mißhandelt hatte, und er fragte sich wie wir alle, wie eine evolutionäre Welt, die zur Vollkommenheit bestimmt ist, Grausamkeit und Ungerechtigkeit hervorbringen konnte.

»Was nun die theologische Ansicht der Frage betrifft. Das ist immer peinlich für mich. Ich bin ganz bestürzt. Ich habe durchaus nicht die Absicht gehabt, atheistisch zu schreiben. Ich gestehe aber zu, daß ich nicht so deutlich, wie es andere sehen und wie ich selbst thun zu können wünschte, Beweise von

Absicht und von Wohlthätigkeit auf allen Seiten um uns herum erkennen kann. Es scheint mir zu viel Elend in der Welt vorhanden zu sein. Ich kann mich nicht dazu überreden, daß ein wohlwollender und allmächtiger Gott mit vorbedachter Absicht die Ichneumoniden oder Schlupfwespen erschaffen haben würde, mit der ausdrücklichen Bestimmung, sich innerhalb des Körpers lebender Raupen zu ernähren, oder auch, daß eine Katze mit den Mäusen erst spielen solle.«[38]

Hier, wo der Zuständigkeitsbereich der Wissenschaft in den der Ethik übergeht, schließen wir unsere kurze Beschäftigung mit dem Begriff der Evolution, die uns, wie damals Darwin, zu der Überlegung führt, daß wir dann, wenn wir die Nutznießer einer solchen Evolution sind –, wie weit oder eng der Begriff auch gefaßt sein mag – dazu verpflichtet sind, nicht nur zu lernen, sondern auch zu lieben.

KAPITEL 8

Symmetrie und Unvollkommenheit

Gott, du große Symmetrie
Der mich erfüllt mit beißender Lust,
Dem meine Pfeile entsprangen,
Gib mir für all die vertane Zeit
Die ich so formlos durchlebte,
Eines, das vollkommen ist.

Anna Wickham[1]

Die Aufgabe des Physikers besteht darin,
durch die Erscheinungen hindurch die zugrundeliegende,
sehr einfache, symmetrische Wirklichkeit zu sehen.

Steven Weinberg[2]

Die Physik wird allgemein – und nicht nur von Physikern – für die wesentliche Naturwissenschaft gehalten. Sie wirft das Netz am weitesten aus: Zu allem Geschehen gehören Materie und Energie, und deshalb behauptet die Physik, sie spiele, da sie Atome und Kräfte untersucht, für alle Naturwissenschaften eine Rolle, jedenfalls, soweit es die Grundlagen betrifft. Heute ist ein großer Teil der Astronomie Physik, und dasselbe gilt für Chemie, Optik, Festkörperphysik und viele andere Disziplinen. Die Physik hat eine breite Grundlage und strebt hoch hinaus; sie ist damit ein lebendiges Denkmal für das, was viele für die herausragende geistige Errungenschaft des 20. Jahrhunderts halten.

Diesen Ruf hat die Physik in vieler Hinsicht wohlverdient. Sicherlich hat sie Fortschritte auf dem Weg zur Erfüllung der großartigen Verheißungen gemacht, wonach, wie Hermann von Helmholtz vor mehr als einem Jahrhundert sagte, die »Kenntnis der Gesetze der Naturvorgänge auch der Zauberschlüssel [ist], der seinem Inhaber

Macht über die Natur in die Hände [gibt]«.[3] Das ist eingetroffen, und noch dazu in einer erstaunlich kurzen Zeitspanne. Physiker können heute das Ergebnis jedes grundlegenden (im Sinne von einfachen) Vorgangs im bekannten Universum vorhersagen, einige bemühen sich sogar um die komplizierteren Vorgänge – obwohl Behauptungen, daß sie bald das Wetter oder die Bewegungen des Aktienmarktes vorhersagen können, nur mit größter Vorsicht zu genießen sind. Die Zeit, in der die Naturwissenschaft fehlerfrei das Verhalten eines Menschen vorhersagen kann, der wiederum die Vorhersage schon im voraus kennt, wird wohl niemals kommen. Die technischen Folgewirkungen, die Helmholtz vorhersah, haben solche grandiosen Ausmaße angenommen, daß uns Bedenken kommen, ob wir nicht die Lebensfähigkeit des Planeten vermindern, wenn wir die »Macht über die Natur in Händen« halten.

Aber je genauer man den erhabenen Turm der Physik betrachtet, desto monolithischer erscheint er, und das gilt sicherlich besonders in Hinblick auf die Methoden. Im Gegensatz zur Philosophie geht die Physik selten so vor, daß sie umfassende Antworten auf große Fragen sucht. Häufiger stochert sie in Themen herum, die einen intellektuellen oder praktischen Gewinn verheißen: Wie Einstein bemerkte, erscheint ein Naturwissenschaftler einem Beobachter, der ihn von außen betrachtet, als »skrupelloser Opportunist«.[4]

Ähnlich sind die Ergebnisse der physikalischen Forschung weniger endgültig, als populäre Darstellungen es gewöhnlich vermuten lassen. Das Standardmodell der Teilchenphysik, auf das wir zu Recht stolz sein können, ist immer noch keineswegs vollendet. Es macht genaue Vorhersagen, aber dazu müssen einige Dutzend Parameter vorgegeben werden, deren Werte sich aus Experimenten herleiten, ohne daß ein Wissen darüber zugrunde liegt, warum jeder von ihnen gerade diesen Wert annimmt und keinen anderen. Auch die Theorien, aus denen das Standardmodell besteht, passen nicht mit logischer Unvermeidlichkeit zusammen. Drei der vier Grundkräfte der Natur (oder »Wechselwirkungen«, wie man in der Fachsprache der Teilchenphysik sagt) werden durch Quantenfeldtheorien, einschließlich der Speziellen Relativitätstheorie, erklärt. Aber die vierte Kraft, die

Schwerkraft oder Gravitation, bleibt das Reich der Allgemeinen Relativitätstheorie, die von den Quantentheorien ausgeschlossen ist und die Welt außerdem ganz anders sieht als diese. Wir brauchen – oder wünschen uns doch jedenfalls – eine einzige Theorie, die alle vier Kräfte umfaßt und dadurch aufzeigt, warum die experimentell bestimmten Werte gerade so sind, wie wir sie vorfinden. Diese erwünschte Darstellung wird als Große Vereinheitlichte Theorie, GUT (Grand Unified Theory), als Quantengravitation oder am übertriebensten als »Theorie für Alles« bezeichnet (obwohl sie immer eine Theorie der grundlegenden Wechselwirkungen bliebe und niemals erklären könnte, wohin ein bestimmter Sperling fliegt oder welchen Hut Tante Ellen nächstes Jahr zu Ostern tragen wird).

Weise Jäger pirschen sich an die endgültige Theorie heran, indem sie nach Anzeichen für »Symmetrie« suchen. Die Naturgesetze sind alle Ausdruck von Symmetrien, und in gewissem Sinn ist die ganze Physik eine Suche nach Symmetrie.

Die meisten von uns haben den Symmetriebegriff vermutlich zunächst als eine Art der Klassifizierung kennengelernt, als Ausdruck der Tatsache, daß gewisse Aspekte der Erscheinungsform von Dingen gleich bleiben, wenn die Dinge gedreht oder sonstwie bewegt werden. Eine Kugel wirft beispielsweise einen kreisförmigen Schatten, und dieser Schatten bleibt kreisförmig, ganz gleich, wie wir die Kugel drehen: Man nennt die Kugel deshalb rotationssymmetrisch um jede ihrer Achsen. Das ist ein Grund, warum Platon die Kugel als vollkommenen geometrischen Festkörper ansah. (Ein anderer ist, daß eine Kugel innerhalb einer gegebenen Oberfläche das größtmögliche Volumen umschließt, weshalb einige unserer beleibteren Physiker, darunter Ernest Rutherford und Abdus Salam, gern scherzten, ihre Gewichtszunahme sei auf ihr Streben nach Vollkommenheit zurückzuführen.) Es gibt viele andere räumliche Symmetrien. Ein Beispiel ist die Translationssymmetrie der X in dieser Reihe: XXXXXXXXX. Sie sind symmetrisch, wenn sie entlang der gedruckten Zeile um ihre Breite verschoben werden. (Anders gesagt: Sie passen genau übereinander, was bei einer Folge wie ABCDEFGHI nicht der Fall ist.) Ein X ist auch spiegelsymmetrisch, da es von seinem Spiegelbild nicht zu unterscheiden ist, während eine Reihe von Z – ZZZZZZZZZZZZ – sich bei Spiegelung in ƧƧƧƧƧƧƧƧƧƧƧƧ verwandelt. Ein X ist also spiegelsymmetrisch, ein Z nicht.

Symmetrien dieser Art sind auf unsere Erfahrungen im gewöhnlichen Raum beschränkt; sie sind eine der vielen Bestätigungen dafür, daß der gewöhnliche Raum selbst »translationssymmetrisch« ist. Wir verdanken es dieser Translationssymmetrie des lokalen Raums, daß wir ohne Probleme reisen können und daß ein über Sand rollender Wasserball seine Kugelform behält. Lebten wir in dem stark gekrümmten Raum am Rand eines Schwarzen Lochs, in dem die Translation asymmetrisch ist, wären Reisen vom Loch weg sehr teuer, zu ihm hin gar tödlich; und Wasserbälle wären elliptisch.

In der Quantenphysik beziehen sich Forscher oft auf abstrakte Räume, wenn sie bestimmte Probleme lösen wollen. Nehmen wir an, wir wollten das Elektron und seinen Antimaterie-Partner, das Positron, abbilden. Das Elektron hat die gleiche Masse und den gleichen Spin wie das Positron, aber die entgegengesetzte elektrische Ladung. (Elektronen sind negativ geladen, Positronen positiv.) Physiker denken sich einen abstrakten, dreidimensionalen »Raum«, dessen Achsen Ladung, Masse und Drehimpuls darstellen. Man sagt, ein Elektron sei dann, wenn es in ein Positron verwandelt wird, symmetrisch entlang der Achsen Masse und Spin, wie der Drehimpuls eines Teilchens kurz genannt wird, denn diese bleiben gleich, aber asymmetrisch in bezug auf die Ladung, weil diese sich umkehrt, wenn das Teilchen transformiert wird. Das Beispiel mag dem besseren Verständnis der Elektronen nicht sehr dienlich sein, aber es soll unseren Symmetriebegriff erweitern, indem es zeigt, daß Symmetrie nichts mit geometrischen Formen im gewöhnlichen Raum zu tun haben muß. In diesem umfassenderen Sinn können wir über die Erscheinungen hinausgehen und Symmetrie definieren als Darstellung einer Größe, die bei einer Transformation unverändert bleibt. (Darauf bezieht sich auch das Wort »Symmetrie«, das sich vom Griechischen für »Gleichmaß« herleitet.) Der Mathematiker Lewis Carroll beschwört dieses Gefühl für Symmetrie wie auch die vertrauteren geometrischen Eigenschaften in *Die Jagd auf den Schnatz*:

Man kocht ihn in Holzmehl und salzt ihn in Leim,
Man verdickt ihn mit Schaben und Schnur;
Doch von keinem zuviel, denn das oberste Ziel
Ist: Erhaltung der schönen Struktur.[5]

Wir nennen eine Größe »invariant« gegenüber einem Vorgang, wenn sie bei diesem unverändert bleibt. Wenn man den Begriff der Invarianz versteht, erkennt man auch, warum die Symmetrie in der Physik so wesentlich ist. Die Naturgesetze beschreiben Symmetrien, weil Symmetrien Anzeichen von Invarianzen sind. Das Energieerhaltungsgesetz beispielsweise beschreibt eine Größe (»Energie«), die unverändert (»erhalten«) bleibt bei solchen Transformationen, wie sie die Arbeit einer Dampfmaschine darstellt oder das Brennen eines Sterns auf seinem Weg zum Stadium eines Roten Riesen. Die Spezielle Relativitätstheorie kennt mehrere Invarianzen, darunter vor allem die Äquivalenz von Masse und Energie ($E = mc^2$). Als Einstein diese Theorie aufstellte, wollte er ja gerade zeigen, wie die Naturgesetze – insbesondere die von James Clerk Maxwell gefundenen Gleichungen für elektromagnetische Felder – bei Systemen erhalten bleiben können, die sich relativ zueinander rasch bewegen. Maxwells Gleichungen besagen, daß sich Radiowellen und andere elektromagnetische Felder mit Lichtgeschwindigkeit bewegen, aber sie schreiben nicht vor, in welchem Bezugssystem ihre Geschwindigkeit gemessen werden sollte. Einstein zeigte, daß es darauf nicht ankommt. Die Lichtgeschwindigkeit ist für alle Beobachter gleich, unabhängig von ihrer eigenen Geschwindigkeit. Um die Laborphysik aus dieser seltsamen Lage zu retten, beschwor Einstein die sogenannte »Lorentz-Invarianz«, die vorschreibt, wie sich die Zeit verlangsamt und wie sich Meßlatten an Bord eines sich beschleunigenden Raumschiffs verkürzen. Das wahrte sowohl die Symmetrien der Maxwellschen Theorie als auch die umfassendere Symmetrie, wonach die Naturgesetze invariant sind, wenn Experimente an unterschiedlichen Zeiten, Orten und mit unterschiedlichen Geschwindigkeiten durchgeführt werden. Deshalb nannte Einstein sein Ergebnis »Invarianz-Theorie«; wäre dieser Name beibehalten worden, hätte das der Welt der Laien viel von der Verwirrung erspart, die der Ausdruck »Relativität« hervorrief.

Der Symmetriebegriff war wesentlich für den Aufstieg der Quantenfeldtheorie – eine großartige Geschichte intellektueller Leistungen, die ich hier in zwar unangemessener, aber erforderlicher Kürze skizzieren will. Sie beginnt mit der Begründung der Quantenelektrodynamik durch den englischen Physiker Paul Dirac.

Dirac zeichnete sich durch seine mathematische Kreativität aus und war zugleich bekannt dafür, daß er sich für fast nichts anderes interessierte. Der Physiker W. M. Elsasser beschrieb ihn als einen Menschen, »der auf einem Gebiet alles überragte, aber wenig Interesse oder Kompetenz für andere menschliche Aktivitäten erübrigte .... Alles ging in die Durchführung seiner großen historischen Mission, den Aufbau der neuen Wissenschaft der Quantenmechanik, zu der er wahrscheinlich so viel beigetragen hat wie kein anderer.«[6] Dirac war berühmt für seine Schweigsamkeit. Bei einem Interview mit einem Journalisten äußerte er am 31. April 1929 insgesamt 19 Worte. Hier ein Auszug aus dem Gespräch:

> JOURNALIST: Herr Professor, würden Sie in wenigen Worten die Essenz all ihrer Forschungen beschreiben?
> DIRAC: Nein.
> JOURNALIST: Wäre es in Ordnung, wenn ich es so sagte: »Professor Dirac löst alle Probleme der mathematischen Physik, ist aber nicht in der Lage, eine bessere Möglichkeit zur Berechnung der Trefferquote von Babe Ruth [berühmter Baseballspieler] anzugeben?«
> DIRAC: Ja.
> JOURNALIST: Was gefällt Ihnen in Amerika am besten?
> DIRAC: Kartoffeln.[7]

Diracs Zurückhaltung konnte sehr verunsichernd sein – er sprach selten ungefragt und schwieg immer lange, wenn er sich nicht sicher war, daß er etwas Vernünftiges zu sagen hatte –, aber sein sanftes und zurückhaltendes Wesen gewann ihm gute Freunde, darunter den

Physiker und Schriftsteller C. P. Snow, der Dirac für »den größten lebenden Engländer« hielt.[8] Man braucht kein besonderes psychologisches Einfühlungsvermögen, um die Wurzeln von Diracs Exzentrizität in seiner Kindheit aufzuspüren. Sein Vater, der seine eigenen Eltern abgelehnt hat, war aus der Schweiz nach England eingewandert und unterrichtete in Bristol Französisch. Er war an der Schule für dieselbe strenge Disziplin bekannt, die er auch zu Hause forderte. Weder erlaubte er der Familie auszugehen, noch Besucher zu empfangen. Paul aß das Abendessen mit seinem Vater im Speisezimmer, während seine Mutter, sein Bruder und seine Schwester in die Küche verbannt waren, weil sie nicht gut genug Französisch sprachen. »Mein Vater hatte die Regel aufgestellt, daß ich mit ihm nur Französisch sprechen durfte«, erinnerte sich Dirac. »Er dachte, es würde gut für mich sein, wenn ich auf diese Weise Französisch lernte. Da ich merkte, daß ich mich auf Französisch nicht gut ausdrücken konnte, war es für mich besser, den Mund zu halten, als Englisch zu sprechen. So wurde ich damals sehr schweigsam.«[9] Den Kindern wurde in diesem freudlosen Haushalt jeder Kontakt mit Musik, Malerei und Poesie untersagt, auch jegliche Aufklärung vorenthalten. »Ich hatte weder in meiner Kindheit noch in meiner Jugend je eine nackte Frau gesehen, bis ich 1927 mit Peter Kapitza Rußland besuchte«, erinnerte sich Dirac. »Dort sah ich ein Kind, ein junges Mädchen. Man hatte mich zu einer Badeanstalt für Mädchen mitgenommen, und sie badeten ohne Badeanzüge. Ich fand, daß sie gut aussahen.«[10] Diracs Bruder, ein Ingenieur, nahm sich das Leben. Dirac führte ein Leben, das so voll und schmal war wie eine Spalte im antarktischen Eis, wenn auch weniger kalt. Er nahm an wissenschaftlichen Konferenzen in aller Welt teil und wanderte und kletterte gern; er war verheiratet mit Margit Wigner, der Schwester des Physikers Eugene Wigner, und hatte zwei Töchter.

Niels Bohr sagte einmal, von allen Physikern habe Dirac die reinste Seele.[11] Ihre Reinheit war die Reinheit der reinen Vernunft; Dirac füllte das Vakuum seiner Kindheit mit Logik und versuchte, allein mit Hilfe der Logik zu leben. Aber er war nicht nur ein Mathematiker, sondern auch ein Naturwissenschaftler und deswegen aus Gewohnheit erfahrungsorientiert. Der Physiker Jagdish Mehra erinnert sich, wie er in Cambridge mit Dirac in seinem College speiste. »Das Wetter draußen war sehr schlecht, und da es in England immer angebracht ist, ein Gespräch mit Bemerkungen über das Wetter zu beginnen, sagte ich zu Dirac: ›Es ist heute sehr windig, Herr Professor.‹ Dirac sagte überhaupt nichts, stand einige Sekunden später auf und ging zur Tür. Ich erschrak zu Tode, weil ich dachte, ich hätte ihn irgendwie beleidigt. Er aber öffnete die Tür, schaute hinaus, kam zurück, nahm wieder Platz und sagte ›Ja‹.«[12] Dirac hatte einen tiefen, wenn auch tief verborgenen Sinn für Schönheit, der sich in seiner berühmten Bemerkung zeigte, es sei wichtiger, daß Gleichungen schön seien, als daß sie dem Experiment entsprächen.[13] Er bestand darauf, seine Forschung als etwas zu sehen, bei dem Schönheit eine wichtige Rolle spielt; sie war seine Kunst, seine Poesie, sein schweigender Tanz.

Diracs wichtigste Leistung war die Aufstellung einer Gleichung für das Elektron, die sowohl die Quantentheorie als auch die Spezielle Relativitätstheorie enthielt. Die Dirac-Gleichung gibt an, wie sich Elektronen mit Spin $\frac{1}{2}$ an ein äußeres elektromagnetisches Feld ankoppeln. (Das ist der Teil, in den die Spezielle Relativitätstheorie eingeht, die selbst eine Theorie der Elektrodynamik ist.) Die Gleichung ließ auf eine zuvor nicht erahnte Symmetrie zwischen dem Elektron und einem damals unbekannten, entgegengesetzt geladenen Teilchen schließen, das die Welt heute als Positron kennt. Das Ergebnis war so seltsam, daß es Dirac selbst verwunderte; er war erleichtert, als die Experimentalphysiker Positronen entdeckten und damit die Tür zur Welt der Antimaterie öffneten.[14] Noch seltsamer war eine dritte symmetrische Beziehung: Die Dirac-Gleichung zeigte, daß Elektronen von Wolken aus Elektron-Positron-Paaren begleitet werden. Diesen »virtuellen« Teilchen wird jetzt eine für die Quantenfeldtheorie fundamentale Rolle zugeschrieben; danach ist jedes »wirkliche« Teilchen in einen Nebel virtueller Teilchen gehüllt, die fortwährend aus dem Vakuum auftauchen, wechselwirken und untergehen.

Um die Mitte des Jahrhunderts war die Quantenelektrodynamik zu einer höchst erfolgreichen Theorie ausgefeilt worden, die die Ergebnisse von Experimenten genauer vorhersagte als jede andere Theorie, die je von einer Naturwissenschaft aufgestellt worden war. Die Mathematik der Symmetrie und Invarianz war in diesem und in verwandten Forschungsgebieten schon fast verdächtig wirkungsvoll. Die Symmetrie erklärt nicht nur das Verhalten der Grundkräfte der Natur, sondern erweist sich auch als Ursache dafür, daß es überhaupt Kräfte gibt. Angesichts einer bestimmten Transformation fragten sich die Theoretiker, wie eine Größe bei ihrer Anwendung invariant bleiben kann, und forderten dann die Existenz von Teilchen, die diese Symmetrie erhalten. Diese Teilchen schließlich stellten sich als die Übermittler von Kräften heraus – als »Eichbosonen«. Das Eichboson des Elektromagnetismus beispielsweise ist das Photon. Nach der Quantenfeldtheorie bewahrt das Photon eine Symmetrie, die lokale Eichinvarianz heißt; sie sagt auch vorher, daß das Photon die Ruhemasse Null hat. Aber Photonen sind nicht lediglich ein abstrakter Begriff, der nur in der theoretischen Mathematik von Nutzen ist. Es gibt sie wirklich. Man kann sie mit Hilfe eines Photonenzählers quantifizieren. Und die Ruhemasse eines Photons ist wirklich Null.

Der Symmetriebegriff rettete die Physik aus der Krise, in die sie geriet, als die Forscher mit dem Bau von Teilchenbeschleunigern begannen, die Protonen, Elektronen und andere Teilchen aufeinanderschleudern konnten, um winzige, aber starke Explosionen zu erzeugen, und dabei immer neue Teilchenarten fanden. Damit begann das goldene Zeitalter der Hochenergiephysik. Es war zunächst üblich, diesen Vorgang mit dem Zusammenstoß zweier Autos zu vergleichen: Teilchen stoßen zusammen, und die Wissenschaftler untersuchen das Ergebnis mit Hilfe eines eher zweifelhaften Verfahrens, das Anti-Reduktionisten als lächerlich abtaten, indem sie behaupteten, es sei, als ob man herausfinden wollte, wie Schweizer Uhren funktionieren, indem man zwei solche Uhren aufeinanderprallen läßt. Heute, da das Urknallmodell besser belegt ist, stellen sich die Wissenschaftler den Vorgang häufiger als eine Replikation des Urknalls vor. Die Teilchen, die herauskommen, waren nicht genau die, die zu Beginn da waren. (Heisenberg zu Victor Weisskopf, als sie an einem warmen

Frühlingstag 1931 im Café neben dem Eingang zum Leipziger Messebad saßen: »Wir sehen alle Leute angekleidet in das Bad gehen, und wir sehen sie auch so wieder herauskommen. Schließen wir daraus, daß sie auch in Kleidern schwimmen?«[15]) Vielmehr bilden sich aus der Energie der Explosion heraus neue Teilchen, und sie geben einen kleinen Einblick in die Physik, die vorherrschte, als das Universum noch jung war. Wie man es auch dreht und wendet, das Ergebnis der Experimente mit den Teilchenbeschleunigern war eine verwirrende Ansammlung neuer Teilchenarten – Hunderter von ihnen. Die Pessimisten warnten, die Physik werde dadurch nicht einfacher, sondern komplizierter und gerate in eine Sackgasse. Optimisten behaupteten, die Sache werde wieder klarer, wenn man erst einmal eine Möglichkeit fände, Ordnung in alle diese Teilchen zu bringen – so wie es Meyer und Mendelejew gelungen war, der Physik den Weg zum Verständnis des Atoms zu weisen, als sie im 19. Jahrhundert das periodische System der Elemente aufstellten.

Die Optimisten sollten recht behalten. Man fand aufschlußreiche symmetrische Beziehungen zwischen den subatomaren Teilchen und auch »gebrochene« Symmetrien, die Hinweise auf Ereignisse in der kosmischen Geschichte enthalten könnten. Diese Arbeit wäre langsamer vorangegangen, wenn die Physiker alle möglicherweise wichtigen Symmetrien erst hätten erarbeiten müssen, ehe sie diejenigen suchen konnten, welche für die Physik nützlich waren. Aber glücklicherweise hatten die Mathematiker diese Aufgabe schon gelöst und die möglichen Symmetrien geordnet und in Gruppen eingeteilt. Eine Symmetriegruppe ist die Menge aller Transformationen einer bestimmten Art, die etwas unverändert lassen. Die Gruppentheorie wurde im 19. Jahrhundert von Mathematikern entwickelt, die, wie üblich, nicht erwarteten, daß sie je praktische Anwendung finden würde (und die sich, hätte man sie danach gefragt, wohl auch noch damit gebrüstet hätten, daß ihnen das egal sei). Sie schenkten den Physikern jedoch etwas, das sich als Werkzeugkasten voller wunderbarer Symmetrien herausstellte. Daraufhin brauchten die Physiker nur noch herauszufinden – das allerdings war keine leichte Aufgabe –, welche Symmetrien einige der vielen Teilchen aufgrund der zwischen ihnen bestehenden Familienbeziehungen »vereinigen« konnten.

Ein wesentlicher Durchbruch in dieser Richtung gelang 1960 Murray Gell-Mann am Caltech und unabhängig davon Yuval Ne'eman in Tel-Aviv. Gell-Mann und Ne'eman untersuchten die starke Kernkraft, die Protonen und Neutronen in Atomkernen zusammenhält. Sie wählten aus dem Werkzeugkasten der mathematischen Symmetrien die nach dem norwegischen Mathematiker Sophus Lie benannten Liegruppen und fanden eine, die als SU(3) bekannt ist. »SU« steht für »Speziell Unitär«, und diese Liegruppe zeigte eine Beziehung zwischen den »Hadronen« – Teilchen wie Protonen und Neutronen, die auf die starke Kernkraft reagieren – und den diese Kraft vermittelnden Mesonen. Die SU(3) erzeugt Oktette – Mengen zu je acht ($3^2 - 1 = 8$) Elementen –, in die die Hadronen eingeordnet werden können wie Ornamente, die an einem Mobile hängen, so daß sich deren symmetrische Beziehung offenbart. Insbesondere bilden die acht Baryonen mit geringer Masse und Spin $\frac{1}{2}$ (zu denen das Proton gehört) ein solches Oktett, die acht Pionen (Pionen sind eine Art von Mesonen) ein anderes, und die Vektor-Mesonen mit Spin Eins ein drittes.

Der universal gebildete Gell-Mann nannte diesen Ansatz den Achtfachen Weg – nach dem Heilsweg, den Gautama Buddha in seiner ersten Predigt lehrte (rechte Ansicht und rechtes Denken, rechte Rede, rechtes Handeln und rechtes Leben, rechtes Streben, rechte Wachsamkeit und rechte Sammlung). In der Physik schien der Achtfache Weg zunächst ein Irrweg zu sein, was an einem scheinbar vernichtenden Fehler lag, der sich später als größter Vorteil erweisen sollte. Die Gruppe SU(3) erzeugt außer Oktetten ein komplexes Triplett. Dies erforderte, daß die von den Oktett-Mobiles herunterhängenden Teilchen selbst wieder irgendwie Tripletts sein mußten. Als aber Gell-Mann 1964 einem Vorschlag folgte, den Kollegen von der Columbia-Universität ein Jahr zuvor bei einem informellen Gespräch gemacht hatten, erkannte er, daß Protonen und Neutronen aus drei Teilchen bestehen. Gell-Mann nannte diese Teilchen Quarks, weil ihm dieses Wort bei der Lektüre von James Joyces experimentellem

Roman *Finnegans Wake* gefallen hatte: »Ich blätterte in *Finnegans Wake*, wie ich es oft tue, und versuchte, hier und da etwas zu verstehen – so wie man eben *Finnegans Wake* liest –, und fand dort ›Three quarks for Muster Mark‹«, erinnerte sich Gell-Mann.[16] »Ich sagte: ›Das ist es! Drei Quarks machen ein Neutron oder ein Proton.‹«

Zunächst lösten die Quarks wenig Begeisterung aus. Die Theorie war nicht gerade einfach – sie forderte drei Arten von Quarks, die »up«, »down« und »strange« genannt werden und zu denen später die Quarks hinzukamen, die »charm«, »bottom« und »top« heißen, so daß es insgesamt sechs sind. Und die zugrundeliegende Symmetrie setzte voraus, daß die Ladung der Quarks nicht ganzzahlig ist, was in der Natur noch nie beobachtet worden war. Auch die Experimente fanden zunächst keine deutlichen Hinweise auf Quarks. So war die Quarktheorie als ein theoretisch seltsames und vom Experiment unbestätigtes Gedankengebäude anfangs wenig populär. Bezeichnend für ihren Status war die Erfahrung, die George Zweig vom Caltech machte, der etwa zur selben Zeit wie Gell-Mann den gleichen Gedanken hatte. Er geriet jedoch ins Hintertreffen, weil er seine Arbeit zurückhielt und sie nicht, wie von CERN gefordert, wo er gerade als Gast arbeitete, in der Zeitschrift *Physics Letters* veröffentlichen wollte. Zu dieser unglücklichen Entwicklung kam noch hinzu, daß ihm eine wichtige Beförderung versagt wurde, weil der Vorstand des Fachbereichs ihn als Scharlatan abtat, als bekannt wurde, daß er sich mit Quarks beschäftigte.

Aber es kann sich als Fehler erweisen, wenn man wissenschaftliche Theorien zu rasch negiert. Heute spielen die Quarks in der Welt der Teilchen eine Hauptrolle. Alle sechs Quarks wurden inzwischen auch experimentell nachgewiesen. Diese Versuchsreihe fand ihren Höhepunkt 1995, als das Topquark am Fermilab-Beschleuniger in Batavia, Illinois, entdeckt wurde. Die »Quantenchromodynamik« (die Anspielung auf »Farbe«, griechisch »Chroma«, bezieht sich auf einen Quark-Parameter, der nichts mit gewöhnlicher Farbe zu tun hat) ist die auf Quarks basierende Theorie der sogenannten Farbkraft und jetzt fast so gut bestätigt wie ihr Vorgänger, die Quantenelektrodynamik. Protonen und Neutronen werden von der Theorie als aus je drei Quarks bestehend dargestellt, die wiederum von »Gluonen« zusammengehalten werden, den Trägern der Farbkraft. Die Farbkraft nimmt im Gegensatz zur elektromagnetischen Kraft nicht mit der Entfernung ab, sondern wird sogar stärker, wenn die Quarks auseinandergezogen werden wie ein Gummiband.[17] Deshalb läßt sich ein Quark kaum aus einem Hadron herausziehen: Wenn man genug Energie hineinpumpt, um die Farbkraft zu überwinden, erhält man nur neue Quarks. Und das erklärt, warum es so schwierig ist, Quarks überhaupt zu beobachten.

Mit diesen und anderen Erfolgen bei der Untersuchung von Symmetrien konnte man auch die »Symmetriebrechung« besser verstehen und als wesentlichen Aspekt der Natur würdigen. Die Quantenchromodynamik zeigt eine gebrochene Symmetrie: Das strange-Quark hat eine viel größere Masse als die up-Quarks oder die down-Quarks, während alle Quarks dieselbe Masse haben sollten, wenn die Symmetrie erhalten bleibt. In den sechziger Jahren fand Steven Weinberg gemeinsam mit Abdus Salam und Sheldon Glashow eine Symmetrie, die das masselose Photon, den Träger der elektromagnetischen Kraft, mit den massereichen Bosonen verknüpft, die den radioaktiven Zerfall vermitteln. Diese Bosonen sind das negativ geladene W-Teilchen, die positiv geladenen W+- und das neutrale Z0-Teilchen. Das Photon hat wenig Ähnlichkeit mit den W-, W+-Teilchen und Z0-Teilchen. Der Grund ist, wie Weinberg erkannte, daß die sie verbindende Symmetrie gebrochen wurde. Weinberg sagte später: »Diese Teilchen sind Geschwister, nahe Verwandte aufgrund eines Symmetrieprinzips, das besagt, daß sie eigentlich alle dasselbe sind und daß die Symmetrie gebrochen ist. Die Symmetrie steckt in den grundlegenden Gleichungen der Theorie, aber nicht in den Lösungen der Gleichungen. Sie steckt nicht in den Teilchen selbst. Deshalb sind die W- und Z-Teilchen so viel schwerer als das Photon.«[18]

Zusammenfassend kann man die Teilchenphysik als die Erforschung sowohl verwirklichter als auch gebrochener Symmetrien sehen. Die gebrochenen Symmetrien sind charakteristisch für die Gegenwart, und die ungebrochenen könnten sich manifestiert haben, als das Universum jung war. Man kann Teilchen deshalb als Anzeichen für symmetriebrechende Ereignisse sehen, die sich im Urknall abspielten. Weinberg sagte: »Daß die Symmetrien gebrochen sind, macht die Welt zu dem, was sie ist. Daß Elektronen anders sind als Quarks, und daß oben etwas anderes ist als unten und Kreide etwas anderes als Käse, das alles hat mit dem Brechen der grundlegenden Symmetrien von Gleichungen zu tun, die wir noch nicht kennen – Gleichungen, die alles bestimmen, was im Universum vor sich geht. Die Aufgabe des Physikers besteht darin, durch die Erscheinungen hindurch die zugrundeliegende, sehr einfache symmetrische Wirklichkeit zu sehen.«[19]

Damit sind wir wieder bei der Kosmologie. In einem statischen, unveränderten Universum wären gebrochene Symmetrien unerklärlich, aber in einem sich entwickelnden Universum sind sie Hinweise auf historische Ereignisse. Ihre Mängel teilen uns etwas mit, genau wie ein zerbrochener Spiegel mehr Information vermittelt als ein heiler, weil die Tatsache, daß er zerbrochen ist, bezeugt, daß er eine kompliziertere Geschichte hat als ein Spiegel, der sich nicht veränderte, seit er die Fabrik verlassen hat. Insbesondere zeigt die Theorie von Weinberg, Salam und Glashow, daß die Symmetrie, die das Photon mit den Bosonen, den Vermittlern der schwachen Kraft, verknüpft, unter hochenergetischen Bedingungen wiederhergestellt werden würde. Da das Universum einmal – nämlich während des Urknalls – in einem hochenergetischen Zustand war, zeigt die Theorie, daß das, was heute zwei Kräfte sind, nämlich die elektromagnetische und die schwache Kernkraft, ursprünglich beide von einer einzigen »elektroschwachen« Kraft abstammen. »Es gab eine Zeit im sehr frühen Universum, als die Temperatur, also die Energie, einige hundertmal höher war als die der Masse des Protons, als die Symmetrie noch nicht gebrochen war und alle Kräfte dieselben waren – nicht nur mathematisch dieselben, auf einer tiefen Ebene, die etwas mit den Feldgleichungen zu tun hatte, sondern tatsächlich dieselben«, sagte Weinberg.[20] »Ein Physiker, der damals lebte, was man sich nur schwer vorstellen kann, hätte keinen wirklichen Unterschied zwischen diesen vier Kräften gesehen, die durch einen Austausch dieser vier Teilchen erzeugt wurden – dem Photon, dem Z^0- und den W-Teilchen.«

Einsichten wie diese ermöglichen eine neue Sicht auf die kosmische Geschichte, die das Universum als eine Art verlorenes Paradies sieht. In diesem Sinn hat der Kosmos eine *De*volution durchgemacht – von einem Zustand vollkommener (oder fast vollkommener) Symmetrie zu dem Scherbenhaufen gebrochener Symmetrien, den wir heute um uns herum sehen. Diese Überlegung wirft zwei wichtige Fragen auf: Was hat ursprünglich die Symmetriebrechung ausgelöst, und was hätten wir gewonnen, wenn wir eine Theorie der Symmetriebrechung hätten, die den ursprünglichen, symmetrischen Kosmos genau beschreibt?

Die erste Frage – Was verursachte die Symmetriebrechung? – ist die technischere von beiden und seltsamerweise leichter zu beantworten. Der bevorzugte Kandidat ist das nach Peter Higgs von der Universität Edinburgh benannte »Higgsfeld«. Das Higgsfeld kann in einem symmetrischen Zustand existieren, aber in seinem niedrigsten Energiezustand – den es jedem anderen Zustand vorzieht, wie alles in der Natur, vom Wasser, das bergab fließt, bis zu Uhrenfedern, die sich entspannen – bricht es Symmetrien. Danach vermittelten Higgsfelder solche symmetriebrechenden Ereignisse wie die Aufspaltung der elektroschwachen Kraft in die elektromagnetische und die schwache Kraft, bei denen die Teilchen ihre unterschiedlichen Massen erhielten. Ob es Higgsfelder gibt, läßt sich experimentell überprüfen, indem man nach ihrem Träger, dem Higgs-Boson, sucht. Weil das Higgsboson recht massereich sein sollte, erfordert die Suche (eigentlich die Herstellung) sehr hohe Energien. Es sollte eine der Aufgabe des Superleitenden Supercolliders (SSC) sein, Teilchen mit so hohen Energien zusammenstoßen zu lassen, daß sie Higgsbosonen aus dem Vakuum herauskitzeln könnten. Weil aber der Bau des SSC vom amerikanischen Kongreß gestoppt wurde, sind jetzt die Experimentalphysiker am Großen Hadronenbeschleuniger von CERN und am Tevatron von Fermilab gefordert.

Die zweite Frage – könnte eine Theorie ungebrochener Symmetrien das ursprüngliche Universum beschreiben? – führt zu einem der hochtrabendsten Pläne, den Wissenschaftler je gehegt haben.

Wenn die Geschichte des Universums wirklich eine Geschichte

des Verlustes von vollkommener Symmetrie ist, hätte das eine Reihe von Konsequenzen. Es würde bedeuten, daß sich der heutige Zustand der Dinge weitgehend zufällig ergab und nicht aus innerer Notwendigkeit. Das läßt sich gut an dem Beispiel zeigen, das Werner Heisenberg 1928 anführte und das gewöhnlich dazu dient, spontane Symmetriebrechung zu veranschaulichen. Man nehme einen Stabmagneten. Er hat einen magnetischen Nordpol und einen Südpol. Wenn der Magnet auf mehr als 770 Grad Celsius erhitzt wird, verliert er seine magnetischen Eigenschaften und ist in bezug auf seinen Magnetismus symmetrisch: Sein »magnetisches Moment« ist in allen Richtungen null. Dann lasse man den Magneten abkühlen – wie sich auch das Universum aufgrund seiner Ausdehnung abkühlte –, und wenn seine Temperatur unter 770 Grad Celsius fällt, ist er wieder bipolar magnetisiert. *Die Frage, welcher Pol dann der magnetische Nordpol ist und welcher der Südpol, wird jedoch durch Zufall entschieden.* In der Hälfte der Fälle ist der Magnet in die eine, in der anderen Hälfte in der anderen Richtung polarisiert. Falls die spontane Symmetriebrechung die Grundkräfte der Natur auf diese Weise erzeugte, leben wir in einer Welt, die hauptsächlich und vielleicht sogar ausschließlich durch ein solches Werfen von Münzen bestimmt wurde.

Eine andere, für die heutige Teilchenphysik wichtige Folgerung besagt, daß eine einheitliche Theorie, die die symmetrischen Beziehungen hinter den heutigen Kräften aufzeigt, auch das Gesetz oder die Gesetze offenbaren sollte, die die Natur zu Beginn der kosmischen Zeit bestimmten. Seit Kosmologen und Teilchenphysiker dieses Ziel verfolgen, hat sich ihre Sichtweise enorm verändert; sie arbeiten jetzt gemeinsam an der Erkundung der kosmischen Geschichte, denn Teilchenbeschleuniger können, wie Teleskope, Zeitmaschinen sein. Teleskope beobachten unmittelbar Ereignisse der fernen Vergangenheit, die Beschleuniger stellen Ereignisse nach, die beim Urknall passierten. Physiker, die nach Symmetrien suchen, die in den Naturgesetzen schlummern, sollten wie Schliemann in Troja Ruinen ans Licht bringen, die die Welt zeigen, wie sie früher war.

Vor zwanzig Jahren trugen die Werkzeuge, mit denen man am tiefsten zu graben hoffte, den eher kryptischen Namen »Große Vereinheitlichte Theorien«, kurz GUT, diese Theorien waren damals »in«. Ihr Kennzeichen war ein Diagramm – auf einer Achse waren die Stärke der elektromagnetischen, schwachen und starken Kräfte aufgetragen, die andere veranschaulichte die Entfernung zwischen wechselwirkenden Teilchen. Die drei Kurven trafen sich bei einer Entfernung von 10^{-29} Zentimetern. Man stellte sich damals vor, daß es zu diesem Zeitpunkt, der den Bedingungen im Urknall zu Beginn der ersten Zeitsekunde entsprach, nicht drei Kräfte gab, sondern nur eine. Man mußte nur die richtige GUT finden und würde dann wissen, wie diese Kraft wirkte, so daß man eine einheitliche Darstellung aller Kräfte mit Ausnahme der Schwerkraft hätte.

Dieser fruchtbare Gedanke hat zwar zu vielen Einsichten geführt, sich aber leider in der Praxis nicht besonders bewährt. Die einfachste GUT, eine SU(5)-Theorie, sagte vorher, daß Protonen zerfallen. Das war eine völlig neuartige Vorstellung. Dann wären alle Atomkerne radioaktiv, Wasserstoff genau wie Radium, aber auf einer längeren Zeitskala. Jedes Atom enthält Protonen. Wenn Protonen zerfallen, wären alle uns vertrauten Objekte, von Galaxien bis zum Löwenzahn, zum Verdampfen bestimmt. Die vorhergesagte Zerfallsrate war langsam: In einigen GUTs war die Halbwertszeit der Protonen zu langsam, als daß man sie entdecken könnte, während sie in anderen etwa 10^{31} Jahre betrug. Das ist eine sehr lange Zeit, das 10^{21}-fache (eintausend Milliarden Milliarden) des jetzigen Weltalters, aber sie liegt doch noch im Bereich der Experimente. Man mußte nur einen großen Tank bauen – unter der Erde, um möglichst viele Störungen durch kosmische Strahlung auszuschließen –, diesen mit zehntausend Tonnen Wasser, also 10^{33} Protonen, füllen und ihn mit Detektoren ausstatten, um die Lichtblitze einzufangen, die durch den Zerfall eines Protons ausgelöst werden. Dann muß man warten. Wenn die SU(5) zutrifft, sollte alle paar Tage ein Protonenzerfall zu beobachten sein – oder, je nach der Anzahl der Fehler bei den Berechnungen, einmal im Monat oder einmal im Jahr … oder vielleicht auch einmal in zehn Jahren.

Ich habe 1982, als die GUTs noch in ihrer Blüte standen, einen dieser Detektoren besucht. Er lag tief im Inneren der Salzmine von

Fairport, unter der Küste des Erie-Sees außerhalb von Cleveland, Ohio, und bestand aus einer Höhle, die so groß war wie ein sechs-stöckiges Bürogebäude. Der Tank war mit schwarzer Plastikfolie ausgekleidet, mit außerordentlich reinem Wasser gefüllt und wurde in völliger Dunkelheit von 2048 Lichtverstärkerröhren überwacht. Die Computerschirme wurden von frisch promovierten Physikern beobachtet, die mit traurigen Augen dasaßen. Sie sahen damals nichts, und sie haben seitdem nichts gesehen. (»Das haben sie davon, daß sie Experimentalphysiker geworden sind«, schnaubte ein Nobelpreisträger verächtlich, als ich mein Mitgefühl für sie äußerte – dabei waren es natürlich die Theoretiker, die sie dahin gebracht hatten.) Diese Tanks haben seitdem als Neutrinodetektoren gute Dienste geleistet, und in dieser Rolle sind wir ihnen bereits begegnet, als wir über die dunkle Materie sprachen, aber noch wurde kein einziger Zerfall eines Protons gemessen. Damit ist die einfachste GUT praktisch erledigt. Leider war das die einzige GUT, die eine überprüfbare Vorhersage über die Zerfallsrate des Protons machte. Der Physiker Howard Georgi von der Harvard University, der viel Arbeit in die GUTs gesteckt hatte, warf 1989 das Handtuch. Er gestand: »Es ist ziemlich wahrscheinlich, daß die einfache Fassung von SU(5) von der Natur nicht verwirklicht wurde ... Solange wir keinen Protonenzerfall beobachten, können wir nicht sagen, ob eine kleine Abänderung von SU(5) nötig ist, ob die ganze Idee der Großen Vereinheitlichung falsch ist oder ob irgend etwas dazwischen zutrifft.«[21]

Selbst wenn eine GUT oder eine ähnliche Theorie erfolgreich wäre, hätten wir immer noch keine völlig vereinheitlichte Theorie, weil die Schwerkraft noch nicht berücksichtigt wäre. Ohne die Schwerkraft lassen sich keine theoretischen Aussagen über die Planckzeit machen, die ersten 10^{-43} Sekunden der kosmischen Geschichte, den letzten Zeitpunkt, in dem die Schwerkraft eine wichtige Rolle für die Quantenwechselwirkung spielte. Einige Theoretiker meinen, wenn man die Physik der Planckzeit erkunden wolle, müsse man über die Quantenfeldtheorie noch hinausgehen. Trotz ihrer Erfolge beim Standardmodell, das so genaue Vorhersagen über die fundamentalen Wechselwirkungen macht, an denen die starken, schwachen und elektromagnetischen Kräfte beteiligt sind, haben die Feldtheorien immer mit ernsthaften begrifflichen Problemen zu kämpfen gehabt. Eine Schwierigkeit hat mit der »Renormierung« zu tun. Die Theorien stellen sich, wie gesagt, vor, daß jedes »wirkliche« Teilchen von einer Wolke »virtueller« Teilchen umgeben ist, die aus dem Vakuum emporsprudeln und anschließend darin versinken. Die Erzeugungsrate der virtuellen Teilchen wird durch ihre Lebensdauer beschränkt: Bei einer bestimmten Vakuumenergiedichte kann es viele kurzlebige virtuelle Teilchen geben oder wenige langlebige. Das Problem ist, daß die Quantenfeldtheorie keine kleinste Entfernung vorgibt, die ein virtuelles Teilchen zurücklegen kann. Die Entfernung kann null sein, und in diesem Fall wird die Anzahl der virtuellen Teilchen unendlich. Das würde bedeuten, daß beispielsweise jedes Elektron von unendlich vielen virtuellen Elektronen und Positronen umgeben ist. Die Elektronen hätten dann unendliche Masse und unendliche Ladung, aber das ist nicht der Fall. Irgend etwas stimmt also nicht. In der Praxis wurde das Problem durch die »Renormierung« der Theorie gelöst – oder umgangen – ein Kniff, der darauf hinausläuft, daß man neue Unendlichkeiten einführt, um die unerwünschten zu beheben. Die Renormierung bewährt sich, aber sie ist weder intellektuell noch ästhetisch befriedigend. Dirac klagte, daß die Renormierung zwar zu Ergebnissen führen könne, die mit den Beobachtungen übereinstimmen, »aber die Regeln sind doch sehr künstlich, und ich kann einfach nicht glauben, daß sie richtig sind«.[22] Der respektlose Richard Feynman, der selbst wichtige Beiträge zur Renormierung der Quantenelektrodynamik machte, nannte sie »ein verrücktes Verfahren« und ein »Spielchen.«[23] Als er gefragt wurde, wofür er den Nobelpreis erhalten habe, antwortete er: »Dafür, daß ich die Unendlichkeiten unter den Teppich gekehrt habe.«[24]

Aber Feynman sagte auch gern: »Findet sich irgendwo auch nur der kleinste Haken, heißt es aufgepaßt!«[25] Das Problem mit den Unendlichkeiten wird dadurch interessant, daß es eine Unzulänglichkeit der Quantenfeldtheorie insgesamt aufzeigen könnte. Die Feldtheorie stellt viele Teilchen als buchstäblich infinitesimale Punkte dar – mit anderen Worten als etwas, das null Dimensionen hat, also keinerlei

Ausdehnung im Raum. Das ist kein Problem, wenn man es mathematisch betrachtet, weil die Mathematik gut mit solchen Abstraktionen umgehen kann, aber es scheint unphysikalisch zu sein. Könnte die endgültige Vereinheitlichte Theorie aus einer anderen Darstellung der Teilchen hervorgehen?

Nach den jetzigen »Superstringtheorien« lautet die Antwort ja. Diese Theorien sehen subatomare Teilchen als winzige Fäden, die aus Raum bestehen. (Wenn das Universum als reiner Raum begann, kann man sich Strings als die Splitter des Raums vorstellen, die sich zu Beginn des Raums von ihm ablösten, etwa so, wie sich Eiskristalle bilden, wenn flüssiges Wasser gefriert.) Strings vibrieren immerzu mit unendlich vielen Frequenzen. Da sie aus nichts zusammengesetzt sind, kann ihre Schwingungsenergie, wie Steven Weinberg sagt, »nirgendwohin entweichen«.[26] Strings können auf unterschiedliche Weise wechselwirken, indem sie Schleifen bilden und sich kreuzen, und dadurch ergeben sich die Eigenschaften aller uns bekannten Teilchen. Strings sind so klein, daß sie, sozusagen aus der Entfernung betrachtet – also mit den Wellenlängen des sichtbaren Lichts oder anderer Formen elektromagnetischer Strahlung – »aussehen wie« infinitesimale Teilchen.

Zur Beschreibung der Stringtheorie müssen wir ein weiteres Element der Quantenphysik betrachten, und das ist der »Spin«. Der Spin wurde erfunden, um eine Verdopplung der atomaren Spektrallinien zu erklären, die sonst nur einfach vorkämen. Dieser Effekt ließ sich erklären, indem man den Elektronen eine Atomzahl zuschrieb, den Spin, der entweder »aufwärts« oder »abwärts« zeigen kann. Die Benennung ist willkürlich. Bei Elektronen gibt es kein oben oder unten, und der Elektronenspin entspricht nicht einer Drehung der Elektronen um ihre Achse, wie ja auch ein Elektron keiner Billardkugel ähnelt. (Man kann sich das Elektron, genau wie andere Teilchen, ebensogut als Welle vorstellen.) Der Spin ist nicht stetig – wenn er es wäre, würden Elektronen alle Arten von Spektrallinien erzeugen und nicht nur zwei. Per definitionem haben Elektronen den Spin $\frac{1}{2}$. (Genauer wird ihr Spin durch das Wirkungsquantum $\frac{h}{2}$ dargestellt.) Als der Spin experimentell entdeckt wurde, stellte sich heraus, daß er in der Dirac-Gleichung für Elektronen eine zentrale Rolle spielt, und die hat er in der Quantenphysik bis heute inne.

Subatomare Teilchen lassen sich in zwei Klassen einteilen, nämlich in die mit halbzahligem Spin ($\frac{1}{2}$) und jene mit ganzzahligem Spin (1). Teilchen mit halbzahligem Spin heißen »Fermionen«, Teilchen mit ganzzahligem Spin »Bosonen«. Der Unterschied ist grundlegend: Allgemein kann man sagen, daß Fermionen Materie darstellen, während die Bosonen Kraft übermitteln. Physiker konnten mit Hilfe von Symmetriebetrachtungen Fermionen mit Fermionen und Bosonen mit Bosonen in Verbindung bringen, aber keine Theorie konnte die große Kluft zwischen ihnen überbrücken. Das änderte sich in den siebziger Jahren, als die »Supersymmetrie«-Theorien aufgestellt wurden, die eine Symmetrie zwischen Fermionen und Bosonen nahelegten. Diese symmetrischen Beziehungen sind im heutigen Universum nicht verwirklicht, lauern aber als Gespenster der kosmischen Geschichte im Hintergrund. Versuche, eine alle Kräfte umfassende vereinheitlichte supersymmetrische Theorie aufzustellen, die also auch die Gravitation enthält (die »Supergravitations«-Theorie), mißglückten, aber die Physiker haben einen anderen Hinweis darauf erhalten, wie das Licht der Symmetrie den Weg weisen könnte.

Hier betritt die Superstringtheorie die Bühne. Die Vorstellung, daß Teilchen eigentlich winzige Fäden sind, datiert aus den sechziger Jahren, erhielt aber erst 1974 Auftrieb, als John Schwarz vom Caltech und der 1980 in jungen Jahren verstorbene Joel Scherk von der Pariser École Normale Supérieure einen scheinbaren Makel in ihren Berechnungen beseitigen konnten. Die Stringtheorie sagte stets die Existenz eines Teilchens mit Masse null und Spin zwei voraus. Schwarz und Scherk erkannten, daß dieses unwillkommene Teilchen das Graviton sein mußte, der Quantenträger der Gravitation. (Obwohl es noch keine Quantentheorie der Schwerkraft gibt, ist es möglich, einige der Eigenschaften der Quantenteilchen anzugeben, die sie vermutlich vermitteln.) Das war befreiend. Die Berechnungen besagten nicht nur, daß die Stringtheorie vielleicht den Weg zu einer völlig vereinheitlichten Darstellung aller Teilchen und Kräfte darstellte, sondern auch, daß man keine Stringtheorie aufstellen kann, ohne die Schwerkraft zu berücksichtigen. Edward Witten vom Institute for Advanced Study in Princeton erinnert sich, daß diese Erkenntnis für ihn die »größte intellektuelle Erschütterung« seines Lebens bedeutete.[27]

Und das soll etwas heißen. In den höheren Etagen der theoretischen Physik, wo Intelligenz für selbstverständlich gehalten wird, gilt Witten als übernatürlich, beinahe unzulässig gescheit. Er ist großgewachsen, sieht jungenhaft aus und lächelt das gewohnte sanfte Lächeln der Theoretiker, denen unablässiges mathematisches Denken etwas von jener Gemütshaltung verliehen hat, welche die Mystiker mit der Meditation verbinden. Er äußert mit sanfter, hoher Stimme kurze, präzise Sätze, die durch gewitzte kleine Pausen unterbrochen werden – es ist das Sprachmuster eines Mannes, der gelernt hat, daß er sonst nicht verstanden wird, weil er zu schnell denkt. Obwohl Witten der Sohn eines theoretischen Physikers ist, kam er erst auf Umwegen zur Naturwissenschaft. Er studierte zunächst am Brandeis-College Geschichte, schrieb nach seinem Abschluß 1971 als politischer Journalist für die Zeitschriften *Nation* und *New Republic* und arbeitete für George McGovern, als der für die Präsidentschaft der USA kandidierte. Im Hauptstudium lernte er vor allem Mathematik und Physik nur nebenher, fast als Hobby. Aber Kollegen, die ihn mit Einstein vergleichen, haben etwas Spezielleres im Sinn als seinen eindrucksvollen Intellekt: Wie Einstein ist auch Witten ein Geometer. »Die großen physikalischen Gedanken«, sagt er, »haben geometrische Grundlagen.«[28] Seiner Meinung nach liefert die Stringtheorie eine geometrische Grundlage für die Teilchenphysik – was unter anderem bedeutet, daß sie eine Möglichkeit bietet, alles aus dem Nichts zu schaffen. Witten nennt die Stringtheorie einen »Teil der Physik des 21. Jahrhunderts, der durch Zufall in das 20. Jahrhundert geraten ist«.[29] Sie erregte sein Interesse und ließ ihn der Physik treu bleiben. Er veröffentlichte allein im Jahr 1985 neunzehn Arbeiten zur Stringtheorie und arbeitet seitdem mit ähnlicher Geschwindigkeit weiter.

Die aktiv betriebene Naturwissenschaft ist eine ziemlich riskante Sache, eine Werkstatt, in der Werkzeuge entworfen und im Hinblick auf die zu lösende Aufgabe für unangemessen befunden werden, nur um später von anderen Arbeitern aufgenommen und an ganz anderen Aufgaben ausprobiert zu werden. Die moderne Stringtheorie macht da keine Ausnahme. Ihre Ursprünge liegen in einer Reihe von Enttäuschungen, die mit den Arbeiten von Gabriele Veneziano Ende der sechziger Jahre und Yoichiro Nambu Anfang der siebziger Jahre begannen, die die Auffassung der Teilchen als Fäden mit starker Kraft in Einklang brachten.[30] Bald danach erkannten Schwarz und Scherk, wie sich die Stringauffassung auf alle vier Kräfte anwenden läßt. Zunächst fanden sie wenig Beachtung. Die Quantenchromodynamik hatte eine eigene Erklärung der starken Kraft geliefert, und die Forscher bastelten in diesem Licht zufrieden mit dem bewährten Werkzeug weiter. Die Stringtheorie ihrerseits führte zu Anomalien – zu Mängeln, die fast alle Physiker verständlicherweise als Hinweise darauf verstanden, daß sie falsch war. Wenn sich in der Stringtheorie etwas Brauchbares zeigte, liehen sich diejenigen, die das bemerkten, das Werkzeug gern aus und wandten es auf die Supersymmetrie oder ein anderes anscheinend verheißungsvolleres Gebiet an.

Unverzagt warb Schwarz weiter für seine Theorie. »Die mathematische Struktur der Stringtheorie ist viel zu schön, als daß sie für die Natur völlig irrelevant sein könnte«, beharrte er.[31] Im Sommer arbeitete er gewöhnlich mit Michael Green von der Universität London zusammen, der sich von dem ästhetischen Reiz des Gebiets angezogen fühlte und zugab, »den Strings verfallen zu sein«. Die beiden hatten viel Zeit – ihre Karrieren lagen praktisch auf Eis, weil sie hartnäckig solche verrückten Gedanken verfolgten –, und sie genossen die Freiheit junger Neuerer, die auf eigene Faust arbeiten können, ohne daß ihnen Ältere über die Schulter sehen. »Ich habe niemals in meinem Leben mit solcher Intensität gearbeitet«, erinnerte sich Green. »Es war nicht so sehr die körperliche Anstrengung wie die Dichte der Gedanken in meinem Kopf. Ich habe mich niemals so sehr auf ein Thema eingelassen.«[32] Langsam nahm die Stringtheorie Gestalt an. Als Schwarz und Green dann im August 1984 zusammen am Aspen Physics Institute in Colorado arbeiteten, waren sie nahe daran, eine Kur für die Anomalien zu finden und auf diese Weise eine widerspruchsfreie Stringtheorie zu erzeugen, die die Supersymmetrie umfaßte. Nach zehn Jahren Arbeit hatten sie eine einzige Hypothese aufgestellt; im Fachjargon gesprochen, behaupteten sie, daß die Anomalien verschwinden, wenn man Ein-Schleifen-Amplituden mit einer von zwei inneren Eichsymmetriegruppen berechnete. Die Frage, ob diese Behauptung zutraf, reduzierte sich schließlich auf eine einfache Rechnung, nämlich auf die Multiplikation von 31 mit 16. Wenn die Antwort 496 war, wäre die Stringtheorie aus ihrer langen Gefangenschaft im Dickicht der Anomalien befreit. Green schrieb 31 und 16 an die Tafel, multiplizierte und erhielt 486.

»Oje«, sagte er. »Es stimmt nicht.«[33]

»Versuch's noch mal«, sagte Schwarz. Diesmal erhielt Green 496. Schwarz auch. Sie hatten das Gelobte Land erreicht. Als ihre Lösung später im selben Jahr veröffentlicht wurde, wandten sich die Physiker fast augenblicklich von der Supersymmetrie, der »Supergravitation« und den anderen Werkbänken ab, um sich der Stringtheorie zu widmen. Witten, der erste der renommierten Wissenschaftler, die sich zur Stringtheorie bekannten, war einflußreich, als er ihr Lob sang. »Sie ist schön, wunderbar, majestätisch – und seltsam, wenn Sie so wollen«, sagte er, »aber nicht verrückt.«[34] Viele andere Forscher begannen, sich mit der Stringtheorie zu beschäftigen, als sie das 1987 von Green, Schwarz und Witten verfaßte Buch *Superstring Theory* lasen. (Zu Ehren ihrer Namen war der Umschlag in Grün, Schwarz und Weiß gehalten.) Die Stringtheorie wurde zu einer Quelle allergrößter Hoffnungen für die besten Köpfe in der Physik.

Die zehndimensionale Stringtheorie (die Variante, auf die ich diese Erörterung beschränke; ihre Konkurrentin hat 26 Dimensionen) besitzt viele schöne Eigenschaften. Wie schon gesagt, führt sie von selbst zu einer Vereinigung der vier Kräfte. Sie ist supersymmetrisch, deshalb kann sie sowohl die Fermionen als auch die Bosonen erklären, und sie bezieht alle Materie in ein elegantes Bild ein, in dem die Eigenschaften der Teilchen die Vibrationen von Strings sind – wie Töne, die auf der Leier des Pythagoras gezupft werden. Sie schafft die Unendlichkeiten ab, die die Quantenfeldtheorie quälen, und macht dabei das schmutzige Geschäft der Renormierung überflüssig. Und – das ist vielleicht am ansprechendsten – sie erzeugt alles aus dem Raum. Strings sind einfach gekrümmter Raum. Das große Rätsel der Schöpfung – Wie kann das Universum entstanden sein, wenn, wie Shakespeare sagt, »nichts aus dem Nichts gemacht werden kann?«[35] – ist damit beantwortet. Alles ist in gewissem Sinn nichts, denn alles ist aus Raum gemacht, der in diesem Zusammenhang reiner Geometrie entspricht. Die Stringtheorie kann sogar erklären, wie aus zehn Dimensionen des Universums vier wurden. Sie stellt die Hypothese auf, daß sechs der ursprünglichen Dimensionen bei einem Phasenübergang kollabierten, einem Mechanismus, durch den Kräfte getrennt und Teilchen vervielfacht wurden, als sich das Universum ausdehnte und abkühlte. Dadurch wurde ein neuer Zustand erreicht, wie wenn sich flüssiges Wasser in Eis verwandelt. Man kann sich unsere eine zeitliche und die drei Raumdimensionen als etwas vorstellen, das sich weiter ausbreitete, als das Universum aus dem Phasenübergang hervorging, während die übrigen Dimensionen sich nicht weiter ausdehnten. Folglich blieben sechs der ursprünglich zehn Dimensionen winzig, zusammengerollt. Sie würden als Raumzeitschaum erscheinen, wenn wir den Raum auf der winzigen Stufe der Planck-Skala untersuchen könnten.

Aber die Sache hat natürlich einen Haken. Die Stringtheorie ist noch nicht vollendet, und auf ihrem jetzigen Entwicklungsstand wirft sie noch Fragen auf. Eine betrifft die »Kompaktifizierung« – wie genau haben sich die sechs anderen Dimensionen zusammengerollt? Ein anderes Problem hat mit der Vielzahl der Teilchen in der Stringtheorie zu tun. Wie die Supersymmetrie fordert auch die Stringtheorie viele Teilchenarten, unter ihnen supersymmetrische Entsprechungen bekannter Teilchen – diese haben Namen wie Sneutrino, Squark und Photino – und noch viele andere, vielleicht unendlich viele. Bisher noch eine Erklärung, warum das Universum so wurde, wie es ist, und warum es nicht eine der zehntausend Alternativen verwirklichte, die die Stringtheorie zuläßt. (Vielleicht gibt es, wie wir weiter unten erwägen werden, tatsächlich auch viele Universen, von denen jedes seine eigene Teilchenvielfalt hat.) Eine Feldtheorie der Strings sollte die Massen des Protons und anderer Teilchen herleiten, aber noch gibt es keine solche Theorie. »Das Problem«, schreibt der Physiker

Michio Kaku vom City College der City University in New York, der sich über diese letzte Schwierigkeit den Kopf mehr zerbrochen hat als jeder andere, »liegt darin, daß *niemand intelligent genug ist, die Stringfeldtheorie zu lösen*«.[36] Variationen dieser Klage hört man überall in der Stringforschung. Die Stringtheorie mag »Teil der Physik des 21. Jahrhunderts sein«, wie Witten sagt, aber die Physiker versuchen sie mit den Mitteln des 20. Jahrhunderts zu lösen und fühlen sich manchmal so, wie sich die Gebrüder Wright vermutlich gefühlt hätten, wenn sie einen Hochtechnologie-Hubschrauber hätten fliegen sollen.

Zehndimensionale Mathematik ist an sich schon verwirrend genug. Die Arbeit mit ihr setzt die Beherrschung der »Topologie« voraus, die Wissenschaft der Oberflächen. Die Topologie kann seltsam sein, wie viele entdeckten, als sie versuchten, mit Strings zu arbeiten. Eine Kugel beispielsweise läßt sich wie ein luftleerer Fußball in sich selbst hineinklappen oder zu jener Birnenform ausziehen, die Kolumbus für die Form der Erde hielt (als er sich wunderte, wie er so rasch Asien erreichen konnte). Obwohl etwas geometrisch so Einfaches wie Parallelen auf der Oberfläche einer (früheren) Kugel anders definiert werden muß, wenn diese Veränderungen vorgenommen werden, sind Kugeln und Birnen topologisch gesehen dasselbe. Wenn man jedoch zwei Löcher in die Kugel schneidet und die Löcher mit einer Röhre verbindet – also einen Griff anbringt –, ist die Topologie eine ganz andere. Ein Griff ist topologisch äquivalent mit einem Reifen. (Daher kommt der Studentenwitz: »Ein Topologe ist jemand, der den Unterschied zwischen einer Kaffeetasse und einem Donut nicht kennt.«) Es macht sowohl den Ruhm wie auch den Fluch der Stringtheorie aus, daß sie die Physik in die Ionosphäre der höheren Mathematik erhoben hat. Kaku sagt dazu:

»Aus dieser Überlegung folgt unter anderem auch, daß ein physikalisches Prinzip, das viele kleinere physikalische Theorien vereinigt, automatisch viele scheinbar unverbundene Gebiete der Mathematik vereinigen muß. Genau dies leistet die Stringtheorie. Tatsächlich vereinigt sie die bei weitem größte Zahl von mathematischen Teilgebieten zu einem einzigen zusammenhängenden Bild. Vielleicht wird ein

Nebeneffekt der mathematischen Suche nach Vereinigung auch die Vereinigung der Mathematik sein.«[37]

Skeptiker sehen die Raffiniertheit der Strings als Risiko und ihre höhere Mathematik als ein Luftschloß, das auf ewig über unseren Köpfen schweben wird. Die Stringtheorie, so klagen sie, ist in vieler Hinsicht komplizierter als die alte Physik, die sie ersetzen möchte – und sie kann noch nicht einmal die alten Modelle als Spezialfälle herleiten. So setzt die Stringtheorie beispielsweise 496 masselose Eichbosonen voraus, während sich das Standardmodell mit zwölf zufriedengibt. Außerdem manifestierte sich der größte Teil der Physik der Strings, wenn es sie denn je gab, überhaupt nur während der Planckzeit, im ersten Augenblick der Zeit, auf Energieniveaus, die so außerordentlich hoch waren, daß sie der Wiederholung im Experiment spotten. (Um mit den Mitteln der heutigen Technologie Plancksche Energien zu erzeugen, müßte man einen Teilchenbeschleuniger bauen, der ein Lichtjahr lang ist.) »Wir brauchen dringender revolutionäre Ideen für den Beschleunigerbau, als wir neue Theorien brauchen«, sagt Samuel Ting, ein Experimentalphysiker am MIT.[38] Paul Ginsparg und Sheldon Glashow von der Harvard University äußern sich ähnlich vorsichtig. »Die Beschäftigung mit den Superstrings könnte sich zu etwas entwickeln, das mit der herkömmlichen Teilchenphysik so wenig zu tun hat wie die Teilchenphysik mit der Chemie. Dann wird sie an theologischen Seminaren durch zukünftige Entsprechungen mittelalterlicher Theologen betrieben werden«, schreiben sie. »Zum erstenmal seit dem dunklen Mittelalter können wir sehen, wie unsere edle Suche enden könnte, wenn der Glaube wieder die Naturwissenschaft ersetzt.«[39]

Witten weist solche Gedanken zurück. »Gute falsche Ideen sind extrem selten, und gute falsche Gedanken, die es auch nur entfernt mit der Großartigkeit der Stringtheorie aufnehmen können, sind noch nicht in Sicht«, sagt er.[40] Er gibt zu, daß die Phänomenologie der Strings nur bei sehr hohen Energien gedeihen würde, aber er bemerkt auch, daß die Theorie die Existenz einiger supersymmetrischer Teilchen vorhersagt, die auf erreichbaren Energieniveaus aufzuspüren sind – bei Energien, die die Experimentatoren zu Beginn des nächsten Jahrhunderts hoffen herstellen zu können. »Es würde in der Geschichte der Naturwissenschaft keinen Präzedenzfall geben, wenn sich die Stringtheorie als falsch erweisen würde«, behauptet Witten. »Leute, die vorhersagen, daß etwas nicht überprüft werden kann, fordern geradezu dazu heraus, durch eine Kombination von Experiment und Theorie widerlegt zu werden, die sie nicht vorhersehen können …. Und das Unvorhersagbare ist der wichtigste Aspekt. Die Physik beschäftigte sich zwischen 1920 und 1970 vor allem mit der Feldtheorie. Das waren fünfzig Jahre. Vielleicht braucht die Aufstellung der Stringtheorie, die noch nicht einmal dreißig Jahre alt ist, ebenso lange.«[41] Witten sieht den Aufstieg der Naturwissenschaft zur supersymmetrischen Perspektive der Stringtheorie als einen Schritt, »in dem man ›aus der Ebene‹ herauskommt, um eine weitere Symmetrie von einem hochdimensionalen Aussichtspunkt aus zu erblicken«.[42]

Wenn (oder falls) der Schlußstein der Stringtheorie einmal an seinem Platz ist und diese als die lange gesuchte endgültige Vereinheitlichte Theorie bestätigt, trägt er vielleicht die Inschrift »Extreme Schwarze Löcher«. Anders als gewöhnliche Schwarze Löcher, die so massereich sind wie Sterne, haben Extreme Schwarze Löcher die winzigen Massen subatomarer Teilchen. Falls die Stringtheorie korrekt ist, sind subatomare Teilchen sogar Schwarze Löcher. Wir sind Extremen Schwarzen Löchern schon am Schluß des dritten Kapitels begegnet, wo wir die Suche nach einer endgültigen Vereinheitlichten Theorie mit dem Bau der beiden Seiten eines Bogens verglichen. Eine Seite gründet in der Allgemeinen Relativitätstheorie und errichtet dort spekulative Darstellungen der Raumzeit-Geometrie, wie Supergravitation und Quantengravitation. Hier ersteigen wir den Bogen von der Seite, die auf der Quantenphysik beruht, und klettern mit Hilfe von Supersymmetrie und Stringtheorie empor. Hoffentlich treffen sich beide Wege im selben Apex – in einer Theorie, die den gekrümmten Raum und das Quantenprinzip kombiniert und Teilchen als Strings und damit als Scherben des Raums darstellt.

Ein wichtiger Schritt auf diesem Weg wurde 1995 von Andrew Strominger von der Universität von Kalifornien in Santa Barbara gemacht. Er fand eine mathematische Entsprechung zwischen Strings und Extremen Schwarzen Löchern und zeigte dann in Zusammenarbeit mit dem Physiker Brian Greene von der Cornell-Universität und dem Mathematiker David R. Morrison von der Duke-Universität, wie Extreme Schwarze Löcher das Aussehen von subatomaren Teilchen annehmen können, indem sie Phasenübergänge durchmachen. Diese Arbeit bringt nicht nur den Bogen, der über Teilchen und Schwarze Löcher führt, der Vollendung näher, sondern sie verringert auch die berüchtigt hohe Anzahl der Möglichkeiten der Stringtheorie, die sechs zusätzlichen Raumdimensionen kollabieren zu lassen. »Was wir entdeckt haben, ist, daß die zehntausend anscheinend unterschiedlichen Wahlmöglichkeiten eigentlich nur Beschreibungen immer desselben Dings unter anderen Umständen sind – so wie Wasser und Eis beide H_2O beschreiben«, sagte Strominger.[43]

Strominger, ein eleganter, zurückhaltender Mann, kombiniert wissenschaftliche Zweckdienlichkeit mit dem urbanen Fatalismus eines Künstlers. »Ich glaube nicht, daß jemand irgend etwas über das Universum herausfinden kann, außer daß es schön ist, und das wissen wir schon. Es ist einfach wunderschön«, sagt er und fügt hinzu: »Wichtig in meinem Leben ist nicht ein bestimmter Glaube – ich möchte einfach wissen, was sich bewährt.«[44] Seine Berechnungen, die auf Arbeiten von Witten und Nathan Seiberg von der Rutgers-Universität beruhen, brachten die Stringtheorie der Vollendung näher, indem sie zeigten, daß Extreme Schwarze Löcher und subatomare Teilchen zwei Aspekte ein und derselben Sache sein könnten – der Strings.

Die Stringtheorie verheißt der Kosmologie viele Wohltaten. Sie liefert exotische Teilchen, von denen eines oder mehrere die geheimnisvolle dunkle Materie darstellen könnten. Sie verweist ganz natürlich auf die Inflation – eine extrem rasche, frühe kosmische Expansion, die das Universum viel größer gemacht hätte, als man früher dachte, und dabei den lokalen Raum ebnete. Insbesondere fordert die Stringtheorie die Existenz der Skalarfelder, die für theoretische Überlegungen zur Inflation wichtig sind. Und weil die Stringtheorie auf nur einem fundamentalen Parameter beruht, der Planckmasse, scheint sie in der Lage zu sein, eine Verbindung zwischen sich selbst, anderen Aspekten des frühen Universums und dem Universum herzustellen, über das wir mit dem uns zugänglichen Energiebereich etwas in Erfahrung bringen können. Damit könnten wir zu einer Erklärung der Entwicklung des Kosmos gelangen, ohne daß es notwendig wird, dem Universum willkürliche Anfangsbedingungen vorzuschreiben.

Und damit gehen wir weiter zur Inflation, dem Ballon, der uns eine neue Sicht des Universums ermöglicht und es uns sehen läßt als etwas, das gewaltig groß und möglicherweise nur eines unter unendlich vielen Universen ist.

KAPITEL 9

Die Geschwindigkeit des Raums

Das Sternlein ist verschwunden
ich suche hin und her
wo ich es sonst gefunden,
und find es nun nicht mehr.

Matthias Claudius

Die Inflation ist ewig.

Alan H. Guth[1]

Wie die »Erfindung der Null« in Mitteleuropa oder Einsteins Erkenntnis, daß ein Mensch beim freien Fall keine Schwerkraft spürt, ist die Inflation ein einfacher Gedanke, der viele Folgen hat. Die Inflations-Hypothese an sich klingt gar nicht besonders aufregend. Sie behauptet, das frühe Universum habe sich ganz kurz, einen Bruchteil einer Sekunde lang, exponentiell ausgedehnt, seinen Radius also in gleichen Zeiteinheiten mehrfach verdoppelt. (Während der exponentiellen Ausdehnung nahm der Radius des Universums mit jedem Ticken der Uhr wie R = 1, 2, 4, 8, 16 ... zu.) Dieser historische Schluckauf war innerhalb von 10^{-34} Sekunden vorüber – im Vergleich zu diesem Moment dauert ein Lidschlag eine Ewigkeit. Seitdem und bis heute dehnt sich das Universum nur noch linear aus (R = 1, 2, 3, 4, 5 ...).

Und doch zählt die Inflation wohl zu den produktivsten Gedanken, die in der modernen Kosmologie je gedacht worden sind. Sie liefert eine physikalische Erklärung für die kosmische Ausdehnung und verspricht damit, das Rätsel zu lösen, wie die Ausdehnung des Universums überhaupt in Gang gesetzt wurde. Sie kuriert das klassische Urknallmodell von zweien seiner beunruhigendsten Schwierigkeiten, nämlich dem »Flachheitsproblem«, das damit zu tun hat, daß die

Dichte des Universums so nahe an der kritischen Dichte ist, und dem »Horizontproblem«, das damit zu tun hat, daß das Universum über Entfernungen hinweg homogen und isotrop ist, die so riesig sind, daß zwischen ihnen seit dem Urknall keine Information ausgetauscht werden konnte. In diesem Kapitel bringen wir zunächst die Urknalltheorie in eine Form, in die wir die Inflation einbauen können, bevor wir dann die Geschichte der Inflationshypothese verfolgen und einige ihrer Auswirkungen betrachten.

Obwohl die inflationäre »Epoche« unvorstellbar kurz war, hatte sie buchstäblich gewaltige Folgen. Während der Inflation nahm der Radius des Universums um ein Vielfaches zu. Zu Beginn der Inflation war das Universum kleiner als ein Proton. Aber auch eine winzige Menge wird bald groß, wenn man sie wiederholt verdoppelt. Der Begriff der exponentiellen Zunahme wird seit dem Altertum gern durch die Geschichte von dem Jüngling veranschaulicht, der einen mathematisch unbedarften Herrscher davon überzeugt, daß er ihn belohnen müsse, wenn es ihm gelänge, die in Gefahr befindliche Königstochter zu retten – und die Belohnung soll bestimmt werden, indem auf das erste Feld eines Schachbretts ein Weizenkorn gelegt wird, auf das zweite zwei, auf das dritte vier und so weiter, bis auf jedem Feld etwas liegt. Als die Tochter gerettet ist, erkennt der König zu seinem Schrecken, daß die Belohnung den gesamten Besitz seines Landes übersteigt. Sie übersteigt sogar bei weitem den gesamten Besitz aller Kulturvölker der Weltgeschichte. Bei der Inflation legt man gleichsam auf das erste Feld des Schachbretts einige zusätzliche Körner. Selbst wenn wir ein bescheidenes inflationäres Modell nehmen – eines, in dem die Inflation das Universum nur auf die Größe eines Medizinballs anschwellen läßt –, verdoppelt die nachfolgende vertraute lineare Expansion diesen Radius im Lauf der nächsten zehn Milliarden Jahre etwa neunzigmal, und das führt zu einem Universum, das heute viel größer ist, als es ohne Inflation je geworden wäre. Nach den Schätzungen der »chaotischen« Inflation wachsen die Zahlen sogar ins wirklich Unermeßliche.

Die chaotische Inflation ist das Werk des russischen Kosmologen Andrej Linde, der jetzt an der Stanford University lehrt. Als Linde die Theorie entwickelte, erklärte er sie mir, indem er den Radius des Universums auf ein Blatt weißes Papier notierte. Mit einem dicken schwarzen Filzstift schrieb er zuerst eine Zehn, dann einen Exponenten Zehn und dann den Exponenten Zwölf, also Zehn hoch Zehn hoch Zwölf, die größte Zahl, die ich je gesehen hatte. Sie entspricht einer Eins mit einer Billion Nullen und spottet selbst der Beschreibung »astronomisch«. Hätte Linde eine Eins mit einer Billion Nullen auf einen Streifen Endlospapier geschrieben, würde das Papier zwei Dutzend mal um die Erde herumreichen. Wenn wir die Zahl zur Erbauung unserer Leser hier in ganz kleiner Schrift ausgeschrieben hätten, wäre dieses Buch ein Sammelwerk von einer Million Bänden – so viele Bücher enthält eine gute Universitätsbibliothek. Als ich Lindes Zahl anstarrte, stellte ich eine der dümmsten Fragen meines Lebens: »In welchen Einheiten? Zentimeter? Lichtjahre? Parsec? Hubbleradien?«

Linde lachte. »Na ja«, sagte er, »wenn man es mit Zehn hoch Zehn hoch Zwölf zu tun hat, kommt es nicht wirklich darauf an, welche Einheiten man zugrunde legt.«[2] Tatsächlich dachte er an den Radius des Universums in Zentimetern, aber entscheidend ist, daß das inflationäre Universum nicht nur groß ist, sondern, wie man heute gern sagt, »echt« groß.

Während nun »das Universum« per definitionem die Gesamtheit aller Bereiche enthält, die unserer Beobachtung zugänglich sein könnten, ist das beobachtbare Universum auf den Bereich beschränkt, dessen Lichtsignale schon Zeit hatten, uns zu erreichen. Im klassischen Urknallbild war dieser Unterschied nicht besonders wichtig, weil das beobachtbare Universum hier je nach den geometrischen Bedingungen etwa siebzig bis neunzig Prozent des gesamten Universums ausmachte. Aber da das Universum im inflationären Modell gigantisch ist, macht der beobachtbare Teil dort nur einen winzigen Bruchteil des Ganzen aus.[3]

Eine wichtige Auswirkung dieser radikal anderen Beziehung zwischen der Größe des beobachtbaren Universums und der des gesamten Universums ist, daß der kosmische Raum dadurch flacher wird. Wie wir im zweiten Kapitel bemerkten, stellt die näherungsweise

Flachheit des Raums (also die Tatsache, daß näherungsweise $\Omega = 1$ gilt) für das klassische Urknallmodell ein Problem dar. Damit die Geometrie des Kosmos gerade so beschaffen ist, mußten die Anfangsbedingungen außerordentlich fein abgestimmt gewesen sein: Der ursprüngliche Wert von Omega müßte bis auf 10^{-60} genau bestimmt gewesen sein. Das wäre Gott vermutlich möglich gewesen, aber warum sollte er sich die Mühe gemacht haben? Schon vor Jahren hatten James Peebles und Robert Dicke von der Universität Princeton auf das Flachheitsproblem aufmerksam gemacht, konnten aber im Rahmen des klassischen Modells keine Lösung finden.

Die Inflation erklärt nun ganz direkt, warum der kosmische Raum flach zu sein scheint. Da das klassische Modell dem beobachtbaren Universum den Löwenanteil des gesamten Universums zuschreibt, nehmen Beobachter darin die globale Raumgeometrie wahr. Sie sind also in der Lage des kleinen Prinzen, der auf einem kleinen kugelrunden Planeten steht und dem schon der Augenschein sagt, daß der Planet gekrümmt ist, und der das Maß seiner Krümmung leicht messen könnte. Weil aber das inflationäre Universum viel größer ist, nimmt jeder Beobachter die Fläche (also die Form des Raums) als flach wahr. Zur Veranschaulichung stelle man sich vor, man sei Geograph im alten Athen und wolle die Erdkrümmung messen. Man verbringt einige Tage am Hafen und schätzt ab, wie weit Schiffe hinaussegeln müssen, bevor sie hinter dem Horizont verschwinden. Bald hat man eine plausible Schätzung für die Krümmung der Erdoberfläche. Diese Methode entspricht der klassischen Urknalltheorie, nach der wir den größten Teil des ganzen Universums sehen und deshalb die Krümmung des kosmischen Raums messen können. Nun stelle man sich die Erde abermilliardenfach aufgebläht vor (eigentlich zig-abermilliardenfach, aber es genügt auch so). Der Horizont scheint vollkommen flach zu sein – man kann überhaupt keine Krümmung messen. Hinausfahrende Schiffe schrumpfen zu Punkten, verschwinden aber nie – obwohl die aufgeblasene Erde kugelförmig bleibt. So löst die Inflation das Flachheitsproblem. Unabhängig davon, ob die Geometrie der Welt letztlich offen, geschlossen oder flach ist, erscheint sie uns flach, weil wir nicht genug von ihr sehen, um ihre wirkliche Krümmung bestimmen zu können.[4]

Ähnlich löst die Inflation ein anderes wichtiges Problem, welches das klassische Urknallmodell plagte – das Rätsel, warum die Welt »homogen« sein sollte, warum die Materie im Großen also gleichmäßig verteilt ist, und warum sie »isotrop« ist, die Materie also in allen Richtungen ähnlich verteilt ist. Im klassischen Modell ergeben sich beide Schwierigkeiten aus der Beziehung zwischen dem beobachtbaren und dem ganzen Universum. Da das beobachtbare Universum der Bereich ist, in dem Information ausgetauscht werden konnte, definiert es auch den größten Bereich, in dem man von Ursache und Wirkung sprechen kann. Im Standardmodell könnte es nun wegen der Endlichkeit der Lichtgeschwindigkeit und des Alters des Universums auf entgegengesetzten Seiten der Welt Dinge geben, die niemals miteinander in Berührung waren und auch sonst auf keine Weise Informationen ausgetauscht haben. Wenn es tatsächlich so wäre, würden Astronomen, die die kosmische Mikrowellenhintergrundstrahlung heute auf entgegengesetzten Seiten des Himmels beobachten, unzusammenhängende Bereiche sehen, die wenig Ähnlichkeit miteinander haben. Die beiden Bereiche würden sogar durch schätzungsweise neunzig diskrete Horizonte voneinander getrennt sein. Nicht nur würden sie außerhalb des beobachtbaren Universums liegen, sondern es sollten auch 88 beobachtbare Universen dazwischen sein. Es wäre schwieriger, eine Botschaft durch das klassische Urknall-Universum zu schicken als einen Brief durch neunzig Länder, von denen keines die Post eines anderen weiterleitet. Es wäre sogar unmöglich. Aber die kosmische Hintergrundstrahlung sieht überall am Himmel gleich aus. Wie haben Photonen aus einem Bereich je »gelernt«, daß sie im Schwarzkörperspektrum mit genau derselben Temperatur ausstrahlen sollen? Wie haben Elektronen auf der einen Seite des Universums »gelernt«, genau so zu sein wie die Elektronen auf der anderen Seite? Das ist das Horizontproblem.

Auf den ersten Blick sieht es so aus, als ob die Inflation das Horizontproblem nur verschlimmert, weil sie zu Beginn der Zeit eine raschere kosmische Ausdehnungsrate erfordert. Aber tatsächlich

281

schafft die Inflation das Horizontproblem ab, und zwar auf zwei Weisen: Da die Inflation nicht zur Zeit Null begonnen haben muß, läßt sie erstens Szenarien zu, in denen die ursprüngliche Materie so lange konzentriert blieb, daß sie sich vermischen konnte, bevor die Inflation begann. Zweitens liefert die Inflation ein homogenes Universum, indem sie alle Klumpen auflöste, die sich beim Urknall gebildet hatten. Stellen Sie sich vor, Sie beobachteten die Alpen unter dem Gesichtspunkt, daß sie klumpig sind. Jetzt blähen wir die Welt auf, bis ihr Radius abermilliardenmal größer ist als zuvor. Die Alpen sind noch da, aber die horizontale Dimension hat so ungeheuer stark zugenommen, daß man sie nicht mehr sieht. (Selbst wenn Sie oben auf dem Matterhorn stünden, sähe die Umgebung jetzt so flach wie eine Tischplatte aus.) Keine Klumpen mehr. In Universen, die eine Inflation durchgemacht haben, stellen also alle Beobachter fest, daß die Materie im Großen gleichförmig verteilt ist. Linde schreibt dazu: »Die Inflation bleibt die einzige Theorie, die erklärt, warum der beobachtbare Teil des Universums fast homogen ist.«[5]

Die Inflation erklärt aber nicht nur die Glätte des Universums, sondern auch, warum es gelegentlich nicht glatt ist – warum es also im großen Maßstab Strukturen gibt –, und zwar im Verhältnis von etwa eins zu hunderttausend, was mit dem übereinstimmt, was Astronomen mit Hilfe des COBE-Satelliten im Mikrowellenhintergrund beobachtet haben. Die Inflation hat nämlich die zufälligen Quantenfluktuationen im frühen Universum verstärkt und zu den von den COBE-Daten bestätigten Inhomogenitäten geführt, die uns weiter oben als Harrison-Zeldovich-Spektrum begegnet sind. Diese Quantenfluktuationen wären, sich selbst überlassen, rasch abgeklungen und in dem ruhelosen Getriebe, das so typisch ist für die Quantenwelt, durch andere ersetzt worden. Aber die Inflation hat sie eingefroren und dem postinflationären Universum vermacht, wo sie die Samen großräumiger Strukturen wurden. Der Mechanismus hängt von der Beziehung zwischen der Wellenlänge eines vorgegebenen Feldes und dem Hubbleradius ab. (Der Hubbleradius ist der Radius des beobachtbaren Universums; er definiert die Zone ursächlichen Zusammenhangs in einem vorgegebenen Moment der kosmischen

Geschichte. Heute beträgt er über zehn Milliarden Lichtjahre, während der Inflation aber nur einen Bruchteil einer Lichtsekunde.) Mit der exponentiellen Inflation des Universums nimmt die Wellenlänge der Felder, die Information über den Quantenfluß tragen, exponentiell zu. Wenn die Wellenlänge einer vorgegebenen Fluktuation den Hubbleradius übertrifft, friert seine Amplitude ein, während die Wellenlänge weiter zunimmt. Am Ende der Inflation sieht ein solches eingefrorenes Feld wie ein klassisches Feld aus und schafft Inhomogenitäten in der kosmischen Massenverteilung.[6] Die Inflation kann offenbar sowohl die lokalen Unebenheiten als auch die globale Glätte liefern, die typisch sind für das Weltall, in dem wir leben.

Schließlich sollte ich noch »lobend erwähnen«, daß die Inflation auch das Problem des »magnetischen Monopols« abschafft. Im Zusammenhang mit der Vereinheitlichten Theorie sagten wir, daß das Raumvakuum mit Higgsfeldern, die den Teilchen Masse verliehen, befrachtet wurde, als es Phasenübergänge durchmachte, die eine hypothetische Urkraft in die vier heute bekannten Kräfte aufspaltete. Damals sollten Knoten in den Higgsfeldern viele magnetische Monopole erzeugt haben, massereiche topologische Defekte mit nur einem Magnetpol. Sie wurden noch nie beobachtet, sind aber theoretisch einigermaßen gut begründet und reizvolle Gebilde, wie kleine Zwiebeln, deren anachronistische Häute die Physik bewahren, die das frühere Universum bestimmte. Das Problem ist, daß es im klassischen Urknallbild viel zu viele von ihnen gab. Die berechnete Monopoldichte hätte das Universum so dicht gemacht, daß die kosmische Ausdehnung schon 30 000 Jahre nach dem Urknall beendet gewesen wäre. Die Inflation behebt diese Schwierigkeit, indem sie die Monopoldichte verringert und jene wenigen, die erzeugt wurden, in Bereiche weit außerhalb des Horizonts des beobachtbaren Universums verjagt. Im inflationären Universum könnten enorm viele Monopole entstanden sein, aber wir und alle anderen Beobachter würden sie wesentlich seltener beobachten als Schneebälle in der Sahara. Berechnungen legen nahe, daß die Inflation sie so dünn verteilt hätte, daß der Beobachter im ganzen beobachtbaren Universum im Mittel nur ein einziges Monopol finden sollte.[7]

So viel zur »Heilkraft« der Inflation. Was aber bedeuten die inflationären Theorien nun eigentlich physikalisch? Um diese Frage beantworten zu können, müssen wir uns genauer mit dem Begriff des Vakuums beschäftigen.

Das Wort leitet sich von dem lateinischen Wort »vacuus« her, das »leer« bedeutet, und idiomatisch ist ein Vakuum genau das – ein Nichts, die Abwesenheit von allem. Ein solches Vakuum spielte im Denken der griechischen Atomisten eine wichtige Rolle. Sie meinten, Dinge seien aus winzigen, unteilbaren Teilchen gemacht. (»Atomos« heißt »unteilbar«.) Um Bewegung erklären zu können, mußten die Atomisten auch die Existenz einer Leere fordern, sonst wären die Atome überall zusammengedrängt, und Bewegung wäre unmöglich. Die Leere oder das Vakuum (griechisch »kenon«) bot den Atomen einen Ort, an den sie gehen konnten. Atome waren für die Griechen Dinge, das Vakuum nichts. Demokrit sagte: »Es gibt nur Atome und die Leere.«[8] Dieses Bild ist oberflächlich gesehen ansprechend; heute noch lernen es die Kinder in der Schule kennen. Aber es enthält eine logische Schwierigkeit. Wie kann man sagen, daß ein Vakuum existiert, wenn es buchstäblich nichts ist? Aristoteles wies darauf hin, als er Demokrits Lehrer Leukippos kritisierte, denn wenn der, nach Aristoteles, sagt, »daß es keine Bewegung ohne ein Leeres gebe als auch das Leere nicht ein Seiendes sei, so nimmt er nun ein Leeres als wirklich ein Nichtseiendes an und behauptet, daß eben von dem Seienden Nichts ein Nichtsseiendes sei; nämlich das im eigentlichen Sinne Seiende sei ein durchaus Volles«.[9] Kurz, wenn man behauptet, daß es die Leere »gibt« und wenn man zugleich behauptet, daß die Leere nichts ist, läuft das auf die widersprüchliche Aussage hinaus, daß es etwas gibt, was es nicht gibt.

Das ist nicht nur Wortklauberei. Denn wenn wir sagen, die Natur sei ein Ganzes – und »Universum« bedeutet ja genau das: »Alles in eines gewendet« –, dann halten wir das Universum auch für »existent«. Aber wie kann dieses All existieren, wenn es, wie Marmor, von den Adern einer Leere durchzogen ist, die wir als »nicht existent« definieren? Im besten Fall würde ein solcher zerrissener Kosmos keine Einheit darstellen, sondern viele getrennte Bereiche – Inseln der Existenz, getrennt durch Nichtexistentes. Das befriedigte weder Aristoteles, noch Platon, noch andere, die darüber nachdachten. Viele kamen zu dem Schluß, das Vakuum müsse mit etwas gefüllt sein. Um diese Achse drehte sich der Begriff des Vakuums viele Jahrhunderte lang, in denen es sich einige als Nichts und andere als ein Plenum vorstellten. Das Plenum war im 19. Jahrhundert die maßgebliche Vorstellung, als die meisten Physiker annahmen, der Raum sei vom sogenannten Äther erfüllt. Dann bewies das Experiment von Michelson-Morley, daß es den Äther nicht gibt, und Einstein bewies, daß er auch theoretisch überflüssig ist.

Aber kaum war das Vakuum geleert, da wurde es von der Quantenphysik wieder gefüllt. Das Quantenvakuum ist ein Meer voller schäumender Aktivität. Das gilt besonders im Fall so hochenergetischer Umwelten wie dem Inneren von Sternen und, wenn auch in geringerem Maß, in den kältesten, leersten Ecken des Weltalls. Aufgrund ihrer sogenannten Welle-Teilchen-Dualität sieht die Quantenphysik die Natur sozusagen mit zwei Augen, von denen das eine Teilchen sieht und das andere Wellen. Wer durch das Teilchenauge schaut, findet, daß es für jedes »wirkliche« (also langlebige) Elektron zahllose »virtuelle« Elektronen und Positronen gibt. Wer durch das Wellenauge schaut, findet Quantenfelder, die über das Vakuum jagen wie Wind über Wasser. Wir denken bei Feldern meistens an Energiebündel (»Kraftfelder«), aber auch die Materie kann mit den Mitteln der Wellenmechanik aus Quantenfeldern zusammengesetzt gesehen werden. (Die Frage, was die Natur »wirklich« ist – Teilchen oder Felder –, ist etwa so sinnvoll wie die Frage, mit welchem Auge man sieht, wenn man beide offen hat.)

Das Vakuum wird also heute als eine Art Gemisch gesehen. Der Kernphysiker Hans Christian von Baeyer schreibt dazu: »Das moderne Vakuum stellt einen Kompromiß zwischen den Auffassungen von Demokrit und Aristoteles dar: Demokrit hatte recht, wenn er darauf bestand, daß die Welt aus Atomen und Leere besteht, und Aristoteles hatte recht, wenn er behauptete, daß es so etwas wie wahre und absolute Leere nicht gibt … Das dynamische Vakuum ist wie ein stiller See in einer Sommernacht, dessen Oberfläche sich sanft kräuselt, während überall Paare von Elektronen und Positronen wie Glühwürmchen aufleuchten. Es ist ein geschäftigerer und freundlicherer Ort als die erschreckende Leere des Demokrit oder der eisige Äther des Aristoteles.«[10]

Wenn es um die Inflation geht, sind nach dem Quantenbild des Vakuums nicht alle Vakua gleich. Die fluktuierenden Quantenfelder in einem Vakuum haben alle möglichen Wellenlängen und bewegen sich in alle möglichen Richtungen. Wenn die Werte der Felder sich im Mittel über die Zeit gegenseitig aufheben, haben wir ein klassisches Vakuum, also eines, das dem altmodischen leeren Raum entspricht. Wenn sich die Felder jedoch nicht aufheben, liegt das vor, was die Physiker ein »falsches Vakuum« nennen. Ein falsches Vakuum enthält mehr Energie als ein klassisches Vakuum. Man sagt deshalb, es sei nicht in seinem Energieminimum. Im heutigen Universum lassen sich falsche Vakua nur unter bestimmten Umständen ausmachen. Quarks beispielsweise besetzen ein falsches Vakuum, dessen hohe Energie vom Feld jener starken Kernkraft erzeugt wird, das die Quarks aneinander bindet. Nach Aussage vieler Vereinheitlichter Theorien waren die verfügbaren Energien in den ersten Momenten der kosmischen Geschichte so groß, daß das ganze Universum in einem falschen Vakuum war. Die Energie des falschen Vakuums wirkt wie eine Art Antigravitation und ermöglicht so eine exponentielle Aufblähung des Raums. Vielleicht war das der Motor, der die Inflation antrieb. Während der Inflation war das Universum fast leer, weil das falsche Vakuum seinen gesamten Energiegehalt verschlungen hatte. Als das falsche Vakuum in ein klassisches Vakuum zerfallen war, schlug sich seine überschüssige Energie in den Myriaden heißer Teilchen des Urknalls nieder, wie Regentropfen, die sich zu einem Gewitter im Gebirge zusammenballen.

Genau wie Wasser abwärts fließt und aufgezogene Uhrenfedern sich entspannen, entwickeln sich natürliche Systeme von energiereichen Zuständen zu energiearmen. Die Natur hat einen Horror vor einem falschen Vakuum und bevorzugt den energiearmen klassischen Vakuumzustand, den wir folglich normal finden. Das führt zu der Frage, warum sich das Universum damit zufriedengab, 10^{-34} Sekunden lang in einem falschen Vakuumzustand zu bleiben – eine Zeit-spanne, die, wenn auch nach dem menschlichen Zeitgefühl unglaub-lich kurz, nach den Maßstäben der Physik des frühen Universums doch so unendlich lang war wie eine langweilige Aufführung des *Lohengrin*. Eine plausible Erklärung besagt, daß das Universum wäh-rend der Inflation »unterkühlt« wurde. Eine Unterkühlung tritt ein, wenn die Temperatur eines Stoffs so rasch unter die Temperatur fällt, bei der er normalerweise von einem Phasenzustand in einen an-deren übergeht, daß der Stoff seinen Phasenzustand nicht ändert. Falls der kosmische Raum unterkühlt war, könnte er länger, als nai-verweise zu erwarten, in einem falschen Vakuum geblieben sein, be-vor er die Energie ausspie, die seine Inflation antrieb. Möglicher-weise hat das Universum die Inflation aber auch nie vollkommen ab-geschlossen – auf diese Möglichkeit komme ich weiter unten zurück.

Die Inflationshypothese wurde 1980 von Alan Guth, einem Phy-siker am MIT und damals Forschungsassistent am Linearbeschleuni-ger in Stanford, veröffentlicht.[11] Guth suchte nach einer Lösung für das Problem mit dem magnetischen Monopol und nach einer Erklä-rung für die nahezu kritische Massendichte des Universums. Er führte die wesentlichen Berechnungen am Abend des 6. Dezember 1979 durch und erkannte sofort ihre Bedeutung: Am nächsten Mor-gen schrieb er gleich nach dem Aufwachen »SPEKTAKULÄRE ER-KENNTNIS« oben auf die Seite, rahmte sie ein und sonnte sich im Licht einer Erkenntnis, die die Grundlage seiner Karriere zu werden versprach. Aber das Leben ist selten einfach, und Guths Fassung, die heute »alte Inflation« genannt wird, wurde in der Folge revidiert. Sie wurde 1981/82 durch ein »neues inflationäres« Modell ersetzt, das Linde in Rußland und bald darauf unabhängig von ihm Andreas Al-brecht und Paul Steinhardt an der University of Pennsylvania auf-stellten.

Das Guth-Universum blähte sich genau richtig auf, aber nach dem Ende der Inflation war es ein Schaum, viel weniger homogen als das wirkliche Weltall. Eine Zeitlang dachten die Theoretiker, das Pro-blem ließe sich lösen, wenn die Blasen miteinander verschmolzen, aber das ging nicht, denn die anhaltende kosmische Ausdehnung hielt die Blasen getrennt. Deshalb ließ sich die »alte« Inflation nicht an die beobachtete kosmische Homogenität anpassen – ein Problem, das als das des »eleganten Abgangs« bekannt wurde. Die »neue« Inflation löste das Rätsel, indem sie zeigte, wie das Vakuum den Übergang vom falschen zum klassischen Vakuum langsamer hätte vollziehen können als in Guths ursprünglichem Modell. Dieser »langsame Übergang« vermied die Schwierigkeit mit den Blasen und erzeugte eine kosmische Struktur, die zu den Beobachtungen paßte.

Das aber erforderte eine Feinabstimmung einiger entscheidender Parameter. Wir können den Unterschied veranschaulichen, indem wir uns einen abstrakten Quantenraum vorstellen, in dem die falschen und die normalen Vakuumzustände durch eine Schranke voneinander getrennt sind. In Guths ursprünglicher Theorie war die Schranke hoch, und das Universum machte den Übergang, indem es einen Quantensprung machte (es »quantentunnelte« hindurch). Das war physikalisch plausibel, erzeugte aber, wie gesagt, zu viele Blasen. Die neue Inflation setzte die Schranke herunter und erlaubte dem Vakuum einen eleganten Übergang vom falschen zum klassischen Vakuum. Diese Überlegungen erinnerten an ein Spiel, bei dem ein Brett um zwei Achsen gedreht werden kann, um eine Kugel ein System von Wegen entlanglaufen zu lassen, ohne daß sie durch eines der vielen Löcher im Brett fällt. Gerade weil der Übergang aus dem falschen Vakuumzustand so einfach ist, muß man genau die richtigen Werte einsetzen, damit die Inflation mit einer annehmbaren Geschwindigkeit abläuft. Aber es gab keine befriedigende Erklärung, warum es gerade diese Werte sein sollten. Das nährte den Verdacht, daß die neue Inflation zwar hilfreich, aber noch nicht das letzte Wort war. »Die meisten Theoretiker (wie wir beide auch) halten solche Feinabstimmung für unplausibel«, meinten Guth und Steinhardt. »Die Folgerungen aus dem Szenario sind jedoch so erfolgreich, daß sie uns zum Weitermachen ermutigen. Wir hoffen, daß wir noch realistischere Theorien entdecken, in denen ein langsamer Übergang ohne Feinabstimmung eintritt.«[12] Die Theoretiker dachten weiter über die neue Inflation nach, und im Rahmen dieser Bemühungen entwickelten Steinhardt und Robert Crittenden ein vielversprechendes Modell, in dem die Inflation aufhört, bevor das Universum den Übergang aus dem falschen Vakuum beendet hat. Diese Arbeit wird vermutlich weitere Fortschritte machen, wenn die Forschungen zur Vereinheitlichten Theorie und verbesserte Beobachtungen der Struktur des kosmischen Mikrowellenhintergrunds zusammenkommen.

Inzwischen veröffentlichte Linde 1983 die Theorie der »chaotischen Inflation«. Während das sehr frühe Universum sowohl in Guths ursprünglichem Modell als auch im neuen inflationären Szenario als heiß und die Inflation als analog zu einem thermodynamischen Phasenübergang gesehen wurde, kommt Linde ohne Wärme aus. »Die Annahme, daß das Universum vor der Inflation heiß war, ist nicht notwendig und meistens sogar hinderlich«, behauptet Linde.[13] Die Vorstellung einer chaotischen Inflation ist in vielerlei Hinsicht leistungsfähiger und aufschlußreicher als ihre Vorläufer. Linde sieht sie als »natürlicher«, wenngleich der Physiker Ed Turner aus Princeton seine Kollegen warnte: »Seid auf der Hut, wenn jemand sagt: ›Mein Modell ist natürlicher als deins‹.«[14]

Um Lindes Ansatz würdigen zu können, sollten wir uns einen wesentlichen Mechanismus des inflationären Szenarios genauer ansehen, nämlich die Rolle der Skalarfelder. Wie wir schon bemerkt haben, sind alle einheitlichen Theorien (mit Ausnahme der Stringtheorie) Feldtheorien und setzen die Existenz von Higgsfeldern voraus, die Symmetrien brechen und Teilchen mit Masse ausstatten. In einem umfassenderen Bezugssystem jedoch ist das Higgsfeld eines von vielen möglichen Skalarfeldern. Skalarfelder gelten als die Form, die die Materie unter hochenergetischen Umständen wie dem Urknall überwiegend annimmt, aber man vermutet, daß es sie (wenn auch weniger offensichtlich) in Bereichen mit geringeren Energien ebenfalls gibt. Nach der Quantenphysik füllen Skalarfelder den kosmischen Raum, machen sich aber nur dann bemerkbar, wenn sich zwischen Feldern Potentialunterschiede einstellen. Linde vergleicht diese Eigenschaften mit der Elektrizität. »Elektrische Felder treten nur dann auf, wenn [ihr elektrostatisches] Potential ungleich ist, wie zwischen den Polen einer Batterie oder wenn sich das Potential im Lauf der Zeit verändert«, schreibt er. »Wenn das gesamte Universum dasselbe elektrostatische Potential von beispielsweise 110 Volt hätte, würde es niemand bemerken. Das Potential wäre dann lediglich ein anderer Vakuumzustand. Ähnlich sieht ein konstantes Skalarfeld wie ein Vakuum aus. Wir sehen es nicht, selbst wenn wir von ihm umgeben sind.«[15]

Bei Skalarfeldern wird einem Punkt nur ein Betrag zugeschrieben – während beispielsweise in einem elektromagnetischen Feld, das ein Vektorfeld ist, jedem Punkt sowohl Betrag als auch Richtung angeheftet werden können. Wenn Stadtpläne Skalarfeldern entsprechen, stellen topologische Karten, wie es die meisten Wanderkarten sind, Vektorfelder dar: Die Höhenangabe entspricht dem Betrag des Vektors, und die Feldlinien verbinden Orte gleicher Höhe.[16] Außerdem üben Skalarfelder auf alle Teilchen die gleiche Wirkung aus, während beispielsweise elektromagnetische Felder nur elektrisch geladene Teilchen beeinflussen. In diesem Sinn ahmen Skalarfelder das Verhalten des leeren Raums nach, in dem alles gleich behandelt wird. Das macht sie zu handlichen Hilfsmitteln, wenn es darum geht, das Verhalten des Universums zu verstehen. Schließlich, und das ist in diesem Zusammenhang wichtig, können Skalarfelder eine abstoßende Kraft erzeugen, die stark genug ist, die Schwerkraft zu überwinden.

Skalarfelder können die Inflation sowohl antreiben als auch zügeln. Dieselben Gleichungen der Allgemeinen Relativitätstheorie, die die kosmische Ausdehnung vorhersagten, zeigen, daß die Inflationsgeschwindigkeit des Universums proportional zu seiner Massendichte ist. Skalarfelder enthalten Energie – die natürlich äquivalent ist zu ihrer Masse –, vergrößern damit die kosmische Massendichte und erzeugen so die exponentiell rasche Beschleunigung, die wir Inflation nennen. Und so wie sie die Inflation angetrieben haben, können sie diese auch beenden. Man vermutet, daß die Inflation aufhört, wenn die entscheidenden Skalarfelder ihre minimalen potentiellen Energien erreichen. Man hat viel Arbeit darauf verwandt, diesen Vorgang zu verstehen, wobei die alten und die neuen Inflationsmodelle für ihre Skalarfelder unterschiedliche Parameter wählten. Üblicherweise stellt man sich das Vakuum als Hut mit Kniff vor. Dieser Kniff stellt das lokale Minimum des entscheidenden Skalarfelds dar. Während der Inflation ist das Feld in dieser Mulde in seinem lokalen Minimum gefangen. Die Inflation hört auf, wenn das Feld an den Hutrand gelangt, der das globale Minimum darstellt. Die alte und die neue Inflation unterscheiden sich darin, wie sie das Feld vom Kniff bis zum Rand bringen. Im alten Modell »quantentunnelt« das Feld hindurch. Im neuen Modell ist die Mulde viel flacher, und das Feld kann aus ihr heraushüpfen wie ein Fisch aus der Bratpfanne. Die alte Inflation führte, wie schon gesagt, zu allzu inhomogenen Universen. Die neue Inflation mußte das Feld lange genug in der flachen Mulde halten, damit die Inflation ablaufen konnte, und doch das Herausspringen erlauben, damit die Inflation zu einem Ende kam. Beide Szenarien waren problematisch. Beide nahmen an, daß das Universum heiß begann.

Lindes chaotisches Modell erweiterte den Rahmen für die Erforschung der Inflation. Linde zeigte, daß das Universum nicht unbedingt mit einer einzigen Art Skalarfeld mit einem ganz bestimmten Wert (einer Anfangsbedingung) begonnen haben könnte, sondern auch mit einem ganzen Meer aller möglichen Skalarfelder. Das ist der »chaotische« Teil. Die Felder haben viele unterschiedliche Minima, und sie unterscheiden sich auch darin, wie weit jedes von seinem Minimum entfernt ist und wie homogen sie sind. Man meint, unser beobachtbares Universum habe sich aus einem Skalarfeld entwickelt, das fast homogen und zufällig weit von seinem Minimum entfernt war. Ein solches Feld ging nur langsam in das Universum über, das wir heute kennen. Andere Felder hätten zu ganz anderen Bereichen geführt. Dies ist der Schlüssel zu dem Modell der mehrfachen Universen, das wir im nächsten Kapitel untersuchen wollen. Hier ist wichtig, daß Linde auf die meisten Anfangsbedingungen verzichten konnte: Für die chaotische Inflation ist Chaos nahezu die einzige Anfangsbedingung. Das Universum braucht zu Beginn nicht heiß gewesen zu sein, das Aufblühen von Teilchen aus dem Vakuum gegen Ende des inflationären Ausbruchs, der oft »Wiedererwärmung« genannt wird, könnte, wie Linde bemerkte, die *erste* Erwärmung eines zuvor kalten Universums gewesen sein. Das Universum muß sich auch nicht notwendig aus einem einzelnen Skalarfeld mit genau den richtigen Werten entwickelt haben. Es ist nur nötig, daß *unser* Universum aus einem solchen Feld entstand. Und als weiteres Bonbon lieferte Linde auch einen Mechanismus für die (Wieder-)Erwärmung, bei der die erforderliche Energie von Schwingungen im Skalarfeld erzeugt wurde, als es in seinen minimalen Energiezustand hinabfiel. Was wir Urknall nennen, könnte aus Lindes Sicht der erste heftige Ausbruch gewesen sein, mit dem das Feld aus dem bremsenden kosmischen Vakuum herauswirbelte.

Zusammenfassend läßt sich sagen, daß die Inflation gute Chancen hat, ein Teil der Standard-Urknallkosmologie zu werden – oder zu einem größeren Bild zu führen, von dem der Urknall selbst nur ein Teil ist. Es ist ein originelles Bild. Der Astrophysiker Joseph Silk aus Berkeley übertreibt weniger, als man denken könnte, wenn er behauptet, die Inflation sei seit Einstein der einzige neue Gedanke in der Kosmologie.[17] Sie hat eine außerordentlich große Reichweite und bildet eine Schnittfläche zwischen der klassischen Physik, der Allgemeinen Relativitätstheorie und der Quantenphysik subatomarer Teilchen und Felder. Sie paßt gut zur Stringtheorie, weil beide die Grundlagen des Kosmos im Raum selbst sehen, und kann gut erklären, warum das Universum isotrop und homogen ist (es war ein schrumpeliger Ballon, der aufgeblasen wurde), und wie trotzdem Galaxien entstanden (sie wurde von Dichtestörungen ausgesät, die im Quantenfluß entstanden). Sie hat sogar schon zwei überprüfbare Vorhersagen gemacht – daß die kosmische Materiedichte kritisch sein sollte (das wurde bis auf einen Faktor zehn bestätigt) und daß das Spektrum der allerersten Dichteschwankungen skaleninvariant sein sollte (das ist das Harrison-Zeldovich-Spektrum, das von COBE in der kosmischen Hintergrundstrahlung entdeckt wurde).[18] Und, in der Wissenschaft nicht minder wichtig als in der Kunst, die Inflationshypothese eröffnet neue und faszinierende Wege der Forschung. Linde spricht großspurig, aber nicht unbegründet, von der Inflation als »einem neuen kosmologischen Paradigma – viel interessanter und komplizierter, als wir es erwartet haben«.[19]

Einige Folgerungen aus der Inflation sind intellektuell wie räumlich gewaltig und werden einen großen Teil der verbleibenden Kapitel dieses Buchs füllen. Hier betrachten wir lediglich einen engeren und spezielleren Aspekt – die Möglichkeit, daß die Inflation auch heute noch weitergeht oder sich zufällig wiederholen könnte.

Wie schon gesagt, läßt sich die Inflation leicht auslösen, aber nur schwer anhalten. Hat sie einmal begonnen, geht sie weiter. Folglich hat die Inflation vielleicht niemals vollständig aufgehört. Das könnte mehrere Gründe haben. Wenn beispielsweise mehr als ein Feld die Inflation antrieb, könnte eines der Felder in einen postinflationären Zustand übergegangen sein, während andere in einem falschen Vakuum verblieben. Das falsche Vakuum, das die Inflation antrieb, hatte sicherlich eine viel höhere Energie als das kosmische Vakuum heute, aber das bedeutet nicht, daß letzteres sich schon auf seiner minimalen Energiestufe befindet. Es ist vorstellbar, daß das Universum noch immer in einem falschen Vakuumzustand verharrt, einem, der energieärmer ist als zur Zeit der Inflation, aber doch energiereicher als sein wahrer Grundzustand. Wenn das der Fall ist, könnte es auch heute noch eine sanftere Art der Inflation geben, die sich selbst als milde Form der kosmischen Antigravitation manifestiert.

Das bringt uns zurück zur kosmologischen Konstanten – der Antigravitation, die Einstein in die Allgemeine Relativitätstheorie einführte und später als größte Eselei seines Lebens bezeichnete. Diese Antigravitation wäre der »Treibstoff« des Universums während der Inflation gewesen. Wenn heute eine milde Inflation weitergeht, ist der jetzige Wert der kosmologischen Konstante relativ klein, aber nicht null. Diese Möglichkeit wurde 1995 von Lawrence Krauss von der Case Western Reserve University und Michael Turner von der Universität Chicago in einer Arbeit erörtert, in der sie behaupteten: »Die kosmologische Konstante ist wieder da.« Sie schreiben: »Eine Reihe von Beobachtungen legt zwingend nahe, daß das Universum eine nichtverschwindende kosmologische Konstante enthält«, und sie behaupten weiter, daß die Konstante »der Energiedichte entspricht, die mit dem Vakuum verknüpft wird. Kein bekanntes Prinzip legt ihr Verschwinden nahe.«[20] Ihre Überlegungen beruhen auf jenen Beobachtungen, die auf einen hohen Wert für die Hubble-Konstante schließen lassen – auf Ergebnissen also, die, wenn sie bestätigt werden, erfordern würden, daß das Universum jünger ist als die ältesten Sterne, falls nicht eine kosmische Abstoßung wirkt und die Expansionsrate antreibt. (Falls eine kosmische Antigravitation auch heute wirkt, führt die Beobachtung der lokalen Ausdehnungsrate zu einer Unterschätzung des Alters des Universums, wie ja auch ein Radargerät, das die Geschwindigkeit eines Rennwagens beim Überschreiten der Ziellinie mißt, dann, wenn sie linear rückwärts extrapoliert wird, für die ersten Kilometer eine viel höhere Geschwindigkeit errechnet als die tatsächliche.) Es herrscht keine Einmütigkeit darüber, wie zwingend diese Daten sind, aber die Frage sollte sich durch weitere Beobachtungen beantworten lassen. Wenn die Hubble-Konstante etwa fünfzig ist, brauchen wir keine kosmologische Konstante. Wenn sie über siebzig oder achtzig liegt, wird sie sich als ein heißes Eisen erweisen. Dann sollte es möglich sein herauszufinden, ob die kosmologische Konstante von null verschieden ist, denn in einem solchen Universum sollten beispielsweise Galaxien weiter entfernt sein, als sich nach dem Standardmodell aus ihrer Rotverschiebung ergibt.

Das alles hat eine unheimliche Seite. Wenn wir uns, wie Krauss und Turner vermuten, »zur Zeit mitten in einem Phasenübergang befinden, in dem das Universum im falschen Vakuum gefangen ist (einer Periode milder Inflation)«, dann ist immer noch ein Kollaps in einen energieärmeren Zustand möglich, der ausgelöst werden könnte, wenn zuviel Energie in einem Punkt der Raumzeit konzentriert ist. Vor Jahren haben sich einige Physiker Sorgen darüber gemacht, ob ein Beschleunigerexperiment unabsichtlich genügend Energie in das Vakuum pumpen könnte, um genau das zu bewirken.[21] Es wäre eine Untertreibung, dieses Ereignis als das schlimmste denkbare Laborunglück zu bezeichnen. Das falsche Vakuum würde sich öffnen und eine energiearme Blase schaffen, die sich sofort mit Lichtgeschwindigkeit in alle Richtungen ausbreiten und alles zerstören würde, was mit ihr in Berührung kommt. Wir können uns jedoch mit einer Stetigkeitsüberlegung trösten. Der Teil des Vakuums, der in unserem beobachtbaren Universum liegt, ist schon seit über zehn Milliarden Jahren stabil, und deshalb können wir seine Beständigkeit in der Vergangenheit wohl mit gutem Grund als Garantie für die Zukunft sehen.

Hinter all diesen Überlegungen steckt die faszinierende Möglichkeit, daß das, worüber wir eigentlich reden, nicht nur andere mögliche Abläufe der Geschichte unseres Universums sind, von denen nur eine verwirklicht wurde, sondern Vorgänge, die tatsächlich in vielen existierenden Universen ablaufen. Je länger man über Lindes chaotisches Durcheinander von Skalarfeldern nachdenkt – und Linde hat länger und eingehender darüber nachgedacht als jeder andere –, desto einleuchtender ist der Gedanke, daß die Inflation vielleicht nicht nur unser Universum erzeugt hat. Es scheint »natürlicher« (um wiederum dieses vorbelastete Wort zu verwenden), daß viele unterschiedliche Bereiche zu vielen inflationären Blasen führten, die jede ein eigenes Universum bilden. Das könnte müßige Spekulation sein – oder es könnte der Gedanke sein, der das menschliche Denken über den Ursprung der Welt auf die richtige Bahn lenkt.

KAPITEL 10

Der Ursprung des Universums

Omnibus ex nihil ducendis sufficit unum.
(Es genügt ein Prinzip, um alles aus dem Nichts herzuleiten.)

Gottfried Wilhelm Leibniz[1]

Laß deine Seele kühl und gefaßt vor einer Million Welten stehen.

Walt Whitman[2]

Die Erforschung der Schöpfung – die sogenannte »Kosmogonie«, von dem griechischen Wort für »Weltentstehung« – ist voller Paradoxa. Die Naturwissenschaft, wie wir sie kennen, beruht auf Ursache und Wirkung, Raum und Zeit. Wie kann sie dann eine Wirkung verstehen, die keine Ursache hat und die per definitionem nicht innerhalb eines schon existierenden Rahmens für Zeit und Raum hätte stattfinden können? Viele halten das für unmöglich. »Letztlich ist der Ursprung des Universums ein Geheimnis und wird es auch immer bleiben«, schreibt der Astronom Stuart Bowyer.[3] Der Physiker Charles H. Townes sagt: »Ich sehe nicht, wie der wissenschaftliche Ansatz allein, getrennt von einem religiösen Aspekt, den Ursprung aller Dinge erklären könnte. Es ist wahr, daß Physiker hoffen, hinter den Urknall zurückschauen und womöglich den Ursprung unseres Universums als eine Art von Fluktuation erklären zu können. Aber was fluktuiert dann da, und wie begann dieses wiederum zu existieren? Aus meiner Sicht bleibt die Frage nach dem Ursprung immer unbeantwortet, wenn wir sie allein aus wissenschaftlicher Sicht erkunden.«[4]

Aber Paradoxien sind gewöhnlich keine Anzeichen für echte Grenzen der Forschung. Häufiger sind sie Anzeichen dafür, daß herkömmliche Begriffe versagen und deshalb neue Begriffe erforderlich sind. Die Geschichte der Wissenschaft bestätigt die Ansicht Sören Kierkegaards, wonach Paradoxien die Embryonen grandioser Ideen sind, die Aussage Oscar Wildes, der Weg der Paradoxien sei der Weg zur Wahrheit, oder auch die von Leibniz stammende Bemerkung, es gebe kaum eine Paradoxie, die nicht auch nützlich sei.[5] Das Paradoxon, auf das Einstein stieß, als er sich vorzustellen versuchte, wie ein oszillierendes elektromagnetisches Feld einem Beobachter erscheinen würde, der auf einem Lichtstrahl sitzt, führte ihn zur Speziellen Relativitätstheorie, und Niels Bohr wurde durch Widersprüchlichkeiten in seinem ursprünglichen Atommodell zur Quantisierung von Elektronenbahnen geführt, die selbst Teil der umfassenderen (und immer noch eher rätselhaften) Vorstellung ist, daß subatomare Objekte sowohl Teilchen als auch Wellen sind.

Die Kosmogonie birgt mindestens drei Paradoxa – das Paradoxon des ersten Grundes, die Frage, wie etwas aus dem Nichts entstehen kann, und das Paradoxon vom unendlichen Regreß. Die Befragung des Orakels legt die Vermutung nahe, daß jedes Paradoxon durch Übergang von einem klassischen zu einem Quantenparadigma aufgelöst werden könnte. Es ist nicht leicht, die Dinge aus der Quantenperspektive zu sehen. Wir Menschen leben in einer makroskopischen Welt, in der sich Quantenphänomene nur selten manifestieren. Deswegen haben wir ja zuerst die klassische Physik aufgestellt und neigen dazu, die Quantenphysik als einen Spezialfall zu sehen. Trotzdem sieht es heute so aus, als ob das Weltall im Grunde ein Quantensystem ist. Diese Sichtweise hat beunruhigende Auswirkungen, die wir in diesem und den folgenden Kapiteln untersuchen werden. Wir skizzieren zunächst, wie die Quantenphysik die drei Paradoxa der Kosmogonie beheben könnte.

Das erste Paradoxon läßt sich folgendermaßen formulieren: *Es kann keine Wirkung ohne Ursache geben. Unabhängig davon, welche Ereignisse sich zu Beginn der Zeit abspielten, müssen sie alle durch ein vorangegangenes Ereignis verursacht worden sein. Deshalb können wir den allerersten Anfang niemals erklären.*

Dies ist ein edles und altehrwürdiges Argument. Es war beispielsweise die Grundlage für den »kosmologischen Gottesbeweis«, den Thomas von Aquin führte.[6] Aber für uns heute ist die Lehre von der Verursachung problematischer als für die Menschen des 13. Jahrhunderts. Wie der moderne Philosoph John William Miller betont, ist der Begriff der Ursache zu verschwommen, um hilfreich zu sein, wenn er umfassend angewendet wird: »Ersetzen wir versuchsweise das Wort ›Ursache‹ durch ›Gott‹, wenn wir ein tatsächliches Ereignis verstehen wollen. Möglicherweise ist das, was sich ereignet hat, wirklich Gottes Werk, seine vorsätzliche Entscheidung; aber sicherlich gelangen wir auf diese Weise nicht zu einem Verständnis dieses Ereignisses.«[7] Und wenn wir die Anwendung einschränken, führt das zu der Frage: »Wie sinnvoll ist es, den Begriff der Ursache auf das gesamte Universum anzuwenden, wenn er nur eingeschränkt sinnvoll ist?«[8]

Die Theorie der Verursachung erweist sich als wenig haltbar, wenn sie auf den subatomaren Bereich der Quantenphysik angewendet wird, und ist deshalb anscheinend ein zweifelhaftes Hilfsmittel zum Verständnis des frühen Universums, in dem praktisch alle Strukturen subatomar waren. (Wollte man im Urknall auch nur ein einziges Atom konstruieren, wäre das, als ob man in einem Gewittersturm ein Kartenhaus zu bauen versuchte.) Logisch gesprochen ist strenge Verursachung äquivalent mit der Aussage: »Wenn A, dann B.« Aber in der von Wahrscheinlichkeiten bestimmten Welt der Quantenphysik kommt man oft in die Lage, sagen zu müssen: »Die Wahrscheinlichkeit für A beträgt fünfzig Prozent, und deshalb ist die Wahrscheinlichkeit für B auch fünfzig Prozent.« Man sagt, die Wahrscheinlichkeiten seien der Natur inhärent, spiegelten also nicht nur unser begrenztes Wissen – eine Überlegung, die unser Verständnis der Welt wesentlich verändert. Streng gesprochen gibt es beispielsweise gar keine »Ursache« für den radioaktiven Zerfall eines Radiumatoms. Das radioaktive Isotop Radium 224 hat eine Halbwertszeit von 3,64 Tagen. Wenn wir ein Atom von Radium 224 also 3,64 Tage lang beobachten, sehen wir es mit einer Wahrscheinlichkeit von fünfzig Prozent zerfallen. Aber wir können nicht wissen, wann es zerfallen wird – dieses eine Atom existiert vielleicht noch Jahre –, und wir können seinem Zerfall weder in der Theorie noch in der Praxis eine *Ursache* zuschreiben. Wir können nur die Wahrscheinlichkeiten bestimmen. Ähnlich gibt es in der Quantenmechanik streng genommen keine Ursache für eine bestimmte Vakuumfluktuation, wie etwa die Fluktuation, die einige Varianten der Inflationstheorie als Motor der Schöpfung betrachten, sondern die Schwankungen ergeben sich statistisch. Ein strenges Ursache-Wirkungs-Modell könnte damit sowohl in der Quantenphysik als auch bei der Betrachtung des Ursprungs der Schöpfung versagen. Möglicherweise ist dies kein Zufall, sondern ein Hinweis darauf, daß das Quantenprinzip den Schlüssel zum Verständnis der Genesis birgt.

Das zweite Paradoxon lautet: *Von nichts kommt nichts. Der »Ursprung« des Universums muß das Universum aus dem Nichts erschaffen, wenn der Begriff eine Bedeutung haben soll. Deshalb kann es keine logische Erklärung für die Weltentstehung geben.*

Hier wiederholt die wesentliche Aussage den Energieerhaltungssatz – ein System mit Energie null, dem keine Energie zugeführt wird, muß in einem Zustand mit Energie null verharren. Aber es könnte sein, daß der Energiegehalt des Universums wirklich null ist. Wie der Physiker Edward Tryon, damals an der Columbia-Universität, 1970 sagte, sollte die Gravitation als eine rein anziehende Kraft bei der kosmischen Energiebilanz auf der negativen Seite aufgeführt werden. Wenn man sie gegen die gesamte Materie und Energie im Universum aufwiegt, ist das Ergebnis bemerkenswerterweise null.[9] Wenn dieser Gedankengang richtig ist – zugegebenermaßen ein großes »Wenn« –, geht es bei der Schöpfung nicht darum, daß etwas aus dem Nichts entsteht, sondern daß aus einem Null-Energie-System ein anderes Null-Energie-System wird.

Ein Quantenmechanismus, der das Universum als einen Ballon mit Null-Energie aus einem anderen System mit Null-Energie erzeugen kann, ist das »Tunneln«. Wir begegneten dem Quantentunneln schon weiter oben, in Andrej Lindes Fassung der Inflation. Die entsprechenden Modelle wurden von Alexander Vilenkin von der Tufts University aufgestellt. Er meint, der Quantenzufall erlaube mit Hilfe des Tunnelns die Erschaffung vieler Arten von Ballon-Universen mit Null-Energie, unter ihnen auch solcher, in denen Leben, wie wir es kennen, möglich ist. So läßt sich vielleicht auch das Paradoxon, wie etwas aus dem Nichts entstehen kann, mit Hilfe von Quantenkonzepten beheben.

Das dritte und bedeutungsvollste Paradoxon der Kosmogonie behauptet: *Unabhängig von seiner Netto-Energie muß das Universum aus einem anderen System entstanden sein, und dieses System muß wiederum einen Ursprung gehabt haben. Und so sind wir in einer unendlichen Schleife gefangen.*

Der hier angedeutete Regreß kann zweierlei Formen annehmen, eine zeitliche Form und eine logische. In der zeitlichen beruht er auf der Annahme, daß die Zeit unendlich unterteilbar ist. In diesem Fall könnten Naturwissenschaftler eine unendliche Anzahl von Theorien aufstellen, die sich dem Moment der Schöpfung immer mehr nähern, ohne ihn je zu erreichen. Die Forschung im Bereich der Kosmogonie hätte dann Ähnlichkeit mit Zenons Paradox, wonach Achilles die Schildkröte niemals überholen kann. Aber Menschen überholen Schildkröten – das wollte Zenon ja gerade betonen –, deshalb ist die Zeit vielleicht nicht unendlich teilbar. Die Quantenphysik läßt vermuten, daß das der Fall ist. Wenn das sehr frühe Universum – während der Planckzeit – ein Quanten-Raumzeit-Schaum war, waren Zeit und Raum beide bruchstückhaft. Unter diesen Bedingungen gab es keinen »Pfeil der Zeit«, und deshalb wäre es sinnlos zu sagen, etwas sei »vor« etwas anderem gewesen. Deshalb stellt sich das Problem mit dem unendlichen zeitlichen Regreß gar nicht.

Das Problem mit dem logischen Regreß ist hartnäckiger. Sicherlich kann man sich nur schwer eine Theorie vorstellen, in der das Universum aus dem absoluten Nichts entsteht. Die Wissenschaft hat nicht einmal einen allgemein anerkannten Begriff dafür, was mit »Nichts« gemeint sein könnte. Wie wir sahen, fordern einige Fassungen der Inflationstheorie, daß die kosmische Ausdehnung aus einer chaotischen Reihe von Skalarfeldern entstanden ist, aber man kann immer noch fragen, woher die chaotischen Felder kamen. Die Stringtheorie läßt alles aus dem zehndimensionalen Raum entstehen – aber was bestimmte gerade diese Geometrie zur Geometrie des Urraums? Lassen wir die Weltentstehung einen Augenblick beiseite und betrachten die Grundkonstanten der Natur. Entweder sind sie unvermeidlich, wie die Aussage, daß $1 + 1 = 2$ ist, oder sie sind das Ergebnis von Phasenübergängen oder anderen Zufällen. Wenn sie unvermeidlich sind, müssen sie auf einem anderen System beruhen (beispielsweise auf der Logik der elementaren Mathematik), die wiederum auf einem anderen System beruhen muß und so weiter. Wenn sie anscheinend zufällig sind, bleibt immer noch die Möglichkeit, daß sich hinter der scheinbaren Zufälligkeit eine tiefere Ordnung verbirgt. (Daß etwas wirklich zufällig ist, läßt sich nicht beweisen. Wir kommen auf diesen Punkt im Nachwort zurück.) So kommt es also auf jeden Fall zu einem potentiellen Regreß.

Letztlich könnte sich die logische Schleife als ein unauflösbares Paradoxon erweisen, aber noch ist es zu früh, das zu entscheiden. Auf jeden Fall würde man Fortschritte machen, wenn die Naturwissenschaft beweisen könnte, daß sich das Universum aus einem ganz anderen Zustand entwickelt hat, unabhängig davon, ob zukünftige Generationen den Ursprung des Ursprungs dieses Zustands werden erklären können. Die Urknalltheorie ist selbst eine Theorie von dieser Art. Sie stellt unser klassisches Universum als eines dar, das aus einem Quantenzustand hervorging, dessen Einzelheiten experimentell erforscht werden können. Es bleibt abzuwarten, ob solche Forschungen zu einem neuen wissenschaftlichen Paradigma führen werden, das das Paradoxon vom logischen Regreß auflösen kann.

Kurzum, die Paradoxa der Kosmogonie zwingen uns einen Quantenansatz auf. Wir können zur Zeit nur zwischen zwei Arten von Physik wählen, zwischen der klassischen und der Quantenphysik, und die klassische Physik »versagt bei der Beschreibung des Beginns des Universums«, wie Alex Vilenkin sagt.[10] Ihr Versagen zeigt sich deutlich darin, daß die Allgemeine Relativitätstheorie zur Zeit null eine Singularität erfordert, was bedeutet, daß die klassischen Gleichungen hier zu Unendlichkeiten führen und nicht zu sinnvollen Ergebnissen. Roger Penrose und der junge Stephen Hawking bewiesen 1970, daß es am Anfang der Zeit eine Singularität gegeben haben muß, wenn die Gravitation immer eine Anziehungskraft war und wenn die Materiedichte des Universums näherungsweise die ist, die wir heute beobachten. Wir brauchen also eine »Quantenkosmologie«, mit anderen Worten: Wir müssen versuchen, Quantenbegriffe, die zuvor zur Untersuchung subatomarer Teilchen und Felder dienten, auf das Universum anzuwenden.

Da die Quantenphysik mit Wahrscheinlichkeiten zu tun hat, bietet diese Wissenschaft ein recht verschwommenes Bild der Natur. Die Behauptung, das sei nicht deshalb so, weil unser Wissen über die subatomare Natur verschwommen ist, sondern weil die Natur auf diesem Maßstab tatsächlich verschwommen ist, hat Philosophen zwar viel Qual bereitet, aber für Kosmologen könnte sich die echte Quantenverschwommenheit als verkappter Segen erweisen. Wenn man beispielsweise zeigen könnte, daß die Geometrie des kosmischen Raums und das Verhalten der Zeit ihren Ursprung im Chaos eines stark verschwommenen frühen Universums haben, könnten sich, wie wir schon sagten, die Paradoxa der Kosmogonie in diesem primordialen Gebräu auflösen. Das klassische Universum mit einem nahtlosen Raum und einer nahtlosen Zeit würde dann etwa so aus dem schaumigen Quantenuniversum entstanden sein, wie anscheinend chaotisch herumschwärmende Bienen sich als ein Schwarm mit einer klaren Flugbahn erweisen, sobald wir sie in einem größeren Bezugssystem sehen.

Um solche Hinweise und flüchtige Einblicke in quantitative Theorien zu verwandeln, müssen noch beträchtliche Hindernisse überwunden werden. Aber das Potential der Quantenkosmologie ist unermeßlich groß. »Wir streben eine Theorie der Anfangsbedingungen des Universums an, die zwischen den heutigen Beobachtungen überprüfbare Beziehungen herstellt«, schreibt der Kosmologe James Hartle von der Universität von Kalifornien.[11] »Wir fordern in gewissem Maß von der Physik ein Verständnis der Existenz selbst«, sagt John Wheeler.[12] Schauen wir also, wie dieses »verrückte« neue Spiel gespielt wird.

Die Quantenkosmologie läßt sich als der Versuch beschreiben, die *Wellenfunktion* des Universums zu finden. Eine Wellenfunktion ist eine mathematische Beschreibung eines Quantensystems. Gleichungen, die die Wellenfunktion angeben, heißen gewöhnlich Schrödingergleichungen, nach dem österreichischen Physiker Erwin Schrödinger, der die grundlegende nicht-relativistische Wellenfunktion für atomare Systeme aufstellte. Der Versuch, dieses Hilfsmittel auf das Universum insgesamt anzuwenden, stammt aus den sechziger Jahren, als John Wheeler in Princeton und Bryce DeWitt an der Universität von Texas in Austin eine kosmologische Fassung der Schrödingergleichung veröffentlichten. Die Wheeler-DeWitt-Gleichung sieht den Radius des Universums als analog zum Ort eines subatomaren Teilchens und seine Ausdehnungsrate als analog zu seinem Impuls. Ein anderes hilfreiches Werkzeug, ebenfalls ein Beitrag Wheelers, ist der Begriff des »Superraums«, eines abstrakten Plenums, das alle möglichen dreidimensionalen Geometrien des Universums enthält. Wheeler, der 1911 geboren wurde und noch weiß, wie es war, als die Autos richtige Kotflügel hatten, vergleicht den Superraum gern mit einem Schrottplatz, der von jedem vorstellbaren Kotflügel ein Exemplar hat, wobei jeder Kotflügel zwischen denen steht, die ihm jeweils am ähnlichsten sind. Die Wellenfunktion des Universums konnte, wenn sie zutreffend formuliert ist, sozusagen aus allen möglichen Kotflügel-Räumen die tatsächliche kosmische Geometrie auswählen.

Ein Schritt zur Umwandlung dieser Hoffnungen in die Praxis wurde 1982 gemacht, als Hartle und Hawking eine Wellenfunktion des Universums aufstellten. Hawking machte diese Theorie 1983 bei einer Konferenz über die Allgemeine Relativitätstheorie publik, die in Padua stattfand. Unter dem Gewölbe jenes ehrwürdigen Auditoriums, in dem schon Galilei vor aufgeregten Studenten und entrüsteten Professoren flammende Vorlesungen über die kopernikanische Lehre gehalten hatte, sprach Hawking von seinem Rollstuhl aus mit einer Stimme, die wegen seiner Lähmung so undeutlich war, daß ein Student jedes seiner Worte dolmetschen mußte.[13]

»Heutzutage wird das Universum von der klassischen Allgemeinen Relativitätstheorie angemessen beschrieben«, begann Hawking. »Aber die klassische Relativitätstheorie sagt vorher, daß es in der Vergangenheit eine Singularität gegeben haben muß. In der Nähe dieser Singularität mußte die Krümmung sehr groß sein und die klassische Relativitätstheorie mußte versagen, weil Quanteneffekte im Spiel waren. Wenn wir die Anfangsbedingungen des Universums verstehen wollen, müssen wir Quantenmechanik betreiben. Der Quantenzustand des Universums legt die Anfangsbedingungen für das klassische Universum fest. Heute möchte ich einen Vorschlag zum Quantenzustand des Universums machen ... Dieser Vorschlag enthält den Gedanken, daß das Universum vollständig und autonom ist und daß es außerhalb des Universums nichts gibt. In gewisser Weise könnte man sagen, die Grenzbedingung des Universums ist, daß es keine Grenze hat.«[14]

Dieser »Keine Grenzen«-Aspekt der Wellenfunktion von Hartle und Hawking ergibt sich, weil ihre Urheber Geometrien verwendet haben, für die Zeit und Raum gleichberechtigt sind. Das elegante Ergebnis ist, daß sich der »Pfeil der Zeit« – bei dem sich die Zeit nur vorwärts bewegt, wie in dem von uns bewohnten klassischen Universum – aus der Geometrie selbst ergibt und nicht von außen auferlegt wird.[15] Durch die Abschaffung jedes ersten Augenblicks wird auch die Anfangssingularität abgeschafft. (Singularitäten betreffen, wie schon gesagt, die Raumzeit und nicht nur den Raum). Im Modell von Hartle und Hawking gibt es also keinen Moment der Schöpfung, die Existenz von »Momenten« ist eine Folge der räumlichen Geometrie. Hawking beschreibt es so: »Die Quantentheorie hat der Gravitation die Möglichkeit eröffnet, daß die Raumzeit keine Grenze hat. Dann ist es also gar nicht notwendig, das Verhalten an der Grenze anzugeben. Es gibt dann keine Singularitäten, an denen die Naturgesetze ihre Gültigkeit einbüßen, und keinen Raumzeitrand, an dem man sich auf Gott oder irgendein neues Gesetz berufen muß, wenn man die Grenzbedingungen der Raumzeit festlegen will. Um es noch mal zu sagen: ›Die Grenzbedingung des Universums ist, daß es keine Grenze hat.‹ Das Universum wäre völlig in sich abgeschlossen und keinerlei äußeren Einflüssen unterworfen. Es wäre weder erschaffen noch zerstörbar. Es würde einfach SEIN.«[16]

Hinter Hawkings »benutzerfreundlicher« Rhetorik verbirgt sich ein für die Quantenkosmologie entscheidender Punkt: Die Verschwommenheit der Natur auf der Quantenskala bietet Möglichkeiten, Singularitäten zu vermeiden, und läßt dadurch erneut hoffen, daß wir einmal eine kohärente wissenschaftliche Darstellung der Schöpfung finden werden. Wie Penrose und Hawking in ihren Singularitätensätzen beweisen, führen zwei beliebige Weltlinien, die in der Allgemeinen Relativitätstheorie konstruiert werden, zurück zu einer Singularität, in der die (Nicht-Quanten-)Naturgesetze versagen. In einer graphischen Darstellung, in der die Zeit senkrecht und der Raum waagerecht ausgerichtet ist, lassen sich solche Weltlinien so darstellen:

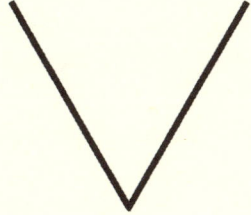

Durch Einbeziehung der Quantenphysik kann man Geometrien auswählen, die sich der Zeit null nähern, ohne je eine Singularität zu erreichen. Genau das taten Hartle und Hawking. Hawking beschreibt es so: »Wenn die Quantenmechanik berücksichtigt wird, gibt es die Möglichkeit, daß die Singularität verschmiert wird und Raum und Zeit zusammen eine geschlossene vierdimensionale Fläche ohne Rand oder Kante bilden, wie die Erdoberfläche, aber mit zwei zusätzlichen Dimensionen. Das Universum wäre dann vollständig autark; es erfordert keinerlei Grenzbedingungen, [und] es gibt keine Singularitäten, an denen die Naturgesetze versagen.«[17] Die Weltlinien sehen in diesen Geometrien etwa so aus:

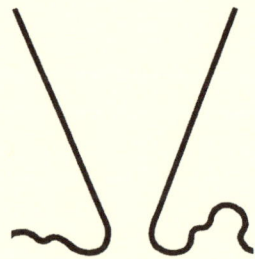

Solche Nicht-Singularitäten sind eng verwandt mit inflationären Szenarien wie jenen, die Vilenkin und Linde sich erdachten, in denen das Universum als eine Blase beginnt, die sich aus dem Raumzeitschaum heraus bildet.

Es muß wohl nicht gesagt werden, daß die Wellenfunktion von Hartle und Hawking den Ursprung des Universums nicht erklärt. Und ich nehme meiner Erzählung auch nicht viel von ihrer Spannung, wenn ich schon hier verrate, daß auch keine der anderen Theorien, die ich in diesem Kapitel behandle, dieses Problem löst. Sie sind alle recht begrenzt. Sie lassen die Quantengravitation aus, für die bis jetzt noch keine Theorie aufgestellt wurde, und sie betrachten nur geschlossene kosmische Geometrien – also sphärische, solche, in denen Omega gleich oder größer ist als eins. (Das hat mehrere Gründe – vor allem liegt es daran, daß niemand weiß, wie man die Dichte von Quantenteilchen für offene Universen berechnet.) Die von ihnen gewählten Geometrien und der Raumzeitschaum sind nicht wirklich das »Nichts«, aus dem eine Kosmogonie ein Universum erschaffen würde. Aber immerhin bieten sie einen Ausgangspunkt; sie stellen Hilfsmittel für die Forschung zur Verfügung und Beispiele dafür, wie die Schöpfung berechnet werden könnte.

Bei Hawkings Vortrag in Padua war Hartle unter den Zuhörern, und als er nachher mit Hawking sprach, beugte sich Hartles große Gestalt über Hawkings Rollstuhl wie eine Mondsichel, die sich vor dem Abendstern verneigt. »Ich glaube, die Reaktion [auf den Vortrag] war ähnlich wie damals, als ich behauptete, Schwarze Löcher könnten Strahlung abgeben«, sagte Hawking. »Einige wollten einfach nicht an die Strahlung Schwarzer Löcher glauben, und die meisten verstanden es nicht. Das ist heute wahrscheinlich genauso!«

Hartle, der zusammen mit Hawking, Murray Gell-Mann, Jonathan J. Halliwell und anderen, aber auch eigenständig an diesen Fragen arbeitete, hat sich bemüht, die Grundlagen für ausgereifte Theorien der Quantenkosmologie zu schaffen.[18] Um seine Arbeit würdigen zu können, müssen wir auf ein Thema zu sprechen kommen, das einen großen Teil des nächsten Kapitels einnehmen wird – auf die schwierige Frage der »Quantenbeobachtung«, die auch als »Quantenmessung« bekannt ist.

Im Mittelpunkt der Quantenphysik steht Heisenbergs Unbestimmtheitsprinzip. Wir erinnern uns, daß wegen dieser Unbestimmtheit gewisse Informationen über subatomare Systeme nur dann erhältlich sind, wenn man dafür auf andere Information verzichtet. Wenn wir beispielsweise die genaue Lage eines Elektrons bestimmen, verlieren wir Information über seinen Impuls und umgekehrt. Das Unbestimmtheitsprinzip fordert, daß Quantenrechnungen Wahrscheinlichkeiten berücksichtigen. Die Wahrscheinlichkeiten wiederum erzeugen die charakteristische Verschwommenheit des Quantenreichs. Es gibt zwingende Gründe für die Lehrmeinung, daß diese Verschwommenheit nicht nur ein Ausdruck unvollständigen Wissens ist, sondern ein wesentlicher Aspekt der Natur im subatomaren Maßstab. Ohne das Unbestimmtheitsprinzip würde die Sonne nicht leuchten, denn die Unbestimmtheit des Ortes ermöglicht einem Teilchen Quantensprünge, und wenn Protonen über die von ihren gleichnamigen Ladungen gesetzte Coulomb-Grenze hinweg Quantensprünge machen, können sie mit anderen Protonen in solchen Mengen verschmelzen, wie sie nötig sind, um Fusionsreaktionen in der Sonnenmitte zu speisen. Auch die Funktionsweise der Netzhaut des menschlichen Auges oder der Pixel auf dem CCD-Chip beruht darauf, wie sie auf die von ihnen eingefangenen Photonen reagieren. Das Unbestimmtheitsprinzip ist also offensichtlich ein Kennzeichen des Universums. Wenn das so ist, muß es auch jede Quantentheorie kennzeichnen, die den Ursprung und die frühe Evolution des Universums beschreibt.

Die Heisenbergsche Unbestimmtheit ist nicht an sich ein Problem. Alle wissenschaftlichen Theorien haben Grenzen, und niemand denkt, wir könnten *alles* über die kosmische Geschichte in Erfahrung bringen, selbst wenn die Natur streng deterministisch wäre und es keine Quantenunbestimmtheit gäbe. Das Problem ist, daß die Unbestimmtheit Situationen schafft, in denen ein bestimmtes Quantensystem je nachdem, wie es beobachtet wird, eine von zwei einander widersprechenden Erscheinungsformen annehmen kann, und das ist verwirrend für den gesunden Menschenverstand, der in klassischen Begriffen denkt. Ein besonders auffälliges Beispiel betrifft die Frage, ob subatomare Teilchen – etwa Elektronen – Teilchen oder Wellen sind. Man kann das Verhalten von Elektronen sowohl aufgrund von Teilchen- als auch von Wellengleichungen genau vorhersagen. Die beiden Ansätze sind mathematisch äquivalent, und beide führen zu zuverlässigen Ergebnissen. Aber das Elektron kann nicht zugleich Teilchen und Welle sein, weil die Eigenschaften von Teilchen und Wellen einander wechselseitig ausschließen. Wenn man beispielsweise zwei Steine in einen Teich fallen läßt, erzeugen sie Wellen, und wo die Wellen sich überlagern, interferieren sie. (Interferenzmuster ergeben sich, wo die beiden Wellen aufeinandertreffen: Wellenberge verstärken andere Berge, wenn sie zusammentreffen, und bilden helle Linien, während Wellentäler entsprechende Täler vertiefen und dunkle Linien bilden.) Kreuzen sich aber zwei Salven Schrot, die man mit einem Gewehr abgefeuert hat, in der Luft, stoßen wohl einige Schrotteilchen zusammen, aber die meisten fliegen ungestört weiter, und es gibt kein Interferenzmuster. Was also sind Elektronen »wirklich« – Teilchen oder Wellen? Das Unbestimmtheitsprinzip hindert uns daran, diese Frage zu beantworten, und zwar nicht nur in der Praxis, sondern im Prinzip. Wir wissen lediglich, daß man dann Wellen sieht, wenn man Elektronen oder andere Teilchen durch einen Apparat schickt, der dazu dient, Wellen zu entdecken. Schickt man sie durch einen Apparat, der Teilchen aufspürt, sieht man Teilchen. Das ist die »Welle-Teilchen-Dualität«, und sie droht die Überzeugung zu zerstören, daß es dort draußen eine objektive Wirklichkeit gibt. Es ist, als ob der Mond sich gehorsam jedesmal von einer Sichel zum Vollmond wandelte, sobald ihn jemand fragte, ob er der Vollmond sei.

Die Deutung, auf die man sich geeinigt hat, um die Welle-Teilchen-Dualität und die verwandten Probleme zu verstehen, ist die »Kopenhagener Deutung«, die so heißt, weil die bahnbrechende Arbeit zur Quantentheorie, die wir Niels Bohr und seinen Kollegen verdanken, von 1921 an in Kopenhagen, am Institut für theoretische Physik, geleistet wurde. Nach der Kopenhagener Deutung kann man erst dann sagen, daß ein Quantensystem in einem bestimmten Zustand ist (also Welle oder Teilchen), wenn es beobachtet wird. Im Fachjargon gesprochen: Es wird behauptet, daß Elektronen und andere Objekte im Quantenmaßstab in einem überlagerten Zustand existieren, bis der Vorgang der Beobachtung »die Wellenfunktion kollabieren« läßt und das System sich für den einen oder anderen seiner möglichen, einander wechselseitig ausschließenden Aspekte entscheidet.

Die Kopenhagener Deutung ist im Hier und Jetzt schwierig genug – man wundert sich, was eine Beobachtung eigentlich ist und was daran so magisch sein soll –, und sie wird absolut verheerend, wenn sie auf den Urknall angewendet wird, in dessen Feuer es ja keine Beobachter gegeben haben kann. Hartle schreibt dazu: »Die Kopenhagener Fassung der Quantenmechanik, wie sie in den dreißiger und vierziger Jahren formuliert wurde und wie sie heute in den meisten Lehrbüchern dargestellt wird, ist für die Quantenkosmologie unangemessen. Diese Formulierungen setzen voraus, daß die Welt in ›Beobachter‹ und ›Beobachtungsgegenstand‹ eingeteilt werden kann und daß es bei wissenschaftlichen Aussagen vor allem um ›Messungen‹ geht, und damit fordern sie praktisch die Existenz eines äußeren ›klassischen Bereichs‹. In einer Theorie des Ganzen kann es jedoch keine grundlegende Einteilung in Beobachter und Beobachtungsgegenstand geben. Messungen und Beobachter können keine Grundbegriffe einer Theorie sein, die das frühe Universum zu beschreiben versucht, wenn es damals keines von beiden gab.«[19]

Deshalb haben Hartle, Gell-Mann und andere eine neue Interpretation der Quantenphysik formuliert. Hartle nennt sie »Post-Everett«, womit er meint, daß sie sich auf die »Viele-Welten«-Interpretation bezieht, die Hugh Everett III. 1957 in seiner Doktorarbeit an der Princeton University vertrat. Wir werden im nächsten Kapitel auf Everetts ursprüngliche Gedanken eingehen. An dieser Stelle beschäftigen wir uns jedoch mit Hartles Fassung, der gelegentlich auch als »Viele Geschichten«-Ansatz bezeichnet wird und Richard Feynmans Methode der »Summe über Geschichte« umfaßt, die die Wahrscheinlichkeit der »Nachhersage« vergangener Ereignisse berechnet. Hartle sieht die kosmische Vergangenheit nicht als eine, sondern als viele Vergangenheiten – als eine ungeheuer verzweigte Vielfalt von Ereignissen. Einige Ereignisse spielten sich ab, andere nicht, und bei einigen – sogar vielen – ist es aufgrund der Unbestimmtheit oder anderer Begrenzungen unmöglich zu wissen, ob sie passierten oder nicht. Die Aufgabe der (Quanten)-Kosmologen besteht darin, soviel von der kosmischen Geschichte zu rekonstruieren, wie ihnen zugänglich und für ihre Forschungen notwendig ist. Ihr Ziel ist es, die Verzweigungen bis zum Ursprung des Universums zurückzuverfolgen. Dabei sind die Kosmologen wie alle Historiker verpflichtet, mit unvollständigen und unvollkommenen Aufzeichnungen zu arbeiten. »In der klassischen Physik wird die Rekonstruktion der vergangenen Geschichte des Universums oder jedes Teilsystems am ehrlichsten als der Vorgang gesehen, bei dem den Alternativen, die es in der Vergangenheit gab, aufgrund heutiger Quellen Wahrscheinlichkeiten zugeschrieben werden«, schreibt Hartle. »Wir sagen auf der Grundlage der heutigen Dokumente, daß die Römer 55 vor Christus England erobert haben …. Die Geschichte wird vorhersagbar und überprüfbar, wenn wir vorhersagen, daß weitere heutige Berichte mit den schon vorhandenen vereinbar sein werden. Wenn neue Texte entdeckt werden, sollten sie mit der Geschichte Cäsars vereinbar sein … Auf diese Weise wird die Geschichte zu einer vorhersagbaren Wissenschaft.«[20]

Wir können nicht jede Wechselwirkung zwischen Teilchen in der kosmischen Geschichte kennen, deshalb arbeitet der kosmische Historiker mit den Aspekten der Geschichte, die nicht mit der Quantenunbestimmtheit verwoben sind. Gell-Mann und Hartle nennen sie

310

»grobkörnig«. »Als Beobachter des Universums«, schreibt Hartle, »haben wir es mit grobem Mahlgut zu tun, das an unsere eingeschränkten Sinneswahrnehmungen angepaßt ist, die durch Apparate, Verständigung und Berichte aus historischen Quellen ergänzt werden, aber letztlich doch durch sehr viel Unkenntnis charakterisiert sind.«[21] Grobkörnige Geschichten können »dekohärent« sein. Ein »kohärentes« System entspricht unserem Elektron, bevor es entweder wellenähnliches oder teilchenähnliches Verhalten gezeigt hat. Weil seine Zustände überlagert sind, bleibt sein »wirklicher« Zustand spekulativ und läßt sich keinem Zweig der kosmischen Geschichte zuschreiben. Dekohärente Systeme sind sozusagen gereinigt. Sie haben ihren Zustand – Teilchen oder Welle, *hier* sein und nicht *dort* sein – offengelegt und sind damit aus dem Heisenbergschen Nebel aufgetaucht.

Aus Kopenhagener Sicht tritt Dekohärenz dann ein, wenn ein Quantensystem beobachtet wird. In der Post-Everett-Deutung kommt es nicht auf die Beobachtung an, die ja die Gegenwart von Beobachtern voraussetzt, sondern auf die Dekohärenz. Ein dekohärentes System ist in einem Zustand, der zumindest potentiell beobachtbar ist. Wenn beispielsweise Licht so auf ein Molekül fällt, daß ein Beobachter die genaue Lage des Moleküls wissen und so die Quantenunbestimmtheit seiner Lage beheben *könnte*, ist das Molekül dekohärent geworden, unabhängig davon, ob auch wirklich ein Beobachter da war, der es sah. Der Schlüssel zur Beobachtbarkeit liegt darin, ob das System genug Trägheit hat, so daß sich sein Zustand vom Zufallsrauschen seiner Umgebung unterscheiden läßt. Deswegen sind dekohärente Systeme gewöhnlich ziemlich groß. Aber so besonders groß müssen sie auch wieder nicht sein. Die Geschichte eines einzelnen Staubkorns, das im fernen Weltraum schwebt und bemerkt wird, wenn Photonen aus dem kosmischen Mikrowellenhintergrund an ihm gestreut wurden, kann grobkörnig genannt werden, sobald dieses Teilchen sich auch nur einen Millimeter bewegt hat.

Am Baum der kosmischen Geschichte bilden nur grobkörnige Geschichten Zweige. Diese Zweige sind frei von der Verschwommenheit der Heisenbergschen Unbestimmtheit, und ihnen können echte

Wahrscheinlichkeiten dafür zugeschrieben werden, daß sie sich ereignet haben. Die Frage, welche Zweige verwirklicht wurden, wird durch die Beobachtung entschieden. Beobachter sind also auch im Post-Everett-Ansatz wichtig, wenn auch in dem Sinn, daß sie die Geschichte aufschreiben, und nicht in dem grandioseren der Kopenhagener Deutung, wonach sie die Wirklichkeit erschaffen.

Indem die Quantenkosmologie den Menschen *in* das Universum einbezieht, zerschmettert sie die begriffliche Glasplatte, die in der klassischen Physik den Beobachter vom Beobachteten trennt. Hartle sagt dazu: »Die grundlegendste, voraussetzungsfreiste Art, ›den Beobachter in das Universum einzubeziehen‹, besteht darin, [ihn] als ein System zu sehen, das sich im Universum entwickelt hat.«[22] In der Tat wird die gesamte klassische Welt der menschlichen Erfahrung von der Quantenkosmologie als ein Ergebnis der Evolution dessen gesehen, was im Grunde ein Quantenuniversum ist. In etwa derselben Weise, in der die Urknalltheorie die Häufigkeit der Elemente auf Erde und Sonne auf die chemische Evolution der Galaxis und des Universums zurückführt, stellt die Quantenkosmologie die klassische Seite der Natur als eine emergente Eigenschaft eines Universums dar, das in einem Quantenzustand begann. Da die Entwicklung des Menschen und anderer Beobachter eine überwiegend klassische Umwelt voraussetzt – weil sich die Natur im klassischen Maßstab deterministisch genug verhält, um die Stabilität zu liefern, die für Lebewesen erforderlich ist –, bringt die Quantenkosmologie unsere Existenz, unsere Naturwissenschaft und auch unsere Neugierde über das Universum in einen kosmologischen Zusammenhang. Das Universum der Quantenkosmologie ist ein Universum, das uns einbezieht.

Das führt uns zu Andrej Lindes neueren Arbeiten über die Quantengenese. Alle kosmogonischen Theorien sind der Kritik ausgesetzt, daß sie eine gewisse Sonderbehandlung erfordern, weil sie bestimmte Anfangsbedingungen vorgeben, die gewöhnlich dazu dienen, den einen oder anderen Umstand auszuschließen – wie etwa eine Anfangssingularität, gegen die zwar die Naturwissenschaftler einen Widerwillen verspüren, Gott oder die Natur aber womöglich nicht. Solchen

Theorien kann man, wie der Philosoph John Lucas aus Oxford bemerkt, vorwerfen, sie erklärten »eine Besonderheit durch das Allgemeine: damit, warum gerade dieses Universum am besten einige vernünftige Desiderata erfüllt.«[23] Wie kann dieser Fehler minimiert werden? Linde antwortet darauf, indem er mit einem absoluten Minimum an Anfangsbedingungen beginnt – mit dem Zustand, den wir Chaos nennen.

Wir beschrieben im vorigen Kapitel Lindes Arbeit zur »chaotischen Inflation«, die nahelegt, daß »das« Universum als eine Blase begann, die sich aus der Raumzeit eines schon existierenden Universums herausschälte. Die mütterliche Raumzeit ist chaotisch, insofern sie Skalarfelder aller möglichen Parameter gebiert. Als treibende Kraft des inflationären Ereignisses, die die Ausdehnung unseres Universums in Gang setzte, stellte sich ein – unwahrscheinliches, aber mögliches – Skalarfeld heraus. Lindes Ansatz ist erfrischend direkt. »Man braucht keine Effekte der Quantengravitation, keine Phasenübergänge, keine Unterkühlung, nicht einmal die Standardannahme, daß das Universum ursprünglich heiß war«, schreibt er. »Man muß lediglich alle möglichen Arten und Werte von Skalarfeldern im frühen Universum betrachten und dann prüfen, ob irgendwelche davon zur Inflation führen. Die Bereiche, in denen keine Inflation auftritt, bleiben klein. Die anderen Domänen jedoch wachsen exponentiell an und beherrschen das Gesamtvolumen des Universums.«[24] So reduktionistisch die chaotische Inflation auch sein mag, hat sie doch zu zwei überraschenden Folgerungen geführt. Erstens fordert sie die Existenz eines Universums, das unserem eigenen vorausging, und zweitens fordert sie weniger offensichtlich, aber genauso eindeutig, die Existenz zahlloser anderer Universen. Lindes Theorie ist eine Theorie des »Multiversums«.

Wie Robert Wilson, der Bildhauer, der zur Physik zurückkehrte, um in Illinois den Teilchenbeschleuniger des Fermilab zu bauen, vor dem seine große Stahlstruktur »Gebrochene Symmetrie« und andere eigene Werke stehen, hat auch Linde ursprünglich Kunst studiert, und er ist nach wie vor fast so sehr Künstler wie Wissenschaftler. (»Man meinte, ich würde Maler werden, nicht Physiker, aber ich habe mich anders entschieden.«[25]) Wie Einstein oder Carl Friedrich von Weizsäcker kam er über die Philosophie zur Physik. »Ich begann, Physik zu studieren, weil ich eine Antwort auf meine philosophischen Fragen suchte«, erinnerte er sich 1995 in einem Interview. »Als ich im Gymnasium war, habe ich eine schöne Theorie über die Wirkungsweise außersinnlicher Wahrnehmung aufgestellt. Aber dann erfuhr ich, daß sie die Spezielle Relativitätstheorie verletzte. Mir wurde klar, daß ich vielleicht alle möglichen schön klingenden Ideen haben könnte, aber immer Unsinn reden würde, solange ich die Physik nicht beherrschte.«[26] Die ersten Jahre seiner Forschungstätigkeit in Rußland waren immer wieder von Krankheit überschattet – er stellte die »neue Inflationstheorie« kurz nach einem zweimonatigen Krankenhausaufenthalt vor –, und er verbindet auf manisch-depressive Weise schwarzen Humor mit aufkommenden Selbstzweifeln. »Manchmal wache ich mitten in der Nacht auf und frage mich: Ist das vielleicht nur eine schöne Geschichte, die du dir ausdenkst?« sagte er kürzlich. »Vielleicht hält mich Gott zum Narren. Vielleicht erzählt er mir etwas Erfreuliches, so als ob er mich für etwas belohnen wollte, wofür, weiß ich nicht, damit ich verstehe, wie das Universum geschaffen wurde, aber am Ende finde ich dann doch heraus, daß ich mich selbst und andere Leute an der Nase herumgeführt habe, als ich sagte, ich wisse, wie die Welt geschaffen wurde. Vielleicht bin ich jetzt zu stolz. Vielleicht liegt die Lösung ganz woanders als dort, wo wir sie vermuten. Es ist ein sehr gefährliches Gefühl, dieses Gefühl, daß man bei dem, was man tut, nicht völlig sicher sein kann. Aber es macht das Leben so aufregend.«[27] Man hat manchmal das Gefühl, daß Linde von der Kühnheit seiner Gedanken genauso hingerissen ist wie von ihrer Plausibilität. »Das ist ein sehr gefährliches Thema«, sagte er 1995 bei einem wissenschaftlichen Symposium. »Und je gefährlicher ein Thema ist, desto interessanter ist es.«[28] Seine Theorie der ewigen Inflation erfordert – wie ein eindrucksvolles neues Kunstwerk – nicht nur, daß wir es nach den bestehenden Maßstäben beurteilen, sondern daß wir unser Bezugssystem und unsere Art, die Welt zu sehen, verändern und erweitern, um Platz dafür zu schaffen. Wenn ich das nun versuche, will ich mit dem Universum beginnen, in dem wir leben, und mich dann den Universen zuwenden, die ihm, aus Lindes Sicht, »vorangingen«.

Im großen Rahmen von Lindes kosmologischem Bild war das inflationäre Ereignis, das das Universum zu enormer Größe aufblies, nur eines unter vielen. Wir sagten im vorigen Kapitel, daß das Skalarfeld, das die Inflation antrieb, vermutlich gefror, als der Hubbleradius des Universums so groß war wie die Wellenlänge des Feldes. Aber nach Linde ist das nicht die ganze Geschichte. Das Ausfrieren des Feldes, das die Inflation in einem Bereich beendete, verstärkte es in anderen Bereichen. Dort dauerte die Inflation noch an. »Solche Bereiche sind zwar außerordentlich selten, aber es gibt sie, und sie können außerordentlich wichtig sein.«[29] Sie sind wichtig, weil sie die weitere Evolution von Feldern vorantreiben und neue Anordnungen von sich aufblähenden Blasen erschaffen, von denen einige noch mehr Blasen erzeugen ... und so weiter, ad infinitum. »Das Gesamtvolumen aller dieser Domänen wächst endlos an. Aus einem inflationären Universum sprießen weitere inflationäre Blasen, die wiederum Tochter-Blasen erzeugen.«[30] Folglich ist das Universum nicht nur viel größer, als man es sich im klassischen Urknallmodell vorstellte, sondern auch unglaublich viel größer als selbst die gigantische inflationäre Blase, auf der unser beobachtbares Universum sitzt. Das Multiversum enthält unzählige Blasen wie die, in der wir selbst sind, und andere, noch größere Bereiche, und wieder andere, die sich genau jetzt inflationär aufblasen. (Deshalb spricht Linde von der Theorie der »ewigen Inflation«.)

In Zusammenarbeit mit seinem Sohn Dmitri, der als 15jähriger ein Textverarbeitungsprogramm schrieb, das inzwischen im Internet beliebt ist, und der später am Caltech studierte, erarbeitete Linde eine graphische Darstellung seiner Theorie. Den dazu nötigen leistungsfähigen Graphik-Computer hatte ihnen der Hersteller für eine Woche geliehen. Das Schreiben des Programms erforderte sechs Tage, und am siebten Tag sahen Vater und Sohn eine Darstellung der Viele-Universen-Theorie vor sich – eine märchenhafte Menge von bunten Türmen, die durch Täler getrennt waren. Ihre senkrechte Achse gibt die kosmische Energiedichte an. Die Spitzen stellen Bereiche des Multiversums dar, die sich weiter aufblähen oder die Inflation eben beendet haben und sich in der »Urknallphase« aufheizen. Sie müssen noch die Phasenübergänge durchlaufen, die die Werte der Naturkonstanten bestimmen, deshalb ist ihre Physik noch ungeklärt. Die Täler stellen Bereiche des Multiversums dar, die sich in einem Zustand niedriger Energie zur Ruhe gesetzt haben. Hier sind die Naturgesetze schon in Stein gemeißelt. Wir leben in einem Tal.

»Als ich die Bilder meines schönen Universums in Farbe auf dem großen Bildschirm sah, es war so schön – ich weinte fast«, erinnerte sich Linde 1993 poetisch, mit dem schnarrenden russischen Akzent, der im Zuhörer die angenehme Illusion weckt, Russisch zu verstehen. »Ich weiß, was ich wollte, aber ich dachte nicht, es würde so schön sein.«[31] Aber seine Begeisterung sollte von kurzer Dauer sein. »Wir schufen die Welt, und sie war gut, aber am achten Tag stürzte die Gigabyte-Festplatte des Computers ab und nahm unser schönes Universum mit.« Im Wohnzimmer des Hauses auf dem Gelände der Stanford-Universität, in dem Linde mit seiner Frau Renata Kallosh, die auf dem Gebiet der Quantengravitation arbeitet, und seinen beiden Söhnen lebt, wurden neuere, noch leistungsfähigere Geräte aufgebaut. Auf ihren Bildschirmen blühten immer neue Universen auf, als die Skalarfeldgleichungen verändert und erkundet wurden. Eines von ihnen, ein fraktales Modell, das auf einer verwandten Theorie beruht, erzeugte so wilde und unerwartete Muster, daß Linde es nach dem russischen Maler eine »Kandinsky-Welt« nannte.

In einigen von Lindes Modellen kommen die Blasen nicht miteinander in Berührung, sondern bleiben immer durch gewaltige inflationäre Wüsten voneinander getrennt. In anderen stoßen einige Blasen schließlich zusammen und erzeugen dabei feurige Mauern, für die andere Naturgesetze gelten. Das macht Linde zum Verfasser der allerfuturistischsten Vorhersagen, die jemals als auf Beobachtung gründende Belege einer ernstzunehmenden wissenschaftlichen Theorie angeführt wurden: Wenn Blasen zusammentreffen, könnte ein Teil des Multiversums tausend Milliarden Jahre in der Zukunft über unseren Beobachtungshorizont hinwegschwimmen. »Er könnte davonschweben oder auf uns zukommen«, bemerkte Linde lakonisch.

»Besser, es geht weg – wenn man dorthin kommt, trifft man auf eine Grenze. Man überquert die Grenze und stirbt. Deshalb will man lieber nicht dahin.«[32]

Wäre dann, wenn Universen zusammenstoßen – oder wenn sie durch die interkosmischen Nabelschnüre, die sogenannten Wurmlöcher, miteinander verbunden bleiben, wie die Anhänger der Quantenkosmologie der »Baby-Universen« vermuten –, eine Verständigung zwischen ihnen möglich? Wahrscheinlich nicht, denn hier hebt das »kosmische Vergessen« drohend sein Haupt. Eine Nachricht in einer Flaschenpost, die in ein Wurmloch geworfen würde, könnte von Gezeiteneffekten zerrissen werden oder das Wurmloch stören und es schließen.[33] Und wenn die Botschaft hindurchkäme und in einem inflationären Universum landete, das sich gerade aufblähte, wäre sie vielleicht zu groß, um gelesen werden zu können. Linde spekuliert, daß »man das, was man auf die Oberfläche eines Universums geschrieben hat, lange nicht lesen kann, weil es weit über den Horizont hinausreicht. Noch die Urenkel werden in einer winzigen Ecke eines Buchstabens leben.«[34] Anstatt eine Botschaft zu senden, die besagt: »Dies sind die Naturgesetze bei uns – welche habt ihr?«, könnte man aber auch eine Maschine dorthin schaffen, die ihre Naturgesetze ändern könnte. Was würde dann passieren? Diese Maschine würde das erzeugen, was der Physiker Heinz Pagels einen »kosmischen Code« nannte – eine Reihe von Gesetzen, durch deren Entzifferung außerirdische Physiker etwas über uns und unsere Welt erfahren könnten. »Vielleicht könnte man ein Gesetz machen, das den Vakuumzustand definiert«, schlägt Linde vor. »Dieser Zustand könnte eine Botschaft sein. Die Stringtheorie hat so viele [erlaubte] Vakuumzustände, daß man sie schon gar nicht mehr zählt.«[35]

Nehmen wir einmal an, Linde hätte recht und wir lebten wirklich in einer niederenergetischen Blase in einem unglaublich großen und komplizierten Universum. Dieses Universum würde dann zum Teil aus solchen Blasen bestehen, wie unser eigenes Universum eine ist, während andere Teile erst jetzt ihre Urknall-Taufe durchliefen und wieder andere sich in gespensterhaften Vakuumzuständen befänden und sich mit Geschwindigkeiten aufbliesen, die weit größer wären als die Lichtgeschwindigkeit. Woraus ist das alles entstanden? Auch wenn Linde der größte Virtuose auf dem Gebiet der Skalarfelder ist, gibt es doch, wie K. A. Bronnikov und V. N. Melnikov vom Zentrum für Oberflächen- und Vakuumforschung in Moskau schreiben, auf diesem Gebiet »immer ein Problem mit dem Ursprung«.[36]

Auf diese Frage hat Linde eine Antwort, die weiter zurückreicht als bis zur Zeit null; dort entdeckte er ein noch fantastischeres Wunderland als hier. Linde meint, es sei sinnlos nachzufragen, welche Blase die »ursprüngliche« Blase war, wenn die Blase, von der unser beobachtbares Universum ein kleiner Teil ist, nur eine unter vielen Blasen ist, die immer noch weitere Blasen erzeugt. Jede Blase verdankt ihre Geburt einer anderen Blase, die ihrerseits wiederum aus einer anderen kam. Das erinnert an die Dame in der apokryphen Geschichte, die behauptete, das Universum ruhe auf dem Panzer einer großen Schildkröte, was Bertrand Russell entkräften wollte, indem er fragte, worauf diese Schildkröte stehe (»Auf einer größeren Schildkröte«), und worauf wiederum jene Schildkröte stehe. Die Dame sagte: »Geben Sie sich keine Mühe: Es sind Schildkröten, eine auf der anderen, bis nach unten!« Aus Lindes Sicht ist die Frage, ob es »ein« Universum vor »dem« Urknall gab, einfach engstirnig. »Unsere Blase entstand«, sagt er, »nicht aus dem Urknall, sondern aus einem schönen Urknall.«[37] Es gab – und gibt – unzählige »schöne Urknälle«, und es wird noch viele geben. Die Geschichte des Kosmos ist dunkler als die Tiefen der Meere, und seine Myriaden Zukünfte sind reicher und weniger vorhersagbar als alle ungemalten Gemälde und nichtkomponierten Lieder, die all jene Menschen noch schaffen werden, die noch geboren werden zwischen jetzt und der Zeit, zu der die Sonne rot wird und stirbt.

Aus Lindes Sicht ist »die klassische Urknalltheorie tot ... Der Urknall bleibt eine sehr interessante Theorie, mit der wir uns beschäftigen müssen, aber der ursprüngliche Urknall liegt irgendwo in der fernen Vergangenheit.«[38] Linde vergleicht die kosmische Geschichte mit einem Apfelbaum. Wir leben in einem Apfel. Es gibt noch viele andere Äpfel an unserem Ast. Schließlich kommen wir, wenn wir die Äste zurückverfolgen, zum Stamm, und unten am Stamm ist der ursprüngliche Urknall, wenn es denn einen gab. »Die Evolution des Universums insgesamt hat kein Ende, und vielleicht hat es auch keinen Anfang gehabt«, sagt er.[39] Seine Berechnungen der Skalarfeld-Evolution deuten darauf hin, daß an den längsten Ästen die meisten Äpfel hängen. Das bedeutet, daß selbst auf einem durchschnittlichen Ast in endlicher zeitlicher Reichweite von den vermeintlichen Wurzeln ein durchschnittlicher Apfel so weit vom Erdboden entfernt ist, daß die seit der Schöpfung verstrichene Zeit – wenn es denn eine Schöpfung gab – für alle praktischen Zwecke unendlich ist. »Die langen Äste sind untypisch, aber sie erzeugen mehr Äpfel als die typischen«, sagt Linde. »Deshalb wachsen die meisten Äpfel unendlich weit vom Stamm entfernt. Was wir unter ›typisch‹ verstehen, hängt davon ab, ob man sich für die Wurzeln interessiert oder für die Früchte.«[40]

Auf diese Weise verschiebt also Lindes großartiges Multiversum die Frage nach den Ursprüngen der Welt hin zu den Extremen des Abwägbaren und vielleicht noch darüber hinaus. Es ist Geschmackssache, ob die Beute den Preis wert ist – ob Lindes »sich auf ewig selbst reproduzierendes Universum« ein Garten Eden ist oder nur eine kosmogonische Umformulierung der alten Warnung: »Laßt alle Hoffnung fahren, die ihr hier eintretet.« Längerfristig ist es, ›lokal gesprochen‹, vielleicht weniger wichtig, ob sich Lindes Beitrag als richtig oder falsch erweist – und es ist, was Beweis oder Widerlegung betrifft, unklar, wie sich seine Modelle von der einfachen Inflation unterscheiden lassen, denn sie sagen ebenfalls vorher, daß Omega gleich eins ist und daß der kosmische Mikrowellenhintergrund ein chaotisches Energiedichte-Spektrum aufweisen sollte. Wichtiger ist, daß er mit seinem künstlerischen Beitrag die schlichte Bühne der Quantenkosmologie niederreißt und an ihrer Stelle ein prächtiges Opernhaus errichtete. Seit Linde ähnelt die Suche nach einer Theorie der Schöpfung weniger der Suche nach der besten Route auf den Eiger als vielmehr einem Alpenpaß, der grenzenlose Aussichten eröffnet.

Bevor aber Menschen diese fernen Länder ihrer Träume je erkunden, müssen erst einige der verblüffenden begrifflichen Fragen beantwortet werden, die die Quantenphysik seit ihrer Entstehung plagen. Diese Fragen haben mit dem Rätsel der Quantenbeobachtung zu tun. Das Nachdenken darüber holt uns aus der Welt der Multiversen zurück in die engen Grenzen unserer eigenen Art, innerhalb deren wir fragen, was es bedeutet, wenn wir sagen, »wir« »beobachten« die »Natur«.

KAPITEL 11

Die Verrücktheit der Quanten

»Was ist die Antwort?«
(Schweigen)
»Also dann, was ist die Frage?«

Gertrude Steins letzte Worte[1]

Das Quantum ist das größte Geheimnis, das
wir kennen. Ich war noch nie in meinem
Leben so in der Klemme wie heute.

John Archibald Wheeler[2]

Gertrude Stein sagte über moderne Kunst: »Ein Bild kann einem zuerst außerordentlich fremdartig vorkommen, aber einige Zeit später findet man es nicht mehr fremd und kann sich nicht einmal erinnern, was an ihm je fremdartig war.«[3]

Mit der Quantenphysik ist es anders. Je länger man sie betrachtet, desto fremdartiger wird sie. Das meint man gewöhnlich, wenn man von der »Verrücktheit der Quanten« spricht. Es geht nicht nur darum, daß man sich an die Merkwürdigkeit einer Welt gewöhnen muß, in der Teilchen auch Wellen sind und von einem Ort zum anderen springen können, ohne den dazwischenliegenden Raum zu durchqueren.[4] Die Verrücktheit der Quanten liegt tiefer: Sie führt dazu, daß die logischen Grundlagen der klassischen Naturwissenschaft im Quantenreich verletzt sind, und sie ermöglicht uns einen Blick in einen weniger vertrauten und vielleicht älteren Aspekt der Natur.

Es gibt keine Krise innerhalb der Quantenphysik selbst. Das herkömmliche Modell der Quantenmechanik ist in sich stimmig, und seine Gleichungen sagen das Verhalten aller Naturerscheinungen, auf die sie bisher angewendet wurden, genau vor. (Sie haben so-

321

gar zu einigen der am genauesten bestätigten Vorhersagen der Naturwissenschaften geführt.) Das Problem ist ein Grenzproblem. Es ergibt sich an der Grenze zwischen der Quantentheorie und den klassischen Theorien, wenn wir versuchen, die Quantenmechanik mit den Eigenschaften der makroskopischen Welt in Einklang zu bringen – also den Versuch unternehmen, die Quantenphänomene mit einer allgemeineren Philosophie übereinstimmen zu lassen, die das befriedigen würde, was Vladimir Nabokov den »ominösen und grotesken Luxus … des menschlichen Bewußtseins« nannte.[5] Obwohl es Grenzgefechte sind, verblüffen die von ihnen aufgeworfenen Fragen so sehr, daß sie das wissenschaftliche Äquivalent eines Zen-Koan darstellen. Die Verrücktheit der Quanten entspricht dem gesunden Menschenverstand so wenig, daß der Versuch, sie zu verstehen, nicht zur Erleuchtung führt, sondern nur zur Verwirrung. Niels Bohr sagte gern: »Wer behauptet, über die Quantenmechanik nachdenken zu können, ohne verrückt zu werden, zeigt damit bloß, daß er nicht das Geringste davon verstanden hat.«[6]

Das Thema ist umfassend, und seine Erörterungen haben die Seiten vieler guter Bücher gefüllt. Wir beschränken uns hier auf eine Skizze des Wesentlichen und geben dann einen Überblick darüber, wie dieses Geheimnis von jenen analysiert wurde, die besonders tiefschürfend darüber nachgedacht haben.

Die Verrücktheit der Quanten zeigt sich, wenn ein Quantensystem auf einen makroskopischen Maßstab vergrößert und dann auf eine Weise gemessen wird, die das Unbestimmtheitsprinzip verletzen würde, wenn alle Messungen erfolgreich wären. Bei einem typischen Experiment dieser Art beginnen wir beispielsweise mit einem Lichtstrahl und lassen ihn durch einen Strahlenteiler laufen, der ihn aufspaltet. (Ein vertrauter Strahlenteiler besteht aus einer sogenannten Einwegscheibe, also einer Glasscheibe, die halb Spiegel ist und halb durchsichtiges Glas. Wenn wir uns die Photonen als Wellen vorstellen, spaltet der Strahlenteiler jedes in zwei Wellen. Wenn wir sie uns als Teilchen denken, kommt es zur Aufteilung, weil jedes Photon mit gleicher Wahrscheinlichkeit gespiegelt und durchgelassen wird.) Die beiden Strahlen dürfen eine makroskopische Strecke, gewöhnlich mehrere Meter, getrennt zurücklegen. Dann werden sie an Spiegeln reflektiert und an einem Detektor wieder zusammengeführt. Der Apparat sieht in seinem Anfangszustand etwa so aus:

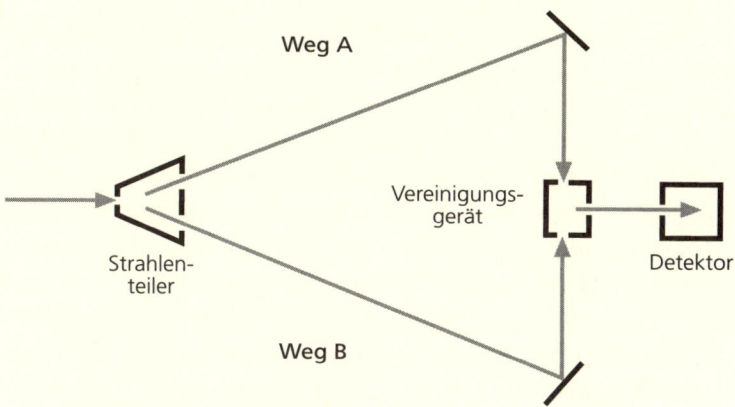

Schematische Darstellung eines Strahlenteilers

Die beiden Strahlen können als Teile eines einzigen Quantensystems gesehen werden. Wir können die Gültigkeit dieser Analyse überprüfen, indem wir als unseren Detektor ein Gerät benutzen, das Wellen auffängt, und dann ein einzelnes Photon durch das System schicken. Das Photon (das die Eigenschaften sowohl einer Welle als auch eines Teilchens hat) zeigt im Detektor ein Interferenzmuster. Das Photon interferiert also mit sich selbst, und das bestätigt, daß es sich, obwohl es nur ein einziges Photon ist, doch über einige Meter hinweg ausgebreitet hat.

Wenn wir das Photon auf diese Weise auf eine makroskopische Bühne gezerrt haben, können wir erkunden, was passiert, wenn wir einmal auf dem Weg A und gleichzeitig auf dem Weg B eine Messung durchzuführen versuchen, so daß uns die beiden Messungen gemeinsam Information liefern, die uns wegen der Quantenunbestimmtheit nicht zugänglich ist. Die Antwort ist merkwürdig: *Das System enthält uns die »verbotene« Information auf Weg B augenblicklich vor, sobald wir eine Messung auf Weg A machen.* Wenn wir hier etwas an dem System verändern, verändert sich augenblicklich auch dort etwas. Das passiert selbst dann, *wenn ein Signal schneller als mit Lichtgeschwindigkeit laufen müßte, um die Nachricht von unserem Eingreifen von A nach B zu bringen.*

Betrachten wir diese Situation noch etwas genauer. Diesmal nehmen wir Elektronen, damit wir sicher sein können, daß es sich nicht um eine Eigenheit von Photonen handelt.[7] Um Fachsprache möglichst zu vermeiden, nehmen wir an, die Elektronen könnten nur in zwei Zuständen sein, des wir nicht beide genau kennen können, weil das Unbestimmtheitsprinzip dies verbietet. Wir nennen den einen Zustand süß/sauer und den anderen hart/weich. Die Bezeichnungen sind unwichtig: Entscheidend ist, daß wir nach Heisenberg herausfinden können, ob ein Elektron süß ist oder sauer, oder ob es hart ist oder weich, aber nicht beides gleichzeitig. Um das zu überprüfen, verwenden wir zwei Arten von Meßgeräten. Ein Kasten trennt saure Elektronen von süßen, indem er die sauren aus einem Fenster spuckt und die süßen aus einem anderen. Der andere Kasten tut dasselbe, je nachdem, ob die Elektronen hart oder weich sind.

In dem Bemühen, das Unbestimmtheitsprinzip zu umgehen, stellen wir vor den Strahlenteiler einen Süß/Sauer-Kasten in den Weg unseres Elektronenstrahls und geben nur süßen Elektronen den Weg durch den Apparat frei. Das bewährt sich gut. Ein weiterer Süß/Sauer-Kasten, den wir als Detektor verwenden, bestätigt, daß das System jetzt nur süße Elektronen enthält. Wir sind zu einem Angriff auf die Unbestimmtheit bereit und setzen auf beide Wege einen Hart/Weich-Kasten. Diese Kästen lenken alle harten Elektronen ab und geben nur weichen Elektronen den Weg durch den Apparat frei. An diesem Punkt haben wir nach klassischen Begriffen die Dinge so eingerichtet, daß alle Elektronen, die schließlich am Detektor ankommen, sowohl weich als auch süß sind. Wir wissen, daß sie alle süß sind, weil wir nur süße Elektronen hineinließen, und wir wissen, daß sie alle weich sind, weil wir anschließend alle harten hinausgeworfen haben. Heisenberg sagt jedoch, wir könnten über ein Elektron nicht beides zugleich wissen. Wir haben also das Unbestimmtheitsprinzip überlistet, oder nicht?

Falsch. Jetzt nämlich berichtet der Detektor nicht mehr, daß alle Elektronen süß sind, sondern er wirft Elektronen in gleicher Anzahl

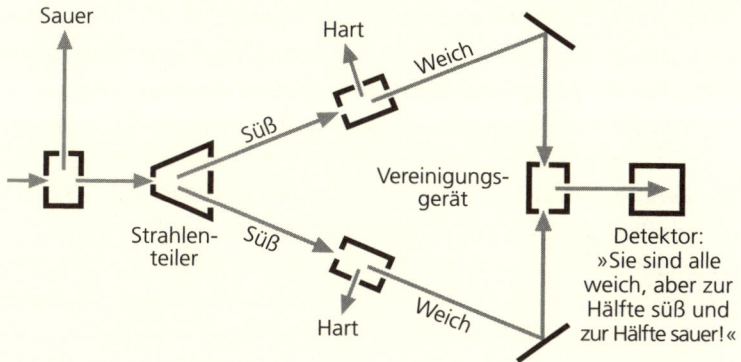

Wenn »Härte« gemessen wird, sind die »Geschmacksrichtungen«, zufällig verteilt.

zum süßen und zum sauren Fenster hinaus, obwohl wir überhaupt nur süße Elektronen hineingelassen haben! Heisenberg hatte also recht: Wir können etwas über Süß/Sauer wissen oder über Hart/ Weich, aber nicht über beides gleichzeitig. Wir haben also lediglich die Gültigkeit der Quantenunbestimmtheit bestätigt. Dieser Teil des Problems wird oft erklärt, indem man sagt, der Vorgang der Messung »störe« ein Teilchen so, daß es seinen Zustand verändert – daß also die Messung von Sauer/Süß die Eigenschaften des Elektrons, hart oder weich zu sein, zufällig macht und umgekehrt. Aber haben wir damit das Wesentliche erfaßt?

Um das herauszufinden, verändern wir den Aufbau, lassen aber weiter nur »süße« Teilchen in den Apparat hinein. Diesmal entfernen wir den Hart/Weich-Kasten aus dem Weg B und stellen auch den Hart/Weich-Kasten so auf Bahn A, daß nichts von seinem Ausstoß in den Detektor gelangt. Das Ergebnis ist wirklich verrückt. Der Detektor berichtet am Schluß wieder, daß die Teilchen zur Hälfte süß und zur Hälfte sauer sind. Aber er empfängt doch nur Teilchen von Weg B – und die haben wir gar nicht gestört! Wie also konnte Weg B »lernen«, die Geschmacksrichtungen zufällig auf die Teilchen zu verteilen? Und wie konnte er »wissen«, daß wir drüben, auf Weg A, eine verbotene Messung durchgeführt hatten?

325

Das ist die Verrücktheit der Quanten: Wenn man einen Teil eines Quantensystems stört, verändert das die Ergebnisse, die man in einem anderen Teil beobachtet, selbst wenn das System enorm vergrößert wurde. Das Ergebnis ist dasselbe, wenn nur ein einziges Teilchen zur Zeit in den Apparat hineingelassen wird. Es ist auch das gleiche, wenn wir warten, bis das Teilchen den Strahlenteiler durchlaufen hat, ehe wir den Zufall bestimmen lassen, ob wir einen Detektor in Bahn A einführen. Es wäre dasselbe, wenn die beiden Bahnen zu entgegengesetzten Seiten der Galaxis abgelenkt würden. In jedem Fall reagiert das System augenblicklich. Es ist, als ob die Quantenwelt nie von Raum gehört hätte – als ob sie, auf seltsame Weise, von sich selbst denkt, sie sei immer noch zur selben Zeit am selben Ort. Solches Verhalten heißt »nichtlokal«. Die klassische Physik nimmt »Lokalität« an, geht also davon aus, daß Veränderungen in Systemen durch unmittelbaren Kontakt bewirkt werden, vergleichbar den Stoß- und Sogvorgängen, die für Verbrennungsmotoren und andere Maschinen so charakteristisch sind (deshalb heißt die Wissenschaft von den dynamischen Systemen ja auch »Mechanik«). Da die Messung eines Teils eines Quantensystems augenblicklich die anderen Teile des Systems selbst dann verändert, wenn die beiden Teile zu weit voneinander entfernt sind, als daß eine Botschaft die dazwischenliegende Entfernung durch einen uns bekannten Agenten überbrücken könnte, werden Quantensysteme »nichtlokal« genannt: Sie handeln wie ein engverbundenes Ganzes, unabhängig davon, ob ihre Teile weit voneinander entfernt sind oder nicht.[8]

Wie immer wir es nennen wollen – Nichtlokalität, »Problem der Quantenbeobachtung« oder »Problem der Quantenmessung« – die Physik hat dem menschlichen Geist wohl noch nie ein verzwickteres Rätsel aufgegeben als dieses. Es wurden drei Erklärungen dafür gegeben, sogenannte »Deutungen«. Nach der ersten, der »Kopenhagener Deutung«, sollten wir uns einfach damit abfinden, daß wir den Zustand eines Quantensystems erst kennen können, wenn er gemessen wurde, und uns deshalb keine weiteren Gedanken darüber machen. Die zweite, die »Viele-Welten-Deutung«, geht von der erstaunlichen Voraussetzung aus, daß sich das gesamte Universum bei jeder

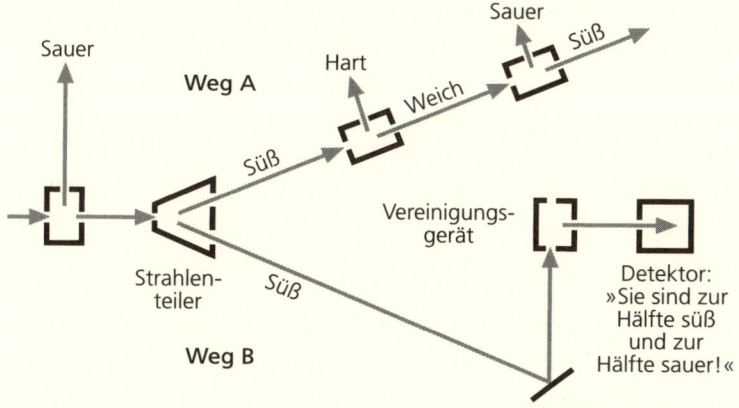

Messungen auf einer Seite des Apparats verändern augenblicklich die Ergebnisse, die man auf der anderen Seite erhält.

Messung in zwei Universen aufspaltet, wobei das Teilchen im einen Universum die Eigenschaften hat, die wir messen, und im anderen Universum den anderen möglichen Zustand annimmt. Diese Meinung vertrat Hugh Everett III. 1957 in seiner Doktorarbeit an der Universität Princeton. (Wir begegneten einer ihrer neueren Fassungen im vorigen Kapitel als dem »Viele-Geschichten-Ansatz«.) Die dritte Deutung bewahrt die Lokalität: Sie stellt Quantensysteme als mechanisch miteinander verbunden dar, so daß die Teilchen auf jeder Seite unseres Strahlenteiler-Experiments immer in einem bestimmten Zustand sind, den sie aber tatsächlich ändern, sobald ein Teil des Systems gestört wird. Das erreichen sie nach dieser Theorie mit Hilfe einer »Leitwelle«, die noch nicht beobachtet wurde und vielleicht auch niemals beobachtet werden wird. Diese Deutung wird deshalb auch die »Deutung mit verborgenen Variablen« genannt. Sie wurde ursprünglich von dem französischen Theoretiker Louis de Broglie vertreten und vollständiger von dem amerikanischen Theoretiker David Bohm ausgearbeitet.

Bevor wir diese drei Interpretationen genauer betrachten, sollten wir über eine weitere Einstellung nachdenken, die bei Wissenschaftlern beliebt ist, die keinen besonderen Hang zur Philosophie verspüren. Sie zucken angesichts der Verrücktheit der Quanten einfach die Schultern und sagen: »Na und?« So gab Isidor Rabi Gerald Edelman den Rat: »Die Quantenmechanik ist nur ein Algorithmus. Benutze ihn. Er funktioniert, mach dir keine Gedanken.«[9] Richard Feynman sagte seinen Zuhörern bei einem Seminar einmal: »Die Natur, wie sie die Quantenelektrodynamik beschreibt, erscheint dem gesunden Menschenverstand absurd. Dennoch decken sich Theorie und Experiment. Und so hoffe ich, daß Sie die Natur so akzeptieren können, wie sie ist – absurd.«[10] Sie sagen im Grunde beide, daß die Quantenphysik in ihrem eigenen Bereich erfolgreich ist und auch die klassische Physik erklären kann. Warum also sollte man sich darüber Sorgen machen, ob sie nach klassischen Begriffen »sinnvoll« ist?

Diese minimalistische Einstellung ist völlig befriedigend, wenn es um reine Wissenschaft geht. Man könnte einfach sagen, daß wir in einer Quantenwelt leben, von der die klassische Physik eine Teilmenge ist, und daß Quantenphänomene nach klassischen Begriffen ja auch gar nicht sinnvoll sein müssen. Aber es gibt im Leben mehr als nur die Wissenschaft, und wir alle, auch die Naturwissenschaftler, leben in einer Welt, die wir mit Sinn zu erfüllen gewohnt sind. Wissenschaftler geben sich nicht wirklich damit zufrieden, nur Gleichungen aufzustellen. Sie möchten, daß nicht nur zwischen den Gleichungen untereinander, sondern auch zwischen ihnen und der »wirklichen« Welt der Erfahrung eine Beziehung besteht, und sie sind, wie wir alle, daran gewöhnt, die Wirklichkeit in Form von Bildern zu sehen – eigentlich in Gleichnissen –, die sie der Erfahrung entnehmen. Der holländische Physiker Peter Debye sagte einmal: »Ich kann nur in Bildern denken.«[11] Ähnlich Lord Kelvin: »Ich bin niemals zufrieden, bevor ich nicht ein mechanisches Modell von etwas machen kann. Wenn ich ein mechanisches Modell machen kann, kann ich es verstehen. Solange ich kein vollständiges mechanisches Modell habe, kann ich es nicht verstehen.«[12] Und Einstein meinte: »Physikalische Theorien sind Versuche zur Ausbildung eines Weltbildes und zur Herstellung eines Zusammenhanges zwischen diesem und dem weiten Reich der sinnlichen Wahrnehmungen. Der Grad der Brauchbarkeit unserer gedanklichen Spekulationen kann nur daran gemessen werden, ob und wie sie ihre Funktion als Bindeglieder erfüllen.«[13]

Wie mit den Bildern, so ist es auch mit den Worten. Wissenschaftler legen viel Wert auf ihre Fähigkeit, ihre Theorien in der Umgangssprache erklären zu können. Das Unbestimmtheitsprinzip läßt sich mathematisch in wenigen Zeilen hinschreiben – beispielsweise im Rahmen der nichtkommutativen Matrix-Algebra, die Heisenberg ursprünglich für diesen Zweck verwendete. Aber das allein genügt den Naturwissenschaftlern nicht. Sie geben sich auch die größte Mühe, Geschichten zu erzählen und Erklärungen der Unbestimmtheit in Worte zu fassen, und diese Geschichten und Modelle bilden eine Aura, die die wissenschaftliche Literatur umgibt und selbst ein wichtiger Teil der wissenschaftlichen Kultur ist. Wissenschaftler wissen, daß sie der Gesellschaft verpflichtet sind, und halten es für angemessen, Außenstehenden von ihrer Arbeit zu berichten, und zwar weitgehend aus denselben Gründen wie Architekten und Sportler. Erwin Schrödinger sagte: »Wenn man – auf Dauer – nicht jedem mitteilen kann, was man getan hat, war das Tun wertlos.«[14] Wenn Physiker darauf bestehen, einen Sachverhalt verständlich auszudrücken, hat das auch einen praktischen Nutzen, nämlich den, Objektivität und klares Denken zu fördern. Niels Bohr war sein Leben lang der Ansicht, daß die theoretische Physik kein Ort für schöne Reden ist: »Es muß unsere Aufgabe sein, die Erfahrung auf eine Weise darzustellen, die unabhängig ist vom subjektiven Urteil des einzelnen und deshalb objektiv in dem Sinn, daß sie eindeutig in der gewöhnlichen menschlichen Sprache mitgeteilt werden kann.«[15] Ernest Rutherford gab seinen Studenten den Rat, jedem Begriff (oder ihrem Verständnis eines Begriffs) zu mißtrauen, den sie nicht auch einer Serviererin erklären könnten. Leon Lederman sagte: »Wenn der Grundgedanke so kompliziert ist, daß er nicht auf ein T-Shirt paßt, ist er wahrscheinlich falsch.«[16] Einstein hatte etwas gegen Gedanken, die sich aufgrund ihrer mathematisch-formalen Eigenschaften beurteilen lassen, aber nicht vom Gesichtspunkt der ›Wahrheit‹.[17] Zugegeben, je komplizierter die Physik wird, desto mühevoller wird es auch, sie in die Umgangssprache zu übersetzen. Aber diese Tradition hat Bestand, und solange wir uns über die Verrücktheit der Quantenphysik wundern, so lange wird es Physiker und Philosophen geben, die sich einen Reim auf sie machen wollen.

Wie versuchen nun die drei führenden Interpretationen der Quantenphysik die Verrücktheit der Quanten mit dem gesunden Menschenverstand und der Sprache der makroskopischen Welt zu versöhnen?

Die erste Deutung war die Kopenhagener Deutung, und sie war jahrzehntelang die wichtigste Methode zur Sicherung des Friedens an der Grenze zwischen Quanten- und klassischer Physik. Sie behauptet, daß die Wellenfunktion, die ein Teilchen beschreibt, eine vollständige Beschreibung dieses Teilchens liefert. Da die Unbestimmtheiten, die die Wellenfunktion beschreibt, erst dann behoben werden, wenn das Teilchen beobachtet wird, kann man nicht sagen, daß das Teilchen irgendeinen bestimmten Zustand hat, bis es beobachtet wird. Man sagt, seine möglichen Zustände (ob es ein Teilchen ist oder eine Welle, ob es einen bestimmten Ort oder Impuls hat oder ob es, in unserer schematischen Veranschaulichung, die Eigenschaften hat, hart oder weich bzw. süß oder sauer zu sein) seien einander »überlagert«. Der Akt der Messung verwandelt die Möglichkeit in Wirklichkeit und beantwortet die Frage, was das Teilchen wirklich »ist«, durch eine Kombination der möglichen Zustände, die das Teilchen haben kann, mit der Art der Beobachtung. So setzt die Kopenhagener Deutung sowohl einen Beobachtungsgegenstand als auch einen Beobachter voraus. Beobachter können die Wirklichkeit nicht beliebig verändern. Sie können die Naturgesetze nicht verletzen, wie auch ein Maler kein Quadrat zeichnen kann, das zugleich ganz schwarz und ganz weiß ist – aber sie können aus einem Photon entweder ein Teilchen oder eine Welle machen.

Heisenberg entdeckte die Quantenunbestimmtheit, als er bei Bohr arbeitete, der rasch die Konsequenzen erkannte. Bohr war ein umfassender Denker – Heisenberg meinte, er sei »mehr Philosoph als Physiker« –, und es ist im wesentlichen seinem Einfluß zu verdanken, daß die Verrücktheit der Quanten bald als wesentliches philosophisches Problem gesehen wurde.[18] Zwar gleichen viele fähige Theoretiker Komponisten, die nur Klavier spielen, aber Bohr und Einstein waren beide universale Denker, vergleichbar mit Komponisten, die jedes Orchesterinstrument selbst spielen können. Die Welt kennt Einstein. Wir nehmen uns etwas Zeit, um Bohr kennenzulernen.

Bohr liebte die Natur und verspürte sein Leben lang ein Bedürfnis nach frischer Luft und körperlicher Betätigung. Er sah das Leben ganzheitlich und war immun gegenüber der Einbildung, die Kraft der Gedanken sei der der Muskeln überlegen. Heisenberg erzählt eine Geschichte, die die Ganzheitlichkeit von Bohrs Denken, Handeln und mystischer Philosophie veranschaulicht: »Einmal sah ich neben der Straße vor uns einen Telegraphenmast, der noch so weit entfernt war, daß ich nur mit äußerster Kraft werfend hoffen konnte, ihn überhaupt mit einem Stein zu erreichen. Entgegen allen Regeln der Wahrscheinlichkeit traf ich ihn beim ersten Wurf. Bohr wurde ganz nachdenklich und sagte dann: ›Wenn man versuchen würde zu zielen, sich zu überlegen, wie man werfen, wie man den Arm bewegen muß, so hätte man natürlich nicht die geringste Aussicht zu treffen. Aber wenn man sich entgegen aller Vernunft einfach vorstellt, daß man treffen könnte, dann ist das etwas anderes, dann kann es offenbar doch geschehen.‹«[19] Bohrs jüngerer Bruder Harald war ein berühmter Fußballspieler – ein Mitglied der dänischen Olympiamannschaft, die 1908 in London eine Silbermedaille gewann –, und Niels hätte es beim Sport wohl mit ihm aufnehmen können, wenn er nicht so gedankenverloren gewesen wäre. Als Torwart bei einem Spiel gegen einen deutschen Verein vertrieb er sich die Zeit, indem er mit seinem Zeigefinger Gleichungen auf den Torpfosten malte, und ließ beinahe einen verirrten Ball ins Tor trudeln. Wie Einstein segelte auch Bohr gern, aber während Einstein sich auf Seen beschränkte, zog Bohr tiefes Wasser vor. (Es war die größte Tragödie seines Lebens, als sein ältester Sohn Christian im Sommer 1934 bei einem Gewittersturm vom Deck der Chita, Bohrs Boot, geweht wurde und ertrank. Nur der eiserne Griff von Freunden an Deck hielt Bohr davon ab, ihm nachzuspringen.) Bohr sah Nichtwissen als wesentlichen Teil des Lernvorgangs und hielt Verwirrung und Widersprüche für Wegweiser bei der Suche nach Wissen. Er klagte auf seinem Sterbebett,

die Philosophen hätten oft kein Gespür für die Wichtigkeit des Ler-
nens; Lernen sei wichtig, und es sei wichtig, daß wir dazu bereit
seien.[20]

Bohr war direkt und hartnäckig bis zum Exzeß; er war zu ernst
für Wichtigtuerei und zu ehrlich, um umgänglich zu sein. Wenn seine
Art zu sprechen oft verwirrte, dann deshalb, weil er seine Verwirrung
freimütig zugab und gern laut nachdachte, denn er war der Meinung,
man solle nie klarer reden, als man denke.[21] (Wenn Carl Friedrich
von Weizsäcker nach seiner ersten Begegnung mit Bohr in sein Tage-
buch schrieb: »Ich habe zum ersten Mal einen Physiker gesehen. Er
leidet am Denken«, meinte er damit, daß Bohr »laut litt«.[22]) Seine An-
gewohnheit, sowohl offen als auch offensichtlich unsicher zu sein,
brachte Bohr gelegentlich in Schwierigkeiten. Winston Churchill, der
von Bohr gedrängt worden war, den Sowjets geheime Informationen
über die atomare Forschung zukommen zu lassen, weil sie sie sowieso erfahren würden, reagierte darauf mit einer wütenden Notiz an
seinen wissenschaftlichen Berater, Lord Cherwell, der das Treffen ar-
rangiert hatte: »Es scheint mir, daß man Bohr in Gewahrsam nehmen
oder jedenfalls darauf achten sollte, daß er selbst merkt, wie nahe er
am Rand eines höchst gefährlichen Verbrechens ist …. Mir hat der
Mann nicht gefallen, als Sie ihn mir zeigten, das Haar so wirr, in
Downing Street … Er gefiel mir gar nicht.«[23] Auch mit dem amerikanischen Außenminister Dean Acheson, den Bohr im Frühling 1950
traf, um einen geplanten offenen Brief an die Vereinten Nationen zu
erörtern, erging es ihm nicht viel besser. Bohrs Biograph, der Physiker Abraham Pais, berichtet: »Das Treffen begann wohl um zwei
Uhr, und Bohr redete die ganze Zeit. Etwa um halb drei wurde Bohr
von Acheson unterbrochen: ›Professor Bohr, ich muß Ihnen jetzt drei
Dinge sagen. Erstens, ob es Ihnen gefällt oder nicht, ich muß um drei
Uhr zu meinem nächsten Treffen gehen. Zweitens bin ich an Ihren
Gedanken höchst interessiert. Drittens habe ich bis jetzt noch kein
Wort von dem verstanden, was Sie gesagt haben.«[24]

Bohrs Erläuterungen der Kopenhagener Ansichten klingen zu-
weilen so orakelhaft, als ob er sie geäußert hätte, während er auf einem Dreifuß saß und Lorbeerblätter kaute, aber er versuchte ernst-

haft, so viel Klarheit in die Verrücktheit der Quanten hineinzubringen, wie er nur konnte, und seine Einstellung ist gar nicht so besonders schwer zu verstehen. Kurz zusammengefaßt sagt er, daß wegen der Quantenunbestimmtheit weder wir noch irgendwelche anderen Beobachter irgendwo im Universum alles über ein vorgegebenes mikroskopisch kleines Teilchen oder ein System wissen können; daher sei es sinnlos, darüber zu spekulieren, ob die fehlende Information »existiert«. Die Physik besteht nicht darin, imaginären Idealen nachzujagen, und Physiker sollten ihre Zeit nicht darauf verschwenden, über Eigenschaften nachzudenken, von denen feststeht, daß sie nicht festgestellt werden können (wie etwa, ob ein Photon »wirklich« ein Teilchen oder eine Welle ist). »Es ist ein Irrtum anzunehmen, es sei die Aufgabe der Physik herauszufinden, wie die Natur beschaffen ist«, schrieb Bohr. »In der Physik geht es darum, was wir über die Natur sagen können … Unsere Aufgabe ist es nicht, in das Wesen der Dinge einzudringen, deren Bedeutung wir sowieso nicht wissen können, sondern vielmehr Begriffe zu entwickeln, die es uns ermöglichen, auf produktive Weise über Naturphänomene zu sprechen.«[25] Die Kopenhagener Deutung behauptet, um John Wheeler zu umschreiben (der wiederum Bohr umschrieb), daß kein elementares Phänomen ein Phänomen ist, solange es nicht beobachtet wird.

Um diese Ontologie zu verdeutlichen, sprach Bohr von dem, was er »Komplementarität« nannte. Die wellenähnlichen oder teilchenähnlichen möglichen Zustände eines ungestörten Photons (bzw. seine Polarisationszustände oder die Zustände hart/weich und süß/sauer der Teilchen in unserem schematischen Experiment) ergänzen einander wie die schwarzen und weißen Teile des Yin-Yang-Diagramms, das Bohr in sein Familienwappen aufnahm. Bohr sah die Komplementarität als eine Art Chiaroscuro, als Harmonie der Widersprüche und Gegensätze in der Natur, die uns durch Heisenbergs Unbestimmtheitsprinzip offenbart worden war, die aber noch umfassendere Auswirkungen hat. Je genauer man die eine Seite der Sache betrachtet (also beispielsweise das Photon als Welle untersucht), desto paradoxer wird die andere Seite (aber es ist ein Teilchen!).

Jede Deutung der Verrücktheit der Quanten läuft darauf hinaus, daß man die Verrücktheit unter den einen oder anderen Teppich kehrt, der noch dazu ein Zauberteppich ist. Der Zauberteppich der Kopenhagener Deutung ist der Beobachtungsvorgang. Die Beobachtung – die »Messung« – läßt die »Wellenfunktion kollabieren« und überführt so das überlagerte System in einen seiner möglichen Zustände. Aber was genau ist denn eine Beobachtung? Diese Frage hat zu den kompliziertesten Gedankenexperimenten geführt, um die dunklen Bereiche der Quantenwelt zu erkunden.

Das bekannteste von ihnen ist »Schrödingers Katze«. Es bildet ein System mit zwei möglichen Zuständen, A und B. Das könnte ein Stück Radium sein, das mit einer Wahrscheinlichkeit von fünfzig Prozent innerhalb einer Stunde zerfällt, oder ein Süß/Sauer-Kasten, aus dem ein einzelnes Teilchen mit einer Wahrscheinlichkeit von fünfzig Prozent aus dem »süßen« Fenster entweicht – irgendein System, dem eine Quantenwahrscheinlichkeit zugeschrieben werden kann. Entscheidend ist nach Bohr, daß das System keinen bestimmten Zustand hat – weder zerfallen noch nicht zerfallen, weder süß noch sauer –, bis es beobachtet wird. Statt dessen existiert es in einem »überlagerten« Zustand, der vollständig durch die Wahrscheinlichkeiten seiner Wellenfunktion beschrieben wird. Das Radium oder andere Quantenobjekte werden so angebracht, daß sie einen von zwei Vorgängen auslösen, die sich im Inneren eines versiegelten, undurchsichtigen Kastens abspielen können, der unter anderem eine Katze enthält. Wenn das System eine Richtung wählt (wenn, sagen wir, das Radiumatom zerfällt), wird in dem Kasten ein Behälter mit Zyanidgas geöffnet, und die Katze stirbt. Wenn es anders ausgeht (kein Zerfall), überlebt die Katze. Wir stellen den Apparat auf, und dann warten wir eine Stunde, ehe wir den Kasten öffnen. Ist nun die Katze unmittelbar vor dem Öffnen tot oder lebendig? Die Kopenhagener Deutung besagt, daß die Katze vor dem Öffnen des Kastens weder tot noch lebendig ist, sondern in einem überlagerten Zustand tot/lebendig. Das erscheint unplausibel, und genau darauf kommt es bei diesem Gedankenexperiment an: Schrödingers Katze kritisiert die Kopenhagener Deutung, indem sie diese ad absurdum führt. Ihr Ziel ist es, die Plausibilität eines sich gabelnden, quantenklassischen Universums zu leugnen, indem sie zeigt, daß eine solche Aufteilung zu sinnlosen Ergebnissen führt. (Minimalisten, die mit einer verzweigten Physik leben können, schieben solche Einwände gelassen beiseite. Stephen Hawking sagt, Hermann Göring paraphrasierend: »Wenn ich von Schrödingers Katze höre, greife ich zu meinem Gewehr.«[26])

Die Frage läßt sich weiter klären, wenn man das Bezugssystem berücksichtigt. Nehmen wir an, daß das Katzenexperiment in einem verschlossenen Labor durchgeführt wird, nachts, während nur ein Wissenschaftler Wache hält. Nach Ablauf der Stunde öffnet er den Kasten und sieht ... was? Bis der Wissenschaftler zum Telefonhörer greift und das Ergebnis bekanntgibt oder auf die Straße läuft und »Heureka!« ruft, kennen wir das Ergebnis nicht.[27] Die Wellenfunktion kollabierte im Bezugssystem des Wissenschaftlers, aber nicht in unserem. Daß dies problematisch ist, ist nicht besonders überraschend: Die Aussage läuft letztlich darauf hinaus, daß die Kopenhagener Deutung nur vage definiert, was sie eigentlich unter der »Messung« oder »Beobachtung« eines Phänomens oder dem »Kollaps der Wellenfunktion« versteht – was alles ungefähr dasselbe bedeutet.[28]

Ein anderes Gedankenexperiment, das subtiler ist als das mit der Katze, aber nicht weniger aufschlußreich, wurde 1935 von Einstein und seinen jungen Mitarbeitern Boris Podolsky und Nathan Rosen am Institute for Advanced Study in Princeton erdacht. Es ist als das Einstein-Podolski-Rosen-(»EPR«)-Paradoxon bekannt und hat Ähnlichkeit mit dem Strahlenteiler-Experiment. Wir beginnen mit einem Teilchen, das in zwei andere Teilchen X und Y zerfällt, die zusammen den Spin null haben müssen. Wenn also ein Teilchen einen Spin von +1 hat, muß das andere den Spin -1 haben. Wir lassen die Teilchen weit auseinanderfliegen – diese Vergrößerung ist uns als erster Teil des Experiments schon vertraut –, und wenn sie, sagen wir, ein Lichtjahr voneinander getrennt sind, mißt ein Physiker eines von ihnen, etwa Teilchen X, und findet, daß sein Spin -1 ist. Er weiß dann, daß das ein Lichtjahr entfernte Teilchen Y den Spin +1 haben muß, wie ein zweiter Physiker, der dort draußen dieses Teilchen mißt, bestätigen kann. Das wäre für ein makroskopisches System durchaus vernünftig – wenn, sagen wir, die Teilchen durch ein paar tonnengroße Kreisel ersetzt würden, die sich auf ihrem ganzen Weg in entgegengesetzte Richtungen gedreht hätten. Aber nach der Kopenhagener Deutung waren die Teilchen ja in keinem der beiden Spinzustände, bevor ihr Spin beobachtet wurde. Es erschien Einstein – und anderen nach ihm –, daß Y dann, wenn der Spin eines Teilchens tatsächlich unbestimmt ist, nur »wissen« kann, daß X sich plötzlich zum Zustand Spin -1 entschlossen hat, wenn sich »augenblicklich« eine Art Signal über ein Lichtjahr Raum ausbreitete und die Neuigkeit von X nach Y brächte. Und das würde natürlich sowohl der Allgemeinen Relativitätstheorie als auch dem gesunden Menschenverstand widersprechen. Einstein sprach von »spukhafter Fernwirkung«. Einstein, Podolsky und Rosen schrieben, man könne »von keiner vernünftigen Definition der Wirklichkeit erwarten, daß sie dies zuläßt«.[29]

Ein Großteil der anschließenden Diskussion der Kopenhagener Deutung – und der Kritik, wie sie Schrödingers gleichzeitig tote und lebende Katze und das EPR-Paradoxon darstellen – ist höchst verwirrend. Es hilft, den Nebel zu vertreiben, wenn man bedenkt, daß Bohr nicht behauptete, ein Quantensystem habe keinen Zustand, bevor es beobachtet wurde, sondern vielmehr, daß sein Zustand vor der Beobachtung im Prinzip nicht bestimmt werden könne und daß deshalb Versuche, ihn zu definieren, sinnlos seien. In bezug auf die Frage, was in der Natur unterhalb der Schwelle ihrer theoretischen Beobachtbarkeit ablaufen könne, war Bohr ein Agnostiker. Einstein machte sich gern über die Kopenhagener Deutung lustig, indem er Kollegen fragte, ob sie wirklich glaubten, daß der Mond nur dann existiert, wenn man ihn anschaue. Bohrs Antwort lautete nicht, daß der Mond nicht existiert, wenn er nicht beobachtet wird, sondern daß wir nicht wissen können, ob er oder ein überhaupt nicht beobachteter Mond auf einem fernen und unbewohnten Planeten existiert, bis er beobachtet wird. Seine Einstellung zeugt von einer gewissen sturen Direktheit: Angesichts der Verrücktheit der Quanten zuckt Bohr nicht einmal mit der Wimper. Nach Meinung von David Z. Albert, Physikprofessor an der New Yorker Columbia-Universität, läuft das letztlich auf »einen radikalen Verzicht auf eine objektive physikalische Realität hinaus«[30] –, die, so muß man hinzufügen, lange für den entscheidenden Zweck der Wissenschaft gehalten wurde.[31] Deshalb ist es verständlich, wenn zumindest einige philosophisch denkende Wissenschaftler weiterhin nach einer angenehmeren Art suchten, die Verrücktheit der Quanten in den Bereich der makroskopischen Logik einzubeziehen.

Von diesen wurden einige zu Befürwortern der »Viele-Welten-Deutung« von Hugh Everett. Everett kam 1955, in Einsteins Todesjahr, nach Princeton und arbeitete dort bei Wheeler, der das Problem der Verrücktheit der Quanten ernst nahm und niemals der wissenschaftlichen Täuschung erlag, sie als philosophische Extravaganz abtun zu können.[32] Wie Einstein bereitete es auch Everett Sorgen, daß die Akzeptanz der Kopenhagener Deutung auf eine Weltanschauung hinausläuft, bei der sich unser mögliches Wissen über ein Teilchen in den Wahrscheinlichkeiten erschöpft, die in seiner Wellenfunktion stecken. Wenn beispielsweise ein Elektron, das mit einer Wahrscheinlichkeit von zehn Prozent in einem Detektorfeld X auftauchen sollte, tatsächlich, wie die Beobachtung zeigt, in X landet, sollen wir dennoch akzeptieren, daß das Elektron zu zehn Prozent hier bei X war und zu neunzig Prozent woanders, bevor es beobachtet wurde. Das kommt uns so unsinnig vor, als würde man sagen, eine Frau sei zu zehn Prozent schwanger oder eine Katze sei zu fünfzig Prozent tot, statt die viel sinnvollere Feststellung zu treffen, daß dies die Wahrscheinlichkeiten sind, die wir aufgrund unseres begrenzten Wissens über das fragliche System angeben können. Einstein hielt es für »des Alten«, wie er den universalen Logos nannte, unwürdig, wenn die Wissenschaft auf den Status eines Glücksspiels herabgesetzt würde. (Mit seinem Ausspruch: »Gott würfelt nicht mit dem Universum« verwahrte sich Einstein gegen diesen Aspekt der Kopenhagener Deutung.[33]) Everetts Formulierung skizziert die Natur in der altmodischen klassischen Weise als etwas, das den strengen Regeln von Ursache und Wirkung gehorcht und nicht durch Gedanken darüber kompliziert wird, was einen Beobachter definiert oder wie ein System gemessen werden kann. Im Bild der vielen Welten ist das Photon in unserem Experiment ein Teilchen oder eine Welle, und wir verzeichnen einfach seine Existenz, wie wir auch die eines Planeten oder eines Fanfarenstoßes verzeichnen würden.

Die Deutung bewahrt diese Einfachheit jedoch nur um den Preis der wirklich atemberaubenden Annahme, daß sich das Universum fortwährend aufspaltet und Kopien von sich selbst herstellt, die bis auf das Ergebnis jeder einzelnen Beobachtung identisch sind. Jedesmal, wenn ein Physiker nachschaut, ob ein Photon ein Teilchen oder eine Welle ist, teilt sich das Universum und erschafft zwei Labors, mit zwei Physikern, von denen einer ein Teilchen sieht und der andere eine Welle. Jedesmal, wenn die Lage eines Elektrons beobachtet wird, werden unendlich viele Universen geboren, von denen jedes ein Elektron an jedem seiner anderen möglichen Orte enthält.

Diese Vorstellung erfüllt sicherlich Bohrs Forderung, neue Gedanken müßten »verrückt genug« sein, wenn sie zur Quantentheorie beitragen sollen. Aber sie läßt sich auch ähnlich direkt kritisieren, wie Samuel Johnson die Aussage Bischof Berkeleys kritisierte, man könne höchstens von Gedanken sagen, daß es sie gibt. Johnson trat gegen einen Stein und sagte: »Ich widerlege das so.« Kritik dieser Art gab es überreichlich, und ihr Ton war meistens ironisch. So schreibt Bryce DeWitt: »Die Vorstellung, daß es 10^{100+} leicht unvollkommene Kopien von einem selbst geben sollte, die sich fortwährend in weitere Kopien aufspalten, die letztlich gar nicht mehr zu erkennen sind, ist nicht leicht mit dem gesunden Menschenverstand zu vereinbaren«.[34] Der Theoretiker Philip Pearle nennt diese Idee trocken »unökonomisch.«[35] David Lindley bemerkt, dieser Gedanke werde dann, wenn man darüber nachdenkt, wie viele solcher parallelen Universen man zur Verfügung stellen müsse – um beispielsweise der Konsequenz zu genügen, daß sich das Universum jedesmal aufspaltete, wenn ein Photon auf seinem langen Weg aus der Sonne heraus von einem Proton abprallte –, »doch allmählich mühsam, um es vorsichtig auszudrücken«.[36]

Trotzdem ist der heute verbreitetste Ansatz zur Quantenkosmologie eine Form der Viele-Welten-Deutung, nämlich die »Viele-Geschichten«-Formulierung, der wir im vorigen Kapitel begegnet sind. Es gibt mehrere Gründe dafür, daß sich ein so radikaler Gedanke zu etwas entwickeln konnte, was allmählich Ähnlichkeit mit wissenschaftlichem Handwerkszeug hat. Erstens war Everett einer der ersten Theoretiker, die den Gedanken der Quantenkosmologie – der Anwendung der Quantenmechanik auf das Universum – ernst nahmen, und deshalb paßt sein Ansatz recht gut zu den heutigen Bemühungen, dieses Ziel zu erreichen. Insbesondere scheint er in Kombination mit Richard Feynmans Methode der »Summe über Geschichte« sinnvoll zu sein – dem Ansatz, der die Wahrscheinlichkeiten in der Wellenfunktion mit mehreren alternativen Entwicklungen gleichsetzt, die sich in der kosmischen Geschichte ereignet haben könnten, sich aber de facto nicht ereignet haben (jedenfalls nicht in dem Teil des Universums, den wir beobachten). Aus dieser Sicht kann ein Kosmologe Quantenberechnungen anstellen, ohne sich selbst übermäßig mit der Frage zu quälen, ob es die Ergebnisse, die wir nicht beobachten, in einigen der unendlich vielen anderen Universen dennoch gibt. Die Naturwissenschaft schreitet voran, selbst wenn die philosophischen Folgerungen hier mindestens so grotesk zu sein scheinen wie bei der Kopenhagener Deutung.

Es bleibt noch die Interpretation von David Bohm, in der die Variablen verborgen sind. Bohm war als junger Physiker ein überzeugter Marxist und meinte deshalb, die Natur müsse vollständig determiniert sein – weshalb keine Theorie vollständig sein könne, die sich auf Wahrscheinlichkeiten beschränkt. Er beschäftigte sich mit der Kopenhagener Deutung und schrieb sogar ein Buch zu ihrer Verteidigung, aber nach einem Gespräch mit Einstein war er unzufrieden mit den Einschränkungen, die die Kopenhagener Deutung dem Umfang des Wißbaren setzt. (»Er hat sie mir ausgeredet. Ich bin wieder an dem Punkt, wo ich war, bevor ich das Buch schrieb«, sagte Bohm zu Murray Gell-Mann.[37]) Er beklagte in bezug auf den Kopenhagener Ansatz: »Was in der physikalischen Theorie angeblich allein zählt, ist das Aufstellen mathematischer Gleichungen, die es erlauben, das Verhalten großer statistischer Teilchenmassen vorherzusagen und zu kontrollieren .... Eine Voraussetzung dieser Art paßt allerdings zum Geist unserer Zeit, aber ... wir können nicht so einfach auf eine übergreifende Weltanschauung verzichten. In der Tat sieht man, daß die Physiker in Wirklichkeit gar nicht in der Lage sind, sich bloß in Berechnungen zu ergehen, die auf Vorhersage und Kontrolle abzielen. Sie greifen notwendigerweise auf Bilder zurück, die auf irgendeiner allgemeinen Vorstellung vom Wesen der Realität beruhen wie etwa ›die Teilchen, die die Bausteine des Universums sind‹, wobei diese Bilder heute äußerst verworren sind (zum Beispiel bewegen sich diese Teilchen diskontinuierlich und sind zugleich Wellen).«[38]

Bohms Suche nach einer einfacheren und vollständigeren Deutung führte zu seiner Formulierung einer neuen, deterministischen Darstellung der Quantentheorie, die er 1952 veröffentlichte. Inzwischen hatte seine Karriere jedoch in den politischen Stürmen dieser Zeit Schiffbruch erlitten. Weil er sich weigerte, vor dem Senatskomitee für »unamerikanische Aktivitäten« auszusagen, befand man ihn für schuldig, den Kongreß der USA mißachtet zu haben, und er wurde von seinem Posten als Assistenzprofessor in Princeton entlassen. Die gefügige Universitätsverwaltung verbot ihm sogar das Betreten des Geländes. Er verbrachte den Rest seines Lebens in einer Art Exil und lehrte in Brasilien, Israel und später am Birkbeck-College in London. Die Hartnäckigkeit, mit der er die Verrücktheit der Quanten in einem umfassenden Zusammenhang untersuchte, entfremdete ihn den meisten seiner Kollegen, die sich einig waren, daß er ein begabter Physiker sei, der sein Talent vergeude, indem er in der Philosophie herumpfusche.

Aber Bohm verfolgte eine Spur – eine Sicht der Natur, die so revolutionär war, daß er sie zu Beginn selbst nicht deutlich erkennen konnte. Seine Deutung hat mindestens zwei Stufen, eine relativ direkte und eine, die der klärenden Forschung John Stewart Bells folgte, die so überraschend und neu war wie kaum etwas anderes, das der Quantenmechanik und der Relativitätstheorie entsprang. Wir betrachten die beiden nacheinander.

Bohm begann mit der deterministischen Annahme, daß subatomare Teilchen wirklich in dem einen oder anderen Zustand sind – daß die Quantenunbestimmtheit also eine Aussage über die menschliche Unkenntnis macht und nicht über einen Naturzustand. Schrödingers Katze ist tot oder lebendig, und man braucht sich nicht vorzustellen, daß sie oder ein anderes System in einem »überlagerten« Zustand wartet. Bisher entspricht alles dem gesunden Menschenverstand, muß aber mit einem hohen Preis bezahlt werden.

Erstens war Bohm gezwungen, ein Agens zu erfinden – eine Leitwelle –, die die Teilchen manipuliert. Er nannte diese Leitwelle das »Quantenpotential« und stellte es sich als ein sanft wirkendes Feld mit der einzigartigen Eigenschaft vor, daß seine Stärke nicht mit der Entfernung abnimmt. In Abänderung eines Vergleichs, den Bohm zieht, stelle man sich einen B1-Bomber mit eingestelltem Autopiloten im Tiefflug vor. Den Antrieb erhält die B1 von ihren riesigen Düsen (die hier für die herkömmlichen Quantenkraftfelder stehen), gelenkt aber wird sie durch die viel schwächeren Pulse der Radarausrüstung, die den Boden absucht und die Fluginstrumente entsprechend einstellt. (Dieses Leitsystem stellt das Quantenpotential dar.) Das Bild mag ansprechend sein, aber es gibt keine experimentellen Belege für die Existenz von Bohms Quantenpotential. Es ist auch keineswegs offensichtlich, wie solche Hinweise je gefunden werden sollen, da Bohms Gleichungen zu genau denselben Vorhersagen führen wie die der herkömmlichen Quantenmechanik. (Deshalb sind die Variablen »verborgen«.)

Das andere Problem, dem sich Bohms Deutung stellen muß, ist, daß das Quantenpotential anscheinend der Speziellen Relativitätstheorie zuwiderläuft. Damit die Leitwelle das Verhalten weit entfernter Teilchen (beispielsweise bei einem EPR-Experiment) kontrollieren kann, muß sie gleichzeitig auf sie wirken. Aus der Sicht der zeitgenössischen Physik müßte das Quantenpotential also Signale senden, die schneller sind als das Licht. Das ist schwer zu schlucken, besonders für Leute wie Albert Einstein – der an jenem Tag, an dem er Bohm von dem Glauben an die Kopenhagener Deutung abbrachte, von seiner Abneigung gegen just die »spukhafte Fernwirkung« motiviert war, die Bohm später wiederbeleben sollte.

Trotzdem klärt Bohms Deutung Aspekte der Verrücktheit der Quanten und findet immer wieder Anhänger. Kürzlich hat sich David Z. Albert für eine Bohmsche Deutung eingesetzt, weil sie, von ihrem philosophischen Halbschatten abgesehen, einfacher ist als der

Kopenhagener Ansatz. Diese Theorie sei so ansprechend, schreibt Albert (und dabei klingt er ein bißchen wie Gertrude Stein), weil sie die Art Theorie sei, mit der man eine absolut schlichte und anspruchslose Geschichte von der Welt erzählen kann, eine Geschichte also, die von den »Bewegungen materieller Körper« handelt, jene Art Geschichte, in der nichts Verborgenes steckt, nichts metaphysisch Neuartiges, nichts Mehrdeutiges und Unausgesprochenes, nichts Ausweichendes und nichts Unverständliches, nichts Ungenaues und nichts Raffiniertes, in der es keine Fragen gibt, die keinen Sinn machen und die keine Antworten haben, in der keine zwei physikalischen Eigenschaften je miteinander »unverträglich« sind, in der das ganze Universum sich immer »deterministisch« verhält und welche die Entfaltung einer gigantischen Verschwörung erzählt, die die Welt »quantenmechanisch« erscheinen lassen soll.[39]

Daß sie das tut, indem sie Effekte beschwört, die schneller sind als das Licht, stört Albert nicht. Wenn eine relativistische Fassung der Bohmschen Quantenmechanik geschrieben werden kann, dann werden, so behauptet er, ihre Vorhersagen mit jenen der Speziellen Relativitätstheorie übereinstimmen, auch wenn die »grundlegende [also Bohmsche] Theorie das nicht tut. Man ist also in bezug auf die Spezielle Relativitätstheorie ein ›Instrumentalist‹, wenn man Bohms Theorie ernst nimmt.«[40] Aber bis jetzt gibt es keine Bohmsche relativistische Quantenfeldtheorie, und vielleicht wird es sie auch nie geben. Es ist auch nicht klar, ob andere Theoretiker den Status der Relativitätstheorie genauso unbekümmert degradieren werden.

Was Bohms Deutung als wissenschaftlicher Theorie fehlt, zeichnet sie andererseits als eine zwar etwas verschwommene, aber dennoch anregende Einsicht in die Nebel einer möglichen zukünftigen Wissenschaft aus. Bohm konnte sein *ultima Thule* nicht klar beschreiben, aber er bestand auf dessen Existenz und sagte vorher, daß die Erhellung dieser Frage nicht nur zu einer neuen Theorie führen würde, sondern auch zu einer neuen »Ordnung«, einer Revolution, die vergleichbar wäre mit den umwälzenden Veränderungen, die wir mit solchen Namen wie Kopernikus und Einstein verknüpfen. Bohm war ein bescheidener Mensch, aber er beharrte auf diesem großen

Anspruch. »Es sind offenbar radikal neue Ordnungs-, Maß- und Strukturbegriffe nötig«, schreibt er. »Wir befinden uns in einer Lage, die viel Ähnlichkeit hat mit der, in der Galilei war, als er seine Forschungen aufnahm.«[41] Aus seiner Sicht ist die Verrücktheit der Quanten ein Schlüsselloch, durch das hindurch wir einen ersten Blick auf eine andere Seite der Natur erhascht haben, eine, in der sich das Universum weder über enorm große räumliche und zeitliche Bereiche erstreckt, noch viele Dinge enthält. Vielmehr ist es ein einziges Geflecht, das Raum und Zeit enthält, sie in gewisser Weise aber auch unterordnet – vielleicht indem es sie als wichtige, aber nicht grundlegende Aspekte der Schnittfläche zwischen dem Universum und dem Beobachter sieht, der es erforscht.

Man kann sich das Quantenuniversum als die Kehrseite der Medaille denken, die das raumzeitliche relativistische Universum zeigt, das bis heute das kosmologische Denken beherrscht. Wir Menschen, die wir erst ins Bild kamen, als das Universum schon Milliarden Jahre alt war, und die wir ziemlich große Geschöpfe sind, die zwar die Sterne am Himmel sehen können, aber nicht die Atome in einem Apfel, haben uns der Kosmologie natürlich von den großmaßstäblichen Dingen her genähert – indem wir Galaxien beobachteten und Theorien wie die Relativitätstheorie entwickelten, um ihr Verhalten zu deuten. Aber das Universum war nicht immer groß und klassisch. Es war einmal klein und eine Quantenwelt, und es hat möglicherweise die Erinnerung daran nicht verloren. Es könnte sich herausstellen, daß das Universum drüben in dieser Welt – im Inneren und zuunterst, das Gewebe des Raums durchziehend, der wiederum jedes materielle Objekt durchzieht – bleibt, wie es zu Beginn war, als alle Orte ein Ort waren, alle Zeit eine Zeit und alle Dinge dasselbe Ding.

Um diesen Aspekt der Bohmschen Überlegungen zu erforschen, müssen wir eine letzte technische Entwicklung betrachten, und zwar Bells Ungleichung. Der Physiker John Stewart Bell beschäftigte sich mit der Bohmschen Interpretation der verborgenen Variablen und suchte eine Möglichkeit der experimentellen Überprüfung. Ohne auf Einzelheiten einzugehen, kann man sagen, daß das von Bell vorgeschlagene Experiment eine Variation des EPR-Apparats war – eine

Anordnung, in der zwei Teilchen, die zugleich ausgeschickt werden, sich eine makroskopisch meßbare Strecke voneinander entfernen, bevor eines von ihnen auf eine Weise beobachtet wird, die augenblicklich den Zustand des anderen festlegt. Bells Beitrag bestand darin, daß er skizzierte, wie die klassische Annahme, daß die Natur »lokal« – also mechanistisch – wirkt, mit Hilfe eines EPR-ähnlichen Experiments überprüft werden konnte. Seine Ergebnisse zeigten, daß die klassische Annahme falsch ist – daß die Natur in gewissem Sinn »nicht-lokal« ist. Dieser seltsame Befund hatte überraschende Folgerungen, die die Meinung des Physikers Henry Stapp plausibel erscheinen lassen, wonach Bells Theorem »die tiefgründigste Entdeckung der Naturwissenschaft darstellt«.[42]

Wir sind dem Begriff der »Lokalität« weiter oben in diesem Kapitel schon begegnet: Es ist die Annahme, daß ein System ein anderes nur dann verändern kann, wenn es eine Art mechanischer Wechselwirkung zwischen den beiden gibt. Nach der Relativitätstheorie kann keine solche Wechselwirkung schneller als mit Lichtgeschwindigkeit ablaufen, und was Physikern in bezug auf die Interpretation Sorgen macht, ist, daß die Theorie eine solche überschnelle Wechselwirkung erfordert.[43] Wenn man sagt, daß das Herumspielen mit einem Teilchen hier seine Geschwisterteilchen dort augenblicklich beeinflußt, sagt man damit, daß subatomare Teilchen sich »nicht-lokal« verhalten. Das verletzt die bewährte Annahme der Lokalität, und diese Vorstellung mißfiel Einstein so sehr, daß er das EPR-Gedankenexperiment konstruierte, um diese scheinbare Irrationalität zu beleuchten.

Bell – ein rotbärtiger Experimentalphysiker mit dem sanften Tonfall der Nordiren, hinter dessen unprätentiösem Humor sich eine außerordentliche Hartnäckigkeit verbarg – dachte lange über dieses Problem nach und konzentrierte sich dabei vor allem auf die wesentliche Frage, ob Naturvorgänge der Lokalität gehorchen, wie man immer gedacht hatte, oder ob sie wenigstens auf der Quantenebene nicht-lokal sind. In einer 1964 veröffentlichten Arbeit schlug er einen Versuch vor, der diese Frage endgültig beantworten sollte. Es dauerte Jahre, bevor die Technik so weit fortgeschritten war, daß das Experiment ausgeführt werden konnte. Die Durchführung gelang in den siebziger Jahren John Clauser und Stuart J. Freedman in Berkeley und später Alain Aspect und seinen Kollegen am Institut für Theoretische und Angewandte Optik der Universität von Paris in Orsay. Die Einzelheiten brauchen uns hier nicht zu beschäftigen: Sie haben mit der Überprüfung der Polarisation sehr vieler Photonen zu tun. Entscheidend war, daß die Ergebnisse jeweils andere sein sollten, wenn sich die Teilchen lokal so verhalten, wie Einstein es behauptete, oder nicht-lokal, wie es die quantenmechanischen Gleichungen fordern. Letztlich geht es bei der Verrücktheit der Quanten um genau diesen Unterschied. In beiden Fällen und in allen Experimenten, die seither durchgeführt wurden, war das Ergebnis klar: Bohr hatte recht (es gibt in Quantensystemen nicht-lokale Effekte), und Einstein hatte unrecht (die Nicht-Lokalität läßt sich nicht mit verborgenen Variablen erklären). Die Natur ist – jedenfalls auf dem subatomaren Maßstab – in der Tat nicht-lokal. Wenn man mit einem Teilchen herumspielt, bedeutet das wirklich, daß sein Geschwisterteilchen verändert wird, augenblicklich, selbst wenn es in weiter Ferne ist. Weder verborgene Variablen noch irgendein anderes mechanistisches Schema können Einsteins Vertrauen in die Lokalität retten. Der Physiker F. David Peat sagt: »Wir haben die Wahl, ob wir alle Hoffnung fahren lassen wollen, das Wesen der Quantenwirklichkeit zu erfassen, oder ob wir ein nicht-lokales Universum akzeptieren wollen.«[44]

Manche Physiker finden Gefallen an der ersten von Peats Alternativen. Sie glauben, daß wir den gesunden Menschenverstand nicht mit der Quantenwirklichkeit in Einklang bringen können und es auch gar nicht versuchen sollten. Aber die Geschichte ist mit manchen früheren Versuchen, der menschlichen Forschung absolute Grenzen zu setzen, hart umgesprungen, und wäre diese Option in diesem Fall populär gewesen, hätte man nicht siebzig Jahre lang über die Verrücktheit der Quanten gestritten. Betrachten wir also die Alternative: Was bedeutet es, wenn wir, wie Peat sagt, »ein nicht-lokales Universum akzeptieren«?

Was könnte es bedeuten? Es könnte bedeuten, daß das Universum in einer tiefen und bis jetzt nur undeutlich wahrgenommenen

Weise auf einer Ebene vernetzt ist, auf der Zeit und Raum nicht zählen. Bohm lebte lange genug, um sich mit den experimentellen Ergebnissen auseinandersetzen zu können, die bestätigten, daß Quanteneffekte nicht-lokal sind, und er befaßte sich in seinem 1980 veröffentlichten Buch *Die implizite Ordnung* mit ihnen. Als guter Etymologe verwandte Bohm das Wort »implizit« im Sinne von »eingefaltet«. Er sieht nicht-lokale Wirkungen etwa so mit dem Universum verwoben, wie ein Küchenchef Sahne unter eine Creme hebt. Für Bohm ging es in der klassischen Physik um eine explizite Ordnung, um die mechanische Welt von Newtons Schwerkraft und Einsteins Relativitätstheorie, während die Quantenmechanik die erste Naturwissenschaft war, die die implizite Welt der Nicht-Lokalitäten untersuchte. Ein wissenschaftlicher Hinweis auf diese neue Sichtweise könnte in der merkwürdigen Überlegung stecken, daß Photonen keine Zeit »erfahren«. Wir wissen aus der Speziellen Relativitätstheorie, daß sich die Zeit für Raumfahrende verlangsamt, wenn sie sich der Lichtgeschwindigkeit nähern. Photonen in einem Vakuum bewegen sich mit Lichtgeschwindigkeit; für sie gibt es keine Zeit. Ein Photon, das vom Punkt A zum Punkt B läuft, tut das aus seiner Sicht in Null-Zeit – was bedeutet, daß die beiden Punkte in gewisser Weise nicht getrennt sind! Ein anderer Hinweis kommt aus der Arbeit von John Wheeler und anderen, daß der Raum durch eine Vielzahl von »Wurmlöchern« verbunden ist, kleinen Tunneln, die Orte verbinden, die uns weit voneinander entfernt zu sein scheinen. Ein ähnlicher Ausblick wurde von Roger Penrose erkundet, der die Raumzeit im Quantenmaßstab als wirr und dynamisch sieht. Penrose vergleicht den Raum mit einer fotografischen Platte, und zwar einer, die nur dann zu einem »normalen« makroskopischen Bild entwickelt werden kann, wenn sie durch eine Messung »fixiert« wird.

Bohm und andere haben das implizite Universum mit einem »Hologramm« verglichen (das Wort stammt aus dem Griechischen und heißt »das Ganze schreiben«) Man erzeugt ein Hologramm, indem man einen Gegenstand mit einem Laserstrahl beleuchtet, der durch einen Strahlenteiler gegangen ist. Auf diese Weise werden zwei Strahlen erzeugt – ein Vorgang, der Ähnlichkeit mit den Doppelspalt-

Experimenten hat, die für das Nachdenken über die Verrücktheit der Quanten so wichtig sind –, die das Licht von dem Gegenstand auf eine lichtempfindliche Glasplatte fallen lassen. Die Platte zeigt kein sichtbares Bild, erzeugt aber, wenn sie durch ein ähnliches Paar koordinierter Lichtstrahlen beleuchtet wird, eine dreidimensionale Abbildung des Gegenstands, die dann im Raum zu schweben scheint. Dieses Bild ist an sich schon faszinierend – es gibt keine andere theoretische Untergrenze für seine Auflösung als die, welche die Wellenlänge des Lichts auferlegt, mit der es erzeugt wurde –, aber besonders interessant ist im Rahmen eines kosmologischen Bildes die Art, wie die Information auf der Platte verzeichnet wird. Wenn man ein Hologramm zerstört und einen seiner Bruchteile in den Laserstrahl hält, sieht man nicht einen Teil des früheren Bildes, sondern das Ganze. Das Bild ist schwächer und etwas »verrauschter«, aber räumlich gesehen ist in diesem und in jedem anderen Bruchstück alles vorhanden.

Was wäre, wenn das Universum so ist? Ich weiß nicht, wie ich eine solche Vorstellung in heutige wissenschaftliche Begriffe fassen soll, deshalb versuche ich es erst gar nicht. Solche Schwierigkeiten könnten natürlich ein Zeichen dafür sein, daß es keine »implizite« Seite des Universums gibt – daß dieser Gedankengang zu nichts führt. Aber sie könnten auch, wie Bohm glaubte, bedeuten, daß wir es wirklich mit einer neuen »Ordnung« zu tun haben, die deshalb ihre eigenen Begriffe und ihre eigene Sprache entwickeln muß und nicht angemessen analysiert werden kann, wie Bohm sagt, um sie »an wohldefinierte und vorgefaßte Vorstellungen davon anzupassen, was diese Ordnung zu leisten fähig sein sollte«.[45] Deshalb beschreibe ich diese Vorstellung allgemeiner, wenn auch nur in Form einer Fabel.

Nehmen wir an, das Universum, wie die Stringtheorie es fordert, habe als hyperdimensionale Raumblase begonnen, deren Dimensionen bis auf vier alle zu dem zusammengerollt waren, was wir heute subatomare Teilchen nennen. Uns scheinen diese Teilchen unendlich viele einzelne Dinge zu sein, aber das ist lediglich ihre Erscheinungsform in den vier Dimensionen der Raumzeit. Im Hyperraum könnten sie sehr wohl auch nur ein Ding sein – also nicht nur verknüpft, sondern sogar gleich sein. (Wheeler zu Richard Feynman: »Feynman, ich weiß, warum alle Elektronen dieselbe Ladung und dieselbe Masse haben.« – »Warum?« – »Weil sie alle dasselbe Elektron sind!«[46]) In diesem Fall leben wir in einem Universum, das zwei komplementäre Aspekte darstellt. Eines gehorcht der Lokalität und ist groß, alt, expandierend und in gewissem Sinn mechanisch. Das andere ist nicht-lokal, beruht auf Formen von Raum und Zeit, die uns nicht vertraut sind, und ist überall vernetzt. Wir schauen durch das Schlüsselloch der Verrücktheit der Quanten und sehen ein bißchen von dieser alten ursprünglichen Seite des Kosmos.

In der Behauptung, das Universum sei vernetzt, klingt nach, was Mystiker schon seit Jahrtausenden sagen. Das kann in der Naturwissenschaft eine schwere Bürde sein, denn sie bekam schon oft die selbstgefällige, inhaltsleere Behauptung zu hören, sie erreiche wenig mehr als den Beweis dessen, was Laotse und Häuptling Seattle schon immer gesagt hätten. Aber einige der wichtigsten wissenschaftlichen und philosophischen Gedanken haben mit dem Gefühl zu tun, daß sich dort Geheimnisse verbergen. Einstein: »Das Schönste, was wir erleben können, ist das Geheimnisvolle. Es ist das Grundgefühl, das an der Wiege von wahrer Kunst und Wissenschaft steht. Wer es nicht kennt und sich nicht mehr wundern, nicht mehr staunen kann, der ist sozusagen tot und sein Auge erloschen.«[47] Wir erinnern uns an die Paradoxa des Zenon von Elea, jenes Philosophen und Mathematikers, der zeigen wollte, daß Bewegung unmöglich ist, da beispielsweise ein fliegender Pfeil die halbe Entfernung zum Ziel in einem endlichen Zeitintervall durchqueren muß, und die Entfernung unendlich oft halbiert werden kann. Aber wir erinnern uns seltener daran, warum Zenon seine Paradoxa konstruierte. Er wollte damit die Behauptung seines eleatischen Landsmannes Parmenides untermauern, daß alles eins ist, und die Absurdität der konträren Philosophie des Pythagoras aufzeigen, der die Meinung vertrat, daß die Natur keine Einheit sei, sondern aus vielen Dingen bestehe. Die Naturwissenschaft stammt bis heute im wesentlichen von Pythagoras ab. Wie Zenon zeigt, ist diese pythagoreische Sicht, der zufolge es im Universum viele Dinge gibt, unvollständig, und wenn wir tiefer

348

schauten, würden wir erkennen, daß die Raumzeitwelt der vielen Dinge nur eine Seite der Schöpfung darstellt. Es ist, wie Dantes Vergil sagt:

»Gewiß erscheinen oftmals manche Dinge,
Die zu Vermutungen falschen Anlaß geben,
Weil ihre wahren Gründe noch verborgen.«[48]

Wenn die vielen Fäden der Geschichte sich eines Tages als Schnitte durch einen einzigen Knoten erweisen, wird die Sonne des Parmenides wieder aufgehen, und Zenons Einsicht wird sich als eine Vorahnung des nicht-lokalen Universums erweisen.

Dann hat die Rolle des Beobachters gerade erst begonnen, und wir müssen den Kopf noch einmal, aber im größeren Maßstab, durch eine lokale Himmelskugel stecken, wie es in dem berühmten Holzschnitt dargestellt wird, der die kopernikanische Wende veranschaulicht. Einer der ersten, die das erkannten, war Wheeler, der, wie Gertrude Stein, gelegentlich als Denker unterschätzt wurde, was daran lag, daß er sich (wie sie) gern mit Fragen beschäftigte, ohne gleich vorzugeben, die Antwort zu kennen. Wheeler denkt laut darüber nach, ob die Rolle des Beobachters in der Quantenphysik einer anderen Sicht der Genesis entspricht. Er fragt: »Wie kam das Universum ins Sein?«[49]

Ist das ein seltsamer, ausgefallener Vorgang, den wir nie hoffen können zu analysieren? Oder ist der Mechanismus, der da ins Spiel kam, einer, der sich immer wieder offenbart?
Von all den Zeichen, die dafür sprechen, daß »Quantenphänomene« den elementaren Schöpfungsakt darstellen, ist keines auffälliger als seine Unberührbarkeit. In der Fassung des Doppelspaltexperiments, bei dem die Wahl erst später getroffen wird, haben wir kein Recht zu sagen, was das Photon auf seinem langen Weg vom Anfangspunkt zum Endpunkt tut. Bis zum Akt der Entdeckung ist das werdende Phänomen noch kein Phänomen. Wir könnten an einem Punkt entlang des We-

349

ges mit einem anderen Meßgerät eingegriffen haben; aber dann haben wir ein neues Phänomen, unabhängig davon, ob es durch das neue Meßgerät oder das frühere ausgelöst wurde. Wir sind nicht näher daran als zuvor, das unberührbare Innere des Phänomens zu durchdringen. Was hätte man sich in seiner reinsten Phantasie Zauberhafteres – und Angemesseneres – träumen lassen als diesen Schöpfungsvorgang, der überall wirken kann und wirkt, der sich hier enthüllt und doch verbirgt?

Alle Interpretationen der Verrücktheit der Quanten kehren diese Frage unter den Teppich, aber Teppiche haben Muster, die man nicht wahrnehmen kann, solange man ihre einzelnen Teile für sich betrachtet. Wenn wir bisher nur die Raumzeitfäden im Teppich wahrgenommen haben, liegt das vielleicht daran, daß Wahrnehmen eben das Erkennen von einzelnen Teilen bedeutet. Würden wir, wenn wir das Ganze wahrnehmen könnten, erkennen, daß das *Hier und Jetzt* dasselbe ist wie das *Dann und Dort*? Könnten reine Beobachter sowohl das zerlegte, explizite Universum wahrnehmen als auch das eingefaltete, implizite, aus dem es gewebt wurde? Was bedeutet es überhaupt, ein Beobachter zu sein, aufmerksam zu sein, rege? Mit dieser Frage begeben wir uns aus den eisigen Gefilden der Schöpfung und der Verrücktheit der Quanten hinab in grüne Täler, in denen wir neugierigen, stets unzufriedenen Menschen uns inmitten der Fülle des Lebens fragen, wo unser Platz im Universum ist.

KAPITEL 12

Ein Platz für uns

Gott sagte zu Abraham: »Wenn ich nicht
wäre, gäbe es dich nicht«. »Das weiß ich,
Herr«, antwortete Abraham, »aber wenn es
mich nicht gäbe, gäbe es keinen, der über
dich nachdenkt.«

Alte jüdische Weisheit[1]

Der Optimist behauptet, daß wir in der
besten aller möglichen Welten leben, und
der Pessimist fürchtet, daß das stimmt.

James Branch Cabell[2]

Menschen sind die wohl einsamsten Wesen im Universum. Wir haben erst vor kurzem begonnen, etwas über das Weltall in Erfahrung zu bringen, wir wissen noch nicht, welchen Reim wir uns darauf machen sollen, und es gibt niemanden sonst, mit dem wir uns darüber unterhalten könnten. Also sprechen wir Menschen untereinander darüber und stellen Betrachtungen an, die nicht zwingend auf unsere notwendigerweise menschliche Sicht beschränkt bleiben. In diesem Sinn sind unsere Dialoge Monologe, behindert durch das, was man das Schreckgespenst der Einzigartigkeit nennen könnte. Wir kennen nur eine Art von Intelligenz, unsere eigene, nur eine Art von Leben, denn alles irdische Leben ist verwandt, und wir kennen nur ein Universum, das von uns beobachtete. Wie können wir dann Zufall und Notwendigkeit berechnen, um herauszufinden, welche der Gesetze und welche der Naturkonstanten, falls überhaupt, unvermeidlich sind und welche zufällig, und um zu beurteilen, ob Leben und Intelli-

351

genz im Mittelpunkt oder am Rand des kosmischen Entwurfs der Dinge stehen?

Vor der Renaissance lebten wir in einer heimeligen kleinen Welt, in der uns unser Platz sicher schien.[3] In der vorwissenschaftlichen Welt standen wir im Mittelpunkt, die Welt drehte sich sogar um uns. Sie bestand aus unserer unmittelbaren Umgebung (und nicht viel mehr), und wir gehörten dazu – und siehe da, sie hatte menschliches Maß. Die kopernikanische Revolution änderte das natürlich alles, aber der Schock bestand nicht so sehr darin, daß wir einer bevorzugten zentralen Stellung beraubt und »entthront« wurden, wie die Lehrbücher behaupten, sondern wir waren schockiert, weil es in der Welt anscheinend nicht mehr um uns ging. Die ungeheuren Weiten des kopernikanischen Kosmos schienen unnütz und sinnlos zu sein, wenn sie nicht bewohnt wurden. (Diese Betrachtung wurde insbesondere von dem Philosophen Giovanni Agucchi in einem Brief an Galilei als Argument gegen den Kopernikanismus angeführt.[4]) Wenn die Weiten bewohnt waren, mußten wir in Betracht ziehen, daß wir unsere kosmische Heimat mit anderen Wesen teilen, von denen einige gescheiter oder besser sein könnten als wir und Gottes Liebe und Fürsorge mehr verdienen als wir.

So begann ein spannungsreiches Zeitalter, in dem es bei jenen, die die Ergebnisse der Naturwissenschaft der Laienschar mitteilten, beliebt wurde, die ehrfurchteinflößende Unendlichkeit des Universums wie eine Keule zu schwingen. Wenn man wissenschaftlich »in« sein wollte, mußte man die wenig schmeichelhafte Aussage fraglos akzeptieren, daß wir nichts sind als Schleim, der an einem Staubkorn irgendwo im galaktischen Hinterland klebt, das unwissend durch ein mit gleichgültigen Sternen übersätes tödliches Vakuum rast. Sir James Jeans erfaßte diese Stimmung ausgezeichnet, als er ein Astronomiebuch schrieb, das ein Verkaufsschlager wurde. In ihm führte er so eindrucksvoll aus, wie unmenschlich groß und klein und heiß und kalt alles ist, daß ein Kritiker fragte, ob Sir James die Absicht habe, seine Leser zu bilden oder sie zu Tode zu erschrecken.

Neuerdings schwingt das Pendel wieder in die andere Richtung, und Wissenschaftler und Philosophen überlegen erneut, ob unsere

Existenz im großen Entwurf der Dinge wirklich so zufällig ist. Die kopernikanische Revolution führte zum »kosmologischen Prinzip«, das Theorien ausschließt, die die Menschheit in die Mitte des Universums oder an einen anderen privilegierten Ort setzen. Es verletzt beispielsweise das kosmologische Prinzip, wenn man behauptet, daß sich der Urknall an einem bestimmten Ort in einem schon existierenden Raum abspielte und daß wir uns zufällig gerade am Ort der Explosion befinden, so daß die Galaxien alle von uns wegrasen. Das kosmologische Prinzip ist schön und gut, soweit es gültig ist, aber die Menschen haben angefangen, sich zu fragen, ob es vielleicht zu einseitig ist. Vielleicht würde die Kosmologie von der Berücksichtigung eines zweiten Prinzips profitieren – eines Prinzips, das unsere Existenz berücksichtigt, ohne anzunehmen, daß sonst irgend etwas Besonderes an uns ist. Diesen Versuch unternimmt das »anthropische Prinzip«. Es nimmt die menschliche Existenz als gegeben an und sucht das Universum nach Hinweisen darauf ab, welche seiner Kennzeichen für die Existenz von Leben wichtig sind. Sein Ziel ist es, den Kosmos weniger als eine unpersönliche Maschine und mehr, wie John Wheeler sagt, als »Heimat für Menschen« zu sehen.

Um diese Ansicht zu erforschen, stellen wir zwei Fragen, die wichtig sind für die Beziehung zwischen der Menschheit und dem Universum, wie wir es erst seit so kurzer Zeit wahrnehmen können.

Sind wir allein? Ist Leben aus kosmischer Sicht selbstverständlich und verbreitet oder selten? Ist die menschliche Intelligenz ein glücklicher Zufall oder ein Funke eines universalen Feuers?

Sagt unsere Existenz irgend etwas über das Universum aus? Der anthropische Ansatz geht von ebendieser Annahme aus und versucht etwas über das Universum zu erfahren, indem er die Existenz von Leben als Ausgangspunkt wählt.

Die Frage, ob wir im Universum allein sind, ist alt. Neu sind die Hilfsmittel, die uns vielleicht die Möglichkeit eröffnen, sie zu beantworten.[5] Wir haben heute Radioteleskope, die Signale entdecken könnten, die von einer außerirdischen Zivilisation mit vergleichbaren Fähigkeiten irgendwo in unserem Teil des Milchstraßensystems ausgesandt würden. Die nächste Generation optischer Raumteleskope könnte in der Lage sein, in den Spektren von Sternenlicht, das von Planeten in anderen Sonnensystemen reflektiert wird, Anzeichen nachzuweisen, die auf Leben schließen lassen – insbesondere Kohlendioxid, welches das Vorhandensein einer Atmosphäre verrät, Wasser, das Meere vermuten läßt, und Ozon, eine Form von Sauerstoff. Und es ist vorstellbar, daß zukünftige Raumsonden im Sonnensystem Lebensformen oder Fossilien erschnüffeln werden – sie könnten sich hinter den undurchsichtigen Wolken des Saturnmondes Titan verbergen oder auch in den gefrorenen Steppen des Mars lauern. (Das Interesse an der Möglichkeit von Leben auf dem Mars wurde im August 1996 neu belebt, als Wissenschaftler der NASA verkündeten, sie hätten in einem Stein, der vor 16 Millionen Jahren von dem roten Planeten abgestoßen wurde, Hinweise auf mikroskopisch kleine Fossilien gefunden; der Stein, der 1984 im antarktischen Eis gefunden wurde, war vor 13 000 Jahren – wahrscheinlich als Asteroid – auf die Erde gefallen.) Bis eine Suche andere Ergebnisse bringt oder bis sich eine überwältigende Menge von negativen Befunden angesammelt hat, werden Erwägungen über die Möglichkeit außerirdischen Lebens größtenteils spekulativ bleiben. Die Qualität solcher Spekulationen ist jedoch etwas besser geworden, seit die Naturwissenschaft eine genauere Vorstellung davon hat, was Leben ausmacht und wie es auf diesem Planeten begann.[6]

Solche theoretischen Überlegungen haben zu zwei deutlich verschiedenen Einschätzungen darüber geführt, ob es draußen im Kosmos Leben gibt, und wenn ja, wieviel Leben, und ob ein Teil davon »intelligent« ist (wobei wir für diese Zwecke Intelligenz pragmatisch definieren als die Fähigkeit und Bereitschaft, mit Menschen zu kommunizieren).[7] Eine Gruppe, die vor allem aus Astronomen und Physikern besteht, behauptet, daß extraterrestrisches Leben häufig ist. »Ich bin sicher, daß es dort draußen Leben gibt«, erklärt der Physiker Paul Horowitz von der Harvard-Universität, der mit einem bescheidenen Radioteleskop mit dreißig Metern Durchmesser, dessen Empfänger und Analysatoren er und seine Studenten größtenteils selbst gebaut haben, eine SETI-Suche durchführt (SETI ist ein Kürzel für die Suche nach Extraterrestrischer Intelligenz)[8]. Das andere Lager, überwiegend Biowissenschaftler, behauptet, es könne zwar auf anderen Planeten Leben geben, aber die Wahrscheinlichkeit für die Existenz außerirdischer Intelligenz sei so gering, daß wir fast mit Gewißheit allein sind in unserer Galaxis und womöglich im ganzen beobachtbaren Universum. Dieser Meinung ist der Biologe Ernst Mayr, ebenfalls aus Harvard, der erklärt hat, bei SETI handele es sich »um eine beklagenswerte Verschwendung von Steuergeldern, von Geldern, die höchst nutzbringend für andere Zwecke verwandt werden könnten«.[9]

Beide Seiten stützen sich auf dieselben Daten. Daß sie zu entgegengesetzten Schlüssen kommen, beweist, wie schwierig es ist, die Wahrscheinlichkeiten eines Phänomens (in diesem Fall des Lebens) zu berechnen, für das wir nur ein einziges Beispiel kennen. Schauen wir uns die Beweisführung jeweils genauer an.

Die optimistische (also Pro-SETI)-Überlegung verläuft im wesentlichen so: Es gibt so viele Sterne in unserer Galaxis, daß es selbst dann, wenn nur ein Prozent von ihnen von einem erdähnlichen Planeten umlaufen würden, immer noch über eine Milliarde Erden in der Galaxis gäbe. Das Leben begann früh in der Geschichte unseres Planeten – die ältesten fossilen Zellen entstanden nur wenige hundert Millionen Jahre nach der Bildung der Erdkruste. Das legt nahe, daß Leben leicht entstehen kann – jedenfalls auf Planeten, die wie die Erde mit flüssigem Wasser gesegnet sind – und deshalb eben keinen außerordentlichen Glücksfall darstellt. Und ist es einmal etabliert, ist es robust: Das irdische Leben hat zahlreiche Katastrophen überlebt, bei denen ganze Arten ausgelöscht wurden, aber die Evolution ging trotzdem weiter. Im Lauf von Milliarden Jahren der Evolution muß sich früher oder später Intelligenz einstellen, weil eine Art, die über Intelligenz verfügt, bessere Überlebenschancen hat, und darum geht es ja bei der Evolution. Wo es Intelligenz gibt, stellt sich auch bald technisches Wissen ein. Die Entwicklung von Einbäumen hin zu Raumschiffen erforderte knapp 14 000 Jahre. Deshalb ist es sinnvoll, (zeitweise) mit Radioteleskopen nach Signalen von anderen technologischen Zivilisationen Ausschau zu halten, da es in unserer Galaxis wahrscheinlich Tausende davon gibt.

Die Antwort der Pessimisten lautet, wiederum vereinfacht, wie folgt: Vor allem erdähnliche Planeten sind vermutlich viel seltener, als Optimisten es annehmen. Die Erde ist insofern einzigartig im Sonnensystem, als sie genau die richtige Sonnenentfernung hat, in der Wasser, das wir alle für das Leben, wie wir es kennen, für unentbehrlich halten, in allen drei Zuständen – also flüssig, fest und gasförmig – existieren kann. Das wäre nicht der Fall, wenn die Erdbahn nur etwas größer oder kleiner wäre, und dann würde es auch hier womöglich kein Leben geben. Selbst wenn wir die Hypothese akzeptieren, daß Leben in der Galaxis häufig ist, versagt die Überlegung der Optimisten, sobald es um die Entwicklung der Intelligenz geht. Die Optimisten behaupten, Intelligenz habe den Arten, die damit gesegnet sind, bessere Überlebenschancen verschafft, und sie sei deshalb im Lauf der biologischen Evolution ausgelesen worden. Aber warum trat Intelligenz dann nicht früher in der langen Erdgeschichte auf? Den Optimisten wird also Widersprüchlichkeit vorgeworfen: Sie sagen, das Leben sei unvermeidlich, weil es früh in der Geschichte des Planeten auftrat, aber sie sagen auch, Intelligenz sei unvermeidlich – doch sie entstand erst spät. Der Irrtum (wenn es denn einer ist) ist eine Folge der unglaubwürdigen Annahme, daß die Evolution ein schrittweiser Vorgang ist, eine langsam mahlende Maschine, die das Ziel verfolgt, schließlich Menschen zu erschaffen. Das ist sie nicht. Die Evolution ist nicht zielgerichtet, sondern überwiegend zufällig, und die Folge der Ereignisse, die zum *Homo sapiens sapiens* führen, ist so lang und verwickelt, so voller Zufälligkeiten, die auch anders hätten ablaufen können, daß Intelligenz mit großer Sicherheit nirgendwo sonst im Universum aufgetreten ist. Wenn es außerirdische Intelligenz gibt, hat sie wohl eher Ähnlichkeit mit der Intelligenz von Walen, Spinnen, Insekten und den Millionen anderer Arten, die auf der Erde leben und gescheit genug sind, sich um ihre eigenen Angelegenheiten zu kümmern, aber wenig Interesse für den Bau von Radioteleskopen aufbringen. Solche Lebensformen zu finden, wird nicht leicht sein, und die Verständigung mit ihnen wäre vermutlich schwieriger als die mit irdischen Eulen und Würmern. Also, schließen die Pessimisten, sind wir allein, und an diesen Gedanken sollten wir uns lieber gewöhnen.

Wenn ich auf diese aktuelle Debatte eingehe, dann nicht deswegen, weil ich sie lösen will. (Praktisch gesehen ist die Lösung einfach: Wir sollten weiterhin SETI-Projekte betreiben, weil der Empfang eines Signals das Rätsel lösen würde, wir aber dann, wenn wir gar nicht hinhören, die Hoffnung aufgeben, es je zu lösen.) Die Debatte ist vielmehr deswegen interessant, weil sie zeigt, wie fremd wir dem Kosmos sind, obwohl wir uns doch so viel Mühe geben, ihn zu begreifen. Die Pessimisten haben völlig recht, wenn sie behaupten, daß wir den Ursprung der menschlichen Intelligenz nicht kennen. Man hat viele nützliche diesbezügliche Gedanken erwogen, wie die Hypothese, daß die Enzephalisierung des Menschen (das rasche Wachstum seines Gehirns relativ zum Körpergewicht) vom Selektionsdruck vorangetrieben wurde, als unsere Vorfahren von den Bäumen steigen und in der Savanne jagen mußten, wozu sie durch Klimaveränderungen – am extremsten waren die Eiszeiten – gezwungen wurden. Der Neurobiologe William Calvin hat ausgeführt, wie das Werfen von Steinen und Speeren bei der Jagd dazu beigetragen hat, das menschliche Gehirn im Lauf der Evolution für die Kontrolle von Bewegungsvorgängen auszulesen.[10] Aber wir wissen es nicht wirklich. Wie der Anthropologe Loren Eiseley schrieb, wurde der Mensch aufgrund von Gaben und Fähigkeiten, an deren Entwurf er keinen Anteil hatte, zum homo faber.[11] Nicht nur gelingt es uns nicht zu verstehen, wie oder warum uns die Gabe der Intelligenz gegeben wurde, sondern, wichtiger noch, warum sie uns noch darüber hinaus gegeben ist. Mit anderen Worten: Warum unser Gehirn es nicht nur ermöglicht, unseren Planeten zu beherrschen, sondern uns auch befähigt , zu verstehen, wie Atome hüpfen und Galaxien schweben. Da wir unseren Ursprung nicht kennen, sind wir Waisen in unserer eigenen Welt.

Wir behaupten also, daß wir irgendwie in der Mitte der Dinge sind, daß die Naturwissenschaft eine so edle und lohnende Tätigkeit ist – ein Weg zum Wissen und deshalb sicherlich etwas Göttliches –, daß wenigstens sie irgendwo in der Nähe des zentralen Feuers sein muß, auch wenn wir als ihre armseligen Fackelträger es nicht sind. Aber Wünschen allein bewirkt nichts. Was wir über die Evolution wissen, zeugt eher davon, daß die Intelligenz ein glücklicher Zufall ist, und die Geschichte der Menschheit läßt sich als ein Beweis dafür sehen, daß dasselbe auch für die Erfindung der Naturwissenschaft gilt. Die alten Griechen waren großartige Philosophen, die uns in gewissem Sinn auf den Weg zur Naturwissenschaft brachten, aber sie verfügten über fast keinerlei Technik und entwickelten auch keine eigenständige Wissenschaft. Aus China und Indien kamen Tausende von Büchern, die von glänzendem Denkvermögen zeugen, und auch viele technische Errungenschaften, aber wenige Forscher, die sich mit diesen Fragen beschäftigt haben, glauben, daß sich die Naturwissenschaft in Asien entwickelt hätte, wenn sie nicht vor einigen Jahrhunderten im Westen entstanden wäre.[12] Wir tappen nicht so sehr in bezug auf den Ursprung der Naturwissenschaft im Dunkeln wie in bezug auf den Ursprung der Intelligenz, aber wir können keineswegs einigermaßen zuversichtlich behaupten, daß Intelligenz notwendig zur Naturwissenschaft führt. Auch das Urteil über die angeblichen darwinistischen Vorteile des menschlichen Verstands steht noch aus. Naturwissenschaft und Technologie mögen uns bis jetzt gut gedient haben und mehr Menschen Freiheit und Wohlstand gebracht haben als jede andere historische Entwicklung. Aber sie haben auch das Schreckgespenst der globalen Katastrophe heraufbeschworen, haben zu den Bedrohungen durch Überbevölkerung, Umweltverschmutzung, Erschöpfung der Ressourcen, Reaktorunfällen und anderen Gefahren geführt oder dazu beigetragen.

Die Vertreter von SETI berechnen ihre Erfolgsaussichten gern mit Hilfe der »Drake-Gleichung«. Sie wurde von dem Astronomen Frank Drake aufgestellt, der 1960 die ersten SETI-Beobachtungen durchführte, indem er ein Radioteleskop mit fast dreißig Metern Durchmesser in Green Bank, West Virginia, auf zwei nahe sonnenähnliche Sterne richtete und eine einzige Frequenz abhörte. Die Gleichung beginnt mit der Anzahl der Sterne im Milchstraßensystem und multipliziert sie mit einer Reihe von Faktoren, der geschätzten Anzahl sonnenähnlicher Sterne, erdähnlicher Planeten und so weiter. Einige dieser Werte sind recht gut bestätigt, andere sind spekulativer, aber wenn man die Werte einsetzt, über die Einigkeit besteht, kommt man zu dem faszinierenden Ergebnis, daß die Anzahl der Gesellschaften in der Galaxis, mit denen wir kommunizieren könnten, ungefähr mit ihrer durchschnittlichen Lebensdauer in Jahren übereinstimmt. Wenn technologisch hochstehende Zivilisationen im Mittel etwa ein Jahrhundert lang existieren, dann gibt es nur etwa einhundert davon in der Galaxis, und in diesem Fall sind unsere Aussichten, eine zu finden, eher schlecht (eins zu einer Milliarde für jeden beobachteten Stern). Wenn sie zehntausend Jahre überdauern, gibt es grob gerechnet zehntausend davon, und SETI hat bessere Chancen. Wenn man also auf ein Signal horcht, ist das in gewisser Weise ein Ausdruck für Vertrauen in Wissenschaft und Technik. Es spiegelt die Überzeugung, daß »intelligente« Geschöpfe – die hier wieder als solche definiert werden, die große Radiogeräte haben – es im allgemeinen schaffen zu überleben, statt ihre Nester zu beschmutzen oder sich selbst in die Luft zu jagen. Das dunkle Meer, in dem die mutmaßlichen Zivilisationen schweben, besteht überwiegend nicht aus Raum, sondern aus Zeit.[13]

Die Aussage, die damit über die Kosmologie getroffen wird, ist im wesentlichen statistisch. Zwei Naturwissenschaftler, die beide dieselben Tatsachen kennen und beide keinen Denkfehler machen, könnten die Häufigkeit intelligenten Lebens im Universum enorm unterschiedlich einschätzen. Warum? Weil es außerordentlich schwierig ist, zuverlässige Wahrscheinlichkeitsberechnungen auf ein einziges Beispiel zu gründen. Wie soll man, wenn man den Herzkönig aus dem Kartenspiel eines Zauberkünstlers zieht, die Wahrscheinlichkeit dafür berechnen, daß man diese bestimmte Karte gezogen hat, solange man nicht weiß, was sonst im Stapel ist? Das ist unmöglich. Man muß mehr Karten kennen. Ähnlich ist es mit der Abschätzung der Wahrscheinlichkeit außerirdischen Lebens – und interessanterweise auch mit dem Versuch zu verstehen, warum die Naturkonstanten gerade die Werte haben, die sie haben. Nehmen wir an, die gezogene Karte wäre nicht der Herzkönig, sondern auf ihr stünde $G = 6{,}67259 \times 10^{-11}$ m^{3}kg^{-1}s^{-2}.

Das ist nützliche Information, denn es ist der Wert der Gravitationskonstanten und damit die Stärke der Schwerkraft. Ein Kosmologe möchte jedoch wissen, ob dieser Wert ein Zufall ist. Wie aber kann man die Wahrscheinlichkeit berechnen, daß die Gravitationskonstante genau diesen Wert annimmt und keinen anderen? Wir haben Zugang zu nur einem Universum, und das hat nur diese eine Gravitationskonstante, deshalb bietet sich uns hier keine Grundlage für die Berechnung von Wahrscheinlichkeiten.

Auf der Suche nach einem Bezugsrahmen könnten wir die Stärke der Schwerkraft mit derjenigen der drei anderen Grundkräfte vergleichen. Wenn wir das tun, erkennen wir, daß die Gravitation bemerkenswert schwach ist. Die schwache Kernkraft ist 10^{28} – zehn Milliarden Milliarden Milliarden mal – stärker als die Schwerkraft, der Elektromagnetismus ist einhundert Milliarden mal stärker und die starke Kernkraft wiederum einhundertmal stärker als der Elektromagnetismus. Das mag sehr asymmetrisch erscheinen. Wenn die Kräfte die Beine eines Spielzeugpudels wären, dessen kürzestes Bein, das die Schwerkraft darstellte, einen Zentimeter lang wäre, würde das Bein, das die starke Kernkraft darstellt, viel länger sein als der Radius des beobachtbaren Universums. Ist es deswegen sehr unwahrscheinlich, daß die Schwerkraft so schwach ist, oder berechnen wir die Wahrscheinlichkeiten nur auf eine unangemessene Weise? Wie viele mögliche Stärken gibt es überhaupt für die Schwerkraft?

Um das herauszufinden, wenden wir uns unserer zweiten Frage zu – ob die Tatsache unserer Existenz etwas über das Universum aussagen kann. Stellen wir uns vor, was passierte, wenn die Schwerkraft etwas stärker wäre. Die Folgen wären furchtbar. Die kosmische Ausdehnung hätte bereits aufgehört und das Universum wäre kollabiert, lange bevor sich irgendwo Leben entwickelt haben könnte. Selbst wenn die Expansion irgendwie weiterginge, würden die Sterne zu rasch verbrennen, als daß sich intelligentes Leben auch nur annähernd auf einer irdischen Zeitskala entwickelt haben könnte. Die Sonne hätte dann beispielsweise nur eine Lebenszeit von einer Milliarde Jahren.[14] Planeten würde es vermutlich gar nicht geben, denn ein Planet stellt ein Gleichgewicht her zwischen der Schwerkraft, die ihn zum Kollaps bringen will, und den elektromagnetischen Kräften, die seine Moleküle aufrechterhalten. Wenn die

Schwerkraft stärker wäre, würden Planeten aufflammen und Sterne werden oder noch weiter kollabieren, zu weißen Zwergen oder Neutronensternen oder Schwarzen Löchern. In einem Universum mit starker Schwerkraft würde es also wahrscheinlich kein Leben geben. Wenn wir andererseits die Stärke der Schwerkraft verringern, würde die aus dem Urknall stammende Materie einfach entweichen, wie heiße Luft aus einem geplatzten Reifen, bevor die Gravitationsfelder sie zu Planeten, Sternen und Galaxien sammeln könnten. Auch in einem solchen Universum ist Leben unwahrscheinlich. Wir haben also etwas Interessantes über die Schwerkraft gelernt: Wenn sie nicht ziemlich genau die Stärke hätte, die sie hat, gäbe es kein Leben, wie wir es kennen, und wir würden gar nicht hier sein, um das alles zu erforschen.

Ähnliche Überlegungen lassen sich in bezug auf viele andere Aspekte der Natur anstellen. Warum ist das Universum so alt? Weil Lebewesen Kohlenstoff brauchen (die Grundlage irdischen Lebens) und auch Eisen und andere Metalle (deshalb enthält eine gute Multivitamintablette Mineralien), und damit ein Planet genug Kohlenstoff und Eisen hat, muß er sich aus Materie gebildet haben, die in anderen Sternen erzeugt wurde, und das alles braucht Milliarden Jahre. Warum sind Neutronen etwas massereicher als Protonen? Weil Protonen, wenn sie nur ein Prozent schwerer wären, spontan zu Neutronen zerfallen würden, und in dem Fall könnte es keine Wasserstoffatome geben und die Sterne könnten nicht leuchten. Ohne Sterne jedoch kann es kein Leben geben, wie wir es kennen. Warum hat der Raum drei Dimensionen und nicht zwei oder vier? Weil es die Knoten und Schlingen des Erbmaterials in lebenden Zellen und in Organwänden nur in drei Dimensionen geben kann.

Wenn man solche Überlegungen anstellt, beruft man sich auf das anthropische kosmologische Prinzip – »anthropisch« bedeutet »der Menschheit zugehörig«, und »kosmologisch« ist das Prinzip insofern, als es versucht, Daten über das Universum einzugrenzen, indem es die Tatsache berücksichtigt, daß es uns hier gibt. »Eingrenzen« bedeutet in diesem Zusammenhang, daß unsere Fähigkeit verbessert wird, die Wahrscheinlichkeit dafür zu berechnen, daß die Natur so ist, wie sie ist, indem wir ihre möglichen Zustände von einer unendlichen Anzahl auf die viel kleinere Menge von Zuständen reduzieren, in der es Leben geben kann. Mit diesem Ansatz können wir berechnen, daß wir mit großer Wahrscheinlichkeit die Karte mit der Gravitationskonstanten ziehen mußten, die wir gezogen haben. Wenn der Stapel Karten mit allen möglichen Werten der Gravitationskonstanten enthält, dann kann er nur Karten mit Werten enthalten, die so ähnlich sind wie der auf unserer Karte, denn sonst gäbe es niemanden, der eine Karte ziehen könnte.

Das anthropische Prinzip hat komplizierte historische Wurzeln in den theologischen »Zweckmäßigkeitsbeweisen«, die annehmen, daß die in der Natur vorgefundene Ordnung einen intelligenten Urheber voraussetzt, und in den teleologischen Philosophien, die meinen, die Natur verfolge einen Zweck. Mit ihnen brauchen wir uns hier nicht aufzuhalten, so daß wir gleich ins Jahr 1974 übergehen können, in dem der britische Kosmologe Brandon Carter den Ausdruck »anthropisches Prinzip« prägte.[15] Carter wollte dem kosmologischen Prinzip Grenzen setzen. Das kosmologische Prinzip ist nützlich, wie wir schon sagten, aber es führt zu zwei Schwierigkeiten. Erstens erfordert es, daß wir die Naturkonstanten und andere Tatsachen über das Universum gegen ein unendliches Feld aller anderen möglichen Werte abgrenzen – und das macht es nahezu unmöglich, die Wahrscheinlichkeit dafür zu berechnen, daß die Dinge so wurden, wie sie sind. Das andere Problem ist spezieller. Es tauchte auf, als Fred Hoyle und seine Kollegen die Steady-State-Theorie aufstellten. Sie stützten die Theorie mit dem, was sie recht großspurig das »vollkommene« kosmologische Prinzip nannten. Sie fragten: Warum sollten wir das kosmologische Prinzip auf den Raum beschränken? Warum sollten wir nicht auch fragen, ob wir in der Zeit eine bevorzugte Stellung einnehmen? Das vollkommene kosmologische Prinzip besagt nicht nur, daß das Universum nicht nur überall fast so ist, wie wir es beobachten, sondern auch, daß es immer so war, es also keinen Urknall gab. Brandon Carter hielt das für einen Mißbrauch des kosmologischen Prinzips, und den sollte das anthropische Prinzip verhindern. Das anthropische Prinzip schränkt annehmbare kosmologische Theorien auf solche ein, die die menschliche Existenz in Betracht ziehen. »Was wir möglicherweise beobachten können, muß durch die Bedingungen eingeschränkt werden, die für unsere Gegenwart als Beobachter notwendig sind«, sagte Carter.[16]

Heute gibt es das anthropische Prinzip in drei Geschmacksrichtungen – schwach, stark und »teilhabend«. Das schwache anthropische Prinzip (WAP, Weak Anthropic Principle) besagt lediglich – wie schon ausgeführt –, daß Naturwissenschaftler, wenn sie erwägen, wie die Natur anders hätte sein können, die Wahrscheinlichkeiten dafür nicht im Verhältnis zu den unendlich vielen anderen möglichen Werten berechnen müssen, sondern nur im Verhältnis zu solchen, die das Entstehen von Leben erlauben. Die starke Fassung (SAP, Strong Anthropic Principle) geht weiter: Danach muß das Universum so eingeschränkt werden, daß Leben möglich ist. Carter sagt (zum Zweck der Definition, nicht als Artikulation seiner eigenen Überzeugung): »Das Universum muß als solches die Erschaffung von Beobachtern in ihm zulassen.«[17] Anders gesagt: keine Beobachter, kein Universum. Die teilhabende Fassung (PAP, Participating Anthropic Principle) geht vor allem auf John Wheeler zurück. Sie betont die Rolle der Quantenbeobachtung beim Übergang von Potentialität zu Aktualität und versucht, eine neue Auffassung des Universums als beobachterabhängig zu konstruieren, in dem Sinne, daß (wie wir Wheeler schon früher sagen hörten) Phänomene nur dann Phänomene sind, wenn sie beobachtete Phänomene sind – was bedeutet, daß man erst dann sagen kann, etwas existiere, wenn es beobachtet wird.[18]

In der Wissenschaft findet nur das schwache anthropische Prinzip Anerkennung, das zu einigen Einsichten darüber verholfen hat, wie Leben, »wie wir es kennen«, von einem weiten Bereich kosmischer Bedingungen abhängt. Aber selbst dieser milde Trank könnte ein Gift sein, und man kann behaupten, daß dieses Prinzip ebenso viele Wissenschaftler verwirrt wie erleuchtet. Ein Teil der Auseinandersetzung hat damit zu tun, daß das schwache anthropische Prinzip weniger wissenschaftlich denn philosophisch ist, und das Philosophieren

363

ist bei aktiven Naturwissenschaftlern etwa so beliebt wie die Vogelbeobachtung bei professionellen Golfern. Zum großen Teil beruht das wohl auf dem vernünftigen Gefühl, daß das anthropische Prinzip eine besonders gefährliche Art des Philosophierens darstellt.

Probleme brauen sich beispielsweise immer dann zusammen, wenn Wissenschaftler die Eingrenzung eines Phänomens mit einer Erklärung verwechseln. Wenn sie denken, sie hätten es erklärt, indem sie zeigen, daß es für das Leben notwendig ist, verläßt sie vielleicht der Mut, nach einer tieferliegenden und produktiveren Erklärung zu suchen. Das ist wirklich schon passiert. Das fragliche Phänomen war die Isotropie des Universums – die Tatsache, daß es in allen Richtungen gleich aussieht. Wie wir gesehen haben, ist das Universum bemerkenswert isotrop. Stephen Hawking und Barry Collins von der Universität Cambridge beriefen sich 1973 auf das anthropische Prinzip, um die kosmische Isotropie zu »erklären«, indem sie bemerkten, daß sich Sterne und Planeten nur schwer hätten bilden können und es deshalb kein Leben gäbe, wenn das Weltall nicht hochgradig isotrop wäre. Glücklicherweise wurde diese Überlegung nicht als endgültig akzeptiert, und bald darauf wurde die Isotropie in viel natürlicherer und eleganterer Weise als Ergebnis der Inflation erklärt. Wir müssen also aufpassen, daß uns anthropische Einschränkungen nicht blind machen für tiefere Erklärungen. Wenn beispielsweise der Wert der Gravitationskonstante kein Zufall ist, sondern eine unvermeidliche Folge der Tiefenstruktur der Natur, die sich in Superstrings oder einer anderen Theorie offenbart, ist das anthropische Prinzip dort, wo es um das Verständnis der Schwerkraft geht, bestenfalls irreführend.

Eine andere Gefahr ist, daß das anthropische Prinzip, weil es *post hoc* ist – das Universum war vor uns hier – auch für die *post-hoc*-Täuschung anfällig ist. Diese Täuschung besteht in der Annahme, daß dann, wenn B später eintritt als A, B deshalb von A verursacht sein müsse oder A zumindest eine wesentliche Voraussetzung für die Existenz von B darstelle. Weil irdisches Leben sich in dem Universum entwickelte, das so ist, wie es ist, laufen wir, wenn wir nicht aufpassen, Gefahr, die Natur ungerechtfertigt starr zu interpretieren, indem wir behaupten, sie müsse genau so sein, wie sie ist, damit Leben möglich ist. Aber Leben könnte wesentlich vielfältiger sein, als wir es kennen, die wir weder anderen Lebensformen begegnet sind, noch sie uns vorstellen können. Wir können den Begriff der Biosphäre umfassend als ein System definieren, das, selbst hochgeordnet, Ordnung erhält oder vermehrt. Um diese Leistung zu vollbringen, die lokal das Entropiegesetz umkehrt, sind zwei Dinge notwendig – ein Energiegefälle (beispielsweise ein heißerer Bereich neben einem kälteren) und genug lokale Stabilität, um die Evolution zu ermöglichen, aber nicht zu ersticken.[19] Diese Bedingungen könnten sehr wohl unter viel allgemeineren Umständen erfüllt sein, als wir es aufgrund unserer Erfahrungen vermuten. Vielleicht ist es reine Science-fiction, wenn wir uns vorstellen, unsere Überzeugung, daß Leben beispielsweise die Existenz von Kohlenstoff oder Sauerstoff voraussetzt, könnte eines Tages durch die Entdeckung widerlegt werden, daß in riesigen Molekülwolken Quallen herumschwimmen, die sich von Alkohol ernähren, oder daß auf Neutronensternen Krebse herumkriechen, die keinen Kohlenstoff enthalten. Aber es haben sich bereits so viele Vorhersagen der Science-fiction-Schriftsteller erfüllt, daß wir uns hüten sollten, die Macht der menschlichen Phantasie zu unterschätzen. Außerdem kann das anthropische Prinzip lähmen, wenn es das Unbekannte einfach dadurch einzugrenzen sucht, daß es nach Vorläufern des Bekannten sucht. Man kann über eine Brücke gehen und auf dem Fischmarkt auf der anderen Seite eine Flunder kaufen, aber die Existenz der Flunder setzt weder die Existenz der Brücke voraus, noch besagt sie, daß es im Meer keine anderen Fische gibt als Flundern.

Trotzdem, Gedanken sind wie Zündstoff: Die Tatsache, daß sie gefährlich sind, bedeutet nicht, daß sie nicht verwendet werden sollten. Und das anthropische Prinzip sieht viel vernünftiger aus, wenn wir die Hypothese erwägen, daß es viele Universen gibt, von denen jedes seine eigenen physikalischen Gesetze hat. Einige dieser Universen sind Totgeburten und verschwinden sofort wieder. Viele haben große kosmologische Konstanten (eine Bedingung, die Teilchenphysiker übrigens für einen viel natürlicheren Vakuumzustand

365

halten als den verschwindend kleinen Wert, den wir in unserem Universum vorfinden). Sie bleiben reiner Raum, blähen sich unaufhörlich auf, sind unglaublich groß und ewig leer. Andere enthalten Leben, das völlig anders ist als unseres. Wieder andere sind ungeheuer groß und voller Dinge, führen aber niemals zu Leben. Kann man sagen, daß es sie gibt, wenn sie nicht beobachtet werden? Existiert ein steriles Universum erst dann, wenn es irgendwann einmal über den Horizont eines bewohnten schwebt? Man kann verstehen, daß einige Kosmologen diese Gedanken nicht besonders mögen. Sie finden es schwierig einzusehen, wozu es dient, wenn man die Existenz von Universen fordert, deren Existenz wir weder bestätigen noch leugnen können. Aber vielleicht werden sich solche Theorien als wertvoller Anreiz für die auf Vernunft gründende Phantasie erweisen, wenn Wissenschaftler sich erst ernsthaft vorstellen, wie die Natur jenseits dieses Universums sein könnte, dort draußen, wo andere Regeln gelten, und herauszufinden suchen, welche Regeln anders sein könnten. Denker, die sich auf panuniversale Spekulationen einlassen, finden vielleicht nie heraus, ob sie zu einem Bereich vorgedrungen sind, in den die Vorstellungskraft die Erfindungskraft des Wirklichen überschritten hat. Aber wenn die Antwort »Ja« lautet – wenn es immer nur ein Universum gibt und je gegeben hat, so daß alle solchen Spekulationen leer sind –, wird dies das erste Mal sein, daß die Natur sich als weniger schlau und weniger einfallsreich erwiesen hat als wir.

Der Kosmologe gleicht William Blakes Erbauer einer Himmelsleiter. Er schreit: »Ich will! Ich will!«, aber es gibt nichts, was die Leiter oben hält, und er weiß auch nicht genau, wer sie unten hält. Wer sind wir, und was wollen wir? Die Kosmologie kehrt wie jedes andere menschliche Unterfangen am Ende zu uns zurück, aber sie dreht sich nicht nur um uns. Das macht ihre Schönheit aus – daß wir verändert von der Reise zurückkehren. Wie Korallen im Meer bewirken Galaxien eine totale Veränderung, und sie machen aus uns etwas Großartiges und Seltsames.[20] T. S. Eliot schrieb:

Wir werden nicht nachlassen in unserem Forschen
Und das Ende unseres Forschens
Ist, an den Ausgangspunkt zu kommen
Und zum erstenmal den Ort zu erkennen.[21]

Wenn dieses Gedicht mit der dritten Zeile aufhörte, würde es zu den trübsinnigsten der modernen Zeit gehören. Die Naturwissenschaft wäre allzu aufwendig, wenn es ihr nur darum ginge, uns an unseren Ausgangspunkt zurückzubringen. Aber die vierte Zeile ist das Credo des Kosmologen. Denn damit wir unseren Platz finden, müssen wir den Ort kennen, vom Keller bis zur Decke, von den Pfahlwurzeln bis zu den Sternen, die ganze Chose.

Theologisches Nachwort
ohne Scheuklappen

Mir blieb nur das Gebet, Gebet
und Naturwissenschaft.

Gillian Conoley[1]

In einem jüdischen theologischen Seminar
diskutierte man stundenlang über
Gottesbeweise. Schließlich stand ein Rabbi
auf und sagte: »Gott ist so groß, er hat es
nicht einmal nötig zu existieren.«

Victor Weisskopf[2]

Was ist mit Gott?

Seit Beginn der Menschheitsgeschichte ist die Kosmologie mit dem Göttlichen in Verbindung gebracht worden. Alle monotheistischen Religionen sehen Gott als den Schöpfer der Welt. Platon, Aristoteles und Hunderte anderer Philosophen haben Gott für die natürliche Ordnung der Natur verantwortlich gemacht, die sich in den regelmäßigen Bewegungen der Planeten und Sterne offenbart. Theologen sagen, es sei Gottes Gnade zu verdanken, daß der menschliche Verstand die Naturgesetze erfassen kann. Gott wurde sogar als Lösung des Beobachterproblems beschworen, das aus der Kopenhagener Deutung der Quantenphysik erwächst.

Die Frage scheint also angebracht, was die Kosmologie jetzt, da sie eine Naturwissenschaft ist, über Gott sagen kann.

Leider, aber allen Ernstes, muß ich sagen, daß die Antwort aus meiner Sicht lautet: Nichts. Die Kosmologie präsentiert uns weder Gottes Antlitz, noch seine Handschrift, noch die Gedanken, die den

Geist Gottes beschäftigen könnten. Das bedeutet nicht, daß es Gott nicht gibt oder daß er das Universum (bzw. die Universen) nicht geschaffen hat. Es bedeutet, daß die Kosmologie solche Fragen nicht beantworten kann.

Viele Denker, lebende wie verstorbene, würden dem nicht zustimmen. Sie werfen die kosmologischen Knochen und orakeln, daß es einen Gott gibt oder daß es keinen gibt. Wir wollen ihre Ansichten kurz Revue passieren lassen.

Historisch gesehen spielen drei Gottesbeweise eine wichtige Rolle. Es sind der »Zweckmäßigkeitsbeweis«, der »kosmologische Beweis« und der »ontologische Beweis«.

Der Zweckmäßigkeitsbeweis besagt im wesentlichen, daß Gott im Detail steckt. In Anbetracht der wunderbaren Nützlichkeit und Angepaßtheit der Dinge erscheint es unmöglich, darin nicht das Wirken eines göttlichen Geistes zu erkennen. Wie der englische Kleriker William Paley es in einem berühmten Gleichnis ausmalte, würde jemand, der im Wald eine Taschenuhr findet, aus ihrer raffinierten Konstruktion schließen, daß sie von einem intelligenten Wesen zu einem Zweck entworfen wurde. Der Zweckmäßigkeitsbeweis ist deistisch, sieht also Gott als Schöpfer und nicht als eine eingreifende Instanz, die in dem von ihr geschaffenen Weltall Wunder vollbringt. (Dieses Nachwort beschränkt sich auf den Deismus, da die Kosmologie in ihrer notorischen Unpersönlichkeit wenig über die Existenz eines persönlichen Gottes zu sagen hat.) Der Deismus ist mit Respekt behandelt worden von Philosophen und anderen, die die Vorstellung abstoßend finden, ein persönlicher Gott beantworte Gebete, indem er das Ergebnis von Schlachten und Fußballspielen beeinflusse, die aber wohl glauben, daß der wunderbare Bau der Natur eine übernatürliche Erklärung erfordert.

Das anthropische Prinzip ist der Zweckmäßigkeitsbeweis in wissenschaftlicher Verkleidung. Wie ansprechend es ist, wird durch Sir Fred Hoyles Bewertung seiner eigenen Forschung der »Resonanzen« von Kohlenstoffatomen bewiesen. Kohlenstoff ist nach Wasserstoff, Helium und Sauerstoff das vierthäufigste Element im Kosmos und auch Grundlage irdischen Lebens. (Deshalb wird die Untersuchung von Kohlenstoffverbindungen auch organische Chemie genannt). Kohlenstoffatome werden im Inneren von Sternen gebildet. Für ein Kohlenstoffatom sind drei Heliumkerne nötig, und die Kunst besteht darin, zwei Heliumkerne so lange zusammenzuhalten, bis sie von einem dritten getroffen werden. Es stellt sich heraus, daß dieses Ereignis entscheidend von den sogenannten Resonanzen der Kohlenstoff- und Sauerstoffkerne abhängt, denn wäre das Resonanzniveau von Kohlenstoff um nur vier Prozent niedriger, würden sich überhaupt keine Kohlenstoffatome bilden können, und läge das Sauerstoffresonanzniveau nur um ein halbes Prozent höher, würde praktisch der gesamte Kohlenstoff »weggewaschen«, hätte sich also mit Helium zu Sauerstoff verbunden. Gäbe es keinen Kohlenstoff, gäbe es auch uns nicht, also hängt unsere Existenz in gewissem Sinn von der Feinabstimmung dieser beiden Kernresonanzen ab. Hoyle sagt, daß sein Atheismus – und wenn wir ehrlich sind, ist doch Atheismus letztlich ein Glaube wie jeder andere – von dieser Entdeckung erschüttert wurde. »Wenn man Kohlenstoff und Sauerstoff in etwa gleichen Mengen durch Kernverschmelzung in Sternen herstellen wollte, muß man genau diese beiden Niveaus festlegen, die wir in der Natur vorfinden«, sagte Hoyle 1981 am Caltech. »Ist das eine abgekartete, künstliche Sache? … Ich bin geneigt, das zu denken. Eine vernünftige Deutung der Tatsachen spricht dafür, daß ein Superintellekt mit der Physik und auch mit der Chemie und der Biologie herumgespielt hat und daß es in der Natur keine nennenswerten blinden Kräfte gibt. Die Zahlen, die man aus den Tatsachen berechnet, scheinen mir so überwältigend zu sein, daß dieser Schluß fast außer Frage steht.«[3]

Aber obwohl der Zweckmäßigkeitsbeweis von Denkern von Paley bis Hoyle vertreten wt urde, weiser mindestens zwei ernste Mängel auf.

Erstens war er immer erbärmlich anthropozentrisch. Der Zweck, den Gott mit der Erschaffung der Welt verfolgte, war, so nahm man an, entweder uns zu erschaffen oder die Welt für uns angenehm zu machen, oder beides. Der französische Schriftsteller Bernard de Fontenelle vertrat diese Einstellung 1686 in seinem Buch *Dialoge über die*

Mehrheit der Welten: »Wir [gleichen] von Natur insgesamt jenem thörichten Athener …, der, wie Sie werden gehört haben, sich einbildete, alle Schiffe, die in den Piräischen Hafen einlaufen, gehörten ihm zu. Nicht um das mindeste gescheiter, bilden wir uns ein, die ganze Natur, ohn' alle Ausnahme, sei zu unserm Gebrauche bestimmt, und frägt man unsre Weltweisen: Wozu die ungeheure Menge Fixsterne, da doch ein Theil davon eben das ausrichten könnte, was sie insgesamt? So antworten sie ganz kalt: Bloß zu unsrer Augenweide.«[4] Je größer das Weltall, desto lächerlicher wird die Behauptung, daß alles nur für uns gemacht wurde. Die Forderung eines menschenzentrierten Zwecks für den Himmel schmeckt nach bedauernswerter Humorlosigkeit in bezug auf die Bedingungen des Menschseins, wie Bertrand Russell erkannte: »Die Anhänger des kosmischen Zwecks machen viel aus unserer vermuteten Intelligenz, aber ihre Schriften lassen einen daran zweifeln«, schrieb er. »Wenn man mir Allmacht verliehe und mich Millionen Jahre lang experimentieren ließe, würde ich den Menschen nicht für etwas halten, auf das ich als das Endergebnis all meiner Mühen stolz sein könnte.«[5]

Ein noch größerer Makel ist die historische Tatsache, daß die Anhänger des Zweckmäßigkeitsbeweises ihre Belege gewöhnlich aus der Welt der Biologie wählten und die großartige Angepaßtheit von Klapperschlangen und Laubenvögeln als Hinweise auf Gottes Wirken zitierten. Das erwies sich als unvorteilhaft, als Darwin bewiesen hatte, daß biologische Systeme sich zufällig und nicht planmäßig entwickeln.[6] (Darwin selbst achtete zwar religiöse Gefühle und scheute sich vor religiösen Auseinandersetzungen, gestand aber: »Ich kann in den Einzelheiten keinen Hinweis auf einen wohlwollenden Plan entdecken, nicht einmal auf irgendeinen Plan überhaupt.«[7]) Nach seiner Vertreibung aus der Biologie sucht der Zweckmäßigkeitsbeweis Zuflucht in der Physik und in der Kosmologie. Gelegentlich wird behauptet, es werde ihm dort besser ergehen. Das bezweifle ich. Eine vereinheitlichte Theorie, die zeigen könnte, daß die Naturkonstanten aus Phasenübergängen oder anderen Zufallsereignissen folgen, würde diesen Beweis untergraben, wie auch die zugegebenermaßen recht spekulative Hypothese, daß es viele Universen mit vielen unter-

371

schiedlichen Gesetzen gibt, bei denen nur in einigen die Entwicklung von Leben zu erwarten ist. Der Darwinismus löst nicht die Geheimnisse des Lebens, sondern er setzt das Geheimnis des Lebens mit dem Geheimnis der Existenz, des Seins, gleich. Aber die Tatsache, daß etwas geheimnisvoll erscheint, bedeutet noch lange nicht, daß Gott dafür verantwortlich ist.[8]

Der kosmologische Gottesbeweis geht zurück auf Aristoteles, der behauptete, das Vorhandensein von Bewegung setze eine erste Quelle der Dynamik, einen »unbewegten Beweger«, voraus – also Gott. Seiner Meinung nach muß jede Seinshierarchie einen übergeordneten Seinszustand haben, den eines extanten Gottes. Ähnlich empfand Descartes seine Existenz in jedem Augenblick als abhängig von der Existenz eines Wesens außerhalb seiner selbst. Der kosmologische Beweis war lange sehr einflußreich, was unter anderem daran lag, daß viele Philosophen das Gefühl hatten, der Ursprung der Welt sei ein der Naturwissenschaft unzugängliches Problem. Aber er ist auch auf ernste Einwände gestoßen. Warum müssen wir uns die Existenz beispielsweise als einen rutschigen Abhang vorstellen, so daß fortwährend göttliche Eingriffe nötig sind, damit die Dinge nicht in die Trostlosigkeit der Nichtexistenz abgleiten? Und ist der Ursache-Wirkungs-Zusammenhang wirklich so tief in der Natur verankert, daß er Gott »notwendig macht«? Ein anderes Problem, das in theologischen Kreisen viel erörtert wird, hat mit der Frage zu tun, ob Gott das Universum nach seinem freien Willen erschaffen konnte. Wenn ja, hätte er auch die Freiheit gehabt, das Universum willkürlich und beliebig zu machen. Warum aber sollten wir die Existenz Gottes annehmen, wenn das Universum willkürlich ist? Und wenn nicht – wenn Gott das Universum nur auf die vernünftigste Weise machen konnte oder auf eine Weise, die der menschlichen Existenz förderlich war –, dann kann er nicht allmächtig sein. Der Philosoph Keith Ward sagt es so: »Das alte Dilemma – entweder sind Gottes Handlungen notwendig und deshalb nicht frei (sie könnten also nicht anders sein), oder sie sind frei und deshalb beliebig (nichts bestimmt, wie sie sein sollen) – reichte aus, um die allermeisten christlichen Philosophen jahrhundertelang zu quälen.«[9]

Der ontologische Beweis (die »Ontologie« beschäftigt sich mit dem Wesen des Seins) geht bis ins elfte Jahrhundert zurück, zum heiligen Anselm, Erzbischof von Canterbury, der meinte, daß wir uns Gott »als das vorstellen, was wir uns nicht vollkommener denken können«. Aus der Tatsache, daß wir diese Vorstellung hegen, folgt logisch, daß ein solches Wesen existieren muß. Warum? Weil wir uns sonst etwas noch Vollkommeneres vorstellen könnten – nämlich ein vollkommenes Wesen, das existiert –, und es ist absurd, sich etwas noch Vollkommeneres zu denken als das vollkommenste vorstellbare Wesen. Genauso wie es besser ist, zehn wirkliche Pfennige zu haben als zehn vorgestellte, ist es vollkommener, vollkommen zu sein und zu existieren, als vollkommen zu sein, aber nicht zu existieren. Deshalb erfordert die Vorstellung eines ganz vollkommenen Wesens, daß ein solches Wesen auch tatsächlich existiert. Der ontologische Beweis ist subtiler und überzeugender, als er auf den ersten Blick erscheint, aber logisch so gewagt, daß er schon im Mittelalter Mißfallen erregte. (Gaunilo von Marmoutier tadelte ihn noch zu Lebzeiten Anselms.) Die aufschlußreichste Widerlegung stammt von Immanuel Kant.

Kant zerriß in der *Kritik der reinen Vernunft* sowohl den kosmologischen als auch den ontologischen Beweis. Der ontologische Beweis verknüpft, wie Kant zeigt, zwei völlig unterschiedliche Gedankenwelten – jene der reinen Vernunft (beispielsweise der Mathematik), in der die Voraussetzungen von sich aus Schlüsse diktieren, und jene der Dinge, in der wir aufgrund von Erfahrung Urteile fällen.[10] Kant schreibt: »Indem man sich einen Begriff *a priori* von einem Dinge gemacht hatte, der so gestellt war, daß man seiner Meinung nach das Dasein mit in seinen Umfang begriff, man daraus glaubte sicher schließen zu können, daß, weil dem Objekt dieses Begriffs das Dasein notwendig zukommt, d. i. unter der Bedingung, daß ich dieses Ding als gegeben (existierend) setze, auch sein Dasein notwendig (nach der Regel der Identität) gesetzt werde, und dieses Wesen daher selbst schlechterdings notwendig sei, weil sein Dasein in einem nach Belieben angenommenen Begriffe und unter der Bedingung, daß ich den Gegenstand desselben setze, mitgedacht wird.«[11] Mit anderen

Worten: Die Verteidiger des ontologischen Beweises behaupten, daß die Existenz eine Eigenschaft der Dinge ist, nachdem sie zuvor gefordert haben, daß Dinge existieren. Aber das ist ein Zirkelschluß. Und es ist außerdem falsch, sich die »Existenz« genauso als eine Eigenschaft von Dingen vorzustellen wie beispielsweise ihre Trägheit oder ihre elektrische Ladung. Ich kann vernünftig behaupten, daß ich in meiner Tasche zehn Pfennige habe, aber nicht, daß in meiner Tasche fünf existierende und fünf nichtexistierende Pfennige sind. Und der kosmologische Beweis wiederholt, wie Kant bemerkt, genau diesen Fehler. Er klebt den Dingen das Etikett »existierend« auf und behauptet dann, daß die Existenz jedes Wesens die Existenz eines höchsten Wesens voraussetzt. Seit Kant segeln der ontologische und der kosmologische Gottesbeweis zwar weiterhin auf den Meeren der Philosophie, aber sie sind Geisterschiffe, und wir können nicht erwarten, daß ihre zerfetzten Segel uns sehr weit tragen.

Es gibt noch einen weiteren Beweis, in dem das »teilhabende anthropische Prinzip« dazu dient, Gottes Existenz mit Hilfe des Rätsels der Quantenbeobachtung zu lösen. Wie wir gesehen haben, läßt die Kopenhagener Deutung der Quantenmechanik nur beobachtete Phänomene als real gelten und wirft damit die Frage auf, wie sich das frühe Universum in Abwesenheit von Beobachtern entwickelt haben könnte. Das Rätsel kann »gelöst« werden, wenn man Gott als den höchsten Beobachter beschwört, der die Quantenpotentiale in tatsächliche Zustände verwandelte, indem er alle Teilchen genau überprüfte. Dieselbe These ist von ihren Anhängern lange dazu benutzt worden, um eine der ältesten (und lästigsten) ontologischen Fragen zu lösen – die Frage, ob es Bäume auch dann gibt, wenn niemand sie beobachtet, und ob sie beim Umfallen ein Geräusch machen, wenn niemand in der Nähe ist, der es hört. Dieser Knittelvers sagt genau das:

> *Ein Mann sprach einmal: Der Herr*
> *Findet es sicher sehr schwer,*
> *Wenn er sieht, daß dieser Baum*
> *ist auch dann im Raum,*
> *Wenn keiner zugegen als Seher.*

»Lieber Mann, Ihr Erstaunen in Ehr',
Ich bin immer zugegen als Seher,
Und deshalb wird der Baum
Auch weiter sein im Raum
mit freundlichen Grüßen, Ihr Herr.«[12]

Wenn man sich aber so winden muß, nur um die Kopenhagener Deutung zu retten, wedelt ein sehr kleiner Schwanz mit einem sehr großen Hund – oder Gott. Und das ist die eigentliche Schwierigkeit bei allen kosmologischen Anrufungen der Gottheit. Der Glaube an Gott erklärt das ganze materielle Weltall, und deshalb erklärt er überhaupt nichts. George Bernard Shaw sagte das sehr schön, als er 1930 bei einem Bankett zu Ehren Einsteins die Tischrede hielt: »Die Religion hat immer recht. Religion löst jedes Problem und schafft dadurch Probleme des Universums ab … Die Wissenschaft bildet das direkte Gegenteil. Sie hat immer unrecht. Sie löst ein Problem nie, ohne zehn neue aufzurollen.«[13]

Atheisten stützen sich indessen auf kosmologische Funde, die andeuten, daß das Universum aus dem Chaos entstand. Die Hinweise dafür werden immer zahlreicher. Das Harrison-Zeldovich-Spektrum der Dichteschwankungen im kosmischen Mikrowellenhintergrund, das im Rahmen seiner Beobachtungsgrenzen vom COBE-Satelliten bestätigt wurde, legt nahe, daß Zufallsschwankungen zu Sternen und Galaxien führten. Andrej Lindes Theorien einer chaotischen Inflation setzen eine Zufallsverteilung der allerersten Skalarfelder voraus. Und die Darwinsche Evolution hängt, wie wir gesagt haben, von zufälligen Genmutationen ab. Welche Rolle kann ein allwissender Schöpfer in einer Welt spielen, die aus dem Chaos entstand und sich nach dem Zufallsprinzip entwickelt?

Es scheint angemessen, diesen Vorwurf zu untersuchen, wenn auch nur, um ihn dann abzutun, weil Atheisten zu vielen Zeiten und an vielen Orten intellektuelle Arroganz vorgeworfen worden ist. Der Vorwurf der Arroganz rührt von der Behauptung her, daß Atheisten vorgeben, alles zu wissen, wo man doch, wie Thomas Chalmers sagt, »die ganze Unendlichkeit durchwandern« müßte, wenn man beweisen wollte, daß Gott nirgendwo in der Welt ist.[14] Diese Einstellung ist schlicht unhaltbar. Ein Wissenschaftler muß nicht jedes Proton im Universum untersuchen, um sicher zu sein, daß Protonen beim Urknall entstanden, als sich die Quarks verbanden. Auch dient es nicht wirklich dem Theismus, wenn man behauptet, daß es ja auf einem anderen Planeten Hinweise auf die Existenz Gottes geben könnte, wenn es hier keine gibt. Logisch gesehen schüttet ein gläubiger Mensch, der behauptet, der Atheismus sei anmaßend, weil Atheisten nicht jede mögliche Definition von Gott widerlegen können, zuviel Wasser in seinen Wein. Was hat es für einen Sinn, wenn man sagt, daß es »Gott« gibt, solange man nicht bereit ist, einen bestimmten Gottesbegriff zu verteidigen? Der englische Schriftsteller Charles Bradlaugh schrieb in seinem »Plädoyer für den Atheismus«, es sei sicherlich gerechtfertigt, wenn ein Atheist sagt: »Den biblischen Gott leugne ich, an den christlichen Gott glaube ich nicht; aber ich bin nicht unbesonnen genug zu sagen, daß es keinen Gott gibt, solange Sie mir sagen, Sie seien nicht bereit, Gott für mich zu definieren.«[15]

Lassen wir diese Überlegungen *ad hominem* beiseite. Wenn die kosmologischen Beweise, die Atheisten vertreten, vernünftiger Kritik unterworfen werden, ergeht es ihnen nicht besser als den vergleichbaren Argumenten von Gläubigen. Es ist kein Beweis dafür, daß es keinen Gott gibt, wenn wir in der Natur Hinweise auf Zufälligkeit finden. Das geht aus zwei Überlegungen hervor.

Erstens ist es unmöglich, schlüssig zu beweisen, daß das, was zufällig zu sein scheint, auch wirklich zufällig ist. Die Zahlenfolge 4159265358 ... sieht ziemlich zufällig aus, bis wir bemerken, daß sie aus der zweiten bis elften Dezimalstelle von π besteht. (Aus anderer Sicht – etwa der eines Kriminalbeamten – könnte es wichtig sein, daß sie auch eine Telefonnummer in San Francisco ist.) Es ist tatsächlich ziemlich schwierig, Zahlen zu finden, die wirklich als zufällig zu bezeichnen sind, wie die Kryptographen der Geheimdienste sehr wohl wissen. Sie lassen Radarsignale an der Ionosphäre abprallen und benutzen digitalisierte Reihen von Radarechos zum Verschlüsseln, und können trotzdem nicht sicher sein, daß die Ergebnisse wirklich zufällig sind. Scheinbares Chaos kann Ordnung und Planmäßigkeit verhüllen.

Und selbst wenn das Universum aus dem Chaos entstand, könnte ein glaubender Mensch ganz überzeugend behaupten, Gott habe das Chaos gewählt, weil es diesem Zweck am besten diente. Welche bessere Möglichkeit gibt es beispielsweise, die unendlichen und vielfältigen Welten zu erschaffen, die man sich in den Viele-Welten-Modellen vorstellt? Es gibt einen »Witz« zu diesem Thema, in dem ein Atheist von einem Gläubigen gefragt wird, woher das Weltall komme, und sagt: »Es kam aus dem Chaos«, worauf der Fromme weiterfragt: »Ach so, aber wer hat das Chaos geschaffen?« Das ist eigentlich gar kein Witz, sondern eine treffende Beschreibung von zwei Denkweisen über die Schöpfung, von denen sich eine mit dem Chaos als letzter Erklärung zufriedengibt und die andere das Chaos als ein System unter vielen sieht. Aus diesen und anderen Überlegungen können wir schließen, daß der Atheismus in der Kosmologie nicht besser begründet ist als der Theismus.

So bleibt uns also – was? Aus meiner Sicht wäre es für uns vorteilhaft, wenn wir Gott aus der Kosmologie ganz herausließen. Der Ursprung der Welt und der Naturkonstanten ist ein Geheimnis und wird es vielleicht immer bleiben. Aber Gott die Arbeit zuzuschreiben, all das zu tun, was wir (noch) nicht verstehen, ist ein Mißbrauch des Gottesbegriffs. Solches Denken erfordert, im Fachjargon, einen »Lückenbüßer-Gott« – eine Gottheit, die sehr damit beschäftigt ist, die Natur jene Dinge tun zu lassen, die wir nicht verstehen. Mir ist nicht bekannt, daß Gott je ein solches Berufsbild für sich selbst nahelegte, jedenfalls scheint es mir seiner unwürdig zu sein. Eine Maschine, die den fortwährenden Eingriff ihres Planers braucht, damit sie läuft, taugt nicht viel. Und wenn Gottes Regentschaft darin besteht, sich um die unerklärten Aspekte der Welt der Erscheinungen zu kümmern, dann ist auch nicht klar, warum Gott den Menschen ihre Neigung zur Naturwissenschaft verliehen haben sollte, die das mutmaßliche Reich des Lückenbüßers stets weiter verringert, indem sie fortwährend Lücken schließt. Es scheint auch unbefriedigend, daß Gott das Universum mit einem besonderen Zweck im Sinn geplant haben sollte, dessen Verwirklichung Milliarden Jahre benötigte. Der deutsche Philosoph Friedrich Schelling fragte ganz zu Recht: »Hat überhaupt die Schöpfung eine Endabsicht, und wenn dies ist, warum wird diese nicht unmittelbar erreicht, warum ist das Vollkommene nicht gleich von Anfang?«[16] Ebenso armselig ist der Begriff, daß Gott ein deterministisches Universum in Gang setzte, eines, das vollkommen abläuft, aber nur Phänomene erzeugt, von denen er vorher wußte, daß sie eintreten würden. Das wäre einfach zu langweilig.

Angemessener ist wohl denke ich, die Sicht, daß Gott das Weltall aus einem Interesse an seiner Schöpferkraft heraus schuf – er also wollte, daß die Natur Überraschungen hervorbringt, Phänomene, die er selbst nicht vorhersehen konnte. Wie würde eine solche *kreative* Welt aussehen? Sie wäre jedenfalls keineswegs genau vorhersagbar. Dies scheint auf das Universum, das wir bewohnen, zuzutreffen. Informationstheoretiker stellen fest, daß selbst dann, wenn das gesamte Universum ein Computer wäre oder in einen Computer mit der maximalen theoretisch möglichen Kapazität verwandelt werden könnte, doch nicht alle zukünftigen Ereignisse berechnet werden könnten. Außerdem sollte ein kreatives Universum zu Wirkfaktoren führen, die selbst kreativ sind, also unvorhersagbar. Es gibt in unserem Universum einen solchen Wirkfaktor, der geradezu phantastisch erfolgreich ist, wenn es darum geht, die hoffnungslose Rutsche der Entropie umzukehren und überraschende Dinge geschehen zu lassen. Wir nennen ihn Leben. Es wäre angemessen, wenn diese Instanz das Wirken des Universums erkunden könnte, das Vorhersagbare vom Unvorhersagbaren zu trennen wüßte und Theorien erfände, die den Unterschied zwischen beiden erklären. Genau das aber tut die Intelligenz. Noch besser wäre es, wenn denkende Wesen wahrnehmen würden, daß sie alle im selben Boot sitzen – »als arme, unbedarfte Mitglieder derselben Mannschaft«, wie Adlai Stevenson sagt – und deshalb freundlich miteinander umgehen und bezeugen würden, daß Gott Liebe ist.[17] Und genau das tun wir, wenn auch nicht oft genug.

Schließlich würde Gott in einem kreativen Universum keine Spur seiner Gegenwart hinterlassen, denn damit würde er die schöpferischen Kräfte ihrer Unabhängigkeit berauben und von ihnen statt einer aktiven Suche nach Antworten reine Gottesanbetung fordern. Und genauso ist es: Gottes Sprache ist das Schweigen. Das Alte Testament sagt, daß Gott schwieg, als die erschreckten Gläubigen zu Mose sagten: »Rede du mit uns, dann wollen wir hören. Gott soll nicht mit uns reden, dann sterben wir.« Aus welchem Grund auch immer, Gott hört mit dem Buch Hiob auf zu sprechen und mischt sich bald danach überhaupt nicht mehr in menschliche Angelegenheiten ein, was Gideon fragen läßt: »Ach, ist der Herr wirklich mit uns? Warum hat uns dann all das getroffen? Wo sind alle seine wunderbaren Taten, von denen uns unsere Väter erzählt haben?«[18] Der Verfasser des 22. Psalms klagt jämmerlich: »Mein Gott, mein Gott, warum hast du mich verlassen?«

Ob er uns verließ oder niemals da war, weiß ich nicht, und ich glaube auch nicht, daß wir es je wissen werden. Aber man kann lernen, mit dem Zwiespalt zu leben – er ist eine Vorbedingung für den suchenden Geist – und mit dem Schweigen der Sterne. Alle, die wirklich lernen möchten, ob Atheisten oder Gläubige, Wissenschaftler oder Mystiker, sind vereint darin, daß sie nicht einen Glauben haben, sondern glauben. Das Zeichen dafür ist die Achtung vor der Beredsamkeit des Schweigens. Denn Gottes Hand kann die Hand eines Menschen sein, wenn sie in liebevoller Zuwendung ausgestreckt wird, und Gottes Stimme die eigene, wenn sie nur die Wahrheit spricht.

Anmerkungen

Vorwort

1 Platon, *Timaios*, 27 c, Übers. F. Schleiermacher und H. Müller, in Platon, *Gesammelte Werke*, Hamburg: Rowohlt, 1959

2 Pindar, Fragment 205, in: *Pindari carmina* II. Hg. H. Maehler, Leipzig 1989.

3 »Das ist noch nicht verrückt genug!« war Bohrs »Kehrreim«, wie Victor Weisskopf erzählt (in Laurie M. Brown und Lillian Hoddeson, Hg., *The Birth of Particle Physics*, Cambridge: Cambridge University Press, 1983, S. 265). Abraham Pais erinnerte sich daran, daß Wolfgang Pauli am 31. Januar 1958 an der Columbia University einen spekulativen Vortrag über Elementarteilchenphysik hielt, nach dem sich Pauli zu Bohr umwandte und sagte: »Sie halten diese Ideen wahrscheinlich für verrückt.« Bohr erwiderte: »Ja, schon, aber leider sind sie noch nicht verrückt genug.« (Pais, *Niels Bohr's Times in Physics, Philosophy, and Polity*. Oxford: Oxford University Press, 1991, S. 30.)

4 Steven Weinberg, *Der Traum von der Einheit des Universums,* Übers. F. Griese. München: Bertelsmann, 1993, S. 136. Die Hervorhebung stammt von Weinberg.

5 Wissenschaftler werden natürlich doch verbannt, und manchmal aus einem falschen Grund. Wir werden sehen, wie dies beispielsweise David Bohm geschah, der von Politikern wegen seiner marxistischen Ansichten verfolgt wurde, und wie Hugh Everett, wie Bohm ebenfalls Urheber einer neuen Deutung der Quantenmechanik, sich selbst von der Physik trennte, als seine Arbeit nicht beachtet wurde. Aber in den meisten Fällen werden sie einfach ignoriert, wenn sie hartnäckig Gedanken verfolgen, die allgemein für unfruchtbar gehalten werden. Gelegentlich stellt sich heraus, daß sie recht hatten und die Gemeinschaft der Wissenschaftler irrte. Das Paradebeispiel dafür ist Alfred Wegener, dessen (höchst mangelhafte) Darstellung der Kontinentalverschiebung 1928 bei einem Treffen der amerikanischen Petroleum-Geologen niedergemacht wurde und erst (wenn auch mit einer viel besseren physikalischen Erklärung) in den fünfziger Jahren wiederbelebt wurde. Selten jedoch werden Wissenschaftler geächtet, weil sie lediglich einen Fehler gemacht oder eine akzeptierte Theorie in Frage gestellt haben.

6 Martin Rees, Zweite Hitchcock-Vorlesung, Universität von Kalifornien, Berkeley, 28. Februar 1995.

7 John Locke, *Zwei Abhandlungen über die Regierung*, Übers. H. Wilmanns. Halle 1906, Erstveröffentlichung 1690, 2. Abhandlung, Kapitel IV.

8 Lockes vermeintlich wissenschaftliches Denken hatte auf Jefferson einen so starken Einfluß, daß er, der sich nur selten die Mühe machte, sich gegen Kritik zu verteidigen, es für nötig hielt, auf einen Vorwurf zu reagieren, den ein gewisser Richard H. Lee erhoben hatte, wonach die Unabhängigkeitserklärung von Lockes *Zwei Abhandlungen über die Regierung* abgeschrieben habe. Jefferson, der zugab, daß er Lockes Essay für »so vollkommen wie nur möglich« hielt, schrieb: »Ich weiß nur, daß ich beim Schreiben der Unabhängigkeitserklärung keinerlei Buch oder Pamphlet zu Hilfe genommen habe.« (Carl Becker, *The Declaration of Independence: A Study in the History of Political Ideas*, New York: Harcourt Brace, 1922, S. 25.)

9 *The San Francisco Chronicle*, 25. Mai 1992, S. 35.

10 Stephen Hawking, *Eine kurze Geschichte der Zeit*, Übers. H. Kober, Hamburg: Rowohlt, 1988, S. 218.

KAPITEL 1: Die Küsten des Lichts

1 Lukrez, *Über die Natur der Dinge*, Übers. J. Martin, Berlin 1972.

2 Kepler, Brief an Fabrizius, zitiert in: Max Caspar, *Kepler*, Stuttgart: Kohlhammer, 1948, S. 195.

3 Genauer zeigt das dritte Gesetz, daß dann, wenn P die Zeit ist, die ein Planet zum Umlauf um die Sonne braucht, und R die große Halbachse der Bahn (also die Hälfte der langen Achse), gilt:

$$\frac{P \text{ (eines Planeten)}^2}{P \text{ (Erde)}^2} = \frac{R \text{ (dieses Planeten)}^3}{R \text{ (Erde)}^3}$$

Jupiter beispielsweise umrundet die Sonne einmal in 11,86 Erdenjahren. Wenn wir das wissen, können wir die Größe der Jupiterbahn ableiten, die wir der Einfachheit halber in sogenannten »astronomischen Einheiten« angeben, also als Vielfaches der Entfernung der Erde von der Sonne:

$$\frac{11,86^2}{1^2} = \frac{R \text{ (Jupiter)}^3}{1^3}$$

Weil $11,86^2 = 11,86 \times 11,86 = 141$,

ist $\quad \dfrac{141}{1} = \dfrac{R\,(\text{Jupiter})^3}{1}$

Deshalb ist die mittlere Entfernung der Jupiterbahn die dritte Wurzel aus 141, also 5,2 astronomische Einheiten. Da eine astronomische Einheit 149,6 Millionen Kilometern entspricht, beträgt die Entfernung Jupiters von der Sonne im Mittel 5,2 × 149,6 Millionen Kilometer = 778 Millionen Kilometer.

4 Galilei, *Unterredungen über zwei neue Wissenschaftssysteme,* Übers. A. von Öttingen, Darmstadt: Wissenschaftliche Buchgesellschaft, 1985, S. 1.

5 Einstein selbst war so antiautoritär wie kein anderer Naturwissenschaftler, der je lebte. Als Kind brach er in Tränen aus, als er das erste Mal eine Militärkapelle sah, und als Erwachsener spaßte er: »Zur Strafe für meine Autoritätsverachtung hat mich das Schicksal selbst zu einer Autorität gemacht.« (Banesh Hoffmann, *Albert Einstein: Schöpfer und Rebell,* Übers. Jeanette Zehnder, Zürich: Belser, 1976, S. 31.)

6 Albert Einstein, »Johannes Kepler«, in: *Aus meinen späten Jahren,* Stuttgart: dtv, 1952, S. 225.

7 Albert Einstein, in: *Mein Weltbild,* Amsterdam: Querido, 1934, S. 114.

8 Newtons Leistung, als er die Gravitationstheorie aufstellte, läßt sich am besten durch eine Zusammenfassung seiner Formulierung der drei Keplerschen Gesetze belegen. In Newtons Fassung lauten sie etwa so:

Das erste Gesetz: Wenn zwei Körper aufeinander eine Gravitationswirkung ausüben, beschreibt jeder eine Bahn, die ein Kegelschnitt um den gemeinsamen Massenmittelpunkt ist. Wenn die Körper auf Dauer miteinander in Verbindung stehen, sind ihre Bahnen Ellipsen. Wenn nicht, sind ihre Bahnen Hyperbeln.

Das zweite Gesetz: Wenn zwei Körper einander unter dem Einfluß einer zentralen Kraft umlaufen, überstreicht ihre Verbindungslinie in gleichen Zeiten gleiche Flächen der Bahnebene.

Das dritte Gesetz: Wenn zwei Körper einander umlaufen, ist die Summe ihrer Massen, multipliziert mit dem Quadrat der Periode ihrer Umlaufbahn, proportional zur dritten Potenz der großen Halbachse der relativen Bahn des einen um den anderen.

Wenn R der Radius einer Bahn in astronomischen Einheiten ist, P die Bahnperiode in Jahren, und m1 und m2 die Massen der umlaufenden

Objekte als Bruchteile der Sonnenmasse, dann besagt das dritte Gesetz in den üblichen Einheiten

$$m_1 + m_2 = \frac{R^2}{P^2}$$

Astronomen können also aus Kenntnis des Durchmessers und der Perioden der gegebenen Bahnen mit Hilfe dieser Newtonschen Gesetze die Massen folgender Objekte herleiten: a) von Planeten, die von ihren Monden umlaufen werden, b) von Doppelsternen, die von einem Partner umlaufen werden, c) von Galaxien (aus den Bahnen ihrer äußersten Sterne) und von d) Galaxienhaufen (aus den Bewegungen der äußersten Galaxien dieser Haufen).

9 Interessanterweise versagt die Allgemeine Relativitätstheorie, wenn sie Ereignisse in den extrem hohen Dichten vorhersagen soll, die in jenen ersten Bruchteilen der Zeit im Universum herrschten – genauer in der ersten 10^{-43} Sekunde, als das neugeborene Universum weniger als 0,0000000000000000000000000000000000000000001 Sekunden alt war. Die Theorie sagt also »ihren eigenen Untergang« vorher, wie ein Relativitätstheoretiker einmal sagte. Dieser Aspekt der Theorie läßt sich nach einem Vorschlag der englischen Theoretiker Stephen Hawking und Roger Penrose so deuten, daß in einem sich ausdehnenden Universum alle Wege durch die kosmische Geschichte zu einem Punkt zurückführen, an dem die Gravitation unendlich groß ist – zu einer »Singularität«, einem Punkt am oder nahe am Anfang der Zeit. So kann also gerade der Zusammenbruch der Relativitätstheorie als Hinweis darauf gesehen werden, daß es den Urknall wirklich gab.

10 In der Umschreibung von J. A. Wheeler, in: Paul Buckley und F. David Peat, *A Question of Physics*, Buffalo: University of Toronto Press, 1979.

KAPITEL 2: **Die Ausdehnung des Universums**

1 Platon, Timaios, 29c, Übers. F. Schleiermacher und H. Müller, in Platon, *Gesammelte Werke*, Hamburg: Rowohlt, 1959.

2 Robert P. Kirshner, »Exploding Stars and the Expanding Universe«, *Q.J.R. Astr. Soc.* 32, S. 233–244 (1991).

3 Damit soll nicht gesagt werden, daß die Vorhersagen von Propheten nicht auch zutreffen können. Michael Tanner erinnert daran, daß Nietz-

sche einmal gesagt hat, er habe schreckliche Angst, jemand werde ihn eines Tages heilig nennen. Tanner fügt hinzu: »Und wirklich, bei seiner Beerdigung tat sein bester Freund, Peter Gast, genau das.« (Rezension von Alexander Nehamas Buch *Nietzsche: Life as Literature, Times Literary Supplement*, 16. Mai 1986, S. 519.)

4 Die Geschichte dieses Themas ist komplex. Eine ausführlichere Darstellung findet sich in Ferris, *Die Rote Grenze*; Ferris, *Kinder der Milchstraße*; Edward R. Harrison, *Cosmology: The Science of the Universe* und B. Bertotti u. a. (Hg.), *Modern Cosmology in Retrospect.*

5 Der holländische Astronom Willem de Sitter schlug 1917 eine Kosmologie vor, die Rotverschiebungen und die Expansion berücksichtigt. Aber sein in vieler Hinsicht wertvolles Modell enthält nicht weniger als drei unterschiedliche Erklärungen der Rotverschiebung, von denen keine zu dem expandierenden Universum führt, wie wir es heute sehen. Trotzdem schrieben einige Astronomen die beobachtete Rotverschiebung zunächst den de-Sitter-Effekten zu, weil de Sitters Arbeiten viel bekannter waren als Friedmanns. Auch Hubble selbst war anfangs dieser Meinung.

6 Einstein in einer Bemerkung, die vor der Veröffentlichung einer Arbeit von 1923 gestrichen wurde, in Bertotti u. a. (Hg.), *Modern Cosmology in Retrospect,* Cambridge: Cambridge University Press, 1990, S. 102. Die Abläufe des Kontakts zwischen Friedmann und Einstein wurden von Studiendirektor Georg Singer in Weiden rekonstruiert und in seinem Aufsatz »Weltbilder entstehen im Kopf« dargestellt. (*Die Sterne*, Leipzig)

7 Umgekehrt weisen die Spektren sich nähernder Objekte eine Blauverschiebung auf. So messen wir beispielsweise bei der Andromeda-Galaxie, die durch die Gravitation an die Milchstraße gebunden ist und sich uns nähert, eine geringe Blauverschiebung.

8 *Time*, 9. Februar 1948.

9 Hubble in einem Brief an de Sitter, zitiert in Norris Hetherington, »Hubble's Cosmology«, *American Scientist* 78, 2, S. 149 (1990).

10 Siehe z. B. den Anhang zur 5. Auflage von Weyls *Raum-Zeit-Materie*, Berlin: Springer, 1923. Außerdem Weyl, »Zur Allgemeinen Relativitätstheorie«, *Physikalische Zeitschrift* 24, S. 230–232 (1923). Eine Erörterung findet sich in G.F.R. Ellis, »The Expanding Universe: A History of Cosmology from 1917 to 1960«, in Don Howard und John Stachel, (Hg.) *Einstein and the History of General Relativity.* Boston: Birkhäuser, 1989, S. 367–431.

11 Die Abbremsung ist durch die Abnahme der Ausdehnungsrate definiert, und die Hubble-Konstante als der jetzige Wert der Ausdehnungsrate. Wie der Kosmologe Alan Guth schreibt, »wurde H_0 von den Astronomen vermutlich deshalb als ›Konstante‹ bezeichnet, weil sie zu Lebzeiten eines Astronomen näherungsweise konstant ist. Der Wert von H_0 ändert sich jedoch mit der Entwicklung des Universums, und aus der Sicht eines Kosmologen ist sie deshalb keineswegs eine Konstante.« (Alan Guth, »The Birth of the Cosmos«, in Donald Osterbrock und Peter Raven (Hg.), *Origins and Extinctions*, New Haven: Yale University Press).

12 Die Definition von Ω ist nicht einheitlich. Hier ist Ω das zur »kalten, nichtrelativistischen Materie« gehörende, für das die Formel

$$\Omega = 2q_0 + 2/3\lambda\,\frac{c^2}{H_0^2}$$

gilt, wobei q_0 der Bremsparameter ist, λ die kosmologische Konstante, H_0 die Hubble-Konstante und c die Lichtgeschwindigkeit.

13 Man stelle sich vor, daß man eine Stunde lang einen großen Ballon aufgeblasen hat und in der letzten Minute dieser Stunde ein Beobachter, der die Menschheit vertritt, ins Bild kommt. Der Beobachter mißt den Fortschritt und findet erstens, daß der Radius des Ballons während dieser einen Minute um einen Zentimeter zunahm, und zweitens, daß der Radius des Ballons am Ende dieser Minute hundert Zentimeter beträgt. Naiverweise leitet der Beobachter her, daß man vor genau hundert Minuten mit dem Aufblasen begonnen habe. Das aber wäre eine grobe Fehleinschätzung, weil der Ballon am Ende der Stunde möglicherweise nicht so rasch aufgeblasen wurde wie zu Beginn und Ermüdungserscheinungen zu berücksichtigen sind, oder daß es bei konstantem Lungenvolumen länger braucht, einen großen Ballon um denselben Bruchteil aufzublasen wie einen kleinen und so weiter. Andererseits könnte er auch denken, daß man Übung beim Aufblasen bekommt und so der Ballon jetzt rascher aufgeblasen wird als in der Vergangenheit. Das ließe sich mit einem sich ausdehnenden Universum vergleichen, in dem die kosmologische Konstante die Expansionsrate tatsächlich beschleunigte. Der Beobachter hat grundsätzlich zwei Möglichkeiten zur Verfügung, um seine Schätzung zu verbessern. Er kann einerseits eine Theorie erfinden, die es ihm erlaubt abzuschätzen, wie weit sich das Aufblasen des Ballons aufgrund der Ermüdung und anderer Faktoren verlangsamt, und er kann andererseits nach direkten Hinweisen suchen, also etwa nach einer Videoaufnahme

oder nach Schnappschüssen, die zeigen, wie groß der Ballon zu verschiedenen Zeiten in der vergangenen Stunde war. Der erste Ansatz hat große Ähnlichkeit mit dem, was Kosmologen tun, wenn sie aufgrund ihrer besten Schätzungen der kosmischen Materiedichte die sich ergebende Bremskraft errechnen, dann bestimmen, wieviel rascher die Ausdehnungsrate in bestimmten Perioden der Vergangenheit war, und so schließlich eine Abschätzung des Alters des Universums erhalten. Der andere Ansatz besteht darin, die Entfernung und die Fluchtgeschwindigkeit vieler Galaxien, auch solcher in einigen Milliarden Lichtjahren Entfernung, zu messen. Die Ergebnisse aus der Nähe sagen uns, wie rasch sich das Universum heute ausdehnt, während die fernen uns mitteilen, wieviel rascher es sich vor Milliarden Jahren ausdehnte.

14 P.J.E. Peebles, Vortrag an der Universität von Kalifornien, Berkeley, 9. März 1995.

15 Diese Überlegung ist nach den beiden Kosmologen Robert Dicke und P.J.E. Peebles als »Dicke-Peebles-Zeitabstimmungs-Argument« bekannt. Siehe Michael Turner, »The Hot Big Bang and Beyond«, Fermilab-Conf.-95/034-A, Februar 1995, in: *Proceedings of CAM-94* (Cancún, Mexiko, September 1994) und *Proceedings of Diffuse Background Radiation IAU 168* (Den Haag, August 1994). Mehr darüber findet sich auch in Kapitel 5 dieses Buchs.

16 Eine genauere Erörterung findet sich bei Michael Rowan-Robinson, *The Cosmological Distance Ladder: Distance and Time in the Universe*. New York: Freeman, 1985.

17 Wie immer gibt es Komplikationen, angefangen mit der Tatsache, daß die Entfernung selbst der nächsten Cepheiden zu groß ist, um mit Hilfe von Parallaxen gemessen zu werden. Deshalb beruht dieser Ansatz auf indirekten Verfahren und führt zu einem Rest von Unsicherheit in bezug auf die absolute Helligkeit der Cepheiden. Die Cepheiden spielen bei der kosmischen Entfernungsbestimmung eine wichtige Rolle, seit Henrietta Swan Leavitt die Beziehung zwischen der Periode und der Helligkeit der Cepheiden entdeckte, die Shapley und Hubble dann auszunutzen verstanden.

18 Es ist vermutlich unnötig, darauf hinzuweisen, daß es viele Ausnahmen von dieser Regel gibt. Unter den Radikalen waren auch Wissenschaftler der Generation von Sandage, vor allem Halton Arp, Geoffrey Burbidge und Sir Fred Hoyle, und es gibt viele junge Astronomen, die das alte Universum vorziehen. So gesehen ist auch der Begriff der Generation ein künstliches Konstrukt. Aber die Regel gilt zumindest grob.

19 Es gab viele Hinweise darauf, daß Sandage wußte, wie man ein Teleskop benutzt. Als beispielsweise Astronomen am riesigen Teleskop des Cerro-Tololo-Observatoriums in Chile zur Messung der scheinbaren Helligkeiten wichtiger Sterne moderne Digitaltechniken einführten, fanden sie, daß die Helligkeitsabschätzungen, die Sandage im Lauf der Jahrzehnte aufgrund von fotografischen Platten gemacht hatte, einem seiner Natur nach weniger genauen Verfahren, auf ein Dreihundertstel genau mit ihren Schätzungen übereinstimmten – eine verblüffende Bestätigung seines Geschicks, dem Himmel genaue Daten zu entnehmen.

20 Siehe zum Beispiel einen Vortrag, den Sandage am 25. März 1995 an der Johns-Hopkins-Universität hielt; in ihm zählte er neun Methoden auf, wie die Entfernung zum Virgo-Superhaufen bestimmt werden kann. J. Babber u.a., (Hg.), »Particles, Strings and Cosmology« in: *Proceedings of the Johns Hopkins Workshop on Current Problems in Particle Theory 19 and the PASCOS Interdisciplinary Symposium 5*, Baltimore, 22.–25. März 1995. River Edge, N. J.: World Scientific, 1996.

21 H. Jergen und G. A. Tammann, »The Local Group Motion Toward Virgo and the Microwave Background«, *Astronomy and Astrophysics 276*, S. 1–8 (1993).

22 Aus Sicht der Allgemeinen Relativitätstheorie besitzen Superhaufen wie Virgo eine Art Delle in der Krümmung der Raumzeit. Diese Depressionen werden durch die kosmische Ausdehnung etwas vergrößert, aber wenn wir die Ausdehnungsgeschwindigkeit einzig in der lokalen Delle messen würden, müßten wir schließen, daß sich das Universum langsamer ausdehnt, als es wirklich der Fall ist. Einige Astronomen stellen sich das Universum gern als eine Reihe von »Kacheln« oder »Platten« vor – Anordnungen, in denen die Expansion verzögert ist (wie beim Virgo-Superhaufen) oder sogar völlig fehlt. Die kosmische Ausdehnung führt dazu, daß die Platten sich voneinander wegbewegen. Große Platten wie Virgo und andere Superhaufen von Galaxien werden größer, wenn sie sich im Rahmen der allgemeinen Ausdehnung voneinander entfernen, während kleinere wie die Lokale Gruppe überhaupt nicht größer werden. Man kann deshalb auch sagen, daß der Wert der Hubble-Konstante zunimmt, wenn der Maßstab größer wird. Das ist der Kern des Problems: Die Messung des reinen Hubble-Stroms erfordert womöglich die Durchmusterung eines enormen Bereichs des Universums, dessen riesiger Radius mehrere hundert Millionen Lichtjahre beträgt.

23 Wendy L. Freedmann u. a., »Distance to the Virgo Cluster Galaxy M100 From Hubble Space Telescope Observations of Cepheids«, *Nature* 371, S. 761 (1994).

24 Wendy Freedman, Gespräch mit dem Autor, 3. April 1995.

25 Allan Sandage: in Malcolm W. Browne, »Age of Universe Is Now Settled, Astronomer Says«, *The New York Times*, US-Ausgabe, 5. März 1996, S. 87.

26 Sandages neuere Schätzungen für H_0 blieben in der Gegend von fünfzig, während die jungen Aufrührer – Freedman et al. – 1996 die Zahl siebzig angaben. Eine rein soziologische Analyse würde also zugunsten von Sandage sprechen. Andererseits ist uns das Universum nicht als soziologisches System bekannt.

27 Die Hypothese der Ermüdung von Licht wurde zuerst von Fritz Zwicky aufgestellt. Siehe *Proceedings National Academy of Sciences (U. S.)* 15, S. 773 (1929).

28 Eine neuere Verteidigung der Steady-State (oder »C-Feld«)-Theorie durch den großen Astrophysiker, der sie vierzig Jahre lang vertreten hat, findet sich in Sir Fred Hoyles Autobiographie *Home Is Where the Wind Blows: Chapters from a Cosmologist's Life*, Mill Valley, Cal.: University Science Books, 1994, S. 401ff.

29 Eine Darstellung der Plasmatheorie findet sich bei Eric J. Lerner, *The Big Bang Never Happened*: A *Startling Refutation of the Dominant Theory of the Origin of the Universe*, New York: Times Books, 1991.

KAPITEL 3: Die Form des Raums

1 Willem de Kooning, *Collected Writings*, Madras: Hanuman Books, 1988, S. 121.

2 John Archibald Wheeler, *Gravitation und Raumzeit,* Übers. C. Kiefer, Heidelberg: Spektrum Akademischer Verlag, 1992, S. 39.

3 Bei einem Spaziergang mit Heisenberg fühlte sich der Physiker Felix Bloch, der gerade Weyls *Raum, Zeit, Materie* gelesen hatte, zu der Bemerkung veranlaßt, daß der Raum einfach das Feld der Lineargleichungen sei. Heisenberg erwiderte: »Unsinn. Der Raum ist blau, und in ihm fliegen Vögel.« »Er meinte damit«, schreibt Bloch, »daß es für einen Physiker gefährlich ist, wenn er die Natur in Form idealisierter Abstraktionen beschreibt, die zu weit von offenkundigen Beobachtungstatsachen ent-

fernt sind. Tatsächlich konnte er nur dadurch zu seiner großen Schöpfung der Quantenmechanik kommen, indem er diese Gefahr bei der vorangehenden Beschreibung atomarer Phänomene vermied.« Felix Bloch, *Physics Today*, 29 (12), 27 (1976).

4 Wenn das sphärische Universum statisch wäre, würde ein Beobachter, der weit genug schaute und Milliarden Jahre wartete, seinen eigenen Hinterkopf sehen können – der Lichtstrahl hätte das Universum umkreist und wäre frontal auf sein Fernrohr aufgetroffen. Aber die Relativitätstheorie erlaubt keine statischen Universen, und das Universum, in dem wir leben, dehnt sich aus. Deshalb können wir uns nicht selbst sehen, wenn wir durch ein Fernrohr schauen, das von uns weg weist, und werden das auch nie können.

5 Jorge Luis Borges, »Von der Strenge der Wissenschaft«, in: *Die Bibliothek von Babel*, Übers. K. A. Horst und W. A. Luchting, Berlin: Volk und Welt, 1987, S. 82–83, von Borges (fälschlich) Suarez Miranda: *Viajes de varones pudentes*, Lérida 1658, zugeschrieben.

6 In: Abraham Pais, »Raffiniert ist der Herrgott ... Übers. R. Sexl u. a., Braunschweig: Vieweg 1986, S. 212.

7 Genaugenommen sollte ich »modellieren« sagen und nicht »abbilden«, weil man von Abbildungen eigentlich nur sprechen sollte, wenn die Fläche, die abgebildet wird, schon bekannt ist. Aber der Ausdruck »abbilden« scheint klarer zu sein, wenn es darum geht, zu vergleichen, wie irdische und kosmologische Verfahren die Verzerrung möglichst gering halten.

8 Diejenigen unter uns, die von dem Versuch frustriert sind, sich den gekrümmten Raum vorzustellen, lassen sich vielleicht damit trösten, daß sie sich in guter Gesellschaft befinden. Bertrand Russell nannte dieses Unterfangen »unmöglich«. John Archibald Wheeler, der Doyen der amerikanischen Relativitätstheoretiker, gibt zu, daß ihm die Veranschaulichung nur gelingt, wenn er eine der vier Dimensionen unterdrückt. Immanuel Kant erhob den euklidischen Raum zum Status eines Wissens *a priori*, was bedeutet, daß er sich aus logischen Annahmen herleiten läßt und nicht auf die Erfahrung angewiesen ist. Das wiederum führte Philosophen von der Universität Oxford dazu, die Relativitätstheorie abzulehnen. Der dortige Astronom E. A. Milne machte sich die Mühe, eine euklidische Kosmologie zu konstruieren, die der Relativitätstheorie widerspricht. Aber solche Erschütterungen sind zu erwarten. Es wäre verdächtig einfach, wenn die Naturwissenschaft, die zehn Größenordnungen in

das Reich der Galaxien hinaus und in die Winzigkeit der Atome hinab
erkundet, nicht auch Dinge in Erfahrung bringt, die Annahmen durch-
einanderbringen, die wir Menschen im Lauf einer Evolution erwarben,
die mehrere Millionen Jahre währte und immer auf den menschlichen
Maßstab von Raum und Zeit begrenzt war.

9 Die Theorie sagt vorher, daß Licht von massereichen Objekten Energie
verliert und eine »gravitative Rotverschiebung« erleidet, wenn es aus der
lokalen Gravitationsquelle herausgelangt. Dieser Effekt wurde bei Untersuchungen weißer Zwergsterne beobachtet, die kompakte Objekte mit
starken Schwerefeldern sind, und durch Radarsignale bestätigt, die von
Merkur, Venus und Mars zurückprallten. Auch Zeitverzögerungen bei
Radiosignalen von der Voyager-Raumsonde, während sie am riesigen
Planeten Saturn vorbeiflog, bestätigten die relativistische Krümmung des
Raums durch die Masse dieses Planeten.

10 In: Robert Osserman, *Poetry of the Universe*, New York: Anchor, 1995.

11 Howard L. Resnikoff sagte dazu in seinem Buch *The Fusion of Reality*
(New York: Springer, 1989, S. 96): »Fermats klassisches Variationsprin-
zip der ›geringsten Zeit‹ und das Prinzip der ›kleinsten Wirkung‹ von
Maupertuis und Hamilton sind ein mathematischer Ausdruck der Sparsamkeit der Natur: Die Evolution eines physikalischen Systems bevorzugt unter allen vorstellbaren Alternativen jene, die zu einem Extrem
führt, die also eine geeignete *Kostenfunktion* wie *Zeit*, *Wirkung* oder *Energie*
maximiert oder *minimiert*. Wenn ein Lichtstrahl ein optisch inhomogenes
Medium durchläuft, sucht er den Weg, auf dem die Zeit, die nötig ist,
um vom Ausgangspunkt zum Austrittspunkt zu gelangen, möglichst
kurz ist.«
Für unsere Erörterung der Entropie weiter unten in diesem Kapitel ist die
Verbindung wichtig, die Resnikoff zwischen der Entropie und dem Prinzip der kleinsten Wirkung herstellt: »Der zweite Hauptsatz der Thermodynamik ist eine dynamische Fassung dieses allgemeinen physikalischen
Prinzips. Man kann darunter die Behauptung verstehen, daß ein isolier-
tes physikalisches System sich zu einem Gleichgewichtszustand entwickelt, in dem die Entropie des Systems möglichst groß ist. Wenn das System einen Zustand maximaler Entropie erreicht hat, wird es darin oder
in einem Zustand gleicher Entropie verbleiben. Mit Bezug auf die Information entwickelt sich das System zu einem Zustand, der *a priori* nur wenig bekannt ist und über den eine Messung deshalb soviel Information
gibt wie nur möglich.«

12 Michio Kaku, *Hyperspace,* Übers. H. Kober, Berlin: Byblos, 1995, S. 55.

13 Kip S. Thorne, *Gekrümmter Raum und verbogene Zeit,* Übers. D. Gerstner und S. Khan, München: Droemer Knaur, 1994, S. 544.

14 John Archibald Wheeler, *Gravitation und Raumzeit,* Übers. C. Kiefer, Heidelberg: Spektrum Akademischer Verlag, 1992, S. 216.

15 Richard H. Price und Kip S. Thorne, »Das Membran-Modell für Schwarze Löcher«, *Spektrum der Wissenschaft,* Juni 1988, S. 77/78.

16 Wie so oft in der Astrophysik und in anderen Naturwissenschaften führt auch der Name »Quasar« in die Irre. Er kommt von »quasistellares Objekt«, weil man diese blauweißen Lichtpunkte zuerst für ungewöhnliche Sterne hielt.

17 Mario Livio, *PASCOS Symposium,* Johns Hopkins University, Baltimore, 22.–25. März 1995.

18 Kip S. Thorne, *Gekrümmter Raum und verbogene Zeit,* München: Droemer Knaur, 1994, S. 596.

19 Charles W. Misner, Kip S. Thorne und John Archibald Wheeler, *Gravitation,* San Francisco: Freeman, 1973, S. 863.

20 Gelegentlich wird die Frage gestellt, warum es hier auf der Erde überhaupt so etwas wie Leben und Lernen geben kann, wenn doch das Gesetz der zunehmenden Entropie gilt. Die Antwort ist, daß wir Energie von der Sonne, von Kernreaktoren und von Wärme tief aus der Erde (»geothermale« Energie) verwenden. Alle diese Quellen beruhen auf den Kernkräften, denn sie gehen jeweils auf Kernverschmelzung, Kernspaltung beziehungsweise Betazerfall zurück (die Erde wird in ihrem Kern durch Radioaktivität heiß gehalten). Da Atomkerne beim Urknall entstanden, lassen sich alle Energiequellen bis zum Ursprung des Universums zurückverfolgen. Die Frage, warum es überhaupt verfügbare Energie gibt, ist deshalb ein Teil der Frage, wie oder warum das Universum entstanden ist. Dank dieser Energiequellen kann die Entropie lokal abnehmen, selbst wenn sie im kosmischen Maßstab zunimmt. Man könnte sogar so weit gehen zu sagen, daß die Aufregung, die Leben, Kunst, Naturwissenschaft und das Bild einer geschäftigen Stadt mit ihren Bibliotheken und Theatern in uns auslösen, im Grunde die Freude ausdrückt, einen Sieg über das Entropiegesetz mitzuerleben – jedenfalls an einem Ort, für eine Weile.

21 John Archibald Wheeler, *Gravitation und Raumzeit,* Übers. C. Kiefer, Heidelberg: Spektrum Akademischer Verlag, 1992, S. 227

22 Stephen Hawking, Gespräch mit T. F., Universität von Kalifornien, Santa Barbara, 9. April 1983.

23 Stephen Hawking, Gespräch mit T. F., Universität von Kalifornien, Santa Barbara, 28. März 1983.

24 Kip S. Thorne, *Gekrümmter Raum und verbogene Zeit.* München: Droemer Knaur, 1994, S. 486.

25 Stephen Hawking, »Black Hole Explosions?«, *Nature*, 148, 1. März 1974, S. 30

26 Stephen Hawking, Gespräch mit T. F., Universität von Kalifornien, Santa Barbara, 28. März 1983.

27 Richard Feynman, Vortrag an der University of Southern California, 6. Dezember 1983.

28 Stephen Hawking, Gespräch mit T. F., Universität von Kalifornien, Santa Barbara, 9. April, 1983.

29 Hawking ist weiterhin der Ansicht, daß Information, die in ein Schwarzes Loch gerät, für immer verloren ist. »Die Quantentheorie der Schwarzen Löcher scheint in der Physik einen neuen Grad von Unvorhersagbarkeit jenseits der bislang bekannten quantenmechanischen Unbestimmtheit zu erzeugen [...] weil sie eine innere Entropie haben und Information aus unserem Gebiet des Universums abziehen.« (Stephen W. Hawking und Roger Penrose, »Das Wesen von Raum und Zeit«, *Spektrum der Wissenschaft,* September 1996, S. 47).

30 In diesem Buch verwende ich die Ausdrücke »Zeitmaschine« und »Zeitreise« lediglich in bezug auf Instrumente, die in die Vergangenheit transportieren können. Der Ausflug in die Zukunft ist unvermeidlich: Sie und ich reisen in jeder Sekunde eine Sekunde in die Zukunft. Außerdem führen Zeitreisen in die Zukunft zu keinen Paradoxien. Zeitreisen in die Vergangenheit jedoch sind eine ganz andere und viel problematischere Sache.

31 Hawking, in Michio Kaku, *Hyperspace,* Übers. H. Kober, Berlin: Byblos, 1995, S. 285. Der junge Physiker Neal Katz schlug eine elegante Möglichkeit vor, wie wir überprüfen können, ob unsere Nachfahren je ins 20. Jahrhundert zurückreisen werden. Sie besteht darin, in einer Zeitschrift wie den *Physical Review Letters,* die in Bibliotheken archiviert wird, eine Arbeit zu veröffentlichen – damit, wie er in der Arbeit schreibt, »Kopien diese Artikels für alle Zeiten aufbewahrt werden müssen« –, die in Großbuchstaben die Bitte enthält: »WENN IRGENDWANN IN DER ZUKUNFT ZEITREISEN MÖGLICH WERDEN, MÖGE MAN

BITTE AM [DATUM DER VERÖFFENTLICHUNG] KONTAKT MIT DEN VERFASSERN AUFNEHMEN«. Es sollten dann die Institutsadressen der Verfasser folgen. »Einfacher geht es nicht«, bemerkte der Kosmologe Eric Linder. Leider wurde die Arbeit weder vorgelegt noch veröffentlicht.

32 Richard Gott, Gespräch mit T.F., Irvine, Kalifornien, 27. März 1992.

KAPITEL 4: **Ein Knall aus der Vergangenheit**

1 William Blake, The Marriage of Heaven and Hell in »Auguries of Innocence«, in: Geoffrey Keynes, Hg., *Poetry and Prose of William Blake*. London: Nonesuch, 1927, S. 118.

2 William Blake, *Weissagungen der Unschuld*, Übers. Walter Wilhelm, Berlin: Aufbau-Verlag, 1958.

3 Werner Heisenberg, »Das Wesen der Elementarteilchen«, *Naturwissenschaften,* Januar 1963, S. 5.

4 *The New York Times*, 12. Januar 1933.

5 *Los Angeles Times*, 12. Januar 1933.

6 Murray Gell-Mann, »From Renormalizability to Calculability«, Second Shelter Island Conference, Mai 1983, Ms., S. 25.

7 George Gamow, *Nature*, 30. Oktober 1948, S. 680.

8 Ibid.

9 Ralph A. Alpher und Robert C. Herman, »Evolution of the Universe«, *Nature* 162, S. 774–775 (1948).

10 Die Temperaturmessung des kosmischen Mikrowellenhintergrunds durch COBE ist bis auf 0,004 genau. Das bedeutet, daß interessanterweise eine der am genauesten bestimmten Größen der Physik die Intensität einer feurigen Mauer ist, die zehn Milliarden Lichtjahre entfernt ist.

11 Mit dem Ausdruck »Big Bang« wollte Fred Hoyle die Theorie lächerlich machen. Es zeugt von seinem Witz und seiner Kreativität, daß der Begriff heute noch verwendet wird. Die Bezeichnung überlebte sogar eine internationale Ausschreibung, in der drei Juroren – der Wissenschaftsjournalist Hugh Downs, der Astronom Carl Sagan und ich – 13 099 Vorschläge aus 41 Ländern durchmusterten und keinen besseren fanden. Es gab keinen Gewinner, und ob es uns gefällt oder nicht, der Name bleibt. (Siehe Ferris, »Needed: A Better Name for the Big Bang«, *Sky & Telescope*, August 1993.)

12 Fred Hoyle, *Home Is Where the Wind Blows: Chapters from a Cosmologist's Life*, Mill Valley, Cal.: University Science Books, 1994, S. 417.

13 E. Margaret Burbidge, Geoffrey R. Burbidge, William A. Fowler und Fred Hoyle, »Syntheses of the Elements in Stars«, *Reviews of Modern Physics* 29, S. 547–650 (1957). Ähnliche Ergebnisse wurden unabhängig davon von Alastair Cameron erarbeitet.

14 Gary Steigman, »Big Bang Nucleosynthesis: Consistency or Crisis?« Ohio State University, Vorabdruck OSU-TA-22/94, 1994, S. 2.

15 Es dauerte 180 Sekunden, bis sich im Urknall Helium bildete, weshalb Steven Weinberg sein klassisches Buch über BBN *Die ersten drei Minuten* nannte (München: Piper, 1977).

16 In: John D. Barrow und Frank Tipler, *The Anthropic Cosmological Principle*, Oxford: Oxford University Press, 1986, S. 398.

17 Die Aussage, daß intergalaktische Wolken vom Urknall stammen müssen, ist nicht unumstritten. Einer Theorie zufolge bildeten sich die ersten Sterne sehr früh in der kosmischen Geschichte, noch vor den Galaxien. Solche Sterne bauten dann schwere Elemente (»Metalle«) auf, bliesen sie in den intergalaktischen Raum hinaus und »verseuchten« so die Wolken. Eine grobe, aber beliebte Nomenklatur nennt jüngere, metallreiche Sterne Pop I und ältere, metallarme Sterne Pop II. (Pop steht dabei für »Population«.) Diese hypothetisch frühesten Sterne wurden Pop III genannt. Die Astronomen Len Cowie und Antoinette Songaila von der Universität Hawaii veröffentlichten in der Ausgabe des *Astronomical Journal* vom April 1995 Beobachtungshinweise auf die Existenz von Pop-III-Sternen. Mit Hilfe des Keck-Teleskops fanden sie in intergalaktischen Wolken, die etwa halb so alt sind wie das Universum, Spuren – etwa ein Teil pro Million – von ionisiertem Kohlenstoff. Da Kohlenstoff in Sternen und nicht im Urknall erzeugt wird, legt dieses Ergebnis nahe, daß Sterne das intergalaktische Medium früh in der kosmischen Geschichte kontaminierten. Wenn sich andererseits weiterhin bestätigt, daß ferne intergalaktische Wolken die Anteile an Helium enthalten, die die Standard-BBN-Theorie dem Urknall zuschreibt, würde dies bedeuten, daß die Kontaminierung durch Pop-III-Sterne nicht ausreicht, um die Theorie in Frage zu stellen. Pop-III-Modelle lassen sich auch nur schwer mit COBE-Messungen des kosmischen Mikrowellenhintergrunds in Einklang bringen.

18 Ein Atom schickt ein Photon aus, wenn eines seiner Elektronen von einer äußeren Schale in eine innere fällt. Wenn ein Atom ein Photon absor-

biert, springt ein Elektron eine Schale höher. Man sagt von einem Elektron in der innersten Schale, es sei in seinem *Grundzustand*. Lyman-α - Spektrallinien entstehen, wenn ein Elektron von der zweiten in die erste (also innerste) Schale springt.

19 A. Songaila u. a., *Nature* 368, S. 599 (1994). Ähnliche Ergebnisse, die mit dem 4-Meter-Teleskop am Kitt Peak National Observatory in Arizona erzielt wurden, wurden von R. F. Carswell u. a. in *Monthly Notices Royal Observatory Astronomical Society*, 68 (1994) veröffentlicht.

20 In: John Noble Wilford, »Primordial Helium, Created in Big Bang, Detected at Long Last«, *The New York Times*, 13. Juni 1995, S. B5.

21 Gary Steigman, David Schramm und James Gunn beschränkten 1977 die Anzahl der Neutrinofamilien auf höchstens vier (*Phys. Letters B*, 66, 202). Zwischen 1988 und 1990 hatten Untersuchungen von Steigman, Schramm und anderen die Anzahl auf weniger als vier, also auf die drei bekannten Familien reduziert.

David Schramm zeichnete sich durch besonders viele extrem unterschiedliche Fähigkeiten aus. Er war nicht nur als Physiker der Universität von Chicago sehr erfolgreich, sondern hätte als Ringkämpfer 1972 an den olympischen Spielen in München teilnehmen können, war ein begeisterter Kletterer und betrieb eine eigene kleine Fluggesellschaft. Er starb im Dezember 1997 im Alter von 52 Jahren beim Absturz einer von ihm gesteuerten Maschine.

22 Jedes Baryon (sogar jedes subatomare Teilchen) hat ein Antiteilchen, das dieselbe Masse, aber entgegengesetzte Ladung und auch mehrere andere entgegengesetzte Quantenzahlen hat. Wenn Teilchen und Antiteilchen zusammentreffen, vernichten sie sich, und deshalb ist Antimaterie in Teilchenbeschleunigern so nützlich: Experimentalphysiker stellen Antiprotonen her, schicken sie in die eine und die Protonen in die entgegengesetzte Richtung durch den Beschleunigungsring und steuern sie dann an Detektoren entlang des Rings zum Zusammenstoß. Dabei erzeugen sie hochenergetische Wechselwirkungen, die Ereignisse nachahmen können, wie sie sich beim Urknall abgespielt haben sollten. Aber obwohl man in den Speicherringen am CERN und an anderen solchen Beschleunigern Antimaterie finden kann, kommt sie in der Natur praktisch nicht vor. Dafür gibt es viele Nachweise. Wäre etwa der Planet Jupiter aus Antimaterie gemacht, würde seine Wechselwirkung mit Teilchen im Sonnenwind starke Röntgenstrahlung erzeugen, und diese wird nicht beobachtet. Und wenn es im Milchstraßensystem meßbare Mengen Antima-

terie gäbe, würde ein Teil der kosmischen Strahlung – subatomare Teilchen, die auf die Erde treffen, nachdem sie in unserer Galaxis beträchtliche Entfernungen durchlaufen haben – aus Antimaterie bestehen. Tatsächlich bestehen mindestens 999 von je tausend kosmischen Strahlen aus gewöhnlicher Materie. Würden andere Galaxien aus Antimaterie bestehen, würden wir Röntgen- und Gammastrahlen sehen, die von ihrer Wechselwirkung mit intergalaktischen Wolken herrühren, und auch diese wurde nicht beobachtet. Also besteht das Universum aus Materie und nicht aus Antimaterie. Das ist die sogenannte »Baryonen-Asymmetrie« des Universums. Das Standardmodell erklärt es durch die Hypothese, daß das Universum mit näherungsweise – aber aufgrund der Zufallsnatur der Quantenmechanik nicht genau – gleichen Mengen von Materie und Antimaterie begonnen hat, die sich zum größten Teil gegenseitig vernichteten. Dadurch überlebte ein Rest der Teilchenart, die wir Materie nennen, und deshalb suchen wir den Kosmos vergeblich nach meßbaren Mengen von Antimaterie ab. Die anfängliche Ungleichheit könnte ziemlich klein gewesen sein –, nur eins zu einer Milliarde –, und trotzdem zu diesem Ergebnis geführt haben.

KAPITEL 5: Das schwarze Taj Mahal

1 F. D. Reeve, »Coasting«, in: *The American Poetry Review*, Juli/August 1995, S. 38.

2 Robert Browning, »Epilog«, in: *Asolando: Fancies and Facts* (Boston: Houghton Mifflin, 1890).

3 Der Mythos vom Schwarzen Taj wurde von dem französischen Reiseschriftsteller Jean-Baptiste Tavernier als Tatsache berichtet. Er behauptete, den Bau des Taj mit eigenen Augen gesehen zu haben, und die Fremdenführer zitieren ihn heute als Augenzeugen. Aber »obwohl Tavernier behauptet, ein zweites Mausoleum sei begonnen worden, wird es von keiner anderen frühen Quelle erwähnt, und es haben sich auch unter den Ruinen auf der anderen Seite des Yamuna keinerlei Spuren solcher Fundamente gefunden.« (Janice Leoshki, »Mausoleum für eine Kaiserin«, in Pratapaditya Pal, u. a.. *Romance of the Taj Mahal*, London: Thames and Hudson/Los Angeles, Los Angeles County Museum of Art, 1989, S. 77.)

4 David Weinberg, »The Dark Matter Rap: Cosmological History for the

MTV Generation«, Tonband, das T.F. im Oktober 1994 zugesandt wurde.

5 In: Ronald Florence, *The Perfect Machine: Building the Palomar Telescope*, New York: Harper, 1994, S. 151.

6 In: Wallace und Karen Tucker, *The Dark Matter*, New York: Morrow, 1988, S. 83.

7 Vera Rubin, Vortrag bei einem Kolloquium der National Academy of Sciences über physikalische Kosmologie, Irvine, Kalifornien, 27. und 28. März 1992.

8 Vera Rubin, »Dunkle Materie in Spiralgalaxien«, *Spektrum der Wissenschaft*, August 1983, S. 68.

9 A. D. Chernin, A. V. Ivanov, A. V. Trofimov und S. Mikkola, *Astronomy & Astrophysics*, 281, S. 685–690 (1994).

10 Sandra Faber, Vortrag bei einem Kolloquium der National Academy of Sciences über physikalische Kosmologie, Irvine, Kalifornien, 27. und 28. März 1992.

11 Die kritische Dichte beläuft sich, wenn man das in diesem Buch vorausgesetzte Standardmodell annimmt, auf nur 10^{-29} Gramm Materie pro Kubikzentimeter Raum – viel dünner als jedes Hochvakuum im Labor. Selbst ein Universum mit kritischer Dichte ist vor allem Raum.

12 Gerard Jungman, Marc Kamionkowski und Kim Griest, »Supersymmetrische Dunkle Materie«, Vorabdruck, SU-4240-605, Juni 1995, S. 13 einer Arbeit, die in *Physics Reports* erscheinen soll.

13 Radikale Feministinnen, die hellhörig sind für »Phallozentrismen« in der Physik und den ihr verwandten Wissenschaften, werden aufhorchen, wenn sie erfahren, daß ein Computerprogramm, das Daten über die Bewegungen großer Galaxienmassen in Dichtebeziehungen umsetzt, den Namen POTENT erhalten hat.

14 Michael Turner, »Dark Matter: Theoretical Perspectives«, *Proc. Natl. Acad. Sci. USA 90*, 4,828, Juni 1993.

15 In: Dennis Overbye, »The Shadow Universe«, *Astronomy*, Mai 1985, S. 24.

16 Gerard Jungmann, Marc Mamionskowski und Kim Griest, »Supersymmetric Dark Matter«, *Physical Reports* 267, März 1996, S. 222.

17 Da Elektron-Neutrinos routinemäßig bei radioaktivem Zerfall entstehen und radioaktive Mineralien leicht zu erhalten sind, könnte es vernünftig erscheinen, nach Neutrinomassen zu suchen, indem man radioaktive Atome beobachtet und sie wiegt, bevor und nachdem sie ein Neutrino abgegeben haben, um so ihren Masseverlust abschätzen zu können. Das

war der Ansatz einer Moskauer Forschungsgruppe, die den Zerfall von Tritium in Valen-Molekülen untersuchte und 1980 mit der Ankündigung überraschte, daß sie für das Elektron-Neutrino eine recht große Masse gefunden habe. Aber es ist sehr schwer, solche Experimente richtig zu bewerten, was zum Teil daran liegt, daß die Bindungsenergie des Moleküls nahezu mit der übereinstimmt, die man für das Neutrino vermutet. Andere Labors haben die Moskauer Ergebnisse nicht reproduzieren können, und einige haben Obergrenzen für die Masse des Elektron-Neutrinos gefunden, die unter der in Moskau behaupteten liegen.

18 Eine so umfassende Übersicht über die Kosmologie, wie sie dieses Buch bieten möchte, muß notwendigerweise viele Einzelheiten der Experimente und der Theorien übergehen. Aber vielleicht kann eine kurze Zusammenfassung etwas von der Raffinesse des Neutrinodetektors in der Homestake-Goldmine vermitteln. Es gibt pro Tag etwa ein oder zwei hochenergetische Reaktionen mit Sonnenneutrinos. Dadurch entstehen in dem Tank mit der Reinigungsflüssigkeit Perchloräthylen einzelne Atome von Argon-37 – einem Edelgas mit einer Halbwertszeit von 35 Tagen –, die durch eine Spülung mit Helium daraus entfernt werden und eine Reihe von Filtern durchlaufen, die in einer Kohlefalle enden, die zuerst mit flüssigem Stickstoff abgekühlt und dann erhitzt und mit Helium durchspült wird. Auf diese Weise wird etwa 95 Prozent des Argons gewonnen. (Um die Wirksamkeit der Spülung zu prüfen, gibt man zu Beginn jedes Durchlaufs eine bekannte Menge von einem Spurengas, Argon-36 oder Argon-38, in den Tank.) Das zurückgewonnene Gas wird durch einen heißen Titanfilter geleitet, um reaktive Gase zu entfernen. Dann werden mit Hilfe eines Gas-Chromatographen andere Edelgase ausgeschieden. Jede Stichprobe des gereinigten Argons wird in einem Strahlungszähler zehn Halbwertszeiten (etwa ein Jahr) lang überwacht. Das ist das normale Verfahren, wie es in einem Apparat abläuft, der in einer populärwissenschaftlichen Darstellung schlicht als »Tank mit Reinigungsflüssigkeit« beschrieben wird.

19 Thomas J. Bowles, »Neutrino Mass«, in Carl W. Akerlog und Mark A. Srednicki, Hg., Texas/PASOS '92: Relativistic Astrophysics and Particle Cosmology, New York: The New York Academy of Sciences, 1993, S. 80.

20 Es sind oft Bemerkungen über die verblüffende Übereinstimmung gemacht worden, die zwischen der neuen Physik, wie sie von der vom kleinen Maßstab ausgehenden supersymmetrischen Theorie gesehen wird,

und der Kosmologie besteht, die im großen Maßstab gilt. Beispielsweise: »Es ist eine bemerkenswerte Tatsache, daß sich [für einen Wert von] Omega [von] nahezu eins, wie es das Problem der dunklen Materie fordert, der Vernichtungsquerschnitt für jedes thermal erzeugte Teilchen als genau der herausstellt, der für Teilchen mit elektroschwachen Wechselwirkungen im elektroschwachen Bereich [also WIMPs] vorhergesagt würde« (Kim Griest, »The Particle- and Astro-Physics of Dark Matter«, Plenarvortrag bei Snowmass 94, Particle and Nuclear Astrophysics and Cosmology in the Next Millenium,. 29. Juni–14. Juli 1994, Snowmass, Colorado).

21 In: Robert P. Crease, Jr., und Charles C. Mann, *The Second Creation*. New York: MacMillan, 1986, S. 417.

KAPITEL 6: **Die großräumige Struktur des Universums**

1 Dante, *Göttliche Komödie*, Inferno, Übers. H. Gmelin, München: dtv Klassik, 1988, letzte Zeile.

2 Dante, *Göttliche Komödie,* Paradies, Übers. H. Gmelin, München: dtv Klassik, 1988, ct 33, 86.

3 Ya. B. Zeldovich, »The Structure of the Universe«, *UNESCO Courier,* September 1984, S. 24.

4 Ya. B. Zeldovich und I.D. Novikov, *The Structure and Evolution of the Universe (Relativistic Astrophysics*, Band 2), Chicago: University of Chicago Press, 1983, S. XVII.

5 In: Marcia Bartusiak, »Mapping the Universe«, *Discover,* August 1990, S. 62.

6 Harlow Shapley sprach in den dreißiger Jahren von »Galaxienwolken«, von denen wir heute viele als Superhaufen bezeichnen. Die modernen Definitionen findet man beispielsweise in R. Brent Tully und J. Richard Fisher, *Nearby Galaxies Atlas*, New York: Cambridge University Press, 1987.

7 Alan Dressler, »Galaxies, Properties in Relation to Environment«, In: Stephen P. Maran, Hg. *The Astronomy and Astrophysics Encyclopedia*, New York: Van Norstrand Reinhold, 1992, S. 163.

8 In: Marcia Bartusiak, »The Universe, By and Large«, *Mosaic*, Band 15, Nr. 2, 1984, S.3.

9 Ibid.

10 Margaret Geller, Interview mit T.F. am 14. September 1995.

11 Ibid.

12 Philip Morrison und Phyllis Morrison, *10 hoch. Dimensionen zwischen Quarks und Galaxien.* Heidelberg: Spektrum Akad. Verlag, 1991.

13 Benoit B. Mandelbrot, *Die fraktale Geometrie der Natur,* Basel, Birkhäuser, 1984.

14 Hier sind Raumwinkelstichproben gemeint, die von Alex Szalay, David Koo und Richard Kron durchgeführt wurden, die durch den Nordpol unserer Galaxis nach oben schauten (um möglichst wenig durch die Milchstraße gestört zu werden), außerdem spätere Untersuchungen durch Szalay und Koo mit T. J. Brodhurst und Richard Ellis, die durch den südlichen galaktischen Pol schauten, und zwei weitere, die von Jeff Munn durchgeführt wurden und um vierzig bzw. sechzig Grad von der Nord-Süd-Achse der Galaxis weg gerichtet waren. Siehe z. B. T. J. Broadhurst, R. S. Ellis, D. C. Koo und A .S. Szalay, *Nature* 343, S. 726 (1990).

15 T. J. Broadhurst, R. S. Ellis, D. C. Koo und A. S. Szalay, »Large-Scale Distribution of Galaxies at the Galactic Poles«, *Nature* 343, 22. Februar 1990, S. 728.

16 In: Ann K. Finkbeiner, »Mapmaking on the Cosmic Scale«, *Mosaic,* Band 21, Nr. 3, Herbst 1990, S. 16.

17 R.C. Kraan-Korteweg und P.A. Woudt, »An Optical Galaxy Search in the Hydra/Antlia and the Great Attractor Region«, Universität Groningen, Kapteyn Institut, Vorabdruck Nr. 148, Juli 1994, S. 1.

18 Vera Rubin, Interview mit T.F., 1986.

19 Alan Dressler, *Reise zum großen Attraktor,* Übers. H. Kober, Hamburg: Rowohlt 1996, S. 374.

20 Ibid. S. 312.

21 Ibid. S. 375.

22 P.J.E. Peebles, *Principles of Physical Cosmology,* Princeton: Princeton University Press, 1993, S. 528.

23 Ibid, S. 118.

24 E. R. Harrison, *Physical Review* D 1, 2726 (1970). Ya. B. Zeldovich, »A Hypothesis, Unifying the Structure and the Entropy of the Universe«, *Monthly Notices Royal Astronomical Society 160,* 1P (1972).

25 Poe, »The Power of Words«, *United States Magazine and Democratic Review,* Juni 1845, zitiert in: Edward Harrison, *Darkness at Night: A Riddle of the Universe,* Cambridge: Harvard University Press, 1987, S. 146.

26 Das Proust-Zitat ist eine Umschreibung – oder genauer: eine Überset-
   zung vom Französischen ins Russische ins Englische [ins Deutsche,
   A.d.Ü.] des Textes, den A.A. Ruzmaikin und D.D. Sokoloff in ihrem
   Vorwort zu Zeldovich, *The Almighty Chance*, Teaneck, N.J.: World Scientific, 1990, S. VI zitieren.

27 Andrej Sacharow, »A Man of Universal Interests«, *Nature* 331, 25. Februar 1988, S. 672.

28 In: Kim A. McDonald, »New Discoveries of Large Structures in Cosmos
   Challenge Leading Ideas of Universe's Origin«, *Chronicle of Higher Education* 37, 30. Januar 1991, S. A11.

29 J. Richard Gott III, Interview mit T.F., 1992.

30 J. Richard Gott III, bei einem Workshop in Princeton im Juni 1992, bei
   dem COBEs Quadrupolergebnisse diskutiert wurden.

31 In *Maclean's*, 4. Mai 1992.

32 Eine Analyse aller bis dahin erhaltenen COBE-Daten hatte 1996 zu ei-
   nem Ergebnis geführt, das diese Folgerung weiter bestätigte. Wo das
   Harrison-Zeldovich-Spektrum als $n = 1$ angesetzt ist, lassen die COBE-
   Daten auf $n = 1,2$ plus oder minus 0,3 schließen.

33 *San Francisco Chronicle*, 1. Oktober 1992.

34 Joel Primack, »Cosmology After COBE«, *Beam Line*, Winter 1992, S. 2.

35 Alan Dressler, »The Great Attractor: Do Galaxies Trace the Large-Scale
   Mass Distribution?«, *Nature* 350, 4. April 1991, S. 397.

KAPITEL 7: Die kosmische Evolution

1 Kant, *Allgemeine Naturgeschichte und Theorie des Himmels,* Berlin: L. Heimann, 1872, Band 1, S. 110.

2 Browning, *Cleon*, 1855.

3 Eine ausführlichere Erörterung findet sich in Abschnitt II »Zeit« meines
  Buchs *Kinder der Milchstraße*, Basel: Birkhäuser 1989. Siehe auch J. T. Fra-
  ser, *Die Zeit, vertraut und fremd*, Übers. A. Ehlers, Birkhäuser und dtv,
  1990.

4 In: Daniel C. Matt, *The Essential Kabbalah: The Heart of Jewish Mysticism*,
  San Francisco: Harper, 1994, S. 31.

5 Zum Begriff der Evolution siehe beispielsweise R. C. Lewontin, »Evolution«, in: David L. Sills, Hg., *International Encyclopedia of the Social Sciences*,
  New York: Macmillan, 1968, Band 5, S. 202ff.

6 Darwin *Über die Entstehung der Arten durch natürliche Zuchtwahl,* Übers. C. W. Neumann. Stuttgart: Reclam, 1963, S. 525.

7 In: Philip Appleman, Hg., *Darwin.* New York: Norton, 1970, S. 1.

8 Es wird angenommen, daß die Kometenzone zwei Hauptkomponenten hat, eine innere Scheibe und eine äußere Schale. Die Scheibe wurde Kuipergürtel genannt, nach dem Astronomen Gerard Kuiper, der 1951 die Hypothese aufstellte, daß jenseits der Planeten ein Ring von Kometen liegt, der einer gigantischen Fassung der Saturnringe ähnelt. Die Schale ist die Oortsche Wolke, deren Inneres am äußeren Teil des Kuipergürtels beginnt und deren äußerste Grenze etwa zwei Lichtjahre von der Sonne ausläuft.

9 Pierre-Simon de Laplace, *Das System der Welt* , Leipzig: Krämer, 1925.

10 Kant, *Allgemeine Naturgeschichte und Theorie des Himmels,* Berlin: L. Heimann, 1872 Band 1, S. 109.

11 Charles Darwin, *Studies in the Theory of Descent,* in: August Weismann, *Studies in the Theory of Descent,* London: Sampson Low, 1882, S. V–VI; Nachdruck in Paul H. Barrett, Hg., *The Collected Papers of Charles Darwin,* Chicago: University of Chicago Press, 1977, Band 2, S. 281. Vorwort zu *Studies in the Theory of Descent.*

12 Archibald MacLeish, »Ars poetica«.

13 Jon Morse, in: »Stellar Disks and Jets«, *Hubble Space Telescope News,* NASA STSci-PR95-24, 6. Juni 1995, S. 5.

14 Heinz Pagels, *Die Zeit vor der Zeit,* Berlin: Ullstein, 1987, S. 22/23.

15 Butler und Marcy befestigten an ihrem Teleskop ein gasgefülltes Rohr, so daß der Spektrograph am Ende der Röhre das Gasspektrum verzeichnete, das natürlich relativ zu dem Spektrographen in Ruhe war, und zugleich das Spektrum der Sterne, die in Bewegung sind. Jahre des Programmierens waren nötig, bis die kleinen, von Planeten induzierten Schwankungen bei der Bewegung jedes der Sterne korrigiert waren, aber als die Programme fehlerlos waren, konnten die beiden Astronomen sich aufgrund der schon gesammelten Daten auf die mögliche Entdeckung von weiteren Planeten freuen. Ihr Optimismus war gerechtfertigt, als sie im April 1996 einen vierten Planeten entdeckten, der den Stern HR3522 in 40 Lichtjahren Entfernung umläuft.

16 In: Charles Petit, »Bay Area Team Finds Two Planets«, *San Francisco Chronicle,* 18. Januar 1996, S. A13.

17 John Noble Wilford, »Life in Space? Two New Planets Raise Thoughts«, *The New York Times,* 18. Januar 1996, S. A10.

18 Bis heute hat man etwa ein Dutzend Mars-Meteoriten und etwa ebenso
viele vom Mond gefunden. Es ist rätselhaft, warum es von beiden gleich
viele gibt, obwohl der Mond uns viel näher ist als der Mars und eine geringere Fluchtgeschwindigkeit hat. Man würde erwarten, viel mehr
Mondgestein zu finden. Ergebnisse einer von der NASA geförderten
Computersimulation, die an der Cornell-Universität durchgeführt und
1996 veröffentlicht wurde, lassen vermuten, daß vierzig Prozent des vom
Mond abgestoßenen Gesteins auf der Erde ankommen, während es beim
Mars nur ein Zehntel ist. Die Simulationen legen auch nahe, daß Mondgestein rasch zur Erde gelangt – gewöhnlich innerhalb von 50 000 Jahren –, während Materie vom Mars bis zu 15 Millionen Jahre braucht, ehe
sie hier ankommt. (Der schnellste bis heute entdeckte Mars-Meteorit
brauchte 700 000 Jahre für seine Reise.) Die Simulationen eröffnen aber
auch die interessante Möglichkeit, daß einige Stücke vom Merkur auf die
Erde geprallt sein könnten. Ein Meteorit vom Merkur wäre sehr wert-
voll: Heute besteht alles, was die Menschheit von anderen Welten besitzt, aus den Meteoriten von Mars und Mond und der weniger als halben Tonne Mondgestein, die die drei unbemannten russischen *Luna*-Mis-
sionen und die amerikanischen Astronauten, die an den sechs *Apollo*-Lan-
dungen beteiligt waren, mitgebracht haben.

19 Der Ausdruck hat seinen Ursprung in einem Sprachspiel, das wir dem
italienischen Astrophysiker Giovanni Bignami verdanken, und bezieht
sich auf die Schwierigkeiten, die die Astronomen hatten, als sie den
Pulsar mit Hilfe hochenergetischer Photonen, sogenannter Gamma- und
Röntgenstrahlung, lokalisieren wollten, sie aber gering auflösende Detektoren benutzten, mit denen er zuerst entdeckt wurde. »Gh'e' minga«
ist Milaneser Dialekt für »Er ist nicht da« oder »Das gibt es nicht«. Der
Geminga-Pulsar wurde zwischen 1979 und 1981 mit dem relativ hoch
auflösenden Einstein-Röntgen-Satelliten immer genauer vermessen und
schließlich ein Jahr später mit irdischen Teleskopen optisch entdeckt.
Er wird seitdem mit Hilfe des ROSAT-Röntgensatelliten und NASAs
Compton-Gammastrahl-Observatorium sowie von Satelliten aus beobachtet, die energiereiche Gammastrahl-Teleskope benutzen.

20 Richard Griffiths, in NASA/STSci Abeit GALAXY8-10JH. Die Ergebnisse der Arbeitsgruppe wurden am 10. August 1995 in *Astrophysical Journal Letters* veröffentlicht. Das erste Bild einer blauen Galaxie ist STScI-
PRC94-39B.

21 Heinz Pagels, *Die Zeit vor der Zeit*. Berlin: Ullstein, 1987, S. 29.

22 Alan Dressler, »Galaxies Far Away and Long Ago«, *Sky & Telescope*, April 1993, S. 24.

23 Eine Entdeckung, die die Theorie stützt, daß sich Dinosaurier zu Vögeln entwickelten, wurde gerade zu der Zeit, als dieses Kapitel fertiggestellt wurde, bekanntgegeben. Wissenschaftler vom Amerikanischen Museum für Naturgeschichte in New York City und der Mongolischen Akademie der Wissenschaften berichteten, daß sie in der Wüste Gobi die Reste eines Oviraptor-Weibchens gefunden hätten, das beim Brüten auf dem Nest gestorben war und dessen Beinhaltung genau der heutiger Hühner und anderer heutiger Vögel entspricht. »Die Skeletthinweise zeigen deutlich, daß Vögel eine Art lebender Dinosaurier sind«, sagte Dr. Luis M. Chiappe vom American Museum. »Die einzigartigen anatomischen Charakteristika, die diese beiden Gruppen verbinden, sind gut belegt und seit Jahren bekannt. Die Entdeckung beweist zum ersten Mal, daß Vögel und Dinosaurier auch komplexe Verhaltensweisen gemeinsam haben.« (John Noble Wilford, »Fossil of Nesting Dinosaur Strengthens Link to Modern Birds«, *The New York Times*, US-Ausgabe, 21. Dezember 1995, S. A22).

24 Bergson ist im allgemeinen wegen seines Eintretens für den *Vitalismus* bekannt, die Überzeugung, nach der Leben nicht mechanistischen Kräften zugeschrieben werden kann, wie der Darwinismus es fordert, sondern einer »Lebenskraft« entspringt, die von der sich unterscheidet, welche die Physik kennt. Da dieser *élan vital* per definitionem nicht mit einem Stoff (etwa Blut) gleichgesetzt werden kann, ist die Lehre des Vitalismus nicht widerlegbar und deshalb unwissenschaftlich. Sie hat in den biologischen Wissenschaften praktisch keinen Rückhalt. Ich erwähne dies, um zu betonen, daß meine Erörterung der kreativen Evolution nichts mit Vitalismus zu tun hat, sondern vielmehr dazu dient, die Frage zu behandeln, ob der Begriff der Evolution insofern unwissenschaftlich ist, als die Erzeugnisse der Evolution nicht vorhergesagt werden können.

25 Pierre Simon de Laplace, *Philosophischer Versuch über die Wahrscheinlichkeit*, Hg. R. v. Mises, Leipzig 1932, S. 3.

26 David Layzer, *Die Ordnung des Universums*, Übers. A. Ehlers, Frankfurt: Insel, 1995, S. 431.

27 Der Aphorismus »Die Ontogenese ist eine Rekapitulation der Phylogenese« wird aus Gründen, die hier nicht ins Gewicht fallen, weithin kritisiert. Meine Einstellung ist dieselbe, wie sie der Evolutionsbiologe Stephen J. Gould in seiner wichtigen Untersuchung *Ontogenie and Phylo-*

genie (Cambridge: Harvard University Press, 1977, S. 4) vertreten hat: »Ich bin davon überzeugt, daß der größte Teil der vermuteten Rekapitulation nichts anderes darstellt als die konservative Form der Vererbung.«

28 Die Zivilisation selbst verkörpert eine fortgeschrittenere Form des Konservatismus: Man braucht eine Boing 707, bevor man ein neues Düsenflugzeug entwirft, oder eine Hütte, bevor man einen Wolkenkratzer baut, deshalb nicht zu rekapitulieren, weil es Aufzeichnungen darüber gibt, wie man diese Dinge tun kann, ohne dabei unnötig Fehler zu wiederholen. Aber das ist wieder eine andere Geschichte.

29 Die Formulierung stammt aus David Layzers Manuskript vom 20. April 1981 für das Buch, das später als *Constructing the Universe* veröffentlicht wurde. Layzer änderte die Formulierung, aber ich habe mir die Freiheit genommen, hier die ursprüngliche Formulierung zu verwenden, weil sie das Entscheidende für meine Zwecke, wenn auch vielleicht nicht für seine, wunderbar beschreibt.

30 Eine solche Veränderung kann global sein – wie es bei den kosmischen Katastrophen der Fall war, die vermutlich zu dem Massensterben geführt haben – oder lokal. In vielen Fällen ergibt es sich einfach, daß einige Artgenossen in einer extremen und isolierten Umwelt leben, in der Innovation für ihr Überleben außerordentlich wichtig ist. Der Biologe Ernst Mayr sagt in diesem Zusammenhang, daß »der schnellste evolutionäre Wandel nicht in weitverbreiteten individuenreichen Spezies stattfindet, wie die meisten Genetiker behaupteten, sondern in kleinen Gründerpopulationen. Eine solche Population … hatte einzigartige Möglichkeiten, in neue Nischen vorzudringen und neuartige adaptive Entwicklungswege einzuschlagen.« (Ernst Mayr, »Speziationsevolution durch punktierte Gleichgewichte«, in: *Eine neue Philosophie der Biologie*, Übers. I. Leipold, München: Piper 1991, S. 394. Siehe auch Mayr, »Change of Genetic Environment and Evolution«, in: J. Huxley, Hg., *Evolution as a Process*, London, Allen & Unwin, 1954, S. 157–180.) Man kann sich das Massensterben als ein Ereignis denken, das praktisch alle Arten – besonders solche auf dem trockenen Land – in eine extreme, isolierte Situation brachte und damit Sprünge rascher Evolution förderte.

31 J. A. Wheeler, Gespräche mit T.F. Siehe auch »Es gibt kein Gesetz außer dem Gesetz, daß es kein Gesetz gibt«, in: John D. Barrow und Frank J. Tipler, *The Anthropic Cosmological Principle*. New York: Oxford University Press, 1986, S. 224.

32 Murray Gell-Mann, *Das Quark und der Jaguar*, Übers. I. Leipold und T. Schmidt, München: Piper, 1994, S. 324.

33 Henry Adams, *The Education of Henry Adams*, in: Ernest Samuels und Jayne N. Samuels, Hg., *Adams*, New York: Viking/Library of America, 1983, S. 1132. Adams' genaue Worte waren: »Chaos war das Gesetz der Natur, Ordnung war der Traum des Menschen.«

34 Ibid, S. 1084.

35 Jacques Monod, *Chance & Necessity*. New York: Vintage, 1971, S. XIII (dt. *Zufall und Notwendigkeit*, zuletzt: München: Piper, 1996).

36 Ibid., S. XV.

37 Charles Darwin, *Gesammelte Werke* Bd. 1., Übers. J. V. Carus, Stuttgart: Schwarzbart, 1887.

38 Charles Darwin, *Gesammelte Werke* Bd. 2., Übers. J. V. Carus, Stuttgart: Schwarzbart, 1887.

KAPITEL 8: Symmetrie und Unvollkommenheit

1 Anna Wickham, »Envoi«, in: *Selected Poems,* London: Chatto and Windus, 1971.

2 Steven Weinberg, Interview mit T.F., Austin, Texas, 28. März 1985.

3 Hermann von Helmholtz, Tischrede bei der Feier seines 71. Geburtstages, in: *Erinnerungen,* Band 1, Vieweg: Braunschweig 1996, S. 8.

4 Die Tatsache, daß es Einstein nicht gelang, mit Hilfe eines von oben nach unten gerichteten Ansatzes zu einer vereinheitlichten Theorie der Schwerkraft und des Eletromagnetismus zu kommen, liefert ein bemerkenswertes negatives Beispiel dafür, wie sehr er im Recht war. Sein Biograph Abraham Pais zitiert Richard Feynmans Klassifizierung von Wissenschaftlern als Erkundern und Philosophen als Touristen. »Touristen finden alles gern ordentlich vor; Forschungsreisende nehmen die Natur so, wie sie sie antreffen«, bemerkte Feynman mit verzeihlicher Übertreibung. Wie Pais es sieht, wandte Einstein sich später von der Naturwissenschaft ab und der Philosophie zu. Einstein reagierte auf diesbezügliche Kritik gewöhnlich, indem er freundlich lächelte und sagte, daß er mittlerweile wohl das Recht habe, Fehler zu machen. (Abraham Pais, *Ich vertraue auf Intuition*, Heidelberg: Spektrum, 1995, S. 175.)

5 Lewis Carroll, *Die Jagd auf den Schnatz*, Die Lektion des Bibers, Übers. Oliver Sturm, Stuttgart: Reclam, 1996.

6 W. M. Elsasser, *Memoirs of a Physicist in the Atomic Age*, Bristol, U.K.: Hilger, 1978, S. 51.

7 Wisconsin State Journal, 31. April 1929, zitiert: in Helge S. Dragh, *Dirac: A Scientific Biography*, Cambridge, U. K.: Cambridge University Press, 1990, S. 73. Ich habe in diesem Ausschnitt einige Worte des Journalisten ausgelassen, aber kein einziges von Dirac.

8 C. P. Snow, »The Classical Mind«, in: Jagdish Mehra, Hg., *The Physicist's Conception of Nature*, Boston: Kluwer, 1973, S. 810.

9 Interview mit Paul Dirac, *Archives for the History of Quantum Physics*, American Institute of Physics, New York, 7. Mai 1963, S. 15; zitiert in: Robert P. Crease, Jr. und Charles C. Mann, *The Second Creation*, New York: Macmillan, 1986, S. 76.

10 In: E. Salaman und M. Salaman, »Remembering Paul Dirac«, *Endeavour*, Mai 1986, S. 66–70, zitiert in Helge S. Dragh, *Dirac: A Scientific Biography*, Cambridge, U. K.: Cambridge University Press, 1990, S. 3. Dragh bemerkt, daß Diracs Reise nach Rußland 1928 stattfand, nicht 1927.

11 Rudolf Peierls, Ansprache beim Dirac Memorial Meeting, Cambridge, in: J. G. Taylor, Hg., *Tributes to Paul Dirac*, Bristol, U. K.: Hilger, 1987, S. 37.

12 In: Jagdish Mehra, Hg., *The Physicist's Conception of Nature*, Boston: Kluwer, 1973, S. 818.

13 Paul Dirac, »The Evolution of the Physicist's Picture of Nature«, *Scientific American*, Mai 1963, S. 47. Diese Bemerkung hat zu vielen Diskussionen Anlaß gegeben, bei denen eingewandt wurde, daß es viele schöne Auffassungen gibt, die nicht wahr sind, und viele wahre, die nicht oder jedenfalls nicht auf den ersten Blick schön erscheinen. Bertrand Russell behauptete, daß die Naturwissenschaft, indem sie solche Teile der Natur ausschließe, die dem mathematischen Denken nicht zugänglich sind, dem Universum eine Färbung von rationaler Schönheit auferlege, die mehr mit der Mathematik zu tun habe als mit einer wesentlichen Eigenschaft des Universums selbst. (Siehe beispielsweise Judith Wechsler, Hg., *Aesthetics in Science*, Cambridge: MIT Press, 1978, und Edward Rothstein, *Emblems of Mind: The Inner Life of Music and Mathematics*. New York: Times Books, 1995, S. 151.) Vielleicht ist das »Prozeß«argument hilfreich, wonach die Erfahrung des Verstehens schön ist, nicht notwendig die Natur selbst, die sich durch die Naturwissenschaft sowieso weder als Ganzes noch in wesentlichen Teilen begreifen läßt.

14 Viele Jahre später fragte Murray Gell-Mann Dirac, warum er die Existenz des Positrons, das von seiner Gleichung für das Elektron gefordert

wurde, nicht vorhergesagt habe. Dirac antwortete: »Reine Feigheit.« (Murray Gell-Mann, *Das Quark und der Jaguar*, München: Piper, 1994, S. 261.)

15 Robert P. Crease, Jr. und Charles C. Mann, *The Second Creation*, New York: Macmillan, 1986, S. 197.

16 Ibid., S. 282.

17 Diese wunderbare Eigenschaft der Gluonen – sie werden immer klebriger, je weiter die Quarks auseinandergezogen werden – ist als »Infrarotsklaverei« bekannt. Sie ergibt sich aus einer Symmetriebeziehung zur Elektrodynamik. Genauer gesagt ist die Elektrodynamik, eine U(1)-Theorie, »abelsch«, was bedeutet, daß sie den Regeln einer mathematischen Gruppe gehorcht, in der Transformationen unabhängig davon, in welcher Reihenfolge sie durchgeführt werden, immer zum selben Ergebnis führen, während die Chromodynamik »nicht abelsch« ist, was bedeutet, daß die Reihenfolge der Transformationen das Ergebnis beeinflußt.

18 Stephen Weinberg, Interview mit T. F., Austin, Texas, 28. März 1985.

19 Ibid.

20 Ibid.

21 Howard Georgi, Postskriptum zu »A Unified Theory of Elementary Particles and Forces«, in: Richard A. Carrigan Jr. und W. Peter Trower, Hg., *Particle Physics in the Cosmos*, New York: Freeman, 1989, S. 77.

22 P.A.M. Dirac, *Directions in Physics*, hrsg. von H. Hora und J. R. Shepanski, New York: Wiley 1978, S. 20. In: Eduard Prugovecki, »Foundational Problems in Quantum Gravity and Quantum Cosmology«, *Foundations of Physics*, Band 22, Nr. 6, 1992, S. 758.

23 Richard Feynman, *QED. Die seltsame Theorie des Lichts und der Materie*, Übers. S. Summerer, G. Kurz, München: Piper, 1992, S. 147.

24 In: James Gleick, *Richard Feynman*, Übers. D. Gerstner, München: Droemer Knaur, 1995, S. 378.

25 Richard Feynman, *QED. Die seltsame Theorie des Lichts und der Materie*, Übers. S. Summerer, G. Kurz, München: Piper, 1992, S. 19. Feynman bringt hier das zum Ausdruck, was Einstein den »Opportunismus« wissenschaftlicher Forschung nannte. Der Physiker geht bei seiner Arbeit meistens nicht von einem großen Plan aus, sondern widmet sich einem unmittelbar vorliegenden Problem, das interessant erscheint – und was es interessant macht, ist oft, daß es keinen Sinn macht. Wie Niels Bohr einmal sagte: »Wie wunderbar, daß wir auf ein Paradoxon gestoßen sind. Jetzt können wir hoffen, Fortschritte zu machen.«

26 Steven Weinberg, *Der Traum von der Einheit des Universums*, München: Bertelsmann, 1993, S. 221.

27 Ibid., S. 224.

28 John Horgan, »Edward Witten: The Pied Piper of Superstrings«, *Scientific American*, November 1991, S. 46.

29 P.C.W. Davies und J. Brown, Hg., *Superstrings – Eine Allumfassende Theorie?*, Übers. H.-P. Herbst, Basel: Birkhäuser, 1989, S. 127.

30 Nambu, der in Tokio geboren wurde und jetzt an der University of Chicago arbeitet, hat oft Gedanken vertreten, die ihrer Zeit viel zu weit voraus waren, als daß ihre Bedeutung angemessen gewürdigt wurde. Er sagte vor Jeffrey Goldstone die Existenz des Goldstone-Bosons voraus und postulierte – in einem Vortrag, den Feynman mit dem Ausruf »Absoluter Unsinn!« abtat – die Existenz des Omega-Teilchens ein Jahr vor seiner Entdeckung. Witten sagt von Nambu: »Die Menschen verstehen ihn nicht, weil er so weitsichtig ist.« Bruno Zumino von der Universität Berkeley erzählt: »Mir kam der Gedanke, daß ich meiner Zeit zehn Jahre voraus sein würde, wenn ich nur wüßte, worüber Nambu heute nachdenkt. Deshalb habe ich mich lange mit ihm unterhalten. Aber bis ich begriffen hatte, was er gesagt hatte, waren zehn Jahre vergangen.« (Madhusree Mukerjee, »Strings and Gluons – the Seer Saw Them All«, *Scientific American*, Februar 1995, S. 37–39.)

31 Ivars Peterson, »Strings and Mirrors«, *Science News*, 27. Februar 1993.

32 Gary Taubs, »Everything's Now Tied to Strings«, *Discover*, November 1986

33 Ibid.

34 Ibid.

35 Shakespeare, *König Lear* I, 4, 144.

36 Michio Kaku, *Hyperspace*, Übers. H. Kober, Berlin: Byblos, 1995, S. 209.

37 Ibid. S. 397.

38 John Horgan, »Particle Metaphysics«, *Scientific American*, Februar 1994, S. 105.

39 Paul Ginsparg und Sheldon Glashow, »Desperately Seeking Superstrings?«, *Physics Today*, Mai 1986, S. 7.

40 John Horgan, »Edward Witten: The Pied Piper of Superstrings«, *Scientific American*, November 1991, S. 42.

41 Edward Witten, Interview mit T. F., Johns-Hopkins-Universität, 23. März 1995.

42 Edward Witten, »The Search for Higher Symmetry in String Theory«, *Philosophical Transactions Royal Society London A* 31 (1989).

43 Fred Golden, »Dangling Black Holes on a String«, Pressemitteilung der Universität von Kalifornien in Santa Barbara, 19. Juni 1995.

44 Andrew Strominger, Interview mit T. F., Padua, Italien, Juli 1983.

KAPITEL 9: Die Geschwindigkeit des Raums

1 Alan H. Guth, »Inflation«, *Proc. Natl. Acad. Sci. USA* 90, 4871 (1993).

2 Andrej Linde, Interview mit T.F., Stanford-Universität, 1. Februar 1993.

3 Der aufmerksame Leser könnte jetzt einwenden, daß das Universum sich bei einer exponentiellen Ausdehnung mit Überlichtgeschwindigkeit ausgedehnt haben müßte, und fragen, ob das nicht durch die Spezielle Relativitätstheorie untersagt ist. Die Antwort lautet seltsamerweise: Nein. Obwohl die Spezielle Relativitätstheorie es verbietet, daß zwei Objekte auf Geschwindigkeiten beschleunigt werden, die größer sind als die Lichtgeschwindigkeit – oder, noch genauer, es verbietet, daß Information schneller als mit Lichtgeschwindigkeit übermittelt wird –, kann sich der kosmische Raum mit jeder beliebigen Geschwindigkeit ausdehnen, ohne die Theorie zu verletzen, weil wir es nicht mit Geschwindigkeiten *im* Raum zu tun haben, sondern mit der Ausdehnung des Raumes selbst.

4 Vor kurzem wurden inflationäre Modelle konstruiert, in denen die beobachtete kosmische Massendichte nicht kritisch ist. (Siehe beispielsweise Andrej Linde, »Inflation with Variable Omega«, Vorabdruck, Plenarvortrag beim Snowmass Workshop on Particle Astrophysics and Cosmology, 1995, in: *Proceedings*, hrsg. von E. Kolb und R. Peccei. Siehe auch J. Richard Gott III, »Open, CDM Inflationary Universes«, Vorabdruck.) Viele Theoretiker empfinden inflationäre Modelle mit $\Omega = 1$ als eine natürlichere und weniger künstliche Möglichkeit, aber auch wenn sich die Massendichte des Universums als nicht kritisch erweist, wäre Inflation nicht ausgeschlossen.

5 Andrej Linde, »Lectures on Inflationary Cosmology«. Diese Sammlung beruht auf Vorträgen am Institut für Teilchenphysik und Kosmologie in Lake Louise, Kanada, auf der Marcel-Grossmann-Konferenz, Stanford, beim Workshop zur Geburt des Universums in Rom, beim Symposium über Elementarteilchenphysik in Capri und am Institut für Astrophysik in Erice, Sizilien. SISSA (Scuola Internazionale Superiore dei Studi Avanzati), Server preprint hep-th/9410082, 11. Oktober 1994.

6 Eine genauere technische Erörterung findet sich in Andrej Linde, »Inflation and Quantum Cosmology«, *Physica Scripta* T36, S. 34 (1991).

7 Die mutmaßliche Seltenheit dieser exotischen Teilchen hat dem theoretischen Interesse an ihren Eigenschaften keinen Abbruch getan. Linde beispielsweise berichtet: »Kürzlich entdeckten wir, daß Monopole womöglich einer eigenen Inflation unterlagen, wodurch sie sich sehr wirksam aus dem beobachtbaren Universum hinauskatapultiert hätten.« (Andrej Linde, Das selbstreproduzierende inflationäre Universum, *Spektrum der Wissenschaft*, Januar 1995, S. 35.)

8 Demokrit, Fragment 125.

9 Aristoteles, *Über Werden und Vergehen*, 325 a 27, Übers. C. Prantl, Leipzig: Engelmann, 1857. Die Strenge dieser und anderer Überlegungen des Aristoteles zum Vakuumbegriff der Atomisten – z. B. in Kapitel 8 und 9 seiner *Physik* – zeigt etwas von seinem zu Recht berühmten Scharfsinn und kann einem den Rücken stärken, wenn man jenen modernen Menschen begegnet, die der vorschnellen Täuschung erliegen, die Wissenschaft habe die Klassiker so in den Schatten gestellt, daß ihre Überlegungen heute ignoriert werden können.

10 Hans Christian von Baeyer, *Das Atom in der Falle*, Übers. H. Kober, Hamburg: Rowohlt, 1996, S. 154.

11 Ein guter Gedanke hat tausend Väter, und im Flutlicht des Rückblicks ließen sich mehrere Vorläufer Guths erkennen. Wichtige Arbeit wurde von Katsuhiko Sato in Japan, Martin Einhorn in den USA und Demosthenes Kazanas von der NASA geleistet. Andrej Linde schreibt den Ursprung des Gedankens der Vakuum-Inflation in seinem Buch *Inflation and Quantum Cosmology* (New York: Academic Press, 1990, S. 7) Erast Gliner vom Institut für Physik und Technologie in Leningrad zu und bemerkt, daß Andrej Sacharow im selben Jahr, 1965, versuchte, die Dichtestörungen zu berechnen, die aus Gliners Modell folgten, und die radikale Forderung nach der Schöpfung »aus dem Nichts« aufstellte. Linde schreibt Alexej Starobinsky das Verdienst zu, etwa gleichzeitig mit Guths ersten Einsichten »die erste halb-realistische Fassung der inflationären Kosmologie« gefunden zu haben, und zählt auch sich selbst zu jenen, die vor Guth ähnliche Gedanken entwickelten. »In den siebziger Jahren wurde mir klar, daß es homogene klassische Skalarfelder gibt, die in allen vereinheitlichten Theorien der Elementarteilchen vorkommen und die die Rolle eines instabilen Vakuums spielen können, und daß deren Zerfall das Universum erwärmen kann.« (Andrej Linde, »Lectures on Inflatio-

nary Cosmology«, SISSA [Scuola Internazionale Superiore dei Studi Avanzati] Server preprint hep-th/9410082, 11. Oktober 1994) Man sollte hinzufügen, daß Guth bei seiner Monopolforschung mit seinem Kollegen Henry Tye von der Cornell-Universität zusammenarbeitete. Aber Guth entwickelte die Hypothese in einer relativ vollständigen Form und unabhängig von anderen, und dafür verdient er sicherlich reichlich Anerkennung.

12 Alan Guth und Paul Steinhardt, »The Inflationary Universe«, in: Paul Davies, Hg., *The New Physics,* Cambridge: Cambridge University Press, 1989, S. 48.

13 Andrej Linde, »Lectures on Inflationary Cosmology«, SISSA (Scuola Internazionale Superiore dei Studi Avanzati) Server preprint hepth/ 9410082, 11. Oktober 1994

14 E. L. Turner, Konferenz zu COBE und zur Kosmologie, Universität Princeton, Juni 1992. Linde hatte selbst Bedenken in dieser Richtung, die durch seine Erkenntnis ausgelöst wurden, daß unser Universum eines von vielen sein könnte. »Dies verändert unsere herkömmlichen Auffassungen darüber, was natürlich ist und was nicht«, schreibt er (Linde, »Lectures on Inflationary Cosmology«). Kürzlich bemerkte er: »Manchmal versuchen wir [Theoretiker], die Rolle zu übernehmen, für ihn [also Gott] zu entscheiden, was natürlich ist und was unnatürlich. Aber die Experimentatoren sagen uns, was wahr ist. Gelegentlich schämen wir uns unserer Anmaßung.« (Andrej Linde, Interview mit T. F., PASCOS 95-Konferenz, Johns-Hopkins-Universität, Baltimore, 25. März 1995.)

15 Andrej Linde, Das selbstreproduzierende inflationäre Universum, *Spektrum der Wissenschaft,* Januar 1995, S. 32–40.

16 Dasselbe gilt für Wetterkarten, auf denen Isobare Punkte mit gleichem Luftdruck verbinden. Als Thomas Jefferson die Amateurwissenschaftler in den britischen Kolonien aufforderte, seinem Beispiel zu folgen und täglich Temperatur und Barometerstand zu verzeichnen, um die Wettervorhersage in den von seinem Freund Benjamin Franklin herausgegebenen Jahrbüchern zu verbessern, schlug er ihnen genaugenommen vor, meteorologische Skalarfelder abzubilden.

17 Zitiert in: Bob Davis, »Inflation Theory Posits a Radical New View of Expanding Cosmos«, *The Wall Street Journal,* 2. Januar 1991, S. 1.

18 Es gibt einige exotische inflationäre Modelle, die andere Vorhersagen machen, aber sie lasse ich hier beiseite. Gewöhnlich laufen sie auf eine bessere Feinabstimmung der Parameter heraus, als sie zum Auslösen der

Inflation überhaupt nötig ist. Außerdem führt eine kleine Variation dieser Parameter zu großen Veränderungen in der Vorhersage, was wiederum zu Fragen darüber führt, wie zuverlässig die Vorhersagen der exotischen Modelle wirklich sind. Wenn ich diese exotischen Inflationstheorien übergehe, mache ich mich einer philosophischen Inkonsistenz schuldig, weil ich eine minimalistische Haltung annehme, die ich an anderen Stellen in diesem Buch ablehne – z.B., wenn ich behaupte, es könnte mehr als eine Art dunkler Materie geben. Ob das weise ist, wird sich zeigen.

19 Andrej Linde, »Lectures on Inflationary Cosmology«, SISSA (Scuola Internazionale Superiore dei Studi Avanzati) Server preprint hepth/9410082, 11. Oktober 1994.

20 Lawrence Krauss und Michael Turner, »The Cosmological Constant Is Back«, Fermilab preprint 95/063-A; SISSA preprint astro-ph/9504003, 31. März 1995.

21 Michael Turner und Frank Wilczek, »Is Our Vacuum Metastable?«, *Nature* 298, 12. August 1982, S. 633. Siehe auch Piet Hut und Martin Rees, »How Stable Is Our Vacuum?«, *Nature* 302, 7. April 1983, S. 508, und Sidney Coleman und Frank DeLuccia, »Gravitational Effects on and of Vacuum Decay«, *Phys. Rev. D*, 21:3305, 1980.

KAPITEL 10: Der Ursprung des Universums

1 Leibniz, in: John Archibald Wheeler, »Law Without Law«, in: Wheeler und Wojciech Hubert Zurek, Hg., *Quantum Theory and Measurement*, Princeton: Princeton University Press, 1983, Band 1, Manuskript ohne Seitenzählung.

2 Walt Whitman, *Grashalme*, Übers. H. Reisinger, Berlin: Fischer, 1919, S. 130.

3 Stuart Bowyer, in: Henry Margenau und Ray Abraham Varghese, Hg., *Cosmos, Bios, Theos*, LaSalle, Illinois: Open Court, 1993, S. 32.

4 Charles H. Townes, in: ibid., S. 123.

5 Kierkegaard, *Tagebücher*, Nr. 206, Eintrag für 1838. Wilde, Mr. Erskine in *Das Bildnis des Dorian Gray*, Kapitel 3. Leibniz, Brief an de l'Hospital vom 30. September 1695, zitiert in: B. Mandelbrot, *Die fraktale Geometrie der Natur*, Basel: Birkhäuser, 1983, S. 413.

6 Thomas von Aquin, *Summa Theologiae*, I, Q. 2, Art. 3.

7 John William Miller, »The Paradox of Cause«, in: *The Paradox of Cause and Other Essays*, New York: Norton, 1978, S. 13.

8 Ibid., S. 15.

9 Eine umfassendere Darstellung von Tryons Hypothese findet sich in meinem Buch *Kinder der Milchstraße*, Basel: Birkhäuser, 1989, S. 300ff.

10 Alexander Vilenkin, Vortrag bei der Texas/PASCOS-Konferenz, University of California, Berkeley, 13.–19. Dezember 1992. Eine Arbeit, die auf diesem Vortrag beruht, ist »Quantum Cosmology« in Carl W. Akerlof und Mark A. Srednicki, Hg., *Relativistic Astrophysics and Particle Cosmology*, New York: The New York Academy of Sciences, 1993, S. 271.

11 James B. Hartle, »Spacetime Quantum Mechanics and the Quantum Mechanics of Spacetime«, Vorlesungen, gehalten an der Les-Houches-Sommerschule »Gravitation et Quantifications«, 9.–17. Juli 1992. SISSA - Preprint gr-qc/9304006, 6. April 1993.

12 John Archibald Wheeler, »Law Without Law«, in: Wheeler und Wojciech Hubert Zurek, Hg., *Quantum Theory and Measurement*. Princeton, Princeton: University Press, 1983, Band 1, Manuskript ohne Seitenzählung.

13 Zwei Jahre später hatte Hawking eine Lungenentzündung und mußte sich einer Tracheotomie unterziehen, nach der er nicht mehr sprechen konnte. Seitdem verständigt er sich mit Hilfe eines Sprachcomputers, den er mit den beiden Fingern der rechten Hand bedient, die von seiner fast völligen Lähmung ausgenommen sind. Bemerkenswerterweise hat das seinem Sinn für Humor keinen Abbruch getan. Er bringt Menschen mit einer Pointe zum Lachen, für deren Eingabe in den Computer er fünf Minuten braucht.

14 Stephen Hawking, Vortrag vor der GR10 Konferenz, Padua, Juli 1983.

15 Das mathematische Verfahren, das zu diesem schönen Ergebnis führt, stammt aus Feynmans Methode der Summe über Geschichten. Hawking beschreibt die Zeit in Form von imaginären Zahlen. Auf den ersten Blick scheint dieser exotische Ausdruck sehr geheimnisvoll. (Vermutlich dann, etwa auf Seite 170, legen viele Leser Hawkings Bestseller *Eine kurze Geschichte der Zeit* zur Seite und holen sich etwas zu trinken.) Aber der Begriff beschreibt lediglich eine Möglichkeit, die Quadratwurzel aus einer negativen Zahl zu ziehen. Schüler lernen, negative Zahlen zu quadrieren, indem sie diese multiplizieren, und erhalten ein positives Ergebnis. So ist

sowohl das Quadrat von -3 und von +3 gleich 9, und die Quadratwurzel aus 9 ist sowohl +3 als auch -3. Wenn man also die Quadratwurzel aus einer negativen Zahl berechnen will, braucht man neue Zahlen, und das sind die imaginären Zahlen. Die Quadratwurzel aus -9 ist 3i, also die »imaginäre Zahl drei«. In der Methode von Feynman beseitigt die Verwendung der imaginären Zahlen alle Unterschiede zwischen Raum und Zeit.

16 Stephen Hawking, *Eine kurze Geschichte der Zeit,* Übers. H. Kober, Reinbek: Rowohlt 1989, S. 173.

17 In: John Gribbin, »The Birth and Death of the Universe«, *UNESCO Courier,* Mai 1990, S. 38.

18 Auf diesem Gebiet haben auch andere Wissenschaftler gearbeitet, unter ihnen Robert Griffiths, Erich Joos, Roland Omnés, Dieter Zeh und Wojciech Zurek.

19 James B. Hartle, »The Quantum Mechanics of Cosmology«, in: Coleman, J. B. Hartle, T. Piran und S. Weinberg, Hg., *Quantum Cosmology and Baby Universes,* Singapur: World Scientific, 1991, S. S. 67–68.

20 Ibid. S. 80. Der Satiriker A. Whitney Brown sagt etwa dasselbe: »Die Geschichte ist eine vertrackte Sache. Vor allem darf man sie nicht mit der Vergangenheit verwechseln. Die Vergangenheit ist wirklich passiert, aber die Geschichte ist nur das, was jemand aufgeschrieben hat.« (A. Whitney Brown, *The Big Picture.* New York: Harper, 1991, S. 4.)

21 James B. Hartle, »Classical Physics and Hamiltonian Quantum Mechanics as Relics of the Big Bang«, Vortrag beim Nobel-Symposium Nr. 79, »The Birth and Early Evolution of Our Universe«, Gräftåvallen, Schweden, 11.-16. Juni 1990, *Physica Scripta* T36, S. 232.

22 James B. Hartle, »The Quantum Mechanics of Cosmology« in: S. Coleman, J.B. Hartle, T. Piran und S. Weinberg, Hg., *Quantum Cosmology and Baby Universes,* Singapur: World Scientific, 1991, S. 101.

23 J. R. Lucas, »The Temporality of God«, in: Robert John Russell, Nancy Murphy und C. J. Isham, Hg., *Quantum Cosmology and the Laws of Nature,* Vatikanstadt: Vatican Observatory Publications und Berkeley: The Center for Theology and the Natural Sciences, 1993, S. 243.

24 Andrej Linde, »Das selbstreproduzierende inflationäre Universum«, *Spektrum der Wissenschaft,* Januar 1995, S. 37.

25 Andrej Linde, Interview mit T. F., Stanford-Universität, 1. Februar 1993.

26 Andrej Linde, Interview mit T. F., Johns-Hopkins-Universität, 24. März 1995.

27 Andrej Linde, Interview mit T. F., Johns-Hopkins-Universität, 25. März 1995.

28 Andrej Linde »Quantum Cosmology and Global Structure of the Universe«, Vortrag bei dem PASCOS/Hopkins Symposium 1995, Johns-Hopkins-Universität, 25. März 1995.

29 Andrej Linde, »Das selbstreproduzierende inflationäre Universum«, *Spektrum der Wissenschaft,* Januar 1995, S. 39

30 Ibid.

31 Andrej Linde, Interview mit T. F., Palo Alto, Kalifornien, 16. Dezember 1993.

32 Andrej Linde, »Quantum Cosmology and Global Structure of the Universe«, Vortrag bei dem PASCOS/Hopkins Symposium 1995 an der Johns-Hopkins-Universität, 25. März 1995.

33 Gibt es eine Möglichkeit, das Wurmloch lange genug offen zu lassen, um die Botschaft sicher hindurchzubringen? Diese seltsame Frage, die sowohl in der Allgemeinen Relativitätstheorie als auch in der Quantentheorie ein interessantes Problem darstellt, ist das Thema einer Reihe von Arbeiten, die durch einen Brief ausgelöst wurden, den Carl Sagan, der damals einen Science-fiction-Roman verfaßte, an Kip Thorne sandte. Einzelheiten finden sich in Kapitel 11 von Thornes Buch *Gekrümmter Raum und verbogene Zeit,* München: Droemer Knaur, 1994.

34 Andrej Linde, Interview mit T. F., Stanford-Universität, 1. Februar 1993.

35 Ibid.

36 K. A. Bronnikov und V. N. Melnikov, »Vakuum Weyl Cosmology in D Dimensions«, SISSA-Preprint gr-qc/9410038, 25. Oktober 1994.

37 Andrej Linde, »Quantum Cosmology and Global Structure of the Universe«, Vortrag bei dem PASCOS/Hopkins Symposium 1995, Johns-Hopkins-Universität, 25. März 1995.

38 Andrej Linde, Interview mit T. F., Johns-Hopkins-Universität, 25. März 1995; Andrej Linde, »Quantum Cosmology and Global Structure of the Universe«, Vortrag bei dem PASCOS/Hopkins Symposium 1995, Johns-Hopkins-Universität, 25. März 1995.

39 Andrej Linde, *Elementarteilchen und inflationärer Kosmos,* Spektrum Akademischer Verlag, Heidelberg 1993, S. 25.

40 Andrej Linde, Interview mit T.F., Johns-Hopkins-Universität, 25. März 1995.

KAPITEL 11: Die Verrücktheit der Quanten

1 Gertrude Steins letzte Worte wurden von ihrer langjährigen Lebensge-
fährtin und Sekretärin Alice B. Toklas berichtet, auf deren Schweigen sie
reagierte. (In Toklas, *What Is Remembered*, New York: Holt, Rinehart,
1963. Zitiert in Dennis Flanagan, *Flanagan's Version*. New York: Vintage,
1988, S. 13.) Da Gertrude Stein in Zeitungen und schlechten Lexika immer noch als eine schillernde Gestalt der feinen Gesellschaft geschildert
wird, die nur deshalb berühmt war, weil sie viele berühmte Menschen
kannte, sollte ich hier vielleicht erneut bestätigen, daß sie sowohl eine
scharfsinnige Denkerin als auch eine der originellsten Schriftstellerinnen
ihrer Zeit war. In ihren letzten Worten steckt, wie in anderen ihrer Äußerungen, viel von dem, was für die Quantenphilosophie wesentlich ist, so
auch in ihrer Bemerkung: »Sobald man selbst oder irgend jemand anderer weiß, was man ist, ist man es nicht, man ist nur, was man selbst oder
irgend ein anderer weiß, das man ist, und da alles im Leben gemacht ist,
um herauszufinden, was man ist, ist es außerordentlich schwierig, wirklich nicht zu wissen, was man ist, und es doch zu sein.« (Gertrude Stein,
Jedermanns Autobiographie, Frankfurt: Suhrkamp, 1996, S. 104.)

2 In: T. A. Heppenheimer, »Bridging the Very Large and Very Small«, *Mosaic*, Herbst 1990, S. 33.

3 Alan Burns, Hg., *Gertrude Stein on Picasso*, New York: Liveright, 1970,
S. 21.

4 Obwohl das ziemlich seltsam ist, besonders angesichts neuer Experimente, die bestätigen, daß »springende« Teilchen beim Überwinden der
Lücke schneller sein müßten als Licht, was bedeutet, daß sie wirklich an
einem Punkt verschwinden und augenblicklich an einem anderen wieder
auftauchen.

5 In: John Updike, »A Jeweler's Eye«, *New York Review of Books*, 29. Oktober
1995, S. 7.

6 In Murray Gell-Mann, *Das Quark und der Jaguar*, Übers. T. Schmidt und
I. Leipold, München: Piper, 1994. S. 245. Bohr machte sich gern über
die Schwierigkeit lustig, Quantenbegriffe in gewöhnlicher Sprache auszudrücken, indem er die folgende Geschichte erzählte: »Ein junger
Mann, der Rabbiner werden wollte, hörte sich drei Vorlesungen eines
berühmten Rabbiners an. Hinterher sagte er zu seinen Freunden: ›Der
erste Vortrag war glänzend, klar und einfach. Ich habe jedes Wort verstanden. Der zweite war noch besser, tief und subtil. Ich habe nicht alles

verstanden, der Rabbi aber schon. Der dritte war bei weitem der schönste, eine große und unvergeßliche Erfahrung. Ich habe nichts verstanden, und der Rabbi auch nicht viel.«« (In: Abraham Pais, *Niels Bohr's Times in Physics, Philosophy, and Polity*, Oxford: Clarendon Press, 1991, S. 439.) Ähnlich ist die Bemerkung zu verstehen, die Alice B. Toklas machte, als sie und Gertrude Stein in Begleitung von Robert Hutchins, dem Präsidenten der Universität von Chicago, eine Dinnerparty verließen: »Gertrude hat heute nacht Dinge gesagt, die sie erst nach Jahren verstehen wird.« (In: Owen Gingerich, Hg., *The Nature of Scientific Discovery: Symposium Commemorating the 500th Anniversary of the Birth of Nicolaus Copernicus*, Washington: Smithsonian Institution Press; New York: Braziller, 1975, S. 501.)

7   Wir könnten jedes Teilchen nehmen. Ein ganzes Atom wurde 1996 in zwei Quantenzustände zerlegt, als Wissenschaftler am National Institute of Standards and Technology der USA ein Berylliumatom mit Hilfe von Lasern in zwei Spinzustände brachten und um die mikroskopisch signifikante Entfernung von 83 Milliardsteln eines Meters trennten.

8   Die Quantenmechanik ist nicht inhärent nicht-lokal. Aber sie zeigt nicht-lokales Verhalten, wenn sie aus klassischer Sicht untersucht wird. Man darf nicht vergessen, daß die Verrücktheit der Quanten eine Frage der Deutung ist. Es geht darum, in klassischen Begriffen die befremdliche Seite der Natur zu verstehen, die sich zeigt, wenn Quantensysteme auf klassische Maßstäbe vergrößert werden.

9   Gerald M. Edelman, *Göttliche Luft, vernichtendes Feuer,* Übers. A. Ehlers, München: Piper, 1995, S. 310.

10   Richard Feynman, *QED*, Übers. S. Summer und G. Kurz, München: Piper, 1992, S. 21.

11   In: Robert Scott Root-Bernstein, *Educating the Eye of the Mind*, Unveröffentlichtes Manuskript, 1985.

12   In: P. N. Johnson-Laird, »The Ghost-Hunters«, *Times Literary Supplement* (London), 14. Dezember 1984, S. 1441.

13   Albert Einstein und Leopold Infeld, *Die Evolution der Physik*, Übers. W. Preusser, Hamburg: Rowohlt, 1987, S. 255–256.

14   In *The Cartoon Guide to Physics* CD-ROM, New York: Harper Collins Interactive, 1995.

15   Niels Bohr, »The Unity of Human Knowledge«, in seinem Buch *Atomic Physics and Human Knowledge*, Bungay, U. K.: Richard Clay, 1963, S. 9–10.

16   Leon Ledermann, als er Carlo Rubbia einführte und ihm zum gerade zu-

erkannten Nobelpreis für Physik gratulierte, Santa Fe, New Mexico, 3. November 1984.

17 Albert Einstein, Bemerkung zu Schrödingers »The Final Affine Laws« (1947), in: Walter Moore, *Schrödinger: Life and Thought*, Cambridge: Cambridge University Press, 1989, S. 432.

18 Die professionellen Philosophen waren Bohr gegenüber nicht immer sehr gnädig; viele von ihnen taten seine nichtwissenschaftlichen Schriften als schwammig und laienhaft ab. Zweifellos liegt das zum Teil daran, daß Bohr den formalen (also cartesischen) Gehalt seiner Philosophie nicht in eine Aussage zusammengefaßt hat. Aber es könnte auch Ausdruck dafür sein, daß die Philosophen gekränkt waren, weil er ihren Beruf so offen verachtete. »Es gibt keine Hoffnung, daß sich Naturwissenschaftler und Philosophen je unmittelbar verstehen werden«, sagte Bohr. »Alles, was Philosophen je geschrieben haben, ist pures Geschwätz.« (In: Abraham Pais, *Niels Bohr's Times in Physics, Philosophy, and Polity*, Oxford: Clarendon Press, 1991, S. 421.)

19 Werner Heisenberg, *Der Teil und das Ganze*, München: Piper, 1969, S. 84.

20 Interview mit Thomas Kuhn, in: E. M. MacKinnon, *Scientific Explanation and Atomic Physics*. Chicago: University of Chicago Press, 1982, S. 375.

21 Abraham Pais, *Niels Bohr's Times in Physics, Philosophy, and Polity*, Oxford: Clarendon Press, 1991, S. 170.

22 C. F. von Weizsäcker, *Wahrnehmung der Neuzeit*, München: Hanser, 1983, S. 78.

23 Abraham Pais, *Niels Bohr's Times in Physics, Philosophy, and Polity*, Oxford: Clarendon Press, 1991, S. 502.

24 Abraham Pais, »Niels Bohrs and the Development of Physics«, in: M. Jacob, Hg., *A Tribute to Niels Bohr on the Hundredth Anniversary of His Birth*. Genf: CERN, 1985, Vorabdruck, S. 11.

25 Abraham Pais, *Niels Bohr's Times in Physics, Philosophy, and Polity*. Oxford: Clarendon Press, 1991, S. 426–427. Die Hervorhebung stammt von T. F.

26 Es ist nicht gesichert, daß Hermann Göring gesagt hat: »Wenn ich Kultur höre … entsichere ich meine Browning.« In dem Drama *Schlageter* des Nazi-Schriftstellers Hanns Johst sagt ein SS-Mann diese Worte. Hawking machte seinen Witz in einem Gespräch mit T. F. am 4. April 1983 in Pasadena. Die vollständige Unterhaltung verlief so:
Hawking: Ich halte [die Viele-Welten-Deutung] für offensichtlich richtig.
T .F.: Aber manche finden sie für *sich selbst* nicht so offensichtlich.

Hawking: Ja, schon, es gibt einige Menschen, die schrecklich viel Zeit darauf verwenden, über die Deutung der Quantenmechanik zu reden. Meine eigene Haltung ist – ich würde Göring paraphrasieren: Wenn ich von Schrödingers Katze höre, greife ich zu meinem Gewehr.

T. F.: Das würde das Experiment zunichte machen. Die Katze wäre dann tot, aber nicht durch einen Quanteneffekt.

Hawking (lächelnd): Ja, doch, weil ich selbst ein Quanteneffekt bin. Aber schauen Sie: Eigentlich berechnet man ja lediglich die bedingte Wahrscheinlichkeit – anders gesagt, die Wahrscheinlichkeit, daß A eintritt, wenn B gegeben ist. Nur darum geht es meiner Meinung nach bei der Viele-Welten-Deutung. Einige Leute überlagern das mit einer Menge Mystizismus über die Wellenfunktion, die sich aufspaltet. Aber man berechnet nur bedingte Wahrscheinlichkeiten.

27 Dies ist in der Literatur als die Frage nach Wigners Freund bekannt. Der Physiker Eugene Wigner fragte sich, ob die Katze in der Zeitspanne zwischen dem Öffnen des Kastens durch seinen Freund sowie der damit verbundenen Beobachtung der Katze und der Mitteilung des Befunds an Wigner tot oder lebendig ist. Das Problem hat Ähnlichkeit mit Experimenten, die nahelegen, daß dann, wenn Wigners Freund tot umfiele, bevor er das Ergebnis bekanntgeben könnte, keine Beobachtung gemacht worden wäre. Ist die Katze dann immer noch weder tot noch lebendig, oder kehrt sie beim Tod von Wigners Freund in einen überlagerten Zustand tot/lebendig zurück? Beide Alternativen sind paradox – und genau darum geht es bei dieser Übung, nämlich um die Widerlegung der Kopenhagener Auffassung, wonach die Quantenmechanik eine vollständige Beschreibung eines Systems liefert.

28 In: Stephen Jay Gould, *New York Review of Books*, 5. November 1992.

29 A. Einstein, B. Podolsky und N. Rosen, »Can Quantum-Mechanical Description of Physical Reality Be Considered Complete?«, *Physical Review* 47, 777, 1935, S. 78.0

30 David Z. Albert, »David Bohms Quantentheorie«, *Spektrum der Wissenschaft,* Juli 1994, S. 76.

31 Gewiß, es hat immer Philosophen gegeben, die behaupteten, es gehe bei der Wissenschaft streng genommen nur darum, genaue Vorhersagen zu machen, oder, noch strenger, darum, die Naturkräfte zu manipulieren. Damit wird die Naturwissenschaft im wesentlichen als Macht gesehen. Aber viele der besten Köpfe der Wissenschaft und der Philosophie haben Einwände gegen diese Haltung erhoben. Sie behaupten, es gehe in

der Wissenschaft vor allem um Wissen, und echtes Wissen sei notwendigerweise objektives Wissen.

32 Everett, durch die kühle Aufnahme seiner Gedanken entmutigt, kehrte der Physik nach seiner Promotion den Rücken und arbeitete für ein Rüstungsunternehmen. Bryce DeWitt, einer der führenden Theoretiker auf dem Gebiet der Quantengravitation, setzte sich seit etwa 1968 für Everetts Gedanken ein und lud Everett Ende der siebziger Jahre zu Vorträgen an die Universität von Texas in Austin ein, wo Wheeler damals zur Fakultät gehörte. Everett kam in einem Cadillac, dessen Haube mit Longhorns geschmückt war, und hielt seinen Vortrag mit der Intensität eines Intellektuellen im Exil. (Er war ein so starker Raucher, daß das strikte Rauchverbot im Hörsaal aufgehoben werden mußte, damit er sprechen konnte.) Weil die Wissenschaftler zunehmend bereit waren, seine Gedanken ernstzunehmen, plante er, zur Physik zurückzukehren, als er 1982 an einem Herzinfarkt starb.

33 Einstein dachte vielleicht an Sprüche 16,33: »Im Bausch des Gewandes schüttelt man das Los, doch jede Entscheidung kommt allein vom Herrn.« Er schrieb an Max Born: »Die Quantentheorie ist sehr achtunggebietend. Aber eine innere Stimme sagt mir, daß das doch nicht der wahre Jakob ist. Die Theorie liefert viel, aber dem Geheimnis des Alten bringt sie uns doch nicht näher. Jedenfalls bin ich überzeugt davon, daß *der* nicht würfelt.« (Max Born, *Briefwechsel 1916–1955*, München: Nymphenburger Verlag, 1981, S. 127.)

34 In: Eduard Prugovecki, »Foundational Problems in Quantum Gravity and Quantum Cosmology«, *Foundations of Physics*, Band 22, Nr. 6, 1992, S. 766. Wie Prugovecki bemerkt, ist die tatsächliche Anzahl der Universen, die in dieser Interpretation als »viele« bezeichnet werden, tatsächlich viel größer als 10^{100+}: In einer Formulierung ist sie unendlich hoch unendlich.

35 In: Max Jammer, *The Philosophy of Quantum Mechanics,* New York: Wiley, 1974, S. 278.

36 David Lindley, *Where Does the Weirdness Go?,* New York: Basic Books, 1996, S.109.

37 Murray Gell-Mann, *Das Quark und der Jaguar,* Übers. T. Schmidt und I. Leipold, München: Piper, 1994, S. 250.

38 David Bohm, *Die implizite Ordnung,* Übers. J. Wilhelm, München: Dianus-Trikont, 1985, S. 14/15.

39 David Z. Albert, *Quantum Mechanics and Experience,* Cambridge: Harvard University Press, 1992, S. 169.

40 Ibid., S. 161. Mit »Instrumentalismus« wird die Einstellung bezeichnet, daß es der Physik nicht um die physikalische Wirklichkeit geht, sondern um Strukturen von Beobachtungen, die empirisch überprüft werden können – wie beispielsweise bestimmte Muster in Datenerhebungen. Aber selbst ein Instrumentalist muß ja davon überzeugt sein, daß es irgendeine Beziehung zwischen seinen Beobachtungen und der physikalischen Wirklichkeit gibt, denn warum sollte er sich sonst die Mühe machen, Physik zu betreiben? Jemand, der das Gasometer abliest, würde bald das Interesse daran verlieren, wenn er nicht darauf vertraute, daß seine Ablesung etwas mit dem Gasverbrauch zu tun hat.

41 David Bohm, *Die implizite Ordnung*, Übers. J. Wilhelm, München: Dianus-Trikont, 1985, S. 186.

42 In: F. David Peat, *Einstein's Moon*, Chicago: Contemporary Books, 1990, S. 113.

43 Tatsächlich bereitete das den Wissenschaftlern schon vor der Relativitätstheorie Sorge, weil die Lokalität für die mechanistische, kausale Sicht der Natur wichtig ist, die Einstein vorausging. Isaac Newton beispielsweise war tief besorgt, daß sich seinem Gravitationsgesetz kein mechanisches Verfahren entnehmen ließ, wie die Schwerkraft über das hinweg vermittelt werden kann, was er für den leeren Raum hielt. Das war seine Fassung von dem, was Einstein als »spukhafte Fernwirkungen« Kopfzerbrechen bereitete.

44 F. David Peat, *Einstein's Moon*, Chicago: Contemporary Books, 1990, S. 124.

45 David Bohm, *Die implizite Ordnung*, Übers. J. Wilhelm, München: Dianus-Trikont, 1985, S. 196.

46 Richard Feynman, Vortrag anläßlich der Verleihung des Nobelpreises am 11. Dezember 1965. Diese Unterhaltung mit Wheeler fand in den vierziger Jahren statt, als Feynman in Princeton studierte. Wie Feynman es erzählt, erklärte Wheeler am Telefon: »Nehmen wir an, daß die Weltlinien, die wir bisher gewöhnlich in Zeit und Raum betrachtet haben, nicht nach oben laufen, in der Zeit, sondern ein schrecklicher Knoten sind. Wenn wir dann den Knoten durchschneiden in einer Ebene, die zu einer festen Zeit gehört, würden wir sehr viele Weltlinien sehen, und die würden viele Elektronen darstellen. Bis auf eine Sache. Wenn das ein Abschnitt ist, in dem sich die Weltlinie eines gewöhnlichen Elektrons umkehrt und aus der Zukunft zurückkommt, haben wir das falsche Vorzeichen für die Zeit ... Das ist äquivalent mit der Veränderung des Vorzei-

chens der Ladung, und deshalb würde sich dieser Teil einer Bahn wie ein Positron verhalten.« (Das Transkript wurde für die Veröffentlichung von T.F. leicht verändert.)

47 Albert Einstein, »Wie ich mein Leben sehe«, in: *Mein Weltbild*, Frankfurt: Ullstein, 1955, S. 9.

48 Dante, *Purgatorium*, 22,28. Übers. H. Gmelin, München: dtv Klassik, 1988.

49 John Archibald Wheeler, »Law Without Law«, in: Wheeler und Wojciech Hubert Zurek, Hg., *Quantum Theory and Measurement*, Princeton: Princeton University Press, 1982, Band 1, unpaginierte Manuskriptfassung.

KAPITEL 12: Ein Platz für uns

1 Diese Geschichte ist schon oft erzählt worden. Die hier gewählte Formulierung stammt aus Nevill Mott: »Science Will Never Give Us the Answers to All Our Questions«, in: Henry Margenau und Ray Abraham Varghese, Hg., *Cosmos, Bios, Theos*, LaSalle, Ill.: Open Court, 1992, S. 69.

2 James Branch Cabell, *Der silberne Hengst*, Bergisch-Gladbach: Bastei-Lübbe, 1980.

3 Da die moderne Naturwissenschaft in Europa entstanden ist, beziehe ich mich hier hauptsächlich auf die Kultur des Abendlandes, aber dasselbe ließe sich auch für viele andere vorwissenschaftliche Kulturen sagen.

4 Siehe Stillman Drake, *Galileo at Work*, Chicago: University of Chicago Press, 1978, S. 212.

5 Tatsächlich ist die einzig mögliche eindeutige Antwort »nein«, da wir niemals beweisen können, daß es Leben außerhalb der Erde nicht gibt. Ganz gleich, wie viele sterile Welten wir auch erkundeten, wäre es doch immer möglich, daß die nächste Leben beherbergt. Aber wenn viele solche Suchen nur negative Ergebnisse brächten und neue wissenschaftliche Befunde deutlich darauf hinwiesen, daß das Vorkommen von Leben sehr unwahrscheinlich ist, könnten wir möglicherweise das Interesse daran verlieren – wenn nicht an der Frage, dann doch zumindest an unserer Fähigkeit, sie zu beantworten.

6 Seltsamerweise fehlt der Naturwissenschaft noch eine Beschreibung des Begriffs Leben, auf die sich alle einigen können. Es gibt mindestens fünf gute Definitionen – physiologisch, metabolisch, biochemisch, genetisch

und thermodynamisch –, und jede hat mit ihren eigenen Mängeln und Ausnahmen zu kämpfen. Das allein veranschaulicht die Schwierigkeit, mit einem Phänomen zu arbeiten, für das die Wissenschaft nur ein Beispiel kennt.

7 Man kann sich viele intelligente Lebensformen vorstellen, die keine Radiosignale übermitteln könnten oder würden. Diese würden für die SETI-Forschung unsichtbar bleiben. Der Einwand jedoch, daß viele außerirdische Zivilisationen »zu fortgeschritten« sein würden, um Radiowellen zu verwenden, ist nicht besonders überzeugend. Obwohl das Wort »Radio« für uns etwas veraltet klingt, weil wir damit ein Medium bezeichnen, das seinen Unterhaltungswert größtenteils an das Fernsehen abgetreten hat, ist damit eigentlich jede Verständigung gemeint, die mit Hilfe elektromagnetischer Wellen erfolgt. »Radio« ist in diesem Sinn ein wirksames und weitreichendes Mittel, praktisch jede Art von Information zu vermitteln, die man sich nur denken kann, einschließlich Fotos und Filmen, Worten und Klängen, Hologrammen, WEB-Seiten und so weiter. Jedenfalls nehmen die meisten SETI-Forscher an, daß wir mit viel größerer Wahrscheinlichkeit ein Signal entdecken werden, das dazu bestimmt war, empfangen zu werden, als daß wir unvermutet Mithörer der Privatgespräche fremder Welten werden.

8 Paul Horowitz, Harvard SETI-Symposium, 31. Oktober 1995.

9 Ernst Mayr, *Eine neue Philosophie der Biologie*, München: Piper 1988, Übers. I. Leipold, S. 96. Das aus Steuergeldern finanzierte amerikanische SETI-Projekt wurde beendet, und alle verbleibenden Projekte werden privat bezahlt, Steuergelder dafür also nicht mehr verwendet.

10 Diese Frage wird erörtert in William Calvin, *Der Schritt aus der Kälte*, Übers. H. Schickert, München: Hanser, 1997.

11 Loren Eiseley, *The Star-Thrower*. New York: Times Books, 1978, S. 120 bis 121.

12 Diese Frage wird erörtert in Alan Cromer, *Uncommon Sense: The Heretical Nature of Science*, New York: Oxford University Press, 1993.

13 Selbst wenn Welten mit Kommunikation sehr verbreitet sind, überleben sie höchstwahrscheinlich nicht *ewig*. Und wenn sie üblicherweise sterblich sind, müßten einige von ihnen in der Vergangenheit aufgeblüht und verwelkt sein. In meinem Buch *Das intelligente Universum,* (München: dtv, 1992) habe ich Überlegungen dazu angestellt, wie ihr Wissen in den Gedächtnisspeichern galaktischer Kommunikationsnetze gespeichert worden sein könnte.

14 Einige Theoretiker haben behauptet, daß Leben sich vielleicht rascher in einem Universum entwickeln könne, in dem die Schwerkraft stärker ist und die Sterne heftiger brennen. Aber wenn die Schwerkraft auch nur unwesentlich stärker wäre, würde der zu rasche Kollaps des Universums gar keine Sternbildung erlauben, deshalb gilt diese Überlegung nur in einem sehr engen Bereich.

15 Zu Carters unmittelbaren Vorläufern gehören der englische Mathematiker G. J. Whitrow, der 1955 darauf hinwies, daß der Raum dreidimensional sein müsse, weil es sonst kein Leben geben könne, und Robert Dicke, der 1957 betonte, daß die Werte der Fundamentalkonstanten wie Schwerkraft und Ladung des Elektrons »nicht zufällig sind, sondern durch biologische Faktoren«, also die Existenz von Leben, vorgegeben werden (R. H. Dicke, *Reviews of Modern Physics*, 29:355, 363 [1957]).

16 In: Tony Rothman, »A ›What Wou See Is What You Beget‹ Theory«, *Discover*, Mai 1987, S. 91.

17 In: Henry T. Simmons, »Redefining the Cosmos«, *Mosaic*, März–April 1982, S. 19.

18 Der Mathematiker und Physiker Frank Tipler von der Tulane-Universität hat das Universum mit einem Computer verglichen und behauptet, wenn es geschlossen und also zum Kollaps bestimmt wäre, könnte alles, was darin erkenntnisfähig sei, in einer gigantischen Computersimulation, die durch das Zusammentreffen der Weltlinien am Ende der Zeit ermöglicht würde, »wiederauferstehen«. Außerdem behauptete er (aus fachspezifischen Gründen, auf die ich hier nicht eingehe), daß solche Simulationen den auferstandenen Intelligenzen unsterbliches Leben ermöglichen würden – obwohl es für einen »außenstehenden« Beobachter in einem Augenblick vorüber sein würde. Tiplers Buch *Die Physik der Unsterblichkeit: Moderne Kosmologie, Gott und die Auferstehung der Toten* (München: Piper, 1994), in dem er diese außerordentliche Behauptung vertritt, ist eine merkwürdige Mischung aus Versponnenheit und handfester Wissenschaft. Er behauptet, daß sein Modell eine Herleitung der Begriffe »Heiliger Geist«, »Gnade«, »Himmel«, »Hölle« und »Fegefeuer« ermögliche und im Rahmen des Modells auch eine Christologie entwickelt werden könne, sagt aber zugleich, daß entweder die Theologie reiner Unsinn sei, ein Thema ohne Inhalt, oder daß die Theologie letztlich ein Zweig der Physik werden müsse. Tipler nannte seine Theorie FAP, das finale anthropische Prinzip – wonach »Naturge-

setze *ewiges* Leben ermöglichen«. Der Wissenschaftsautor Martin Gardner nannte sie einprägsam, wenn auch ungnädig, CRAP – Unsinn –, eine Abkürzung für »komplett lächerliches anthropisches Prinzip«.

19 Diese Möglichkeit erörtern Gerald Feinberg und Robert Shapiro in ihrem Buch *Life beyond Earth*, New York: Morrow, 1980.

20 Fünf Faden tief liegt Vater dein

Sein Gebein wird zu Korallen,

Perlen sind die Augen sein.

Nichts an ihm, das soll verfallen,

Das nicht wandelt Meeres-Hut

In ein reich und seltnes Gut ...

(Shakespeare, »Ariels Lied«, *Der Sturm*, I, II, 396ff, Übers. A. W. Schlegel)

21. T. S. Eliot, »Little Gidding«, Teil 5, in: *Vier Quartette*, Übers. N. Wydenbruck, o. O.: Amandus, 1959, S. 51.

Theologisches Nachwort ohne Scheuklappen

1 Gillian Conoley, »Beckon«, *American Poetry Review*, März/April 1996, S. 9.

2 Victor Weisskopf, »There Is a Bohr Complementarity Between Science and Religion«, in: Henry Margenau und Roy Abraham Varghese, Hg. *Cosmos, Bios, Theos*, La Salle, Ill.: Open Court, 1993, S. 127.

3 Fred Hoyle, »The Universe: Past and Present Reflections, *Engineering & Science*, November 1981, S. 12.

4 Bernhard von Fontenelle, *Dialogen über die Mehrheit der Welten*, Berlin: Himburg, 1780 S. 24.

5 In: John D. Barrow und Frank Tipler, *The Anthropic Cosmological Principle*, Oxford: Oxford University Press, 1986, S. 65.

6 Die Unausweichlichkeit dieses Befunds begründete Richard Dawkins Buch *Der blinde Uhrmacher* (München: Kindler, 1987), das den passenden Untertitel trägt: *Ein neues Plädoyer für den Darwinismus*.

7 Brief an J. Hooker, 1870, in: F. Darwin und A.C. Seward, *More Letters of Charles Darwin*, New York: Appleton, 1903, 1:321. In: Stanley Jaki, *The Road of Science and the Ways to God*, Chicago: University of Chicago Press, 1978, S. 193.

8 Wenn ich Vorträge über Kosmologie halte, werde ich oft nach meinen ei-

genen religiösen Überzeugungen gefragt. Bei solchen Gelegenheiten erzähle ich gelegentlich die Geschichte von einem Theologen, den ein alter Freund fragt: »Glaubst du an Gott?«

Der Theologe antwortet: »Ich kann dir schon antworten, aber ich sage dir gleich, daß du meine Antwort nicht verstehst. Willst du sie trotzdem hören?«

»Natürlich.«

»Also gut. Die Antwort ist ›ja‹.«

Bei dieser Geschichte geht es natürlich um die absurde Mehrdeutigkeit solcher Begriffe wie »Glauben« und »Gott«. Und das ist einer der Gründe, warum ich die Beantwortung solcher Fragen zu vermeiden suche. Ich sehe auch nicht ein, wie eine Aussage über meine persönlichen Überzeugungen die Inhalte erhellen würde, die in diesem Buch erörtert werden.

Und sei es auch nur, um zu vermeiden, daß ich zimperlich erscheine, sage ich aber, daß ich ein Agnostiker bin. Der Ausdruck leitet sich vom griechischen Wort »agnostos«, »was man nicht wissen kann«, her. Er wurde 1869 von Thomas Huxley geprägt, der seine Einstellung zur Religion in Beiträgen für die Metaphysische Gesellschaft zu definieren versuchte. Diese Vereinigung hervorragender britischer Denker traf sich neunmal im Jahr, um philosophische und theologische Fragen zu erörtern. Huxley wollte dem Gnostizismus, der das Primat des mystischen und esoterischen Glaubens über Logik und Vernunft behauptet, etwas entgegensetzen. Seine Einstellung war vergleichbar mit der Humes, der schrieb, ein weiser Mann passe seinen Glauben den Tatsachen an.

Es gibt zwei Arten von Agnostizismus.

Der »schwache« Agnostizismus besteht darin, daß man seine Meinung über die Existenz Gottes für sich behält – bis, so vermute ich, weiteres Tatsachenmaterial vorliegt. Diese Einstellung scheint höchst unbestimmt und verdiente es wohl, von Friedrich Engels als »schamgesichtiger« Atheismus abgekanzelt zu werden.

Meine Einstellung ist die des »starken« Agnostizismus. Er verneint, daß Gottes Existenz je widerlegt werden kann. Es gibt viele Definitionen von Gott, von denen einige anscheinend nicht mehr über Gott aussagen, außer daß es ihn gibt. Ich behaupte, daß es unmöglich ist, alle diese Definitionen zu widerlegen. Wenn die Naturwissenschaft, um ein extremes Beispiel anzuführen, eines Tages über jeden vernünftigen Zweifel erhaben beweisen könnte, daß das Universum von einem verrückten Wissenschaftler in einem Kellerlabor erschaffen wurde, wäre es immer noch möglich, daß das vorhergehende Universum, in dem dieser Wissenschaftler lebte, von Gott geschaffen wurde. Außerdem würde auch dieser Wissenschaftler, so übermenschlich genial er auch wäre, im Prinzip unfähig sein zu beweisen, daß es Gott nicht gibt – jedenfalls behaupte ich das. Ich kann hinzufügen, daß diese Meinung nicht nur eine oberflächliche Spiegelfechterei ist oder eine geschickte Art, theologische Fragen zu umgehen. Ich vertrete sie in gutem Glauben, mit einer ehrlichen Wertschätzung für die Verdienste von Religion, Wissenschaft und Vernunft. Es ist nicht nur so, daß ich es nicht weiß; ich behaupte, daß wir es nicht wissen können.

Der starke Agnostizismus kann widerlegt werden. Wenn Gott morgen auf der Erde erschiene und überzeugende Wunder vollbrächte – ein Akt, der seinerseits eine ziemliche Geschmacklosigkeit bedeuten würde, aber nicht unmöglich ist –, dann würde der Agnostizismus, wie der Atheismus, widerlegt werden.

Was die Nützlichkeit dieser meiner Gedanken angeht, bleibe ich ein Skeptiker.

9 Keith Ward, *Rational Theology and the Creativity of God*, New York: Pilgrim Press, 1982, S. 73, in Paul Davies, *Der Plan Gottes,* Frankfurt: Insel 1995, S. 216.

10 In der Sprache Kants sind dies die Bereiche der »analytischen« bzw. der »synthetischen« Aussagen.

11 Kant, *Kritik der reinen Vernunft,* Leipzig: Reclam, 1979, S. 651–652. Die von Harrison Ford verkörperte Figur in dem Film *Krieg der Sterne* sagt etwas ganz ähnliches. Als ihm gesagt wird, er würde, falls er den erwarteten Gefallen leistet, viel mehr Geld erhalten, als er sich vorstellen kann, antwortet er: »Ich kann mir sehr viel *vorstellen.«* Aber die Tatsache, daß er es sich vorstellen kann, bedeutet nicht, daß es existiert.

12 Diese Fassung stammt von Amit Goswani, *The Self-Aware Universe,* Manuskript, S. 129–130.

13 Albert Einstein, *Mein Weltbild,* C. Seelig, Hg., Zürich: Europa Verlag, 1953, S. 245.

14 Thomas Chalmers, *On Natural Theology*, 18. Aufl., S. 35, in Paul Edwards, Hg., *The Encyclopedia of Philosophy*, New York: Macmillan, 1967, Band 1, S. 186.

15 Charles Bradlaugh, in: Paul Edwards, Hg., »Atheism« in: *The Encyclopedia of Philosophy*, New York: Macmillan, 1967, Band 1, S. 177.

16 F. W. J. von Schelling, »Philosophische Untersuchung über das Wesen der menschlichen Freiheit und die damit zusammenhängenden Gegenstände«, in: *Sämmtliche Werke*, Band 7, Stuttgart/Augsburg 1860, S. 403. Schellings Antwort auf seine eigene rhetorische Frage lautet: »Weil Gott ein Leben ist, nicht bloß ein Seyn.«

17 Adlai Stevenson, Ansprache an der Northwestern University, Evanston, Illinois, 1962. Francis Bacon bemerkt, daß Gläubige seit alten Zeiten »die Engel der Liebe, die Seraphim heißen«, an die Spitze der himmlischen Hierarchie gesetzt haben, noch über »die Engel des Lichts, die Cherubim heißen«. (Bacon, *Advancement of Learning*, I VI, 3.)

18 »Rede du mit uns, dann wollen wir hören. Gott soll nicht mit uns reden, dann sterben wir.« (Exodus 20,19) »Ach, ist der Herr wirklich mit uns? Warum hat uns dann all das getroffen? Wo sind alle seine wunderbaren Taten, von denen uns unsere Väter erzählt haben?« (Richter 6,13, Einheitsübersetzung)

Glossar

Absolute Helligkeit. Siehe *Größenklasse*

Absoluter Nullpunkt. Siehe *Kelvin*

Absoluter Raum. Newtonscher Raum. Definiert ohne Bezug auf seine Materie/ bzw. seinen Energiegehalt

Absorptionslinien. Dunkle Linien in *Spektren.* Entstehen, wenn Licht von einer fernen Quelle auf dem Weg zum Beobachter durch eine Gaswolke geht. Gibt Aufschluß über die chemische Zusammensetzung etc. der Wolke.

Agnostizismus. Glaube, daß (1) die Existenz Gottes nicht bewiesen wurde (»schwache« Fassung) oder (2) nicht bewiesen werden kann (»starke« Fassung).

Allgemeine Relativitätstheorie. Einsteins Gravitationstheorie.

Andromedagalaxie. Spiralgalaxie in der *Lokalen Gruppe*, Schwester des *Milchstraßensystems.*

Anfangsbedingungen. (1) In der Physik der Zustand eines Systems zu der Zeit, zu der eine bestimmte Wechselwirkung beginnt. (2) In der Kosmologie eine Größe, die als gegeben in kosmogonische Gleichungen, die das frühe Weltall beschreiben, eingesetzt wird.

Anisotropie. Die Eigenschaft, richtungsabhängig zu sein. Siehe *Isotropie.*

Anthropisches Prinzip. Ein Ansatz der Kosmologie, der Naturkonstanten und andere kosmische Bedingungen einschränkt, indem er beweist, daß es im Universum kein Leben geben könnte und es also nicht beobachtbar wäre, wenn die Werte ganz anders wären.

Antimaterie. Materie aus Teilchen mit identischer Masse und Spin wie gewöhnliche Materie, aber mit entgegengesetzter Ladung.

Asteroid. Eines der kleinen, steinigen Objekte, die die Sonne umlaufen. Im Gegensatz zu Kometen haben Asteroiden wenig oder kein Eis.

Astronomische Einheit (EA). Mittlere Entfernung von der Erde zur Sonne. 1 EA = 149 597 870 Kilometer = 499,012 *Lichtsekunden.*

Astrophysik. Die Physik außerirdischer Objekte.

Asymmetrie. Eine Verletzung der Symmetrie.

Atheismus. Glaube, daß Gott nicht existiert oder daß man zeigen kann, daß er so, wie er in einer bestimmten theistischen Definition definiert ist, nicht existiert.

Äther. (1) Aristoteles: Das fünfte Element, aus dem die Sterne und Planeten bestehen. (2) Physik des 19. Jahrhunderts: Hypothetisches, den Raum durchdringendes Medium.

Atom. Grundeinheit eines chemischen Elements. Besteht aus einem Kern, der von Elektronen umgeben ist.

Ausdehnung des Universums. Vergrößerung des Raums zwischen den Galaxien im Lauf der Zeit mit einer Geschwindigkeit, die proportional ist zu ihren Entfernungen.

Ausschließungsprinzip. Siehe *Paulis Ausschließungsprinzip*.

Baryon. Klasse von Teilchen, zu der Protonen und Neutronen gehören, also »gewöhnliche Materie«. Baryonen sind massereiche Teilchen mit halbzahligem Spin. Sie reagieren auf die starke Kernkraft.

Baryonenzahl. Die Gesamtzahl der Baryonen im Universum, vermindert um die Zahl der Antibaryonen. Ein Anzeichen für die kosmische Asymmetrie von Materie und Antimaterie.

BBN (Big Bang Nukleosynthese). Siehe *Kernsynthese*.

Bells Theorem. Eine Möglichkeit zu überprüfen, ob Quantensysteme, wenn sie klassisch interpretiert werden, der Lokalität gehorchen. Experimente weisen darauf hin, daß dies nicht der Fall ist.

Beobachtende Kosmologie. Die Anwendung von Beobachtungsdaten bei der Erforschung des Universums.

Beschleunigung. Zunahme der Geschwindigkeit im Lauf der Zeit.

Bipolare Jets. Plasmaausbrüche, die beispielsweise von den Polen der Protosterne ausgehen.

Bohmsche Deutung. Siehe *Quantenbeobachtung*.

Boson, Eichboson. Kraftübertragendes subatomares Teilchen mit ganzzahligem Spin, das nicht *Paulis Ausschließungsprinzip* gehorcht. Siehe *Supersymmetrisch*.

Bremsparameter. Eine Größe, die die Geschwindigkeit angibt, mit der sich die Ausdehnung des Universums verlangsamt. Eine Funktion der kosmischen Materiedichte.

CCD. Charge-coupled device, ein digitales System zur Verarbeitung elektrischer und optischer Signale.

Cepheiden. Pulsierende *veränderliche Sterne*, deren Helligkeitsschwankungen direkt von ihrer *absoluten Helligkeit* abhängen. Ein Mittel zur Entfernungsbestimmung von Galaxien.

Charm. Vierter *Flavor* von *Quarks*.

Chromodynamik. Die Quantentheorie der Farb-Kraft, die Quarks beispielsweise zu Protonen bindet.

CMB Siehe *Kosmischer Mikrowellenhintergrund.*

Coulombschranke. Elektromagnetischer Widerstandsbereich um Protonen oder andere elektrisch geladene Teilchen; stößt gleichgeladene Teilchen ab.

Deismus. Glaube an Gott als den Schöpfer der Welt, nicht aber an jemanden, der seitdem Wunder bewirkt hat.

Determinismus. Die Lehrmeinung, daß alle Ereignisse die genau vorhersagbaren Auswirkungen früherer Ursachen sind. Siehe *Kausalität.*

Deuterium (schwerer Wasserstoff). Ein Wasserstoffisotop; der Kern hat ein Neutron und ein Proton.

Dimension. Eine geometrische Achse in Raum oder Zeit.

Dirac-Gleichung. Mathematische Beschreibung des Elektrons, die von Paul Dirac hergeleitet wurde und sowohl die Quantenmechanik als auch die Spezielle Relativitätstheorie berücksichtigt.

DNS. Desoxyribonukleinsäure, das Makromolekül, das die genetische Information überträgt und kopiert, die für irdisches Leben notwendig ist.

Doppelstern. (1) Doppelsternsystem, in dem die beiden Sterne durch die Gravitation zusammengehalten werden. (2) Ein Stern in einem solchen System.

Dopplerverschiebung. Veränderung in der scheinbaren Wellenlänge von Strahlung (beispielsweise Licht oder Schall), die von einem bewegten Körper ausgestrahlt und durch seine Bewegung oder die Ausdehnung des dazwischenliegenden Raums verursacht wird.

Drake-Gleichung. Methode zum Berechnen der Wahrscheinlichkeit intelligenten außerirdischen Lebens. Die Formel lautet $N = R^* f_p n_e f_l f_i f_c L$, wobei R^* die Geburtenrate für sonnenähnliche Sterne ist, f_p der Bruchteil der Sterne, die Planeten haben, n_e der Bruchteil der Planeten pro Sonnensystem, auf denen sich Leben entwickeln könnte, f_l der Bruchteil der Planeten, auf denen Leben auch wirklich entsteht, f_i der Bruchteil der Lebensformen, die als intelligent gelten können, f_c der Bruchteil solcher Planeten, auf denen intelligente Wesen in der Lage sind, Botschaften in den Raum zu senden, und L die mittlere Lebensdauer technologisch fortgeschrittener Zivilisationen.

Drehmoment. Produkt aus Masse und Winkelgeschwindigkeit eines rotierenden Körpers.

Dunkle Materie. Materie, deren Existenz aufgrund dynamischer Unter-

suchung – beispielsweise der Bahnen von Sternen in Galaxien – hergeleitet wird, die sich aber nicht als helles Objekt wie Sterne oder Nebel
zeigt.

Dynamik. In der Physik die Erforschung der Bewegung und des Gleichgewichts von Systemen unter dem Einfluß von Kräften.

Dynamo. Ein elektrischer Generator, in dem ein rotierendes Magnetfeld
Elektrizität erzeugt.

EGG »Evaporierendes Gasförmiges Globul«. Dichter Knoten in einer *großen
molekularen Wolke.*

Eichtheorie. Eine Darstellung von Kräften, welche ihre Entstehung auf *Symmetriebrechung* zurückführt.

Eigenbewegung. Die individuelle Bahn eines Himmelskörpers im Raum.

Elektrodynamik. Quantentheorie des Verhaltens der *elektromagnetischen
Kraft.*

Elektromagnetische Kraft (oder Wechselwirkung). Grundkraft, an der
elektrisch geladene *Teilchen* beteiligt sind.

Elektron. Leichtes Elementarteilchen mit negativer elektrischer Ladung.

Elektronenschalen. Zonen, in denen sich in Atomen die Elektronen befinden. Ihr Radius wird vom Quantenprinzip bestimmt, ihre Besetzung von
Paulis Ausschließungsprinzip.

Elektronenvolt. Maß der Energie, entspricht $1,6 \cdot 10^{-12}$ erg.

Elektronukleare Kraft. Grundkraft, von der man annimmt, daß sie im sehr
frühen Universum wirksam war und die Eigenschaften vereinte, die später auf die elektromagnetische Kraft und die starken und schwachen
Kernkräfte aufgeteilt wurden. Siehe *Große Vereinheitlichte Theorie.*

Elektroschwache Theorie. Theorie, die Verbindungen zwischen den elektromagnetischen und den schwachen Kernkräften postuliert.

Ellipse. Eine ebene Kurve, in der die Summe der Entfernungen eines jeden
Punkts entlang ihrer Perisphäre von zwei Punkten – den »Brennpunk-
ten« – konstant ist.

Emissionslinien. Helle Linien, die in einem Spektrum von einer leuchtenden Quelle, etwa einem Stern oder einem hellen Nebel, erzeugt werden.
Vergleiche *Absorptionslinien.*

Emissionsnebel. Siehe *Nebel.*

Empirismus. Die Betonung von Sinnesdaten als Quelle des Wissens, im Gegensatz zu der rationalistischen Überzeugung, daß die Vernunft der Erfahrung überlegen ist.

Entkopplung. Aufhebung der regelmäßigen Wechselwirkung bei Klassen von Teilchen, wie beim Entkoppeln von Photonen und Materieteilchen, die die kosmische Mikrowellenhintergrundstrahlung erzeugen.

Erhaltungsgesetze. Gesetze, die eine Größe kennzeichnen, die nach einer Transformation unverändert sind, also ein Ausdruck von *Symmetrie*.

Euklidische Geometrie. Siehe *Geometrie*.

Evolution. Hier definiert als Zunahme der Komplexität und Vielfalt eines Systems im Lauf der Zeit.

Extremes Schwarzes Loch. Ein von der Theorie gefordertes Schwarzes Loch mit der Masse eines Teilchens, dessen elektrische Ladung gleich seiner Masse ist.

Feld. Bereich oder Umgebung, in der die wirklichen oder möglichen Wirkungen einer Kraft an jedem Raumpunkt mathematisch beschrieben werden können.

Fermion. Teilchen mit halbzahligem Spin. Fermionen gehorchen *Paulis Ausschließungsprinzip*, das besagt, daß keine zwei Fermionen in einem Atom im selben Quantenzustand sein können. Dies schränkt ein, wie viele Elektronen, die Fermionen sind, in jeder *Elektronenschale* sein können.

Finsternis. Die Erscheinung, daß ein von der Erde aus sichtbarer astronomischer Körper (etwa die Sonne) von einem anderen (etwa dem Mond) verdunkelt wird.

Fission, Kernspaltung. Wechselwirkung, in der Kernteilchen, die zuvor in einem Atomkern vereint waren, unter Energiefreisetzung getrennt werden.

Flachheitsproblem. Das Rätsel, warum das Universum weder deutlich offen noch geschlossen ist, sondern sich zwischen diesen beiden geometrischen Formen fast im Gleichgewicht befindet.

Flavor. Bezeichnung von Quark-Arten – up, down, strange, charmed, top und bottom. Der Flavor bestimmt, wie die schwache Kernkraft Quarks beeinflußt.

Fluchtgeschwindigkeit. Die Geschwindigkeit, mit der ein Körper einen anderen hinter sich lassen kann, ohne von seiner Gravitationskraft zurückgeholt zu werden.

Fusion, Kernverschmelzung. Wechselwirkung, bei der Kernteilchen zusammengeschmiedet werden, wodurch neue Atomkerne entstehen und Energie freigesetzt wird.

Galaktischer Halo. Eine kugelförmige Ansammlung von Sternen, Kugelsternhaufen und dünnen Gaswolken, die sich um den Galaxienkern bilden und über den bekannten Rand der galaktischen Scheibe hinausreichen.

Galaxie. Eine große Ansammlung von Sternen, die von der Schwerkraft zusammengehalten wird und deren Masse etwa das Hundertmilliardenfache der Sonne beträgt. Es gibt drei Haupttypen – spiralig, elliptisch und unregelmäßig – sowie fünfzig Galaxien, die Spiralgalaxien ähneln, aber keine Spiralarme haben.

Galaxiengruppe. Durch die Schwerkraft gebundene Anordnung von einigen Dutzend Galaxien.

Galaxienhaufen. Ansammlungen von etwa hundert Galaxien. (»Reiche« Haufen können über tausend Galaxien enthalten.) Siehe *Lokale Gruppe, Superhaufen.*

Gammastrahlung. Äußerst kurzwelliges Photon.

Gebrochene Symmetrie. Ein asymmetrischer Zustand, in dem sich Hinweise auf eine frühere Symmetrie erkennen lassen.

Geometrie. Die Mathematik von Kurven, die im Raum gezogen werden. Der euklidische Raum ist flach, das dreidimensionale Analogon einer Ebene. Der nichteuklidische Raum ist gekrümmt, das dreidimensionale Analogon einer Sphäre oder eines Hyperboloids.

Geozentrische Kosmologie. Veraltete Theorien, die die Erde in der Mitte des Universums sahen.

Geschlossenes Universum. Kosmologisches Modell, in dem das Universum geometrisch gesehen eine Kugel ist. Geschlossene Universen hören schließlich auf, sich auszudehnen, und beginnen zu kollabieren.

Gesetz. Eine hinreichend weit anwendbare wissenschaftliche Theorie, deren Verletzung für unmöglich gehalten wird.

Gluonen. *Bosonen,* die die *starke Kernkraft* übermitteln.

Grad. Ein am Himmel überstrichener Winkel. Vom Zenit zum Horizont sind es 90 Winkelgrad.

Gravitation. Siehe *Schwerkraft.*

Gravitationslinsen. Vielfachbilder, Bögen und andere Verzerrungen im Licht von Quasaren und anderen fernen Objekten, die durch die Krümmung des Raums in den Gravitationsfeldern von Objekten im Vordergrund zustande kommen (gewöhnlich Galaxienhaufen).

Grenzbedingung. Definiert die Grenze der Anwendbarkeit einer physikalischen Gleichung.

Große Vereinheitlichte Theorien, GUT. Theorien, die mutmaßlich Identitäten offenbaren, die die starken und elektroschwachen Kräfte verbinden.

Größe, Größenklasse. Helligkeit eines Sterns oder anderen astronomischen

Objekts, das auf einer Skala beschrieben wird, in der kleinere Zahlen größere Helligkeit bedeuten. Die scheinbare Helligkeit gibt an, wie hell Objekte von der Erde aus erscheinen. Die absolute Helligkeit oder Leuchtkraft ist definiert als die scheinbare Helligkeit, die ein Stern hätte, wenn er aus einer Entfernung von zehn Parsec oder 32,6 Lichtjahren gesehen würde.

Hadronen. Klasse von Elementarteilchen, die in Baryonen und Mesonen eingeteilt wird. Hadronen reagieren auf die starke Kernkraft; Leptonen nicht.

Halbwertzeit. Die Zeit, die es braucht, bis die Hälfte einer vorgegebenen Menge radioaktiver Materie zerfallen ist.

Halo, galaktischer. Siehe *Galaktischer Halo*.

Hauptreihe. Bereich des *Hertzsprung-Russell-Diagramms*, in dem die normalen Sterne den größten Teil der sichtbaren Laufbahn verbringen.

Heisenbergs Unschärfeprinzip. Siehe *Unbestimmtheitsprinzip*

Heliozentrische Kosmologie. Eine Klasse von Weltmodellen, in denen die Sonne im Mittelpunkt des Universums steht.

Hertz. Eine Frequenzeinheit, die einem Umlauf (oder Welle) pro Sekunde entspricht.

Hertzsprung-Russell-Diagramm. Ein Diagramm, das eine Beziehung zwischen den Farben und den absoluten Größen von Sternen offenbart.

HI-Region. Galaktische Wolke aus nicht-ionisiertem Gas.

Higgsboson. Siehe *Higgsfeld*.

Higgsfeld. Ein von der Theorie geforderter Mechanismus, der Teilchen mit Masse versieht. Es wird von den *Higgsbosonen* vermittelt.

HII-Region. Galaktische Wolke aus ionisiertem Gas.

Hintergrundstrahlung. Siehe *Kosmischer Mikrowellenhintergrund*.

Hochenergiephysik. Siehe *Teilchenphysik*.

Horizontproblem. Ein Problem in der herkömmlichen Urknalltheorie, das darauf hinweist, daß nur wenige Teilchen des frühen Universums Zeit gehabt hätten, seit dem Beginn der kosmischen Expansion miteinander wechselzuwirken. Es ist mit Hilfe der Inflationstheorie lösbar.

Hubble-Gesetz. Die fernen Galaxien entfernen sich voneinander mit Geschwindigkeiten, die direkt proportional sind zu ihren Abständen.

Hubble-Weltraumteleskop. Großes optisches Teleskop, das die Erde umrundet.

Hubble-Diagramm. Die graphische Darstellung der *Rotverschiebungen* von Galaxien in Abhängigkeit von ihren Entfernungen. Ein Hinweis auf die *Ausdehnung des Universums*.

Hubble-Konstante. Die Geschwindigkeit, mit der sich das Universum ausdehnt, etwa fünfzig Kilometer pro Megaparsec.

Hyperdimensional. Ein Raum, der mehr als die üblichen vier Dimensionen (drei Raumdimensionen- und eine Zeitdimension) der relativistischen Raumzeit enthält.

Hypothese. Eine wissenschaftliche Behauptung, die eine gegebene Menge von Phänomenen zu erklären vorgibt. Weniger umfassend und weniger bestätigt als eine Theorie.

Inflationstheorie. Sie behauptet, daß die Ausdehnung des sehr frühen Universums viel rascher erfolgte als heute – nämlich mit exponentieller statt linearer Geschwindigkeit.

Infrared Astronomical Satellit (IRAS). Erforscht den Himmel im Infrarotbereich.

Infrarotes Licht. Elektromagnetische Strahlung mit etwas längeren Wellen als sichtbares Licht.

Intelligenz. In *SETI* definiert als die Fähigkeit und Bereitschaft, elektromagnetische Signale durch den interstellaren Raum hindurch zu senden. Etwas allgemeiner: die Fähigkeit, Naturwissenschaft und Technik zu betreiben.

Interferometer. Ein Gerät zur Beobachtung der Interferenzen von Lichtwellen oder ähnlicher Strahlung, die durch eine Verschiebung in der Phase oder Wellenlänge einiger der Wellen verursacht werden.

Ion. Ein Atom mit mehr oder weniger Elektronen als normal.

Ionisiert. Zustand eines Atoms, das weniger oder mehr Elektronen hat als normal und dadurch elektrisch geladen ist.

Isotope. Atome, die in ihren Kernen ebenso viele Protonen haben wie andere desselben Elements, aber eine unterschiedliche Anzahl von Neutronen.

Isotropie. Die Eigenschaft, in allen Richtungen gleich zu sein. Vergleiche *Anisotropie*.

Jet. Plasma, das von Quasaren und Protosternen ausgesandt wird.

Kelvin. In der Astronomie verwendetes Maß der Temperatur. 0 K entspricht dem absoluten Nullpunkt, der (unerreichbaren) Temperatur, bei der alle Wärmebewegung von Atomen aufhört. Um Kelvin in Grad Celsius umzuwandeln, subtrahiere man 273.

Kernsynthese. Das Verschmelzen von Nukleonen zu den Kernen neuer Atome. Spielt sich in den Kernen von Sternen ab und, viel rascher, in Supernovae. Bei der Kernsynthese im Urknall entstanden im frühen Universum Wasserstoff, Helium und Spuren anderer leichter Atome.

Klassische Physik. (1) Physik vor der Einführung des Quantenprinzips. Sie umfaßt die Newtonsche Mechanik und die Relativitätstheorie, sieht die Energie als ein Kontinuum, ist deterministisch. Siehe *Determinismus*. (2) die Relativitätstheorie im Vergleich zur *Quantentheorie*.

Kohlenstoffzyklus. Kernfusionsprozesse in Sternen, die mit Kohlenstoff 12 beginnen und es auch erzeugen. Siehe *Kernfusion*.

Kometen. Staubige Eisberge im Raum, Überbleibsel aus der Bildung des Sonnensystems. Siehe *Oortsche Wolke*.

Kopenhagener Deutung. Siehe *Quantenbeobachtung*.

Kosmische Hintergrundstrahlung. (1) Jede isotrope Verteilung von Teilchen oder Gravitationswellen, die freigesetzt wurden, als das Universum jung war. (2) Die Verteilung von Photonen im Kosmos, die einzige bislang zu beobachtende kosmische Hintergrundstrahlung, der kosmische Mikrowellenhintergrund.

Kosmische Materiedichte. Durchschnittliche Anzahl von *Fermionen* pro Einheitsvolumen im ganzen Universum. Man hält sie für ein Maß für die globale Krümmung des kosmischen Raums.

Kosmische Strahlung. Subatomare Teilchen, gewöhnlich Protonen, die sich mit hoher Geschwindigkeit durch den Raum bewegen.

Kosmischer Mikrowellenhintergrund. Auch *Kosmische Hintergrundstrahlung* genannt. Strahlung im Mikrowellenbereich aus Protonen, die von kosmischer Materie freigesetzt wurde, als sie sich im sehr frühen Weltall in der Epoche der Photonenentkopplung aufgrund der Ausdehnung des Weltalls ausdünnte.

Kosmogonie. Die Erforschung des Ursprungs des Universums.

Kosmologie. (1) Wissenschaft, die sich um die Unterscheidung der Strukturen und die Zusammensetzung des Universums insgesamt bemüht. Sie verbindet Astronomie, Astrophysik, Teilchenphysik und eine Reihe mathematischer Ansätze, einschließlich Geometrie und Topologie. (2) Eine bestimmte kosmologische Theorie.

Kosmologische Entfernungsleiter. Eine Menge sich überlappender Verfahren der Entfernungsmessung, die die Entfernungen von Galaxien und dadurch, in Verbindung mit ihren Rotverschiebungen, die Ausdehnungsrate des Universums bestimmt.

Kosmologische Konstante. Ein Term in kosmologischen Gleichungen, der mit dem griechischen Buchstaben λ (Lambda) symbolisiert wird und eine theoretische Antigravitation bezeichnet.

Kraft. Ein Agens, das in einem System eine Veränderung bewirkt.

Kritische Dichte. Die kosmische Materiedichte Ω (Omega), bei der sich das Universum geometrisch zwischen offen und geschlossen befindet. Siehe *Geschlossenes Universum, Offenes Universum, Omega*. In einem Universum mit kritischer Dichte ist Ω = 1.

Kugelhaufen. Siehe *Sternhaufen*.

Kugelsternhaufen. Große, alte Ansammlung von Sternen.

Lambda, λ. Siehe *Kosmologische Konstante*.

Leptonen. Elementarteilchen, die keine meßbare Größe haben und nicht der starken Kernkraft unterliegen. Elektronen, Myonen und Neutrinos sind Leptonen.

Leuchtkraft. Absolute Helligkeit eines Sterns oder einer Galaxie.

Licht. Elektromagnetische Strahlung mit Wellenlängen, die für das Auge wahrnehmbar oder fast wahrnehmbar ist.

Lichtjahr. Entfernung, die Licht in einem Jahr im Vakuum zurücklegt.

Lichtsekunde. Entfernung, die Licht in einer Sekunde im Vakuum zurücklegt, entspricht rund 300 000 km.

Lokale Gruppe. Ansammlung von Galaxien, zu der das Milchstraßensystem gehört.

Lokaler Superhaufen. Siehe *Virgo-Superhaufen*.

Lokalität. Klassische Annahme, daß eine Veränderung in physikalischen Systemen das Vorliegen (mechanischer) Verbindungen zwischen Ursache und Wirkung voraussetzt. Nicht-Lokalität kommt Systemen zu, in denen sich Veränderungen offensichtlich ohne solche Verbindungen einstellen.

Lorentzkontraktion. Verkürzung eines beobachteten Körpers entlang seiner Bewegungsachse, wie sie von einem äußeren Beobachter wahrgenommen wird, der sich nicht mit derselben Geschwindigkeit bewegt.

M31. Siehe *Andromedagalaxie*.

Machsch. Die Ansicht des Physikers Erst Mach betreffend, der die Trägheit als ein Ergebnis der kosmischen Materieverteilung ansah. Das Machsche Ruhesystem des Universums ist als der Zustand ohne Bewegung definiert, relativ zu dem sich alle Geschwindigkeiten messen lassen, so etwa jene, die von Superhaufen bewirkt werden, die an benachbarten Galaxienhaufen ziehen.

Magellansche Wolken. Zwei am Südhimmel sichtbare Nachbargalaxien.

Magnetischer Monopol. Ein massereiches Teilchen mit nur einem Magnetpol, das einigen Theorien zufolge im frühen Universum hätte hergestellt werden sollen.

Masse. Die Menge der Materie in einem Objekt.

Mechanik. Die physikalische Untersuchung der Kräfte.

Megaparsec. Eine Million Parsec, entspricht 3,26 Lichtjahren.

Metalle. In der Astrophysik alle Elemente, die schwerer sind als Helium.

Meteor. Die von einem Meteoriten ausgelöste, am Himmel beobachtete Leuchterscheinung.

Meteorit. Ein gewöhnlich erbsen- bis faustgroßer Gesteinsbrocken, der glüht, wenn er in die Erdatmosphäre eintritt.

MeV. Eine Million Elektronenvolt.

Mikrowellen. Radiostrahlung mit Wellenlängen von etwa 10^{-4} bis 1 Meter, was 10^9 bis 10^{13} Hertz entspricht.

Mikrowellenhintergrund. Siehe *Kosmischer Mikrowellenhintergrund.*

Milchstraße. (1) Die Spiralgalaxis, zu der die Sonne gehört. (2) Glühendes Lichtband, das den Erdhimmel überzieht und vom Licht der Sterne und Nebel in der galaktischen Scheibe erzeugt wird.

Molekül. Die kleinste Einheit einer chemischen Verbindung.

Molekulare Wolken, Molekülwolken. Gaswolken, in denen sich möglicherweise Sterne bilden.

Mond. Ein Himmelskörper, der einen anderen, massereicheren umläuft, auch Trabant, Satellit genannt.

Monopol. Siehe *Magnetischer Monopol.*

Multiversum. Menge aller Universen.

Myon. Kurzlebiges Elementarteilchen mit negativer elektrischer Ladung. Myonen sind Leptonen und 207mal so massereich wie Elektronen.

Natürliche Auslese. Das Bestreben von Individuen, besser an ihre Umgebung angepaßt zu sein und ihre Art fortzupflanzen, was zu Veränderungen in der genetischen Zusammensetzung der Arten und schließlich zur Entstehung neuer Arten führt.

Naturwissenschaft. Systematische Erforschung der Natur, die auf der Annahme beruht, daß das Universum der Vernunft zugänglich ist, und die Theorien durch das Experiment überprüft.

Nebel. In der Astronomie verschwommene, nicht irdische Objekte jenseits des Sonnensystems. »Spiralnebel« sind Galaxien.

Neutrinos. Elektrisch neutrale, masselose Teilchen, die auf die schwache Kernkraft reagieren, aber nicht auf die starken Kernkräfte und elektromagnetischen Kräfte.

Neutron. Elektrisch neutrale, massereiche Teilchen, die im Kern von Atomen gefunden werden. Sie bestehen aus einem Up-Quark und zwei Down-Quarks; ihre Masse ist mit 939,6 MeV etwas größer als die des Protons.

Neutronenstern. Stern mit einem so starken Schwerefeld, daß der größte Teil seiner Materie zu Neutronen zusammengepreßt wurde. Wenn Neutronensterne rasch rotieren und Radioimpulse aussenden, werden sie *Pulsare* genannt.

Nicht-baryonisch. Bezogen auf Teilchen, die keine Baryonen sind, also nicht wie Protonen und Neutronen, die gewöhnliche Materie darstellen. Sie sind Kandidaten für ein gut Teil (vielleicht sogar das Gros) der dunklen Materie.

Nichteuklidische Geometrie. Siehe *Geometrie*.

Nicht-Lokalität. Siehe *Lokalität*.

Nova. Stern, der plötzlich so hell wird, wie er es noch nie war, und den Eindruck erweckt, daß ein neuer Stern erschienen ist, wo vorher keiner war. Der Name kommt von dem lateinischen Wort für neu. Siehe *Supernova*.

Offener Haufen. Siehe *Sternhaufen, offen*.

Offenes Universum. Zustand des Universums, wenn seine Geometrie hyperbolisch ist.

Omega, Ω. Index der kosmischen Materiedichte und deshalb auch der Form des Raums. Definiert als das Verhältnis von absoluter Dichte und der kritischen Dichte, die nötig ist, das Universum zu schließen.

Oortsche Wolke. Eine Kugelwolke von Kometen, die die Sonne umgibt.

Oszillierendes Universum. Ein kosmologisches Modell, in dem das Universum geschlossen ist. Die kosmische Ausdehnung kommt schließlich zum Stillstand, das Universum kollabiert und explodiert dann wieder in einer neuen Ausdehnungsphase. Siehe *Geschlossenes Universum*.

Parallaxe. (1) Scheinbare Verschiebung des Orts eines Sterns, wenn er von zwei verschiedenen Punkten aus betrachtet wird. (2) Verfahren, das dieses Phänomen zur Messung der Entfernungen von Sternen nutzt; interstellare Triangulation.

Parsec. Astronomische Entfernungseinheit, entspricht 3,26 Lichtjahren.

Paulis Ausschließungsprinzip. Quantenregel, wonach keine zwei Fermionen denselben Quantenzustand besetzen können.

Perioden-Leuchtkraft-Beziehung. Beziehung zwischen absoluter Größe und der Periode der Veränderlichkeit bei Cepheiden. Siehe *Größe*.

Pfadintegral. Wahrscheinlichkeitsinterpretation der Vergangenheit eines Systems, bei der die Quantenunschärfe und die Geschichte in bezug auf jeden möglichen Pfad und seine Wahrscheinlichkeitsamplitude berücksichtigt werden. Siehe *Unschärfeprinzip*.

Phasenübergang. Plötzlicher Wechsel im Gleichgewichtszustand eines Systems, wie er durch die Ausdehnung des sich abkühlenden frühen Universums bewirkt wurde. Bricht Symmetrien.

Photino. Supersymmetrischer Partner des Photons.

Photon. Quant der elektromagnetischen Kraft. Photonen haben (Ruhe)-Masse null und können sich deshalb theoretisch unendlich weit bewegen.

Photonenentkopplung. Die Freisetzung von Photonen bei fortwährenden Zusammenstößen mit massereichen Teilchen, die sich abspielten, als sich das Universum ausdehnte und seine Materiedichte abnahm. Siehe *Entkopplung*.

Physik. Die Wissenschaft von den grundlegenden Wechselwirkungen zwischen Materie und Energie.

Planck-Epoche, Planckzeit. Der erste Moment nach dem Beginn der Ausdehnung des Universums, als die kosmische Materiedichte noch so hoch war, daß die Schwerkraft so stark war wie die anderen Grundkräfte.

Plancksche Konstante. In der Quantenmechanik die grundlegende Größe der Wirkung.

Planet. Ein astronomisches Objekt, das soviel Masse hat wie ein Asteroid, aber weniger als ein Stern.

Plasma. Zustand, in dem die Materie aus Elektronen und anderen subatomaren, geladenen Teilchen besteht.

Positron. Das Antiteilchen des Elektrons.

Protogalaxie. Eine Galaxie, die noch in der Entstehung begriffen ist.

Protonen. Massereiche Teilchen mit positiver elektrischer Ladung, die in den Kernen von Atomen gefunden werden. Sie bestehen aus zwei up-Quarks und einem down-Quark. Die Masse beträgt 938,3 MeV, ist also etwas kleiner als die des Neutrons.

Protonen-Protonenkette. Eine wichtige Kernfusions-Reaktion, die in Sternen abläuft. Sie beginnt mit dem Verschmelzen von zwei Wasserstoffkernen, die jedes aus einem einzigen Proton bestehen. Siehe *Kernfusion*.

Protonenzerfall. Der spontane Zerfall des Protons, den die Großen Vereinheitlichten Theorien vorhersagen, der aber niemals im Experiment beobachtet wurde.

Protostern. Ein noch im Entstehen begriffener Stern.

Pulsar. Siehe *Neutronenstern*.

Quantenbeobachtung. Das Problem der Rolle, die die Beobachtung (oder »Messung«) in der Quantentheorie spielt. Sowie einem Quantensystem eine Art von Information entnommen wird, ist auch das Verhalten der

442

anderen Teile des Systems plötzlich entschieden, obwohl die beiden Teile so weit voneinander getrennt sind, daß kein Signal, das mit Lichtgeschwindigkeit von einem Teil ausgeht, dem anderen Teil die Veränderung noch vor Beendigung der Messung mitgeteilt haben könnte. Die Kopenhagener Deutung nach Bohr erklärt die Veränderung durch die Feststellung, daß das System keinen bestimmten Zustand hat, bis es gemessen wird. Die (nach dem Physiker David Bohm benannte) Bohmsche Deutung behauptet, daß das System deterministisch ist und die Nachricht irgendwie nicht-lokal übermittelt wird. Die Viele-Welten-Deutung behauptet, daß es beide Zustände gibt und daß sich das Universum jedesmal, wenn eine Bobachtung gemacht wird, spaltet. Eine Variante davon ist der »Viele-Geschichten«-Ansatz Feynmans, in dem die Gabelung nicht eine tatsächliche Teilung des Universums bedeutet, sondern vielmehr als eine Situation gesehen wird, in der die Geschichte einen von zwei statistisch möglichen Zuständen annimmt.

Quantenchromodynamik. Die Quantentheorie der starken Kernkraft, die man sich durch die Quanten vermittelt denkt, die Gluonen genannt werden.

Quantenelektrodynamik. Die Quantentheorie der elektromagnetischen Kraft, die man sich durch die Quanten vermittelt denkt, die Photonen genannt werden.

Quantengenese. Die Hypothese, daß der Ursprung des Universums im Begriffssystem einer Quantentheorie verstanden werden kann.

Quantenmechanik. Die Menge aller Quantentheorien, die die Dynamik insbesondere subatomarer Systeme erklären. Dazu gehören die *Welle-Teilchen-Dualität* und das *Unschärfeprinzip*.

Quantenphysik. Die Physik einschließlich des Quantenprinzips. In diesem Buch verwenden wir den Ausdruck gleichbedeutend mit *Quantenmechanik*.

Quantenraum. Vakuum mit dem Potential, *virtuelle Teilchen* zu erzeugen.

Quantensprung. Das Verschwinden eines subatomaren Teilchens – beispielsweise eines Elektrons – an einem Ort und sein gleichzeitiges Auftauchen an einem anderen.

Quantentheorie. Jede Theorie, die das Quantenprinzip verkörpert.

Quantentunneln. Ein *Quantensprung* über ein sonst unüberwindliches Hindernis hinweg.

Quantum. Unteilbare Einheit von Energie, Materie oder Wissen. Der kleinste Teil, in den etwas überhaupt geteilt werden kann.

Quarks. Elementarteilchen, aus denen *Hadronen* bestehen.

Quasare. Punktförmige Lichtquellen, deren Rotverschiebung anzeigt, daß sie in Entfernungen von Milliarden Lichtjahren liegen. Quasare werden für die Kerne junger Galaxien gehalten.

Radioaktivität. Ausstrahlung von Teilchen durch instabile Elemente während ihres Zerfalls.

Radioastronomie. Erforschung des Universums bei den Radiowellenlängen der elektromagnetischen Energie.

Radiometrische Datierung. Die Altersbestimmung eines Stoffs, der radioaktive Elemente enthält, mittels seiner radioaktiven *Halbwertzeit*.

Radiostrahlung. Elektromagnetische Strahlung mit Wellenlängen von etwa 0,1 bis 10^5 Meter.

Radioteleskope. Empfindliche Radioantennen, mit deren Hilfe die Radiostrahlung entdeckt wird, die solche astronomischen Objekte wie Nebel, Galaxien und Pulsare aussenden.

Raum. (1) Umgangssprachlich, das dreidimensionale Theater der gewöhnlichen Erfahrung. (2) Umfassender, jede solche Situation in beliebig vielen Dimensionen. (3) Abstrakt, jedes vorstellbare geometrische Gebilde mit räumlichen Kennzeichen.

Raumzeit. Vierdimensionale Arena, in der die Ereignisse der Allgemeinen Relativitätstheorie dargestellt werden. Siehe *Relativitätstheorie, Allgemeine*.

Rekombination. Das Einfangen eines Elektrons durch ein Proton. Die vorherrschende Kernphysik des frühen Universums zur Zeit der Photonenentkopplung.

Relativistisch. Der Lichtgeschwindigkeit nahekommend.

Relativitätstheorie, Allgemeine. Einsteins Gravitationstheorie.

Relativitätstheorie, Spezielle. Einsteins Theorie der Elektrodynamik bewegter Systeme.

Renormierung. Mathematisches Verfahren zur Entfernung sinnloser Unendlichkeiten aus den Gleichungen der Quantenmechanik.

Resonanz. Angeregter Zustand eines Quantensystems.

Riesenstern. Sehr leuchtkräftiger Stern, der im *Hertzsprung-Russell-Diagramm* oberhalb der Hauptreihe liegt.

Röntgenstrahlung. Kurzwellige elektromagnetische Energie. Der Röntgenbereich des elektromagnetischen Spektrums liegt zwischen den Bereichen der *Gammastrahlung* und des *ultravioletten Lichts*.

Roter Riese. Großer Stern mit einer relativ kühlen Atmosphäre; er leuchtet deshalb roter als ein *Hauptreihenstern*.

Rotverschiebung. Verschiebung der *Spektrallinien* im Licht der Sterne ferner Galaxien; man meint, sie werde durch die Ausdehnung des kosmischen Raums erzeugt.

Rückblickzeit. Phänomen, wonach aufgrund der Endlichkeit der Lichtgeschwindigkeit die von einem Objekt erhaltene Information um so älter ist, je weiter es entfernt ist.

Schwache Kernkraft (oder Wechselwirkung). Grundkraft der Natur, die den Prozeß der Radioaktivität bestimmt. Sie wird jetzt durch die *elektroschwache Theorie* erklärt.

Schwarzes Loch. Objekt mit einem so starken Schwerefeld, daß seine Fluchtgeschwindigkeit größer ist als die des Lichts. Eine *Singularität*.

Schwarzkörperstrahlung. Energie, die von einem Objekt zurückgestrahlt wird, das alle einfallende Energie absorbieren kann. Wenn sie im Verhältnis zur Wellenlänge aufgetragen wird, entsteht eine typische Schwarzkörperkurve.

Schwerkraft, Gravitation. Wechselwirkung zwischen Teilchen, die Masse haben.

SETI. Die Suche nach extraterrestrischer Intelligenz mit Hilfe von Radioteleskopen, die nach künstlichen Signalen aus dem Raum suchen. Siehe *Drake-Gleichung*.

Singularität. Ein Punkt, in dem der Raum unendlich stark gekrümmt ist, wo also die Gleichungen der Allgemeinen Relativitätstheorie versagen.

Skalarfelder. Eine Klasse von Feldern, die es in allen vereinheitlichten Theorien der Wechselwirkung zwischen Teilchen gibt und die Schwankungen von Materie und Energie in einem Vakuum beschreiben. Sie spielen in gewissen inflationären Theorien über den Ursprung und die Ausdehnung des Universums eine Rolle.

Sneutrino. *Supersymmetrischer* Partner des *Neutrinos*.

Sonnensystem. Die Sonne, ihre Planeten, Asteroiden und Kometen.

Spektrallinien. Helle und dunkle Linien in den *Spektren* von Sternen und anderen leuchtenden Objekten.

Spektrograph. Ein Gerät zur Aufzeichnung eines *Spektrums*, der Verteilung von Strahlung entsprechend ihrer Frequenz.

Spektrum. Aufzeichnung der Energieverteilung (beispielsweise Licht) in Abhängigkeit von der Wellenlänge.

Spezielle Relativitätstheorie. Einsteins Theorie der Elektrodynamik bewegter Systeme.

Sphärischer Raum. Siehe *Geometrie*.

Spin. Der einem Elementarteilchen zukommende Drehimpuls. Teilchen mit ganzzahligem Spin (0, 1) sind *Bosonen*, die mit halbzahligem Spin *Fermionen*.

Squark. *Supersymmetrischer* Partner des *Quarks.*

SSC. Siehe *Superconducting Supercollider.*

Standardmodell. (1) In der Kosmologie die Urknalltheorie. (2) In der Quantenmechanik die Theorien der vier Kräfte.

Starke Kernkraft (oder Wechselwirkung). Grundkraft der Natur, die Quarks zusammenhält und *Nukleonen* (sie bestehen aus Quarks) zu Atomkernen zusammenhält. Nach der *Quantenchromodynamik* wird sie durch *Gluonen* vermittelt.

Steady State-Theorie. Die Theorie, wonach das expandierende Universum niemals in einem Zustand wesentlich höherer Dichte war. Demzufolge gab es also keinen »Urknall«, sondern Materie wurde fortwährend aus dem leeren Raum erschaffen.

Stern. Astronomisches Objekt, in dessen Kern thermonukleare Fusionsreaktionen ablaufen oder früher abgelaufen sind.

Sternentwicklung. (1) Der Aufbau schwerer Atomkerne aus leichten innerhalb von Sternen. (2) Veränderungen, die Sterne aufgrund dieses Vorgangs durchmachen.

Sternhaufen. Durch die Schwerkraft gebundene Ansammlung von Sternen, viel kleiner als Galaxien.

Sternhaufen, offene. Relativ junge massearme Ansammlungen von Sternen.

String. Siehe *Stringtheorie, Superstring.*

Stringtheorie. Theorie, wonach subatomare Teilchen sich entlang einer Achse ausdehnen und ihre Eigenschaften durch die Anordnung und Vibration der Strings bestimmt sind.

Subatomar. Kleiner als ein Atom.

Subatomares Teilchen. Siehe *Teilchen.*

Superconducting Supercollider (SSC). Ein *Beschleuniger* von bisher unerhörter Leistungsfähigkeit, der in Texas gebaut werden sollte. Jetzt bemühen sich CERN und Fermilab darum, mit ihren Instrumenten eine ähnliche Leistungsfähigkeit zu erreichen.

Superhaufen. Haufen von Galaxienhaufen. Typischer Durchmesser 100 Millionen (10^8) Lichtjahre; mit einer Masse von mehreren zehntausend Galaxien.

Supernova. Explosion eines Sterns.

Superriese. Massereicher, heller Stern.

Superstring. (1) Theorie, daß alle *Teilchen* aus hyperdimensionalem Raum gemacht sind; auch als Stringtheorie bezeichnet. (2) Teilchen aus dieser Sicht.

Supersymmetrie. Siehe *Supersymmetrisch.*

Supersymmetrisch. Bezieht sich auf Theorien der Supersymmetrie (SUSY). Supersymmetrische Theorien stellen eine Beziehung zwischen Fermionen (Teilchen mit halbzahligem Spin, beispielsweise Elektronen, Protonen und Neutrinos) und Bosonen (Teilchen mit ganzzahligem Spin, beispielsweise Photonen und Gluonen) her.

SUSY. Siehe *Supersymmetrisch.*

Symmetrie. Zustand einer Größe, der nach einer Transformation invariant bleibt.

Symmetriebrechung. Verlust der Symmetrie bei einer Transformation.

Symmetriegruppe. Mathematische Gruppe mit einer gemeinsamen Eigenschaft, die allen ihren Elementen zukommt und eine Symmetrie aufweist.

Teilchen. Grundeinheiten der Materie oder Energie. Die Bezeichnung ist bildlich zu verstehen, denn alle subatomaren Teilchen weisen auch wellenähnliches Verhalten auf.

Teilchenphysik. Zweig der Physik, der sich mit den kleinsten bekannten Strukturen von Materie und Energie befaßt. Auch als Hochenergiephysik bezeichnet.

Teleskop. Gerät zum Verstärken von Licht und anderer Energie, die von Himmelskörpern ausgeht.

Theismus. Glaube an Gott. In diesem Buch wird jemand als Theist bezeichnet, der an Gott glaubt, einerlei, ob es viele Götter gibt (Pantheismus) oder ob der Glaube Offenbarung ausschließt (Deismus).

Theorie. Rational kohärente Erklärung eines größeren Bereichs von Erscheinungen, als sie gewöhnlich von einer Hypothese erklärt werden.

Theorie für Alles. Siehe *Vereinheitlichte Theorie.*

Thermodynamik. Die Erforschung des Verhaltens von Wärme (und anderen Energieformen) in veränderlichen Systemen.

Trägheit. Eigenschaft von Masse, etwa, daß jedes massereiche Teilchen in bezug auf ein vorgegebenes Bezugssystem in Ruhe bleibt oder sich mit konstanter Geschwindigkeit bewegt, wenn es einmal in Bewegung ist, solange nicht eine Kraft darauf wirkt.

Unbestimmtheitsprinzip. Eine Regel der Quantentheorie, wonach Position und Bahn eines Teilchens nicht beide vollständig bekannt sein können. Auch als *Heisenbergsches Unschärfeprinzip* bekannt.

Urknall. (1) Theorie, der zufolge das Universum als eine Singularität entstand. (2) Die Singularität selbst. (3) Die Hochenergiephysik des frühen Universums.

Vakuum. (1) Klassisch, der leere Raum zwischen Teilchen. (2) In der Quantenphysik der Bereich *virtueller Teilchen*.

Veränderlicher Stern. Ein Stern, der seine Helligkeit periodisch verändert.

Vereinheitlichte Theorie. Eine noch nicht erreichte, einheitliche Erklärung für alle grundlegenden Wechselwirkungen. Sie würde die Unstimmigkeiten zwischen *Relativitätstheorie* und *Quantentheorie* beseitigen. Siehe *Kraft*.

Verursachung, Kausalität. Die Lehrmeinung, daß jede neue Situation sich aus einem früheren Zustand ergeben haben muß. Siehe *Determinismus*.

Viele-Geschichten-Ansatz. Siehe *Quantenbeobachtung*.

Viele-Welten-Deutung. Siehe *Quantenbeobachtung*.

Virgo-Haufen. Ein Galaxienhaufen im Sternbild Jungfrau nahe der Mitte des *Virgo-Superhaufens*.

Virtuelle Teilchen. Kurzlebige Teilchen, die sich durch Quantenfluß aus einem Vakuum bilden.

W-Teilchen. Massereiche *Bosonen*, die experimentell hergestellt werden; man meint, sie seien im frühen Universum überreichlich vorhanden gewesen.

Wechselwirkung. Siehe *Kraft*.

Welle-Teilchen-Dualität. Die Erkenntnis der Quantenphysik, daß Quanten und andere »Teilchen« Merkmale sowohl von Teilchen als auch von Wellen aufweisen.

Wellenfunktion. Quantenmechanische Gleichung, die alle wichtigen Eigenschaften eines Quantensystems beschreibt.

Weltlinie. In der Relativitätstheorie die Bahn, die ein Objekt in einer vierdimensionalen Raumzeit beschreibt.

Z-Teilchen. Massereiche Bosonen, von denen man vermutet, daß es sie im frühen Universum, als die elektroschwache Kraft wirkte, reichlich gab. Siehe *elektroschwache Theorie*.

Zwergstern. Hauptreihenstern mit einer Masse, die höchstens so groß ist wie die der Sonne. Meist allgemeiner: jeder Stern auf oder unter der Hauptreihe im *Hertzsprung-Russell-Diagramm*.

Danksagung

Chaos und Notwendigkeit wurde von 1992 bis 1996 in San Francisco, Berkeley und Sonoma County geschrieben und beruht auf Jahrzehnten früherer Forschung. Jeder, der eine solche Arbeit unternimmt und weder Eremit noch Solipsist ist, schuldet mehr Menschen Dank, als er je kurz und bündig nennen könnte. Diese Liste ist darum bedauerlich unvollständig.

Für Fehler und Ungereimtheiten, die dieses Buch enthalten mag, übernehme ich die Verantwortung selbstverständlich allein. Wenn sie nicht zahlreicher und häufiger sind, ist das zum Teil der Hilfe jener zu verdanken, die sich die Mühe machten, das Manuskript in mehreren Phasen seiner Entstehung zu lesen, insbesondere der Hilfe von Eric Linder, Sara Lippincott, Owen Laster, William Alexander und meiner Lektorin, Alice Mayhew.

Für anregende Diskussionen über naturwissenschaftliche Fragen danke ich besonders J. Richard Gott III, James B. Hartle, Stephen Hawking, Andrej Linde, Allan Sandage, Kip S. Thorne, Steven Weinberg, John Archibald Wheeler und Edward Witten. Für Gespräche, Hilfe und moralische Unterstützung geht mein Dank an Jean Baird Ferris, Patrick Ferris, Lynda Obst, Hunter S. Thompson und – wie immer – Cal Zecca.

Ich danke Jeff Kao für die Zeichnungen und Meir Rinde für die fröhliche, unermüdliche Hilfe, mit der er die irdischen Angelegenheiten in Ordnung hielt, während mein Kopf in den Sternen war.

Wie jeder, der über Naturwissenschaft schreibt, konnte ich von der bemerkenswerten Offenheit der internationalen Gemeinschaft der Wissenschaftler profitieren, die eine Art weißes Loch voller Informationen und Gedanken und auch voller Forscher darstellt, die sich freuen, wenn sie einem neugierigen Berichterstatter einen Gefallen tun können, indem sie ihre Gedanken geduldig so klar und einfach wie möglich darstellen und erläutern. Die Welt wäre ein glücklicherer Ort, wenn ihr Vorbild auch in anderen Disziplinen Schule machte.

T. F.
Rocky Hill Observatory

Register

460

Merritt, David 155
Mesonen 257
Meteoriten 215, 226, 403
Meyer 256
Michell, John 93
Michelson, Albert 82
Michelson-Morley-Experiment 82, 285
Mikrolinsen-Verfahren 89, 162 ff.
Milchstraßensystem 56, 106 f., 151, 156, 161 ff., 176, 180 ff., 229, 233, 384
– Bildung der 229
– Oorts Studien zur 147 f.
Miller, John William 298
Millikan, Robert 149
Milne, E. A. 389
Miranda 217
Molekülwolken 208, 212, 220 f.
Mond 139, 215, 218 f., 226, 403
Monod, Jacques 244
Morley, Edward 82
Morrison, Philip 187
Morse, Jon 222
Moses 379
Mott, Nevill 423
Mount-Stromlo-Observatorium 162
Mount-Wilson-Observatorium 36, 78, 130, 148
Mukerjee, Madhusree 409
Muller, Richard 193

»Multiversum« 313, 315 f.
Munn, Jeff 400
Myonen 141, 167
Myon-Neutrinos 167, 170

Nabokov, Vladimir 49
Nambu, Yoichiro 269, 409
NASA (National Aeronautics and Space Administration) 40, 403
Natrium 129
Naturgesetze 11, 15, 19, 21, 30, 134 f., 242, 249, 251, 351, 362, 372
Ne'eman, Yuval 257
Nebel, kosmische 35, 52, 184, 221
Nebelhypothese 213 f., 237
Neodymium 227
Neptun 212
Neutralinos 171
Neutrinodetektoren 68 f., 168 ff., 264, 398
Neutrinos 135, 141 f., 161, 166 f., 295
– als Leptonen 137, 141
– dunkle Materie und 202
– Elektron- 167 f., 170, 397 f.
– Entdeckung der 166
– »Gefrieren« der 68
– Myon 167, 170
– Oszillation der 170
– Tau- 167
Neutronen 97, 126–129, 133, 138 f., 160, 257 f., 361

- flacher 81, 117, 280–283
- Formen 80–125
- Geodätischer 82
- glatter und körniger 113 f.
- hyperdimensionaler 123
Raumkrümmung 82, 86,
 89–93, 99 f., 117, 119, 124,
 129, 134, 192, 271, 387, 389 f.
Raumwinkelstichproben 188 ff.,
 400
Raumzeit 17, 80, 99 f., 114 ff.,
 119, 197, 346
Raum, Zeit, Materie (Weyl) 55,
 388
Raum-Zeit-Schaum 123, 300,
 306
Real of the Nebulae, The
 (Hubble) 55
Rees, Martin 15
Reeve, F. D. 144
Regreß 300 f.
Reines, Frederick 167
Religion
- Kosmologie und 426–429
- Naturwissenschaft und 296
- Naturwissenschaft 206 f.
Renormierung 265, 270
Resnikoff, Howard L. 390
Resonanzen 369 f.
Riemann, Georg Friedrich
 Bernhard 85
Riemannsche Geometrie 85 f.,
 89
Riesensterne 65, 68, 95 f., 136,
 226, 231, 251

- blau-weiße 231
- rote 64, 136, 145, 155, 228 f.,
 251
- weiße 65;
 siehe auch Cepheiden
Robertson, Howard P. 50
Röntgen- und Gamma-
 strahlung 102 f., 396,
 403
ROSAT-Satellit 156, 403
Rosen, Nathan 335
Rote Grenze, Die (Ferris) 20
Rote Riesen 64, 136, 145, 155,
 228 f., 251
Rotverschiebung
- der Galaxien 15, 20, 51 ff.,
 55 f., 61, 66, 78, 132, 140 f.,
 182 f., 185 f., 188
- gravitative 99
- Kartierungen und 183
RR Lyrae-Sterne 65
Rubidium 227
Rubin, Vera 151 ff., 192 ff.
Rubin-Ford-Anomalie 192 f.
Russell, Bertrand 318, 371, 389,
 407
Russell, Henry Norris 227
Rutherford, Ernest 131, 249,
 329

Sacharow, Andrej 411
Sagan, Carl 393, 416
SAGE (Soviet-American
 Gallium Experiment) 170
Salam, Abdus 249, 259 f.

Wahrscheinlichkeiten 298 f., 302, 307 f., 312, 337, 363, 420
Walker, Arthur G. 50
Ward, Keith 372
Wasserburg, Gerald J. 227
Wasserstoff 18, 42, 71, 126 f., 135 f., 140, 208, 221, 361, 369
Wegener, Alfred 380
Weinberg, David 147. 150, 159
Weinberg, Steven 13, 247, 259 f., 266, 394
Weiße Zwerge 64, 96 f., 163, 228, 361, 390
Weisskopf, Victor 255, 368, 380
Weizsäcker, Carl Friedrich von 135, 314, 332
Welle-Teilchen-Dualität 116, 285, 297, 308 f., 323, 330, 332, 334 f., 339 f.
Wellenfunktion 303–306, 420
– des Universum 303
Weltlinien 305
Wendepunkt 229
Wetterkarten 412
Weyl, Hermann 55
Wheeler, John Archibald 80, 114, 303, 321, 333, 337, 349, 353, 363, 389, 421 f.
– Anwendung der Schrödinger-gleichung 303
– Begriffsprägung »Schwarzes Loch« 100 f.

– Lehrmethode 197 f.
– Entropie Schwarzer Löcher 109–112
– Gesetz ohne Gesetz 242
– »Superraum« 303
– Wurmlöcher und 346
Wheeler-DeWitt-Gleichung
Whitman. Walt 296
Whitrow, G. J. 425
Wickham, Anna 247
Wigner, Eugene 253, 420
Wigner, Margit 253
Wildes, Oscar 297
Wilson, Robert 313
WIMPs (Weakly Interacting Massive Particles) 161, 164 ff.
WIPs (Weakly Interacting Particles) 166
Wirkungsquantum 266
Wirtz, Carl 55
Witten, Edward 268, 270, 272 f., 275, 409
Wolken, intergalaktische 140 f., 160, 182, 233, 394, 399
– Begriffsbestimmung 178 f.
Wright, Gebrüder 272
W-Teilchen 259 f.
Wurmlöcher 119 ff., 121 f., 317, 346, 416

Yahil, Amos 195

Zeh, Dieter 415
Zeit 40, 201, 206 ff., 302, 304